R Getriebe-Motor
Varianten
den Anwendungsfall

Es gibt ihn als Getriebe-Regelmotor zum Beispiel, stufenlos verstellbar. Oder als Verstell-Getriebe-Motor. Oder als steuer- und regelbaren Gleichstrom-Getriebe-Motor. Es gibt ihn mit verschiedenen Bremsen, explosionsgeschützt oder mit Rücklaufsperre, mit Flansch oder mit zwei Arbeitswellen. Es gibt ihn flach als Flachgetriebe-Motor und extra flach als Kegelrad-Flachgetriebe-Motor. Er ist als Trommel-Motor zu haben. Lassen Sie sich beraten.

BAUER

Eberhard Bauer 73 Esslingen-Neckar Postfach 108

PHB Antriebe

Mittelpunkt der Fördertechnik

POHLIG-HECKEL-BLEICHERT

VEREINIGTE MASCHINENFABRIKEN AG KÖLN UND ROHRBACH (SAAR) · 6672 Rohrbach (Saar) · Telefon (06894) 19-144 · Telex 4 429 400

Anwendungen
der Antriebstechnik

Band III: Getriebe

Krausskopf-Taschenbücher
»antriebstechnik«

Anwendungen
der Antriebstechnik

Band I: Motoren
Band II: Kupplungen
Band III: Getriebe

ant

O. Dittrich · R. Schumann

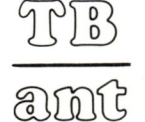

TB / ant   Anwendungen der Antriebstechnik
Band III: Getriebe

Unter Mitarbeit von 11 namhaften Fachautoren

Krausskopf

Gesamtbearbeiter:

Dr.-Ing. O. Dittrich
Prokurist und Versuchsleiter der Firma P.I.V. Antrieb
Werner Reimers KG, Bad Homburg v.d.H.

Dipl.-Ing. R. Schumann
Chefredakteur der Zeitschrift »antriebstechnik«,
Krausskopf-Verlag, Mainz

ISBN 3-7830-0091-2
© 1974 by Otto Krausskopf-Verlag GmbH, Mainz
Alle Rechte vorbehalten
Satz und Druck: Hans-Joachim Roddert,
Graphischer Betrieb, Mainz-Finthen
Printed in Germany

Zum Geleit

Die sehr umfangreiche Literatur auf dem Gebiet der Antriebstechnik wendet sich vornehmlich an die Konstrukteure von Motoren, Kupplungen und Getrieben. Umso mehr ist es zu begrüßen, daß dieses dreibändige Taschenbuch speziell als Hilfsmittel für diejenigen Ingenieure konzipiert wurde, die diese Aggregate und Elemente in Gesamtsysteme einzuplanen und einzubauen haben.

Die ständig steigenden Anforderungen an die Qualität und Leistungsfähigkeit der Produkte bedingten gerade bei der Antriebstechnik ein enormes Anwachsen des Kapitaleinsatzes sowohl auf den Gebieten der Forschung, Entwicklung und Konstruktion als auch im Fertigungsbereich. Wirtschaftliche Erwägungen zwangen deshalb in den meisten Fällen zu einer Abkehr von der Eigenfertigung und zu einer Hinwendung zu hochspezialisierten Zulieferanten.

Die Qualität und Leistungsfähigkeit der Motoren, Kupplungen und Getriebe bestimmen sehr maßgeblich die Qualität und Leistungsfähigkeit der Endprodukte, in die sie eingebaut werden. Es ist deshalb unumgänglich, daß sich der Konstrukteur von Maschinen und Fahrzeugen sehr eingehend über die unterschiedlichen Einsatzmöglichkeiten und Einsatzgrenzen der verschiedenen Motoren, Kupplungen und Getriebe informiert, um sich vor Fehlschlägen und Enttäuschungen zu schützen.

Hierzu erscheint gerade dieses vielseitige und tiefgegliederte Taschenbuch, an dem viele bekannte Fachleute als Autoren mitgewirkt haben, besonders geeignet.

Im April 1974
Ernst Glenk
Geschäftsführer der
Fachgemeinschaft Antriebstechnik
im VDMA

Vorwort

In zahlreichen Gesprächen haben wir festgestellt, daß ein ausgesprochener Bedarf an einem Buch besteht, das die Antriebe bzw. die Antriebselemente für Maschinen und maschinelle Anlagen anwendungsorientiert behandelt. Es gibt wohl Bücher über Maschinenelemente oder auch über spezielle Antriebselemente. Diese Bücher wenden sich hauptsächlich an den Konstrukteur dieser Elemente oder an Studierende und sind kaum geeignet, wenn es darum geht, einen Antrieb mit seinen vielen Elementen und seinem Zubehör zu planen, zu beschaffen und zu betreiben. Sie sagen nämlich nichts darüber aus, was es auf dem Markt gibt, was sich bewährt hat und welche Antriebselemente für den jeweiligen Anwendungsfall geeignet sind. Der zum Antrieb notwendige Motor, der einen großen Einfluß auf die Charakteristik des Antriebs hat und auch die nachgeschalteten Antriebselemente mitbestimmt, fehlt in diesen Büchern ganz.

Diese Lücke soll das vorliegende Taschenbuch füllen. Seiner Zielsetzung nach wendet sich das Buch hauptsächlich an jene, die Antriebe oder Antriebselemente planen, liefern, verwenden oder betreiben. Es ist als ein Übersichts- und Nachschlagewerk konzipiert. Deswegen enthält jeder Band eine herausklappbare systematische Gesamtübersicht, einen Stammbaum der behandelten Antriebselemente. Aus dieser Gesamtübersicht lassen sich die gesuchten Antriebselemente mit Hilfe der Dezimalklassifikation leicht auffinden.

Die in dem vorliegenden dritten Band behandelten Getriebe wurden im Interesse der anwendungsorientierten Ausrichtung des Buches in drei Hauptabschnitte unterteilt, nämlich in Getriebe mit festem, stufenweise und stufenlos veränderlichem Übersetzungsverhältnis. Entsprechend ihrer Verbreitung nimmt hier die erste Gruppe den größten Raum ein, und innerhalb dieser wieder die Zahnradgetriebe. Bei diesen war es im Interesse der Verständlichkeit notwendig, einige Grundlagen der Verzahnungsgeometrie zu bringen; es wurde jedoch besonders darauf geachtet, daß hier nur die für den Anwender wissenswerten Zusammenhänge behandelt wurden. Herstellung und Bearbeitung von Verzahnungen wurden praktisch völlig außer acht gelassen, da sie für den Anwender von untergeordneter Bedeutung sind, während die zu verwendenden Werkstoffe und insbesondere die Wärmebehandlung einen bedeutenden Einfluß bei der Auswahl eines Getriebes ausüben und daher auch entsprechend erörtert wurden. Da hydrodynamische Drehmomentwandler in der Mehrzahl der Anwendungsfälle mit Stufen-Schaltgetrieben kombiniert werden und mit diesen eine Einheit bilden, mußten derartige „Automatikgetriebe" sowohl bei den Schaltgetrieben als auch bei den stufenlosen Getrieben erwähnt werden, wobei jedoch im ersteren Fall der Schwerpunkt auf den mechanischen und im letzteren Fall auf den hydrodynamischen Teil gelegt wurde. Wir waren bemüht, derartige Wiederholungen immer im Rahmen des unbedingt Notwendigen zu halten.

Wir haben für die Gestaltung der Beiträge Fachleute aus der einschlägigen Industrie gewonnen, die die Probleme der Anwender und die Eigenschaften der Antriebselemente genau kennen. Ferner haben wir den gesamten Stoff auf viele Autoren aufgeteilt, damit jeder nur sein eigenes Fachgebiet behandeln muß, auf dem er sich naturgemäß am besten auskennt. Auf diese Weise wird dem Leser ein Maximum an qualifizierter Information geboten.

Allen an dem Zustandekommen dieses dreibändigen Taschenbuches Beteiligten sagen wir unseren verbindlichen Dank, vor allem den Autoren, die trotz starker beruflicher Belastung und Zeitnot in sorgfältiger Arbeit das Manuskript rechtzeitig erstellten, so daß ein termingerechtes Erscheinen des Werkes ermöglicht wurde. Ferner sagen wir Dank den zahlreichen Firmen, die durch Überlassung von Abbildungen und Unterlagen zu dem Gelingen dieses Vorhabens maßgebend beitrugen.

Im April 1974
O. Dittrich
R. Schumann

Alphabetisches Autorenregister zu Band 1: Motoren

Bartz, W. J., Dr.-Ing.
Leiter der Abteilung Schmierungstechnik und Betriebsstoffe für Verbrennungsmaschinen am Institut für Erdölforschung, Hannover
Kapitel 5

Funk, J., Dipl.-Ing.
Abteilungsleiter Versuch bei Maschinenfabrik Stromag GmbH, Unna
Kapitel 1.7.

Heyl, W., Dipl.-Ing.
Abteilungsleiter Technische Entwicklung, Pumpen und Motoren bei Linde AG, Werksgruppe Güldner, Aschaffenburg
Kapitel 2

Rentzsch, H., Dr.-Ing.
Leiter der Zentralabteilung Konstruktion und Normung bei Brown, Boverie & Cie AG, Mannheim
Kapitel 1.1.–1.6.

Stapel, A. G.
Pressechef bei Atlas Copco Deutschland GmbH, Essen
Kapitel 3

Wahnschaffe, J., Dipl.-Ing.
Abteilungsleiter Neukonstruktion Kleinmotoren Ulmer Fertigung, Abt. AKV bei Klöckner-Humboldt-Deutz AG, Köln-Deutz
Kapitel 4

Alphabetisches Autorenregister zu Band 2: Kupplungen

Böhm, D., Dr.-Ing.
Geschäftsführer bei Maschinenfabrik Stromag GmbH, Unna
Kapitel 2.3., 4.2., 5.3., 6.1.

Ernst, L., Dipl.-Ing.
Entwicklungsleiter bei Maschinenfabrik Stromag GmbH, Unna
Kapitel 2.1., 2.2.

Jorden, W., Dr.-Ing.
Technischer Leiter bei Stieber Division der Borg-Warner GmbH, Heidelberg
Kapitel 3

Autorenregister

Keller, R., Dipl.-Ing
Leiter der Hauptabteilung Turbogetriebe bei Voith
Getriebe KG, Heidenheim

Kapitel 2.4.,
4.3., 6.2.

Kirschey, G., Dipl.-Ing.
Komplementär und Geschäftsführer bei Centa Antriebe
Dipl.-Ing. G. Kirschey KG, Wuppertal

Kapitel 4.1., 5.2.

Kleinschmidt, H.-J., Dipl.-Ing.
Hauptabteilungsleiter für Forschung und Entwicklung
bei Gelenkwellenbau GmbH, Essen

Kapitel 1.2.2.

Korte, W., Ing. (grad.)
Abteilungsleiter in der Entwicklung bei Maschinenfabrik
Stromag GmbH, Unna

Kapitel 2.3.,
4.2., 5.3., 6.1.

Rüggen, W., Ing.
Oberingenieur und Abteilungsleiter in der Entwicklung
bei Maschinenfabrik Stromag GmbH, Unna

Kapitel 1.3.

Stotko, H., Dr.-Ing.
Technischer Direktor bei F. Tacke KG, Rheine

Kapitel 1.1.,
1.2.1., 5.1.

Wienand, H., Obering.
Konstruktions- und Entwicklungsleiter bei Bolenz &
Schäfer Maschinenfabrik KG, Dortmund

Kapitel 1.2.3.

Alphabetisches Autorenregister zu Band 3: Getriebe

Bartz, W. J., Dr.-Ing.
Leiter der Abteilung Schmierungstechnik und Betriebs-
stoffe für Verbrennungsmaschinen am Institut für
Erdölforschung, Hannover

Kapitel 4

Berens, H., Dipl.-Ing.
Leiter der Hauptabteilung Konstruktion bei P.I.V. Antrieb
Werner Reimers KG, Bad Homburg v. d. H.

Kapitel 3.1.

Autorenregister

Keller, R., Dipl.-Ing.
Leiter der Hauptabteilung Turbogetriebe bei Voith
Getriebe KG, Heidenheim — Kapitel 3.2.2.

Klenke, K. H., Ing. (grad.)
Entwicklungs- und Beratungsingenieur bei Continental
Gummiwerke, Hannover — Kapitel 1.2.

Krudewig, J., Dr.-Ing.
ehemals Leiter der Abteilung Hydrokraft bei
Gebr. Boehringer GmbH, Göppingen — Kapitel 3.2.1.

Pickard, J., Dipl.-Ing.
Gruppenleiter in der Vorentwicklung automatischer
Getriebe bei Daimler-Benz AG, Stuttgart-Untertürkheim — Kapitel 2

Schrimmer, P., Dr.-Ing.
Leiter des Laboratoriums Antriebselemente und Getriebe
bei der Bundesanstalt für Materialprüfung, Berlin — Kapitel 1.3.1.2., 1.3.1.3.

Schmitz, H., Dr.-Ing.
ehemals Leiter der Produktforschung und Entwicklung
bei A. Friedr. Flender & Co, Bocholt — Kapitel 1.1.1.– 1.1.7.

Schumann, R., Dipl.-Ing.
Chefredakteur »antriebstechnik« — Kapitel 1.1.8.

Tope, H.-G., Ing. (grad.)
Leiter der Entwicklungsabteilung Physik und Stabsstelle
Anwendungstechnik bei Siegling, Hannover — Kapitel 1.3.1.1.

Trippe, P., Ing. (grad.)
Leiter der Abteilung Technischer Kundendienst bei
Amsted-Siemagkette GmbH, Betzdorf (Sieg) — Kapitel 1.3.2.

Für Bilder ohne Quellennachweis zeichnen die jeweiligen Autoren verantwortlich.

Inhaltsverzeichnis

1. Getriebe mit unveränderlicher Übersetzung 19

1.1.	**Zahnradgetriebe** 21	
1.1.0.1.	Verzahnungsgeometrie 21	
1.1.0.1.1.	Grundgesetz der Verzahnung 22	
1.1.0.1.2.	Grundlegende Bezeichnungen am Zahnrad 24	
1.1.0.1.3.	Zahnflankenformen 26	
1.1.0.1.4.	Evolventen-Verzahnung 28	
1.1.0.1.5.	Übliche Getriebeausführungen 33	
1.1.0.2.	Betriebsbedingungen und Größenbestimmung 35	
1.1.0.3.	Auslegung 38	
1.1.0.4.	Abnahme 47	
1.1.1.	Stirnradgetriebe 52	
1.1.1.1.	Allgemeines 52	
1.1.1.2.	Besondere Ausführungen und Anwendungen von Stirnradgetrieben 53	
1.1.1.2.1.	Mehrstufige Getriebe 53	
1.1.1.2.2.	Schneckenpumpenantriebe 56	
1.1.1.2.3.	Rührwerksgetriebe 56	
1.1.1.2.4.	Aufsteckgetriebe 60	
1.1.1.2.5.	Turbogetriebe zum Antrieb einer Auswuchtmaschine 61	
1.1.1.2.6.	Turbogetriebe zwischen Dampfturbine und Generator 63	
1.1.2.	Kegelradgetriebe 63	
1.1.2.1.	Geometrie der Kegelräder 63	
1.1.2.2.	Anwendungsfälle 65	
1.1.3.	Stirn- und Kegelschraubgetriebe 67	

1.1.4.	Schneckengetriebe 67
1.1.4.1.	Wirkungsgrad bei Schneckengetrieben 70
1.1.4.2.	Hochleistungs-Schneckengetriebe 74
1.1.4.3.	Anwendungsfälle 76
1.1.4.3.1.	Fahrtreppenantrieb 76
1.1.4.3.2.	Schneckengetriebe im Antrieb eines Naßmagnetscheiders 77
1.1.4.3.3.	Schnecken-Aufsteckgetriebe im Antrieb eines Teerkochers 79
1.1.4.3.4.	Doppel-Schneckengetriebe für große Untersetzungen 82
1.1.4.3.5.	Zustellgetriebe für Stauchwalzen von Vertikalstauchgerüsten 83
1.1.4.3.6.	Schneckenwelle mit mehreren Schnecken
1.1.4.3.7.	Schneckengetriebe im Kranbau 84
1.1.4.4.	Spielfreie Verzahnungen 88
1.1.5.	Triebstockverzahnung 90
1.1.6.	Verzweigungsgetriebe, Mehrwegplanetengetriebe 92
1.1.6.1.	Kinematik 94
1.1.6.2.	Wirkungsgrad bei Planetengetrieben 95
1.1.6.3.	Anwendungsfälle und besondere Ausführungen 101
1.1.6.3.1.	Planetengetriebe in Kraftwerksanlagen 101
1.1.6.3.2.	ANDANTEX-Getriebe 104
1.1.6.3.3.	Überlagerungsgetriebe zum Antrieb eines Belüftungskreisels 107
1.1.6.3.4.	Zweiweggetriebe im Antrieb einer Zementmühle 110
1.1.7.	Kombinierte Getriebe 112
1.1.7.1.	Zahnkranzmühle 112
1.1.7.2.	Kombinierter Centra-Antrieb 114
1.1.7.2.1.	Turneinrichtung 115
1.1.7.2.2.	Gleichmäßige Lastverteilung 116
1.1.7.2.3.	Verriegelung 117
1.1.7.2.4.	Ölversorgung 118
1.1.7.3.	Bogiflex-Antrieb 119

Inhaltsverzeichnis

1.1.8.	Hoch übersetzende Exzentergetriebe	122
1.1.8.1.	Cyclo-Getriebe	122
1.1.8.2.	Acbar-Getriebe	124
1.1.8.3.	Harmonic-Drive-Getriebe	126

1.2. **Reibradgetriebe** 130

1.2.1. Reibringe mit Stahldrahteinlage für den Drehzahlbereich von 5 bis 1500 1/min 132

1.2.2. Reibräder für den Drehzahlbereich von 100 bis 10 000 1/min 133

1.2.3. Reibringe für den Drehzahlbereich von 500 bis 10 000 1/min 136

1.3. **Zugmittelgetriebe** 139

1.3.1. Riemengetriebe 139

1.3.1.1. Flachriemengetriebe 139

1.3.1.1.1. Theoretische Grundlagen 139
1.3.1.1.2. Flachriemen, Aufbau, Eigenschaften 147
1.3.1.1.3. Berechnung, Riemenauswahl 151
1.3.1.1.4. Konstruktions-Hinweise 160

1.3.1.2. Keilriemengetriebe 163

1.3.1.2.1. Funktionsweise 163
1.3.1.2.2. Aufbau der Keilriemen 163
1.3.1.2.3. Keilriemenbauformen 166
1.3.1.2.4. Berechnung 173
1.3.1.2.5. Auslegungsgrenzwerte 174
1.3.1.2.6. Einsatzgebiete 176
1.3.1.2.7. Berechnungsverfahren 177
1.3.1.2.8. Hinweise auf Besonderheiten 184
1.3.1.2.9. Vor- und Nachteile des Keilriemengetriebes 186

1.3.1.3. Zahnriemengetriebe 188

1.3.1.3.1. Funktionsweise 188
1.3.1.3.2. Aufbau der Riemen und Scheiben 189

1.3.1.3.3.	Berechnung 194	
1.3.1.3.4.	Auslegungsgrenzwerte 194	
1.3.1.3.5.	Einsatzgebiete 195	
1.3.1.3.6.	Berechnungsverfahren 196	
1.3.1.3.7.	Vor- und Nachteile des Zahnriemengetriebes 204	
1.3.2.	Kettengetriebe 206	
1.3.2.1.	Rollenkettengetriebe 206	
1.3.2.1.1.	Allgemeines 206	
1.3.2.1.2.	Vorteile 206	
1.3.2.1.3.	Besondere technische Merkmale 207	
1.3.2.1.4.	Beschreibung der Rollenkette 207	
1.3.2.1.5.	Eigenschaften der Rollenkette 210	
1.3.2.1.6.	Abmessungen der Rollenketten 214	
1.3.2.1.7.	Auslegung von Rollenkettengetrieben 214	
1.3.2.1.8.	Schmierung von Kettengetrieben 225	
1.3.2.1.9.	Kettenräder 230	
1.3.2.2.	Zahnkettengetriebe 231	
1.3.2.2.1.	Allgemeines 231	
1.3.2.2.2.	Besonderheiten 234	
1.3.2.2.3.	Technische Merkmale 234	
1.3.2.2.4.	Beschreibung der Zahnkette 234	
1.3.2.2.5.	Auslegung des Zahnkettengetriebes 238	
1.3.2.2.6.	Achsabstandsberechnung 241	
1.3.2.2.7.	Schmierung 241	
1.3.2.2.8.	Kettenräder 241	

2. Schaltgetriebe 245

2.1. **Übersetzungsbereich und Getriebestufung** 247

2.2. **Getriebeaufbau** 249

2.3. **Schaltungsarten** 253

2.4. **Schaltmittel** 255

2.5. **Ausgeführte Getriebe** 259

3. Getriebe mit stufenlos veränderlicher Übersetzung 285

3.1.	**Mechanisch-stufenlos einstellbare Getriebe** 287	
3.1.1.	Zugmittelgetriebe 289	
3.1.1.1.	Ganzstahlgetriebe 291	
3.1.1.1.1.	Zugmittel 296	
3.1.1.1.2.	Anpreßsysteme 298	
3.1.1.2.	Keilriemenverstellgetriebe 302	
3.1.1.2.1.	Zugmittel 302	
3.1.1.2.2.	Anpreßsysteme 304	
3.1.2.	Wälzgetriebe 305	
3.1.2.1.	Wälzgetriebe ohne Zwischenglied 306	
3.1.2.2.	Wälzgetriebe mit Zwischenglied 308	
3.1.2.3.	Anpreßsysteme 312	
3.1.3.	Schaltwerkgetriebe 313	
3.1.4.	Leistungsteilungsgetriebe 318	
3.1.4.1.	Getriebe mit eingeschränktem Stellbereich 320	
3.1.4.2.	Getriebe mit erweitertem Stellbereich 325	
3.1.5.	Stellgeräte 328	
3.1.6.	Anwendungen 329	
3.1.6.1.	Regelungen 330	
3.1.7.	Allgemeine Hinweise für Inbetriebnahme und Einsatz 335	
3.2.	**Hydraulisch-stufenlos veränderliche Getriebe** 341	
3.2.1.	Hydrostatische Getriebe 341	
3.2.1.1.	Aufbau 341	
3.2.1.2.	Bauarten 341	
3.2.1.3.	Wirkungsweise 342	
3.2.1.4.	Stelleinrichtungen 347	
3.2.1.5.	Auslegung 351	

3.2.1.6.	Anfahren, Bremsen, Umsteuern	352
3.2.1.7.	Steuerung und Regelung	357
3.2.1.8.	Anwendungsbeispiele	361
3.2.2.	Hydrodynamische Getriebe	367
3.2.2.1.	Einführung	367
3.2.2.2.	Theoretische Grundlagen	369
3.2.2.2.1.	Vergleich zwischen hydrodynamischen und mechanischen Getrieben	369
3.2.2.2.2.	Definitionen, Formeln und Kennwerte	370
3.2.2.3.	Hydrodynamische Drehmomentwandler	376
3.2.2.3.1.	Verlauf der Leistungszahl $\lambda = f(v)$	378
3.2.2.3.2.	Stellwandler	382
3.2.2.3.3.	Schaltwandler	385
3.2.2.3.4.	Mehrphasige Wandler	386

4. Getriebeschmierung 389

4.1. Schmierung von Zahnradgetrieben 391

4.1.1.	Schmierungsvorgang und Tragfilmaufbau	392
4.1.2.	Beanspruchungsverhältnisse	394
4.1.2.1.	Geschwindigkeitsverhältnisse	395
4.1.2.2.	Belastungsverhältnisse	396
4.1.2.3.	Flankenbeanspruchung	397
4.1.2.4.	Temperaturbeanspruchung	398
4.1.3.	Verfügbare Schmierstoffe für die Getriebeschmierung	398
4.1.3.1.	Erforderliche Eigenschaften von Getriebeschmierstoffen	398
4.1.3.2.	Getriebeschmierstoffe	400
4.1.3.3.	Viskositätseinteilung von Getriebeölen	402
4.1.3.3.1.	Viskositätsstufen nach DIN 51502	402
4.1.3.3.2.	Viskositätsstufen nach AGMA	403
4.1.3.3.3.	Viskositätsstufen nach SAE	403
4.1.3.4.	Geeignete Öle zur Getriebeschmierung	405

4.1.3.4.1.	Bevorzugt einzusetzende Öle	405
4.1.3.4.2.	Weitere geeignete Mineralöle	408
4.1.4.	Schmierstoffauswahl	409
4.1.4.1.	Schadenstyp und Beanspruchungsbedingungen	409
4.1.4.2.	Tragfähigkeit von Zahnradpaarungen	411
4.1.4.3.	Abgrenzung der Einsatzbereiche für Mineralöle, Schmierfette und Haftschmierstoffe	412
4.1.4.3.1.	Grundsätzliche Auswahlkriterien	412
4.1.4.3.2.	Grenzgeschwindigkeiten für den Einsatz verschiedener Schmierstofftypen	415
4.1.4.4.	Ermittlung der Viskosität beim Einsatz von Mineralölen	416
4.1.4.4.1.	Viskositätswahl bei normalen Betriebsverhältnissen	416
4.1.4.4.2.	Erhöhung der Nennviskosität	419
4.1.4.4.3.	Verringerung der Nennviskosität	420
4.1.4.4.4.	Beispiele für die Viskositätswahl	420
4.1.4.4.5.	Viskositätsempfehlungen nach AGMA	421
4.1.4.5.	Abgrenzung der Einsatzbereiche für Mineralöle ohne und mit freß- und verschleißverringernden Wirkstoffen	423
4.1.4.5.1.	Berechnung der Freßtragfähigkeit	424
4.1.4.5.2.	Wälzgetriebe (Stirnradgetriebe, Kegelradgetriebe ohne Achsversetzung)	426
4.1.4.5.3.	Wälz-Schraubgetriebe	427
4.1.4.6.	Auswahl von Schmierfetten und Haftschmierstoffen zur Getriebeschmierung	428
4.1.4.6.1.	Schmierfette	428
4.1.4.6.2.	Haftschmierstoffe	429
4.1.5.	Getriebeschmierung in der Praxis	429
4.1.5.1.	Schmierverfahren und -systeme	429
4.1.5.1.1.	Tropfschmierung	429
4.1.5.1.2.	Handschmierung	430
4.1.5.1.3.	Sprühschmierung	430
4.1.5.1.4.	Tauchschmierung	430
4.1.5.1.5.	Umlaufschmierung	432
4.1.5.2.	Schmierstoffbedarf	434

4.1.5.2.1.	Erforderliche Ölfüllung bei Tauchschmierung	435
4.1.5.2.2.	Erforderliche Ölmenge bei Einspritzschmierung	435
4.1.5.3.	Ölwechselfristen 437	
4.1.5.4.	Inbetriebnahme und Einlauf 437	
4.1.6.	Zahnradschäden und ihre Beeinflussung durch den Schmierstoff 438	
4.1.6.1.	Beispiele für nicht vom Schmierstoff zu beeinflussende Zahnradschäden 440	
4.1.6.2.	Beispiele für durch den Schmierstoff zu beeinflussende Zahnradschäden 443	
4.2.	**Schmierung von hydrodynamischen Getrieben** 446	
4.2.1.	Anforderungen an Betriebsflüssigkeiten für hydrodynamische Getriebe 446	
4.2.2.	Spezifikationen für Automatic Transmission Fluids (ATFs) 447	
4.3.	**Hydraulikflüssigkeiten** 450	
4.3.1.	Hydraulikflüssigkeiten als Kraftübertragungsmedien 450	
4.3.2.	Typen von Hydraulikflüssigkeiten 450	
4.3.3.	Anforderungen an Hydraulikflüssigkeiten – Auswahlkriterien 451	
4.3.4.	Normen und Richtlinien 452	
4.3.5.	Auswahl der Hydraulikflüssigkeit 452	
4.3.5.1.	Viskositätswahl 452	
4.3.5.2.	Wahl des Hydraulikflüssigkeitstyps 454	

Getriebe mit unveränderlicher Übersetzung

I

Auf den richtigen Antrieb kommt es an

Ein Kettentrieb leistet zuverlässige Arbeit
Er ist wirtschaftlich durch günstigen Preis
und lange Lebensdauer. Auf einen Kettentrieb
können Sie sich verlassen—
auf einen WIPPERMANN-Kettentrieb.

WIPPERMANN JR. GMBH
58 Hagen · Postfach 4020
Telefon (02331) 77031, Telex 0823171–172

Beispiel
Stranggussanlage

Dieses Kegelstirnradgetriebe im Antrieb eines Verformungsgerüstes zur Stranggußanlage ist nur eines von vielen Zahnradgetrieben in Sonderausführung, die wir täglich bauen.

Wir machen Ihnen aber auch jedes andere. In allen Abmessungen, für jeden Einsatzort und -zweck, für sämtliche Maschinen und Apparate von A wie Ausdrückmaschine bis Z wie Zuckerrohrschneider.

GERHARD KESTERMANN
Zahnräder- und Maschinenfabrik KG
D 463 Bochum · Postfach 1330
Telefon (0 23 21) 3 75 41 · Telex 08 25 887

1.1. Zahnradgetriebe

Dr.-Ing. H. Schmitz

Getriebe bestehen aus mindestens zwei Rädern, die durch einen Steg, das Gestell oder auch das Gehäuse miteinander verbunden sind. Bei Zahnradgetrieben erfolgt die Übertragung des Drehmomentes zwischen zwei Wellen durch Räder, bei denen die Zähne des einen Rades in Lücken des Gegenrades eintauchen. Die Kraftübertragung ist also formschlüssig und somit schlupflos. Damit während der Drehung beider Räder zueinander der Formschluß erhalten bleibt, müssen die Zähne und Lücken auf dem Umfang zueinander so verteilt sein, daß sich zumindest immer ein Zahn des einen Rades in einer Lücke des Gegenrades befindet. Vom Gehäuse wird die Differenz zwischen dem Drehmoment am Antrieb und demjenigen am Abtrieb – das Reaktionsmoment – auf das Fundament übertragen.

1.1.0.1. Verzahnungsgeometrie

Man unterscheidet gemäß **Bild 1.1.1**:

a) Wälzgetriebe und
b) Schraubgetriebe.

Bei den Wälzgetrieben liegen die Wellen in einer Ebene.

Man unterscheidet hier:

- Stirnradgetriebe mit parallelen Wellen
- Kegelradgetriebe mit sich schneidenden Wellen.

Wälzzylinder bzw. Wälzkegel rollen schlupffrei aufeinander ab.

Bei den Schraubgetrieben liegen die Wellen windschief zueinander, so daß sie sich auch nicht im Unendlichen schneiden. Man unterscheidet hier:

- Hyperboloidgetriebe als:
    Kegelrad-Schraubgetriebe und
    Stirnrad-Schraubgetriebe
- Schneckengetriebe.

Im Gegensatz zu den Wälzgetrieben tritt bei den Schraubgetrieben entlang den Zahnflanken noch zusätzlich eine Gleitbewegung auf.

1.1.1: Getriebearten

- **1. Wälzgetriebe**
  - Stirnradgetriebe
  - Kegelradgetriebe
- **2. Schraubgetriebe**
  - Hyperboloidgetriebe
    - Kegelrad-Schraubgetriebe
    - Stirnrad-Schraubgetriebe
  - Schneckengetriebe

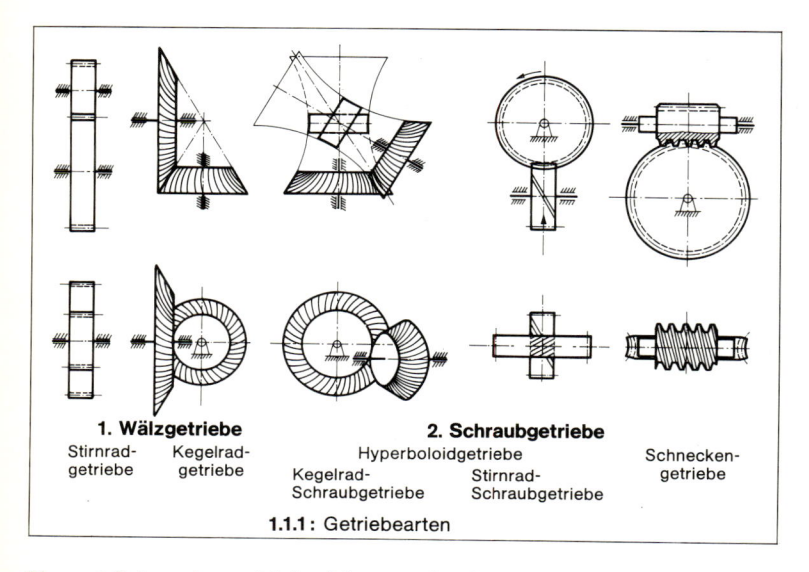

Bis auf Schneckengetriebe können alle Getriebe auch so ausgeführt werden, daß jeweils mindestens ein außenverzahntes Rad in einer Innenverzahnung läuft. Man erhält auf diese Weise vergleichsweise kompakte Getriebeausführungen, auf deren besondere Vorzüge in den einzelnen Unterabschnitten hingewiesen wird.

1.1.0.1.1. Grundgesetz der Verzahnung

Bild 1.1.2 zeigt zwei Zahnräder mit den Drehzahlen n_1 und n_2 bzw. mit den Winkelgeschwindigkeiten ω_1 und ω_2. Die momentane Übertragung des Drehmomentes erfolgt im Kontaktpunkt K, indem die Zahnflanke des Antriebsrades 1 gegen die entsprechende Flanke des Rades 2 drückt. Die Absolutgeschwindigkeiten des gemeinsamen Punktes K sind $\mathbf{\mathit{w}}_1$ und $\mathbf{\mathit{w}}_2$ und stehen jeweils senkrecht auf den zugehörigen Berührungsradien ϱ'_1 und ϱ'_2 zwischen den Drehpunkten 1 bzw. 2 und K. Da beide Zahnflankenoberflächen weder ineinander eindringen können noch sich voneinander trennen dürfen, müssen die Normalkompo-

1.1. Zahnradgetriebe

1.1.2: Grundgesetz der Verzahnung

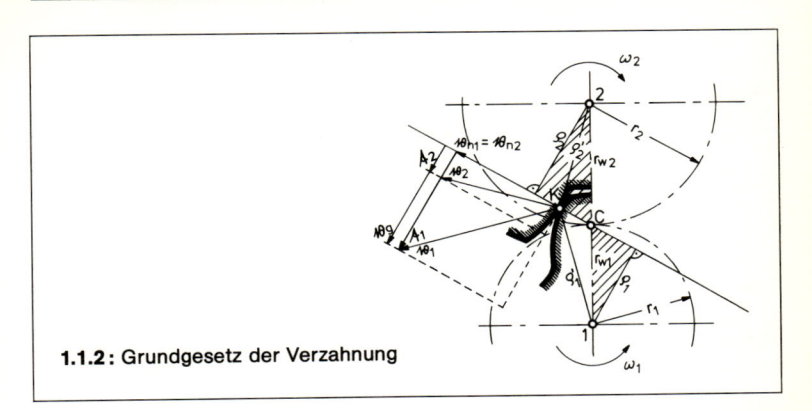

nenten $\mathit{v\theta}_{n1}$ und $\mathit{v\theta}_{n2}$ nach Größe und Richtung gleich sein. Diese gemeinsame Normale bildet mit ihren Senkrechten ϱ_1 und ϱ_2 durch die beiden Radachsen 1 und 2 sowie deren Verbindungsstrecke zwei ähnliche Dreiecke, die in Bild 1.1.2 schraffiert sind. Mit den Winkelgeschwindigkeiten ω_1 und ω_2 wird:

$$\omega_1 \cdot \varrho_1 = \mathit{v\theta}_{n1} = \mathit{v\theta}_{n2} = \omega_2 \cdot \varrho_2 = \mathit{v\theta}_n$$

bzw.

$$\frac{\omega_1}{\omega_2} = \frac{\varrho_2}{\varrho_1}.$$

Die Forderung, die üblicherweise an ein Zahnradpaar gestellt wird, ist ein konstantes Übersetzungsverhältnis, also

$$i_{12} = \frac{\omega_1}{\omega_2} = \text{konstant}.$$

Dann muß auch

$$\frac{\varrho_2}{\varrho_1} = \text{konstant}$$

sein. Diese Beziehung gilt jedoch nur, wenn der Schnittpunkt der gemeinsamen Zahnflankennormalen im Kontaktpunkt K mit der Verbindungsstrecke der beiden Zahnradmittelpunkte in jeder Verdrehstellung der beiden Zahnräder zueinander seine Lage unverändert beibehält. Schlägt man um die beiden Mittelpunkte 1 und 2 durch diesen Schnittpunkt C Kreise mit r_1 und r_2, so wälzen diese beiden Kreise in C schlupffrei aufeinander ab. Der Punkt C heißt aus diesem Grund Wälzpunkt.

Zur Erfüllung der Forderung

$$\frac{\omega_1}{\omega_2} = \text{konstant}$$

müssen die Zahnflanken demnach so ausgebildet sein, daß ihre gemeinsame Normale stets durch den Wälzpunkt geht. Es wird dann:

$$i_{12} = \frac{\omega_1}{\omega_2} = \frac{r_{W2}}{r_{W1}} = \text{konstant}.$$

1.1.0.1.2. Grundlegende Bezeichnungen am Zahnrad

Einige grundlegende Bezeichnungen am Zahnrad gehen aus **Bild 1.1.3** hervor. Die beiden Wälzkreise W_{K1} und W_{K2} rollen im Wälzpunkt C dadurch schlupflos aufeinander ab, daß die Zahnflanke des Rades 1 diejenige des Rades 2 treibt. Der Wälzpunkt liegt auf der Verbindungslinie der beiden Radmittelpunkte. Die Berührung beider Radflanken erfolgt in Breitenrichtung b linienförmig. Die Zähne haben gleiche Zahnhöhe h_z.

Die Gleichförmigkeit der Übertragung des Drehwinkels muß aber auch beim Übergang von einem Zahn auf den nächsten Zahn desselben Rades gewährleistet sein. Aus diesem Grund darf gemäß **Bild 1.1.4** der erste Zahn erst außer Eingriff gelangen, wenn der nachfolgende schon in Eingriff gekommen ist. Der auf dem Wälzkreis gemessene Eingriffsbogen reicht von dem Augenblick an, wenn der Zahn gerade in Eingriff kommt, bis zu dem Punkt, wenn er außer Eingriff mit dem Gegenzahn gerät. Der eigentliche Kontaktpunkt hat dann auf der Eingriffslinie die Eingriffsstrecke zurückgelegt, die von den Schnittpunkten der Eingriffslinie mit den Kopfkreisen der beiden Zahnräder begrenzt wird. Die Zahnteilung

$$t_e = m \cdot \pi$$

1.1. Zahnradgetriebe

C = Wälzpunkt;
d_g = Grundkreisdurchmesser;
d_f = Fußkreisdurchmesser;
d_o = Teilkreisdurchmesser;
d_k = Kopfkreisdurchmesser;
b = Zahnbreite;
s_o = Zahndicke;
l_o = Lückenweite;
t_o = Teilung;
h_f = Zahnfußhöhe;
h_z = Zahnhöhe;
h_k = Zahnkopfhöhe;
g = Eingriffstrecke;
S_k = Kopfspiel;
S_e = Eingriffsflankenspiel;
α_o = Eingriffswinkel

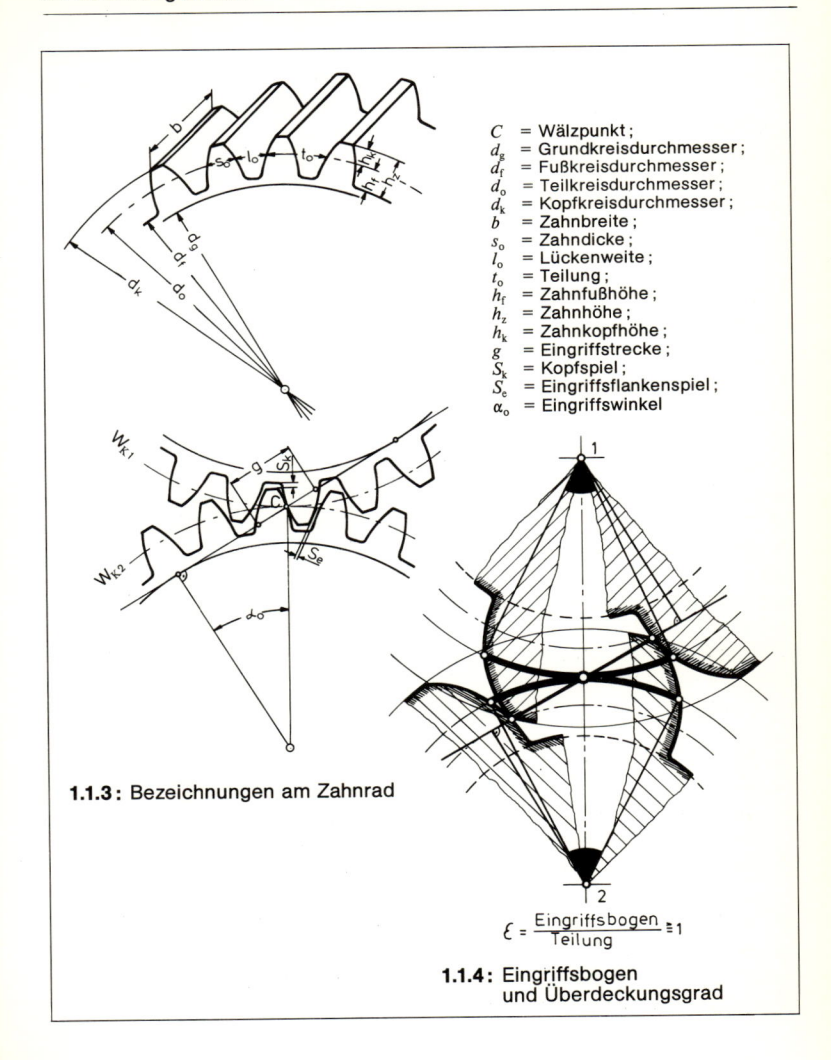

1.1.3: Bezeichnungen am Zahnrad

$$\varepsilon = \frac{\text{Eingriffsbogen}}{\text{Teilung}} \gtrless 1$$

1.1.4: Eingriffsbogen und Überdeckungsgrad

mit m als Modul, ist die ebenfalls auf dem Umfang des Wälzkreises gemessene Entfernung von einem Zahnpunkt bis zum entsprechenden Punkt des nächsten Zahnes. Nach der obigen Bedingung muß der Eingriffsbogen zumindest gleich oder größer als die Zahnteilung sein, somit gilt als Formel geschrieben

$$\text{Überdeckungsgrad} = \frac{\text{Eingriffsbogen}}{\text{Teilung}} \geqq 1.$$

1.1.0.1.3. Zahnflankenformen

Die Bedingung

$$i_{12} = \frac{\omega_1}{\omega_2} = \frac{r_{W2}}{r_{W1}} = \text{konstant}$$

des Grundgesetzes der Verzahnung wird von Zahnflanken erfüllt, deren Formen zyklischen Kurven entsprechen. Im allgemeinsten Fall werden solche Kurven von allen Punkten einer Ebene beschrieben, die sich mit ihrem „Rollkreis" in einem „Grundkreis" gemäß **Bild 1.1.5** oder darauf gemäß **Bild 1.1.6** schlupffrei abwälzt. Einen Grenzfall bildet die „gewöhnliche Zykloide", bei der der Grundkreisdurchmesser ∞ ist. Von untergeordneter Bedeutung für die Ausbildung von Zahnflanken sind die in den Bildern 1.1.5 und 1.1.6 dünn eingezeichneten verlängerten Zykloiden, deren Erzeugungspunkte nicht auf dem Umfang der Rollkreise liegen.

Sonderfälle:

a) $2\varrho = r_g$. Die Hypozykloide wird zur Geraden, die durch den Mittelpunkt des Grundkreises geht, also dessen Durchmesser bildet.

b) $2\varrho > r_g$. Die Hypozykloide bildet ähnlich der verlängerten Zykloide Schleifen, die zu Zahnunterschneidungen führen würden.

c) $2\varrho = 2r_g$. Die Hypozykloide wird zum Punkt.

d) $\varrho = \infty$. Der Rollkreis mit dem Radius ∞ auf dem Grundkreis bildet nach **Bild 1.1.7** die Evolvente. Die Evolvente wird als Zahnflankenform im allgemeinen Maschinenbau bevorzugt, da sie gegenüber anderen Zahnflankenformen wesentliche Vorzüge aufweist. Bei der Konstruktion eines Zahnflankenpaares mit doppelseitiger Zykloidenverzahnung ge-

1.1. Zahnradgetriebe

1.1.5: Hypozykloiden

1.1.6: Epizykloiden

1.1.7: Evolvente

1.1.8: Zykloidenverzahnung

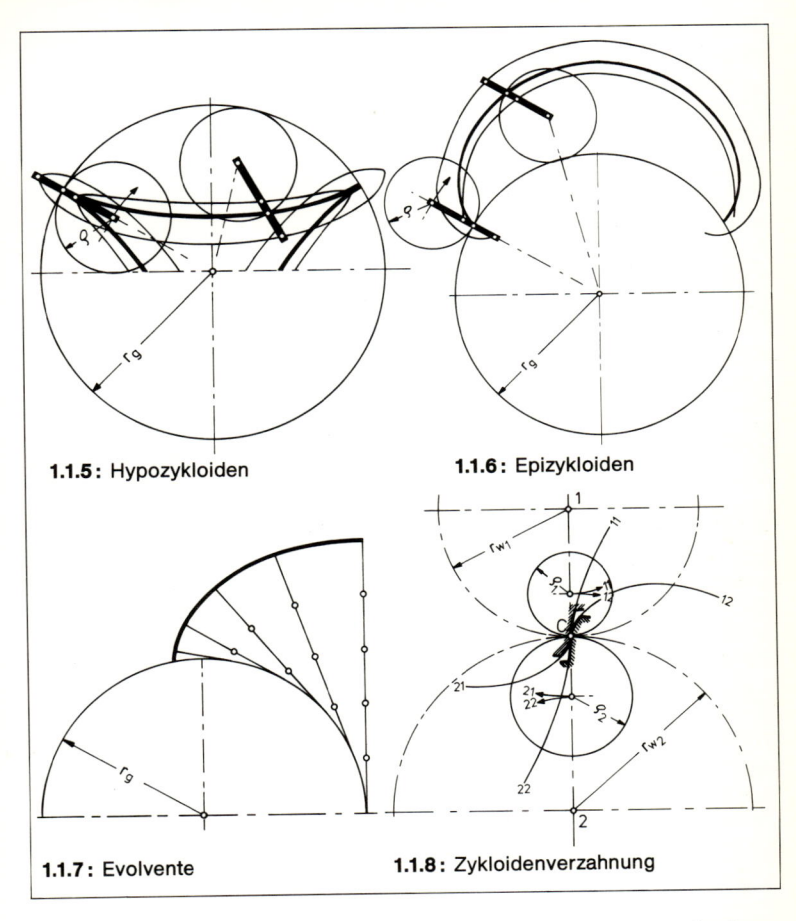

mäß **Bild 1.1.8** entsprechen die beiden Wälzkreise den Grundkreisen. Die Zahnflanken entstehen durch Abrollen der beiden Rollkreise in bzw. auf diesen Grundkreisen und werden durch die jeweiligen Kopf- und

Fußkreise in der Höhe begrenzt. Demzufolge wird die Zahnkopfflanke durch den Rollkreis des Gegenrades erzeugt.

Somit ist ein Austausch verschiedener Zahnräder nur insoweit möglich, als die Rollkreise gleich bleiben. Zur Vermeidung ungünstiger Flankenformen darf das Verhältnis von Roll- zu Grundradius jedoch nicht beliebig ausgeführt werden, so daß eine Zykloidenverzahnung für Wechselräder nicht in Frage kommt.

Im Wälzpunkt weisen beide Zahnflanken einen Wendepunkt auf. Das Grundgesetz der Verzahnung mit seiner Forderung nach einem konstanten Übersetzungsverhältnis ist somit sofort gestört, wenn der vorgeschriebene Achsabstand nicht exakt eingehalten wird. In diesem Falle verläuft auch die Eingriffsstrecke nicht mehr auf den erzeugenden Rollkreisen.

Vorteilhaft sind die günstigen Anschmiegungen des konvexen Zahnkopfes mit den konkaven Zahnfüßen hinsichtlich der Hertz'schen Flächenpressung sowie der Schmierungsverhältnisse im jeweiligen Kontaktpunkt.

1.1.0.1.4. Evolventen-Verzahnung

Beim Zahnflankenpaar mit Evolventenverzahnung ist der Achsabstand gemäß **Bild 1.1.9** größer als die Summe $r_{g1} + r_{g2}$ der Grundkreisradien. Die gemeinsame Tangente an diese beiden Grundkreise stellt die Eingriffslinie dar. Durch Abwälzen der Tangente auf den beiden Grundkreisen beschreibt der Punkt C die zugehörigen Zahnflanken. Auch hier begrenzen die Kopf- und Fußkreise die wirksame Höhe der Zahnflanken. Durch jeweils spiegelbildliche Darstellung der Flanken im Abstand der halben Zahnteilung $t_e/2$ entstehen die kompletten Zähne und Lücken an beiden Zahnrädern.

Man erkennt in Bild 1.1.9, daß mit wachsendem Grundkreisdurchmesser die Krümmung der Zahnflanke abnimmt, bis bei unendlich großem Durchmesser das gerade Profil für die Zahnstange entsteht. Da dieses dünn gestrichelte Profil mit den beiden Verzahnungen der Räder 1 und 2 zwanglos kämmt, wird es als das Bezugsprofil mit dem Eingriffswinkel α bezeichnet.

Die geradlinigen Zahnkonturen am Bezugsprofil der Zahnstange sind ein wesentlicher Grund für die im Maschinenbau allgemein übliche

1.1. Zahnradgetriebe

1.1.9: Evolventenverzahnung

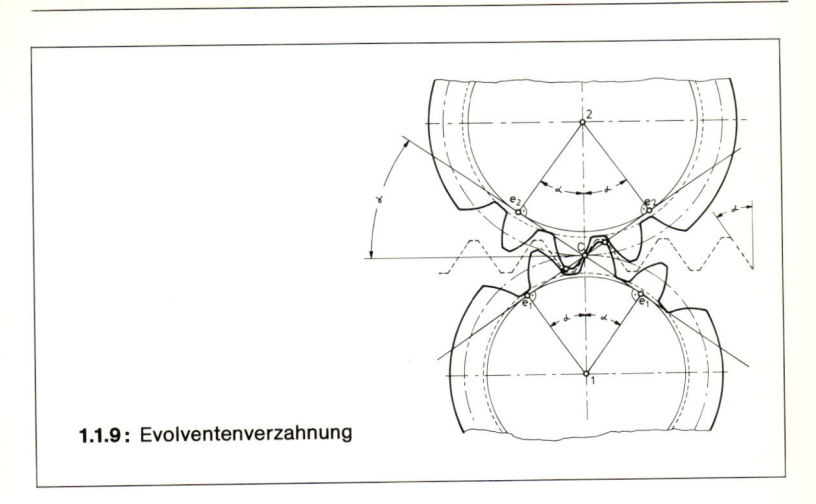

Evolventenverzahnung, kann doch das Werkzeug als Kammstahl oder in weit verbreiteter Form als Schneckenfräser für die Herstellung der Verzahnungen im Abwälzverfahren mit geraden Zahnflanken relativ einfach und genau hergestellt werden. Da mit einem solchen Werkzeug ($\alpha = 20°$) alle Evolventenräder verzahnt werden, können alle Räder auch miteinander kämmen, so daß mit diesem Verfahren in einfacher Weise Wechselräder angefertigt werden können.

Bild 1.1.9 veranschaulicht, daß die Eingriffslinie, die in e_1 und e_2 die beiden Grundkreise tangiert, auch als Trum eines gekreuzten Riementriebes aufgefaßt werden kann. Die beiden Grundkreise stellen die Riemenscheiben dar. Beim Kämmen beider Zahnräder läuft der Trum von dem einen Grundkreis ab und auf den anderen auf, wobei sich der jeweilige Kontaktpunkt der Zahnflanken innerhalb der Eingriffsstrecke entlang des Riemens bewegt. Da bei Riementrieben das Übersetzungsverhältnis und auch die Gleichförmigkeit der Drehwinkelübertragung vom Achsabstand unabhängig ist, gilt das gleiche auch für Zahnräder mit Evolventenverzahnung. Der zweite wesentliche Vorteil der Evolventenverzahnung ist somit die Unempfindlichkeit gegenüber Achsabstandsänderungen.

Unterschneidung, Grenzzähnezahl

Da nach Bild 1.1.7 die Evolvente nur außerhalb des Grundkreises besteht, muß bei der Herstellung der Verzahnung gewährleistet sein, daß der Fußkreis nicht innerhalb des Grundkreises liegt. Im äußersten Grenzfall darf gemäß **Bild 1.1.10** der Kopf des ganz allgemein als Stoßrad 2 vorausgesetzten Werkzeuges durch den Berührungspunkt der Eingriffslinie mit dem Grundkreis des Rades 1 gehen. Aus dem rechtwinkligen Dreieck wird nach dem Pythagoras:

$$[r_{w2} + c \cdot m]^2 = [r_{g2}]^2 + [(r_{w2} + r_{w1\,min}) \cdot \sin\alpha]^2.$$

Mit
$$r_{w1\,min} = \frac{1}{2} \cdot m \cdot z_{1\,min},$$

$$r_{w2} = \frac{1}{2} \cdot m \cdot z_2,$$

$$c \cdot m = h_K$$

und
$$r_{g2} = r_{w2} \cdot \cos\alpha$$

wird dann:

$$z_{1\,min} = z_2 \cdot \left[\sqrt{\frac{4 \cdot c}{\sin^2\alpha} \cdot \left(\frac{c}{z_2^2} + \frac{1}{z_2}\right) + 1} - 1 \right].$$

In dieser Formel ist $z_{1\,min}$ die von der Zähnezahl z_2 des Werkzeuges abhängige minimal zulässige Zähnezahl des Werkstücks. Wird die Verzahnung mit einem Zahnstangenprofil hergestellt, so ergibt sich mit

$$z_2 = \infty$$

$$z_{1\,min\,(z_2 = \infty)} = \frac{2\,c}{\sin^2\alpha}.$$

Für $c = 1$ und $\alpha = 20°$ ist dann:

$$z_{1\,min\,(z_2 = \infty)} = 17.$$

Bei kleineren Zähnezahlen als $z_{1\,min}$ tritt an den Zähnen bei der Herstellung im Abwälzverfahren Unterschneidung auf, die zu einer Schwächung des Zahnfußes und einer Verkürzung der Eingriffsstrecke und

1.1. Zahnradgetriebe

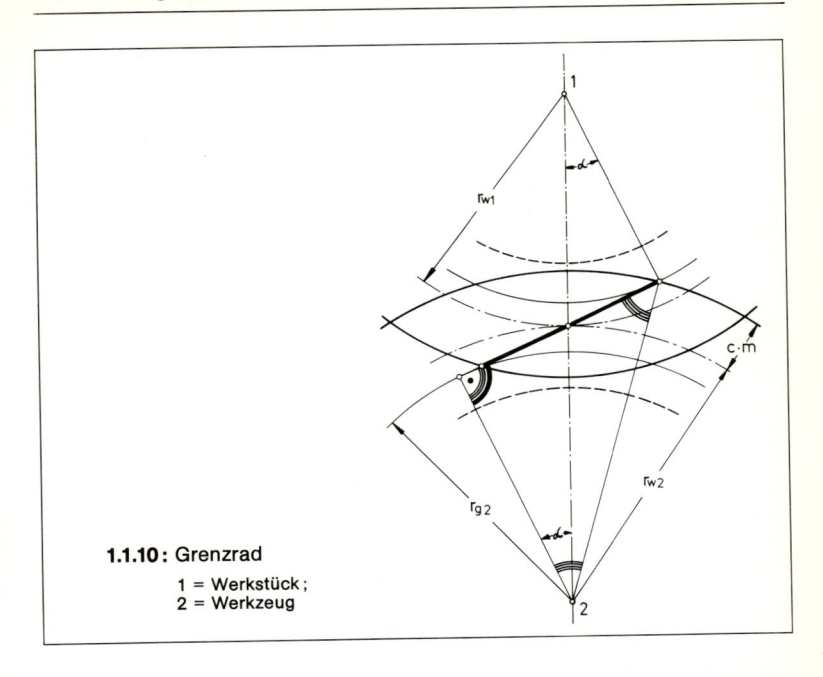

1.1.10: Grenzrad
1 = Werkstück;
2 = Werkzeug

somit auch zu einer Verringerung des Überdeckungsgrades führt. Zur Vermeidung der damit verursachten Nachteile kann die Unterschneidung durch Vergrößerung des Eingriffswinkels, durch Verkleinerung der Zähnezahl des Stoßrades oder auch bevorzugt durch radiale Verschiebung des Zahnflankenprofils nach außen vermieden werden. Infolge des genormten Eingriffswinkels von $\alpha = 20°$ kommt eine Änderung des Eingriffswinkels kaum in Frage. Auch ist die Verkleinerung der Werkzeug-Zähnezahl primär aus Kostengründen nicht ohne weiteres praktikabel. Zum anderen begrenzt die Unterschnittgrenze auch beim Werkzeug selbst die untere Grenzzähnezahl. Aus wirtschaftlichen Erwägungen heraus verbleibt nur die Profilverschiebung. Das Aussehen eines unterschnittenen Zahnes zeigt die linke Darstellung des **Bildes 1.1.11**. Rechts daneben ist der entsprechend korrigierte Zahn gezeichnet.

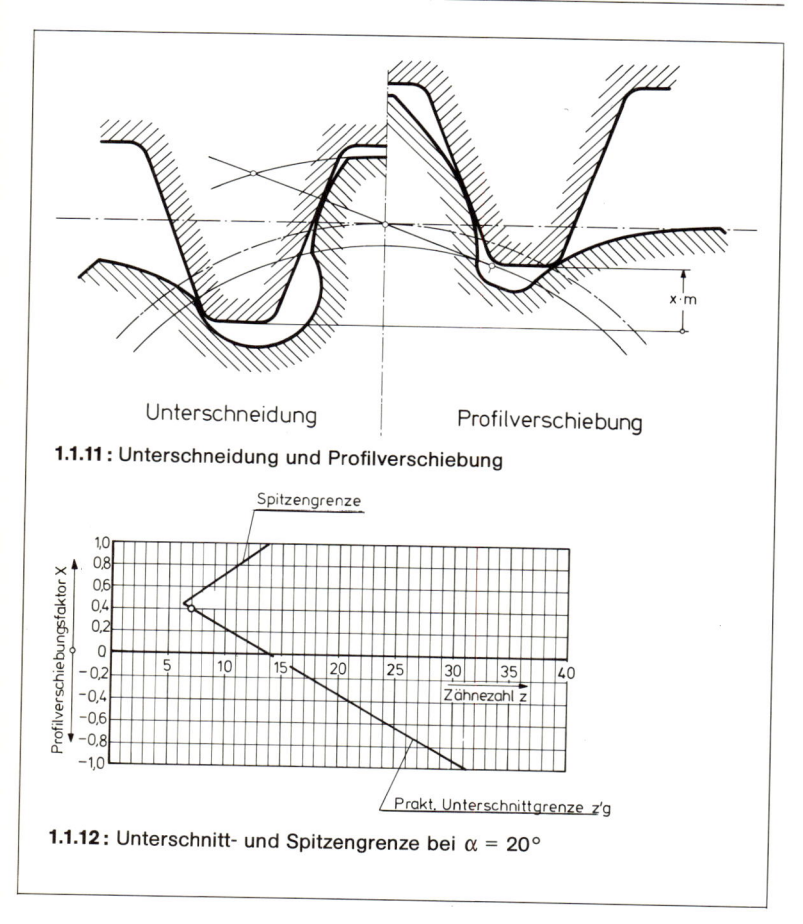

1.1.11: Unterschneidung und Profilverschiebung

1.1.12: Unterschnitt- und Spitzengrenze bei $\alpha = 20°$

Räder ohne Profilverschiebung heißen Null-Räder und mit einer solchen V-Räder. Nullräder bilden ein Nullgetriebe. Ein V-Rad mit einem Nullrad oder einem V-Rad gepaart gibt ein V-Getriebe, wenn damit eine Ände-

1.1. Zahnradgetriebe

rung des Achsabstandes der Räder verbunden ist. Wird aber bei einem Gegenrad zu einem positiven V-Rad das Profil um das gleiche Stück wie bei diesem entgegengesetzt – also nach innen – verschoben (negative Profilverschiebung), bleibt der Achsabstand unverändert. Ein solches Getriebe heißt V-Null-Getriebe.

Nun lassen sich auch mit einer Profilverschiebung keine beliebig kleinen Zähnezahlen realisieren, da die Zähne am Kopf spitz werden und die absolute Spitzengrenze im unteren Zähnezahlbereich nach **Bild 1.1.12** die maximal zulässige Größe der anwendbaren Profilverschiebung bestimmt.

1.1.0.1.5. Übliche Getriebeausführungen

Nach dem Verlauf der Flankenlinie kennt man bei Stirnradgetrieben gemäß **Bild 1.1.13** Zahnräder mit Gerad-, Schräg- und Pfeilverzahnung. Die Schrägverzahnung hat gegenüber der Geradverzahnung den Vorteil, daß der Eingriff über die ganze Breite allmählich entsprechend der Zahnschräge erfolgt (weicher Eingriff). Auf diese Weise wird auch angestrebt, daß stets mehrere Zähne im Eingriff stehen. Hierdurch kommt zur Profilüberdeckung noch die sogenannte Sprungüberdeckung hinzu. Der Überdeckungsgrad wird also vergrößert. Hierdurch ist ein besonders ruhiger Lauf gesichert. Ein gewisser Nachteil ist der auftretende Achsschub. Das ist die Kraftwirkung, die in Achsrichtung auftritt. Dieser Achsschub erfordert eine besondere Ausbildung der Lagerung.

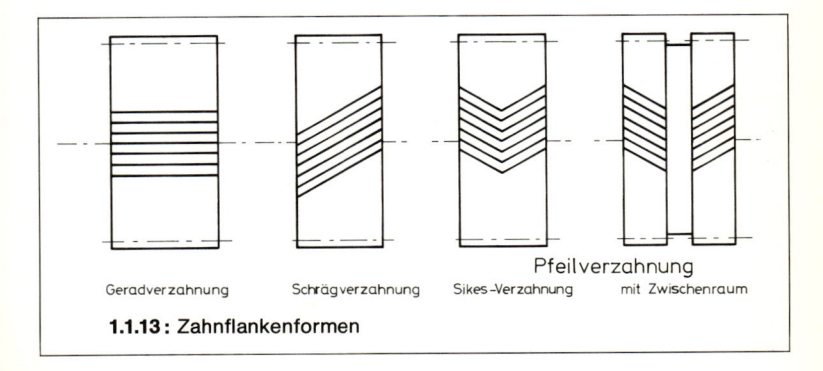

1.1.13: Zahnflankenformen

Geradverzahnung — Schrägverzahnung — Sikes-Verzahnung — Pfeilverzahnung mit Zwischenraum

Um den nachteiligen Achsschub auszuschalten, entwickelte man die Pfeilverzahnung. Sie hat die gleichen Vorzüge wie die Schrägverzahnung, vermeidet aber den Achsschub, weil die in Längsrichtung auftretenden Kräfte sich gegenseitig aufheben. Bei der Pfeilverzahnung unterscheidet man zwei grundsätzliche Ausführungsformen, und zwar

a) Pfeilverzahnung ohne Zwischenraum (Sikes-Verzahnung)
b) Pfeilverzahnung mit Zwischenraum.

Kegelräder können ebenfalls mit Gerad- und Schrägverzahnung versehen werden. Begünstigt durch die Herstellverfahren wird jedoch die Schrägverzahnung als Bogen- bzw. Spiralverzahnung bevorzugt.

Kegel- und Stirnradgetriebe können auch miteinander kombiniert werden. Man erhält damit die Kegelstirnradgetriebe, die ebenfalls in vielen Ausführungen und für alle praktisch vorkommenden Betriebsbedingungen hergestellt werden.

Schneckengetriebe haben den Vorteil, daß sie bei relativ kleinen Abmessungen große Übersetzungsverhältnisse zulassen. Bei zweckmäßiger Ausführung sind auch mit Schneckengetrieben Wirkungsgrade realisierbar, die an die Wirkungsgrade von Stirnradgetrieben beziehungsweise Kegelradgetrieben heranreichen können.

Ebenfalls primär für hohe Übersetzungsverhältnisse werden Exzentergetriebe eingesetzt, während die Getriebe mit Triebstockverzahnung infolge der immer höher gestiegenen Anforderungen an Präzision und Leistungsfähigkeit an Bedeutung verloren haben. Von der Kinematik her sind Exzenter- und Triebstockgetriebe den Wälzgetrieben zuzuordnen.

Ein weites Anwendungsfeld haben Planetengetriebe gefunden. Ihre hervorstechenden Eigenschaften sind die Kombination einer hohen Raumleistung mit der anwendungstechnisch und optisch wirkungsvollen koaxialen Ausführung von Antrieb und Abtrieb bei Wirkungsgraden, die diejenigen normaler Stirnradgetriebe noch übersteigen können. Vorteilhaft ist auch ihre Einsatzmöglichkeit als Summierungs- oder Verteilergetriebe vornehmlich in Verbindung mit stufenlos verstellbaren Antrieben zur Erweiterung beziehungsweise zur Einengung des Verstellbereiches.

1.1.0.2. Betriebsbedingungen und Größenbestimmung

Da die Zahnradgetriebe als Bindeglied zwischen Kraft- (oder Arbeitsmaschine) und Arbeitsmaschine eingesetzt werden, sind für die festigkeitsmäßige Auslegung der Getriebe auch die charakteristischen Einflüsse durch diese Maschinen mit zu berücksichtigen. Das wirkliche, auf die Verzahnung einwirkende äußere Drehmoment kann zum Beispiel durch Stöße oder schwankende Belastungen das Nennmoment unter Umständen weit übersteigen. Diese äußeren dynamischen Zusatzkräfte können durch einen Betriebsfaktor K'_1 erfaßt werden. Ein Weg zur Bestimmung von Betriebsfaktoren K'_1 für die Auslegung von Zahnradgetrieben wird in dem Entwurf der *VDI*-Richtlinie 2151 vorgeschlagen.

Für die Ermittlung dieser Faktoren müßte die Belastung des Getriebes an der Abtriebswelle als Funktion der Zeit, also der Verlauf des Drehmomentes während der gesamten Laufzeit gemäß **Bild 1.1.14** aufgenommen werden. Diesen schwankenden Drehmomentenverlauf teilt man in einzelne Zeitintervalle mit näherungsweise gleichem Drehmoment ein und ordnet diese Belastungsintervalle gemäß **Bild 1.1.15** neu nach abfallender Tendenz des Drehmomentes.

Trägt man in Bild 1.1.15 die Belastbarkeit des Getriebes unter Berücksichtigung eines angemessenen Sicherheitszuschlages über der Lastwechselzahl zusätzlich auf, so ist das Getriebe richtig ausgelegt, wenn die geordnete Belastungsfunktion die um einen Sicherheitsbetrag reduzierte Wöhlerlinie zumindest in einem Punkt gerade berührt. Eine ideale Getriebeauslastung läge vor, wenn die geordnete Belastungsfunktion die reduzierte Wöhlerlinie im gesamten Bereich tangieren würde. Wird die Wöhlerlinie nicht berührt, ist das Getriebe überdimensioniert, wird sie überschritten, so ist das Getriebe zu schwach ausgelegt und würde vorzeitig ausfallen.

Aus dem Verhältnis der Belastungskennwerte zu den Kennwerten aus der Wöhlerkurve werden nach der *VDI*-Richtlinie 2151 Betriebsfaktoren K'_1 ermittelt, mit denen die Nennleistung der Arbeitsmaschine zu multiplizieren ist. Für die korrigierte Leistung ist das Getriebe dann auszulegen.

Da konkrete Angaben über das Belastungskollektiv bzw. die Belastungsfunktion üblicherweise nicht vorliegen, soll diese nach der vorstehend angeführten *VDI*-Richtlinie unter Verwertung früherer Erfahrungen, Meß-

1.1.14: Belastungsfunktion $T = f(t)$

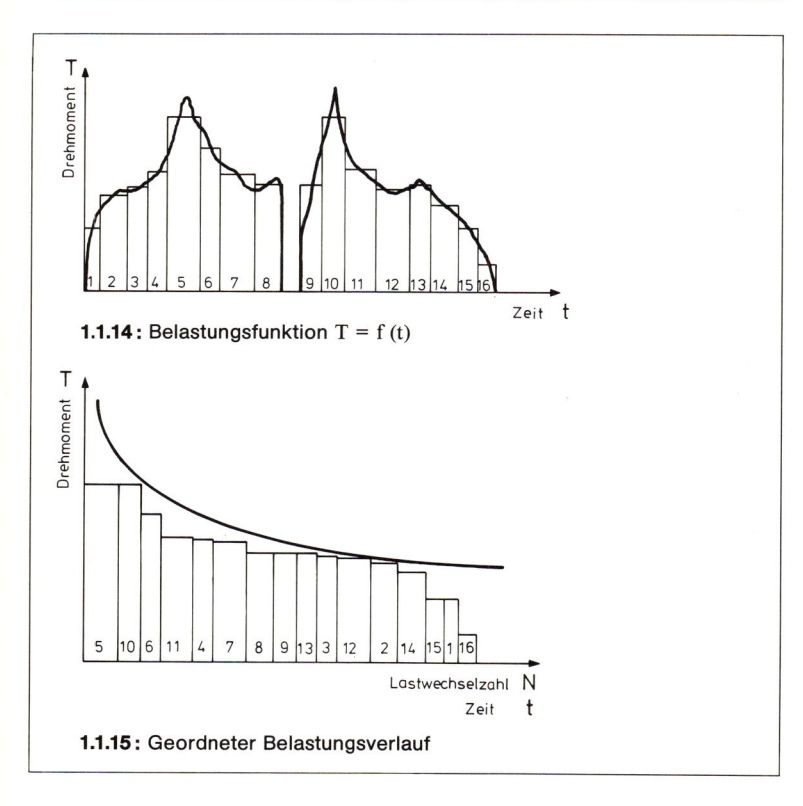

1.1.15: Geordneter Belastungsverlauf

ergebnisse und Überschlagsrechnungen geschätzt werden, wobei Umstände, die sich im Einzelfall günstig oder auch ungünstig auf die Belastung des Getriebes auswirken können, mit zu berücksichtigen sind.

Diese Methode führt dann zu Betriebsfaktoren K_1, die in Firmenkatalogen aufgeführt sind und in Abhängigkeit von der Charakteristik sowohl der Kraftmaschinen als auch der Arbeitsmaschinen zur Auslegung der angebotenen Getriebe benutzt werden können. Selbstverständlich sind

1.1. Zahnradgetriebe

diese nur angenähert und als Mittelwerte für den angeführten Anwendungsfall zu betrachten, da zum Beispiel die Drehsteifigkeit einer an- oder abtriebsseitigen Kupplung häufig nicht berücksichtigt wird. Übliche Betriebsfaktoren K_1 für die Auslegung von Zahnradgetrieben sind als Beispiel in **Tabelle 1.1.1.** angegeben.

Während im Drehmomentverlauf nach der *VDI*-Richtlinie 2151 gemäß Bild 1.1.14 die Betriebsdauer sowie die Anlaufhäufigkeit miterfaßt sind, sind deren Einflüsse in den K_1-Werten der Tabelle 1.1.1. nicht berücksichtigt. Sie wurden vielmehr für eine mittlere tägliche Betriebsdauer von etwa 2 bis 8 Betriebsstunden aufgestellt.

Es gibt aber auch Einsatzfälle für Getriebe, bei denen die mittlere tägliche Betriebsdauer von 2 bis 8 Stunden nicht erreicht oder sogar überschritten wird. Bei sehr geringer Einsatzzeit darf das Getriebe dann mit einer relativ höheren Belastung gefahren werden, während bei Dauereinsatz die Leistung etwas gedrosselt werden sollte. Diese Leistungsänderung kann überschlägig durch einen Betriebsfaktor K_2 berücksichtigt werden. In **Tabelle 1.1.2** sind einige Betriebsfaktoren K_2 zusammengefaßt.

Eine dritte Einflußgröße hinsichtlich der mechanischen Belastung eines Getriebes stellt die Einschalthäufigkeit pro Zeiteinheit dar, da bei jedem Anlauf die Schwungmassen der Arbeitsmaschinen über das Getriebe zu beschleunigen sind und dabei jedes Mal die Drehmomentenkennlinie der Kraftmaschine durchfahren wird. Dabei wirkt sich diese Anfahrhäufigkeit bei einem Getriebe zum Antrieb einer Arbeitsmaschine mit einem großen K_1-Faktor in nicht so starkem Maße aus, wie bei einer vergleichsweise mit großer Gleichförmigkeit laufenden Arbeitsmaschine. Die Anfahrhäufigkeit kann beispielsweise durch einen Betriebsfaktor K_3 gemäß **Tabelle 1.1.3** berücksichtigt werden, der für eine Häufigkeit von höchstens zehn Anläufen pro Stunde mit eins angesetzt ist.

Während bei Zahnradgetrieben mit Umlaufschmierung die Belastbarkeit des Getriebes lediglich durch die mechanische Beanspruchung begrenzt wird und hierbei die Betriebsfaktoren K_1, K_2 und K_3 zur Dimensionierung ausreichen, muß bei Tauchschmierung jedoch sichergestellt sein, daß die Beharrungstemperatur einen in erster Linie für die Alterungsbeständigkeit des Öles gültigen Grenzwert nicht übersteigt. Ohne zusätzliche Kühlwirkung wird vom Gehäuse natürlich nur eine geringere Wärmemenge abgeführt als bei einem Getriebe mit Kühlung durch

Lüfter oder Kühlschlange. Am intensivsten ist der Kühleffekt bei einer Kühlung durch Lüfter und Kühlschlange. Bei einer von 20° C abweichenden Umgebungstemperatur muß die vom Getriebe übertragbare Wärmegrenzleistung P_G mit dem Faktor K_4 gemäß **Tabelle 1.1.4** korrigiert werden. Da bei einer weniger als 100%igen Einschaltdauer pro Stunde das Getriebegehäuse in den Stillstandszeiten einen Wärmeanteil aus der vorherigen Betriebsphase an die Umgebung wieder abgibt, kann die mit K_4 zunächst ermittelte thermische Belastbarkeit um einen von der Einschaltdauer abhängigen Faktor K_5 gemäß **Tabelle 1.1.5** angehoben werden.

Die Bestimmung der Getriebegröße hat demnach sowohl unter dem Gesichtspunkt der mechanischen als auch thermischen Belastung zu erfolgen. Die Betriebsfaktoren K_1, K_2 und K_3 führen zu Getriebegrößen, die hinsichtlich der mechanischen Belastung ausreichend ausgelegt sind. Entsprechend liefern die Faktoren K_4 und K_5 Getriebegrößen, die hinsichtlich der thermischen Belastung ausreichend ausgelegt sind. Ergeben diese beiden Auswahlkriterien unterschiedliche Getriebegrößen, so ist jeweils das größere Getriebe zu wählen.

1.1.0.3. Auslegung

Früher wurden Zahnräder für Getriebe aus unlegierten Vergütungsstählen ausgeführt. Der Ritzelwerkstoff war üblicherweise C 60 mit einer Brinellhärte von $HB \approx 2000$ N/mm², der Rad- bzw. Bandagenwerkstoff C 45 mit $HB \approx 1800$ N/mm². Der Werkstoffunterschied wurde gewält, um die Freßneigung auf den Zahnflanken infolge der gleitenden Reibung zu reduzieren.

Nach Bild 1.1.2 haben die Absolutgeschwindigkeiten v_1 und v_2 der beiden konjugierten Zahnflanken im gemeinsamen Kontaktpunkt nämlich unterschiedliche Tangentialkomponenten t_1 und t_2. Deren Differenz ist die augenblickliche Gleitgeschwindigkeit v_g beider Zahnflanken aufeinander. Da für den Wälzpunkt C die Geschwindigkeiten v_1 und v_2 nach Größe und Richtung gleich sind, sind hier die beiden Tangentialgeschwindigkeiten wegen der im Kontaktpunkt immer gemeinsamen Tangente ebenfalls gleich. Aus diesen Gründen ist im Wälzpunkt die Gleitgeschwindigkeit der beiden Zahnflanken aufeinander

$$v_{gC} = 0.$$

Am Zahnkopf bzw. am Zahnfuß ist sie am größten.

1.1. Zahnradgetriebe

Da jedoch noch immer eine relativ hohe Freßgefahr bestand und die Gleitgeschwindigkeit mit zunehmender Entfernung vom Wälzkreis zum Zahnkopf und Zahnfuß hin ansteigt, mußte der für die Zahnhöhe maßgebliche Modul klein gehalten werden, um auf diese Weise auch die Gleitgeschwindigkeiten am Zahnkopf bzw. Zahnfuß möglichst niedrig zu halten.

Zur Übertragung höherer Leistungen wurden später Legierungsstähle als Verzahnungswerkstoff genommen. Zum Beispiel bestanden dann die Ritzel aus 42 Cr Mo 4 V mit $HB \approx 2500$ N/mm^2 und die Räder bzw. Bandagen aus 34 Cr 4 V mit $HB \approx 2300$ N/mm^2. Durch die Anwendung solcher hochwertiger Legierungsstähle war eine Erhöhung der Flankentragfähigkeit um etwa 25 % und der Fußfestigkeit bis 40 % möglich.

Eine weitere Leistungssteigerung ist durch die Anwendung der Nitrierhärtung möglich. Bei der Gasnitrierung diffundiert bei 500 bis 520° C Stickstoff im Nitrierofen aus einer Ammoniakatmosphäre in die Werkstoffoberfläche ein und bildet dort harte und verschleißfeste Nitride. Bei einer Nitrierzeit bis ca. 85 Stunden wird eine Einhärtetiefe von 0,7 bis 0,8 mm erreicht. Sehr gut geeignet ist zum Beispiel der Werkstoff 31 Cr Mo V 9 für Rad und Gegenrad. Aber auch die legierten Werkstoffe 42 Cr Mo 4 V werden vorzugsweise für Ritzel und 34 Cr Mo 4 V für Räder und Bandagen genommen.

Zeitlich später erst gelangte das Badnitrieren zur Anwendung. Bei einer Temperatur von etwa 550° C erfolgt der Nitriervorgang in einer vergleichsweise kurzen Zeit von 1 bis 4, höchstens 6 Stunden. Geeignet hierfür ist der Werkstoff C 45. Dieser billige Werkstoff bringt in Verbindung mit der stark reduzierten Nitrierzeit eine Verbilligung gegenüber der Gasnitrierung. Allerdings ist das Badnitrieren infolge der vergleichsweise geringen Einhärtetiefe nur für Zahnräder mit relativ kleinen Moduln anwendbar.

Diese so gas- und vor allem badnitrierten Zahnräder zeigen ein äußerst gutes Verschleißverhalten. Bei einer Anwendung der Badnitrierung ist hinsichtlich der Flankentragfähigkeit eine Leistungssteigerung von 100 % möglich. Hinsichtlich der Zahnfußfestigkeit ist gegenüber der Paarung C 60/C 45 allerdings nur eine Steigerung von 40 % zu erreichen. Um auch die Fußtragfähigkeit entsprechend der Flankentragfähigkeit anzuheben, muß der Zahnfuß durch entsprechende Modulvergrößerung

1. Getriebe mit unveränderlicher Übersetzung

Betriebsart			Faktor K_1
	Kraftmaschinen	Verbrennungskraftmaschinen 1 bis 3 Zylinder mit Ungleichförmigkeitsgrad 1:80 bis 1:100	
		Wasserturbinen, Verbrennungskraftmaschinen 4 bis 6 Zylinder mit Ungleichförmigkeitsgrad 1:100 bis 1:200	
		Elektromotoren, Dampfturbinen und Axialkolbenmotoren (mehr als 6 Zylinder)	
	Arbeitsmaschinen (Beispiele)		
a)	mit gleichmäßigem Betrieb und geringen zu beschleunigenden Massen		1 1,1 1,2
	Gurtbandförderer für Schüttgut, Kreiselpumpen für Flüssigguт, Lichtgeneratoren, Vorgelege, Wellenstränge;		
b)	mit gleichmäßigem Betrieb und kleineren zu beschleunigenden Massen		1,1 1,2 1,3
	Becherwerke, Blechbiegemaschinen, Elevatoren, Gurtbandförderer für Stückgut, Gurttaschen, Kreisförderer, Lastaufzüge, Mehlbecherwerke, Rührwerke für Flüssiggut, Schneckenförderer, leichte Textilmaschinen, Werkzeugmaschinen mit drehender Bewegung;		
c)	mit ungleichmäßigem Betrieb und mittleren zu beschleunigenden Massen		1,2 1,3 1,5
	Abrichte-Dicktenhobel, Drehöfen, Druckerei- und Färbereimaschinen, Fördertrommeln, Generatoren, Gliederbandförderer, Haspeln, Holzbearbeitungsmaschinen, Kettenbahnen, Kreiselpumpen für halbflüssiges Gut, Kühltrommeln, Mischer, Reißwölfe, Ringspinnmaschinen, Rührwerke für halbflüssiges Gut, Schleifmaschinen, Schwingsiebe, Schotterbecherwerke, Stahlbandförderer, Trockentrommeln und -öfen, Trogkettenförderer, Winden;		
d)	mit ungleichmäßigem Betrieb, mittleren zu beschleunigenden Massen und Stößen		1,3 1,5 1,7
	Betonmischer, Dreschmaschinen, Fallhämmer, Gebläse, Gerbfässer, Hobelmaschinen für Metalle, Holländer, Karden, Knetmaschinen, Krananlagen, Kugelmühlen, Mahlgänge, Mühlen, Personenaufzüge, Preßpumpen, Propellerpumpen, Rohrmühlen, Rollfässer, leichte Rollgänge, Schiffswellen, Schleudermühlen, Seilwinden, Selfaktoren, Straßenwalzen, Turbo-Kompressoren, Walzenstühle, Waschmaschinen, Webstühle, Zentrifugen;		

Tabelle 1.1.1: Betriebsfaktoren K_1 für äußere dynamische Zusatzbelastungen

1.1. Zahnradgetriebe

Betriebsart	Kraftmaschinen	Verbrennungskraftmaschinen 1 bis 3 Zylinder mit Ungleichförmigkeitsgrad 1:80 bis 1:100		
		Wasserturbinen, Verbrennungskraftmaschinen 4 bis 6 Zylinder mit Ungleichförmigkeitsgrad 1:100 bis 1:200		
		Elektromotoren, Dampfturbinen und Axialkolbenmotoren (mehr als 6 Zylinder)		
	Arbeitsmaschinen (Beispiele)			Faktor K_1
	e) mit ungleichmäßigem Betrieb, großen zu beschleunigenden Massen und starken Stößen			
	Bagger, Bleiwalzwerke, Drahtzüge, Gummiwalzwerke, Hammermühlen, Hämmer, Holzschleifer, Kalander, Kolbenpumpen und Kompressoren mit leichtem Schwungrad, Kollergänge, Pressen, Rotary-Bohranlagen, Rüttelmaschinen, Scheren, Schmiedepressen, Stanzen, Zuckerrohrbrecher;	1,5	1,7	1,9
	f) mit ungleichmäßigem Betrieb, sehr großen zu beschleunigenden Massen und besonders starken Stößen			
	Kolbenkompressoren und Kolbenpumpen ohne Schwungrad, schwere Rollgänge, Schweißgeneratoren, Steinbrecher, Walzwerke für Metalle, Ziegelpressen;	1,8	2,1	2,3

Tabelle 1.1.1: (Fortsetzung)

Tägliche Betriebsdauer				
über		2	8	16
bis	2	8	16	Stunden
Faktor K_2				
	0,9	1	1,12	1,25

Tabelle 1.1.2: Betriebsfaktoren K_2 für die Betriebsdauer

Anläufe je Stunde	über		10	20	40	80	160
	bis	10	20	40	80	160	
		Faktor K_3					
Betriebsart nach Tabelle 1.1.1 für Faktor K_1	a)	1	1,2	1,3	1,5	1,6	2
	b)	1	1,09	1,18	1,37	1,46	1,8
	c)	1	1,08	1,17	1,25	1,33	1,65
	d)	1	1,07	1,15	1,23	1,30	1,55
	e)	1	1,07	1,12	1,18	1,26	1,32
	f)	1	1,06	1,08	1,1	1,1	1,1

Tabelle 1.1.3: Betriebsfaktoren K_3 für die Anlaufhäufigkeit

verstärkt werden. Das gute Verschleißverhalten läßt diese Maßnahme ohne weiteres zu.

Eine weitere Möglichkeit für die Oberflächenhärtung von Zahnflanken bietet sich durch die Induktions- oder Flammenhärtung an. Der vergütete Ausgangszustand von chrommolybdän-legiertem Stahl liefert die besten Voraussetzungen für diese Arten der Oberflächenhärtung, da eine optimale Austenitbildung dadurch erreicht wird, daß die Karbide völlig aufgelöst werden und der Perlit in Austenit umgewandelt wird.

Kleinere Zahnräder mit ebenfalls kleinen Moduln können ordnungsgemäß im Umlaufverfahren gehärtet werden. In diesem Falle wird eine

1.1. Zahnradgetriebe

für Getriebe ohne Kühlung gilt: $P_{G1} \cdot K_4 \cdot K_5$	Bei Umgebungstemperatur von °C				
	10	20	30	40	50
Faktor K_4	1,12	1	0,88	0,75	0,63
für Getriebe mit Kühlung durch Lüfter oder Kühlschlange gilt 1: $P_{G2} \cdot K_4 \cdot K_5$	Bei Umgebungstemperatur von °C				
	10	20	30	40	50
Faktor K_4	1,12	1	0,9	0,8	0,7
für Getriebe mit Kühlung durch Lüfter und Kühlschlange gilt 1: $P_{G3} \cdot K_4 \cdot K_5$	Bei Umgebungstemperatur von °C				
	10	20	30	40	50
Faktor K_4	1,12	1	0,94	0,86	0,8

Tabelle 1.1.4: Betriebsfaktoren K_4 für die Umgebungstemperatur

für Getriebe ohne Kühlung gilt: $P_{G1} \cdot K_4 \cdot K_5$	für Getriebe mit Kühlung durch Lüfter oder Kühlschlange gilt: $P_{G2} \cdot K_4 \cdot K_5$		für Getriebe mit Kühlung durch Lüfter und Kühlschlange gilt: $P_{G3} \cdot K_4 \cdot K_5$		
Bei Einschaltdauer je Stunde in %	100	80	60	40	20
Faktor K_5	1	1,2	1,4	1,6	1,8

Tabelle 1.1.5: Betriebsfaktoren K_5 für die Einschaltdauer ED

ringförmige Induktionsschleife bzw. ein ringförmiger Gasbrenner um das Zahnrad gelegt, dieses durch axiales Verschieben zunächst erhitzt und danach abgeschreckt. Für größere Zahnräder reichen jedoch die vorhandenen Energien rasch nicht mehr aus, so daß zur Sektions- oder Einzelzahnhärtung übergegangen werden muß.

Fertigungstechnisch liegt bei der Einzelzahnhärtung eine Schwierigkeit darin, für die verschiedenen Zähnezahlen, Moduln sowie Profilverschiebungen den Zahngrund immer einwandfrei mitzuhärten. In dem Falle, daß nämlich zumindest der Übergang vom Zahnfuß zum Zahngrund nicht miterfaßt wird, tritt infolge der durch die örtlich sprunghaften Gefügeänderungen hervorgerufenen Eigenspannungsspitzen bei gesteigerter Flankenhärte sogar ein Abfall der Zahnfußfestigkeit gegenüber dem nur vergüteten Zahnrad auf, während bei Miterfassung des Zahngrundes infolge der Druckeigenspannungen in der Härtezone sogar neben der Erhöhung der zulässigen Hertz'schen Pressung auf den Zahnflanken auch eine merkliche Erhöhung der Zahnfußfestigkeit bei gleicher Verzahnungsgeometrie erzielt wird. Aus diesem Grunde ist der Zahnlückenhärtung der Vorzug zu geben, da Rechts- und Linksflanke einschließlich Zahngrund in einem Durchlauf gemeinsam gehärtet werden. Bei der Einzelzahnhärtung würden in jeder Zahnlücke ungünstige Härteüberschneidungen auftreten können.

Dieses Verfahren erfordert eine genaue Führung des Brenners und erst recht der Induktionsschleife sowie Erfahrungen in der Wahl und Anwendung des Abschreckmittels. Selbstverständlich bedingt ein zu schneller Vorschub wiederum eine höhere Energie und erschwert damit eine gleichmäßige Einstellung der Härtetemperatur im Zahnlückenbereich. Örtliche Überhitzung mit ungleichmäßigen Tiefenhärtezonen und Anrissen kann die Folge sein. Dagegen läßt ein zu langsamer Vorschub die Temperatur in den schon gehärteten Nachbarzahn fließen und führt hier unter Umständen zu Querrissen.

Zur Reduzierung von unvermeidlichen Härteverzügen hat es sich als günstig erwiesen, bis zu einem Verzahnungsdurchmesser von ca. 1200 mm im ersten Härtungsumlauf jede zweite Zahnlücke zu überspringen. Die verbliebenen Lücken werden dann in einem zweiten Umlauf gehärtet.

Wegen der Wichtigkeit der Zahngrundhärtung zur Erhöhung der Zahnfußfestigkeit müssen sämtliche Zähne entsprechend geprüft werden.

1.1. Zahnradgetriebe

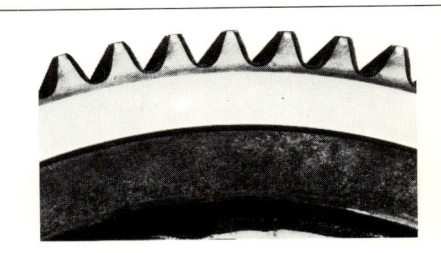

1.1.16: Härteverlauf an der Stirnseite eines Zahnrades

Bild 1.1.16 zeigt den Härteverlauf an der Stirnseite eines Zahnrades, der durch Ätzen mit verdünnter Salpetersäure sichtbar gemacht wurde. Es muß streng davor gewarnt werden, sich in diesem Falle nur auf die stirnseitigen Anlauffarben zu verlassen.

Die angestrebten Leistungssteigerungen in Verbindung mit einem möglichst geringen umbauten Raum beziehungsweise bei kleinem Gewicht führte schließlich zur Einsatzhärtung mit anschließendem Schleifen der Zahnflanken. Übliche Werkstoffe sind z. B. 16 Mn Cr 5 für kleinere Räder bis Modul 7 und 17 Cr Ni Mo 6 für größere Räder über Modul 7. Durch Einsatzhärten und Schleifen sind Leistungssteigerungen um den Faktor 2,5 gegenüber der Badnitrierung für die Flankentragfähigkeit erreichbar. Die Zahnfußfestigkeit kann jedoch unter vergleichbaren geometrischen Verhältnissen nur um den Faktor 1,3 bis 1,5 gegenüber der Badnitrierung angehoben werden. Aus diesem Grunde muß der Modul noch weiter vergrößert werden. Zusätzlich wird eine möglichst große positive Profilverschiebung ebenfalls zur Anhebung der Zahnfußstärke angestrebt. Es ergibt sich beispielsweise nach **Bild 1.1.17** bei vergleichbaren Moduln für $x = 0$ eine Zahnfußstärke von 6,8 mm, für $x = +0,5$ eine Zahnfußstärke von 8,8 mm und für $x = +1,0$ eine Zahnfußstärke von 9,2 mm. Da demnach mit $x > +0,5$ keine bedeutende Verstärkung des Zahnfußes mehr zu erzielen ist, andererseits die Gleitverhältnisse und damit der Verschleiß und die Freßneigung mit x in ungünstiger Weise ansteigen, sollte ein Wert von $x = +0,5$ möglichst nicht überschritten werden. Außerdem ist die Erhöhung der Zahnfußstärke durch positive Profilverschiebung zwangsläufig mit einer gleichzeitigen Verringerung der Zahnkopfstärke verbunden. Um jedoch ein Weg-

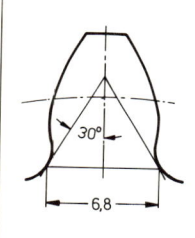

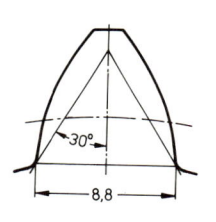

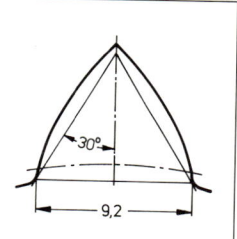

$m_n = 4$
$z = 14$
x = 0

$m_n = 4$
$z = 14$
x = 0,5

$m_n = 4$
$z = 14$
x = 1,0

1.1.17: Einfluß der Profilverschiebung auf die Zahnfußstärken

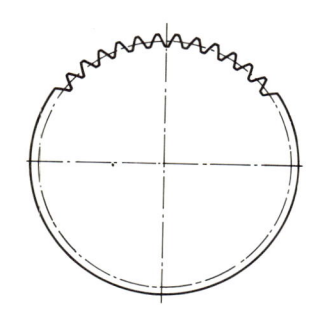

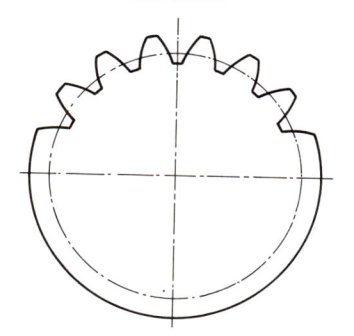

▎Werkstoff	Vergütungsstahl C 60	Einsatzstahl 15 Cr Ni 6
▎Modul	$m_n = 5$ mm	$m_n = 12$ mm
▎Zähnezahl	$z = 41$	$z = 17$
▎Zahnbreite	$b = 250$ mm	$b = 140$ mm
▎Leistung	$P = 1150$ kW	$P = 3750$ kW
Achsabstand	$a_v = 400$ m	$a_v = 400$ m
Übersetzung	$i = 2,8$	$i = 2,8$
Drehzahl	$n_1 = 1500$ 1/min	$n_1 = 1500$ 1/min

1.1.18: Vergleich zweier Zahnräder (vergütet – einsatzgehärtet)

platzen der einsatzgehärteten Zahnköpfe beim ersten Eingriffsstoß zu verhindern, soll die Stärke am Zahnkopf tunlichst $0,4 \cdot m$ bis $0,5 \cdot m$ nicht unterschreiten.

Ein unter Zugrundelegung gleicher Festigkeitswerte durchgeführter Vergleich von Zahnrädern mit einer naturharten Radverzahnung aus C 45 und einer modernen Konzeption aus 15 Cr Ni 6 einsatzgehärtet und geschliffen geht aus **Bild 1.1.18** hervor. Danach müßten das Zahnrad aus dem unlegierten Vergütungsstahl mit einem Modul von 5 mm und das einsatzgehärtete und geschliffene Zahnrad mit einem Modul von 12 mm ausgeführt werden.

Der finanzielle Aufwand für das Zahnflankenschleifen steigt mit der Radgröße sehr stark. Aus diesem Grunde paart man heute bei Großgetrieben häufig einsatzgehärtete und geschliffene Ritzel mit lediglich vergüteten Rädern aus Legierungsstahl. Man macht sich bei dieser Paarung die Kaltverfestigung an den Zahnflanken des Großrades zunutze, die beim Lauf mit dem gehärteten Ritzel eintritt. Außerdem kann ein solches Großrad in der langsamlaufenden Endstufe eines vorzugsweise mehrstufigen Stirnradgetriebes unter Umständen im Zeitfestigkeitsgebiet betrieben werden.

1.1.0.4. Abnahme

Die Abnahmeprüfung von Getriebeelementen kann als Einzelfehlerprüfung bzw. als Sammelfehlerprüfung erfolgen. Die Abweichung der einzelnen Bestimmungsgrößen von den jeweiligen Sollwerten werden als Einzelfehler bezeichnet. Solche Bestimmungsgrößen sind die Flankenform, der Grundkreis, die Einzel- und die Summenteilung, der Teilungssprung, die Eingriffsteilung, die Zahndicke, der Rundlauf, die Flankenrichtung, die Zahnweite und der Achsabstand. Während die Einzelfehlerprüfung unabhängig voneinander lediglich eine zahlenmäßige Maßabweichung von den jeweiligen Sollwerten angibt, wird mit der Sammelfehlerprüfung die gleichzeitige und gemeinsame Auswirkung mehrerer Einzelfehler auf Lage und Form der Zahnflanken und damit auf das Laufverhalten der Verzahnungen überprüft. Hierzu wird der Prüfling entweder mit einem Lehrzahnrad oder auch mit dem späteren Gegenrad auf einem Prüfgerät abgewälzt. Bei der Zweiflankenwälzprüfung kämmen beide Räder spielfrei miteinander. Die Schwankungen des Achsabstandes können in einem Polardiagramm im vergrößerten

Maßstab aufgetragen werden. Sie geben in anschaulicher Weise Aufschluß über das spätere Laufverhalten. Allerdings ist ihr Aussagewert auf Verzahnungsarten beschränkt, bei denen eine Achsabstandsänderung ohne Einfluß auf die Übertragungsgenauigkeit ist. Andernfalls muß die aufwendigere, aber auch genauere Einflanken-Wälzprüfung zur Anwendung gelangen. Hier läuft der Prüfling ebenfalls entweder mit einem Prüfrad oder auch mit dem späteren Gegenrad, allerdings bei dem festeingestellten und vorgeschriebenen Achsabstand. Die Unterschiede der Winkelgeschwindigkeiten beider Räder sind ein Maß für die wirksamen Verzahnungsfehler, wie sie auch beim späteren Betrieb zur Auswirkung kommen.

Allerdings können unter diesen Prüfbedingungen die durch die Belastung im späteren Betrieb hervorgerufenen Deformierungen nicht miterfaßt werden. Aus diesem Grunde ist eine endgültige und abgesicherte Beurteilung des Laufverhaltens erst aufgrund von Messungen an installierten Getrieben möglich.

Die beim Verkauf von Zahnradgetrieben zugestandenen Leistungsdaten hinsichtlich Funktionstüchtigkeit, Wirkungsgrad und im verstärkten Maße auch hinsichtlich Geräuschentwicklung werden jedoch schon so weit wie möglich vor der Auslieferung an komplett zusammengebauten Getrieben auf dem Prüfstand versuchsmäßig untermauert und abnahmemäßig nachgewiesen. Aus diesem Grunde werden von Serienerzeugnissen zumindest stichprobenweise Prüfstandsuntersuchungen kompletter Getriebe durchgeführt.

Bei der Untersuchung kleinerer Getriebeeinheiten ist es durchaus vertretbar, die Getriebe durch einen Elektromotor – gegebenenfalls auch durch einen Verbrennungsmotor oder eine andere Kraftmaschine – anzutreiben und durch eine Bremse zu belasten. Die Leistungsfähigkeit und Betriebssicherheit kann auf diese Weise auch im Dauerbetrieb getestet werden. Ebenfalls können bei dieser Gelegenheit Wirkungsgradmessungen und Geräuschuntersuchungen durchgeführt werden.

Die auf diese Weise durchgeführte Wirkungsgraduntersuchung wäre jedoch vergleichsweise ungenau, da die Verlustleistung aus zwei Messungen ermittelt werden muß. Bei bekannter Kennlinie der Antriebsmaschine könnte jedoch grundsätzlich aus der aufgenommenen Energie auf die Antriebsleistung für das Getriebe geschlossen werden. Genauer ist schon die Verwendung eines Pendelmotors, der unmittelbar die Dreh-

1.1. Zahnradgetriebe

momentaufnahme des Getriebes liefert. Wenn die Abbremsung über eine Pendelbremse erfolgt (Pendelgenerator, Wirbelstrombremse, Wasserwirbelbremse), kann auch das Getriebe-Abtriebsmoment gemessen werden. Mit den zugehörigen Drehzahlen erhält man Antriebs- und Abtriebsleistung. Ihre Differenz muß der Verlustleistung entsprechen.

Außerdem sind bei der auf diese Weise vorgenommenen Beurteilung des Geräuschverhaltens Einschränkungen hinsichtlich der Übertragbarkeit auf die Verhältnisse im späteren Einbauzustand angebracht, da auf dem Versuchsstand die im späteren Betrieb auftretenden Einflüsse durch die Nachbarmaschinen nicht miterfaßt werden können. Auch spielen die akustischen Eigenschaften des jeweiligen Aufstellungsortes selbst eine große Bedeutung für das subjektive Geräuschempfinden des Bedienungspersonals.

Auf jeden Fall ist es für die Durchführung von Dauerversuchen bzw. für den Prüfstandslauf von Getrieben größerer Leistung zweckmäßig, die Leistung der Getriebe beim Abbremsen nicht zu vernichten, sondern der Antriebsleistung wieder zufließen zu lassen. Eine solche Kopplungswirkung könnte beispielsweise elektrisch so erfolgen, daß die Abbremsung generatorisch erfolgt und die so gewonnene elektrische Energie nicht über einen Widerstand verheizt, sondern ins Netz zurückgespeist wird.

Wirkungsvoller – und in der Praxis am häufigsten angewendet – ist jedoch die mechanische Rückkopplung. Gemäß **Bild 1.1.19** werden zwei Getriebe gleicher Übersetzung um ein bestimmtes Drehmoment mechanisch gegeneinander verspannt. In diesem Falle muß vom Elektromotor nur die reine Verlustleistung – allerdings beider Getriebe – aufgebracht werden. Bei bekannter Motorkennlinie entspricht die Energieaufnahme der Antriebsmaschine der Verlustleistung beider Getriebe und ist in Verbindung mit der durch das statische Verspannmoment und durch die Drehzahl repräsentierten Nutzleistung ein Maß für den Getriebewirkungsgrad. Genauere Werte über die Antriebsleistung der Getriebe erhält man auch hierbei entweder bei Verwendung eines Pendelmotors – da in diesem Falle die Eigenverluste im Motor unberücksichtigt bleiben können – oder durch Messung des Drehmoments in der Torsionswelle.

Die genaueste Messung von Verlusten eines einzelnen Getriebes erfolgt jedoch mittels des Kompensationsverfahrens. In Abhängigkeit von der zugeführten Leistung wird die Beharrungstemperatur im Ölsumpf

1.1.19: Verspannungsprüfstand

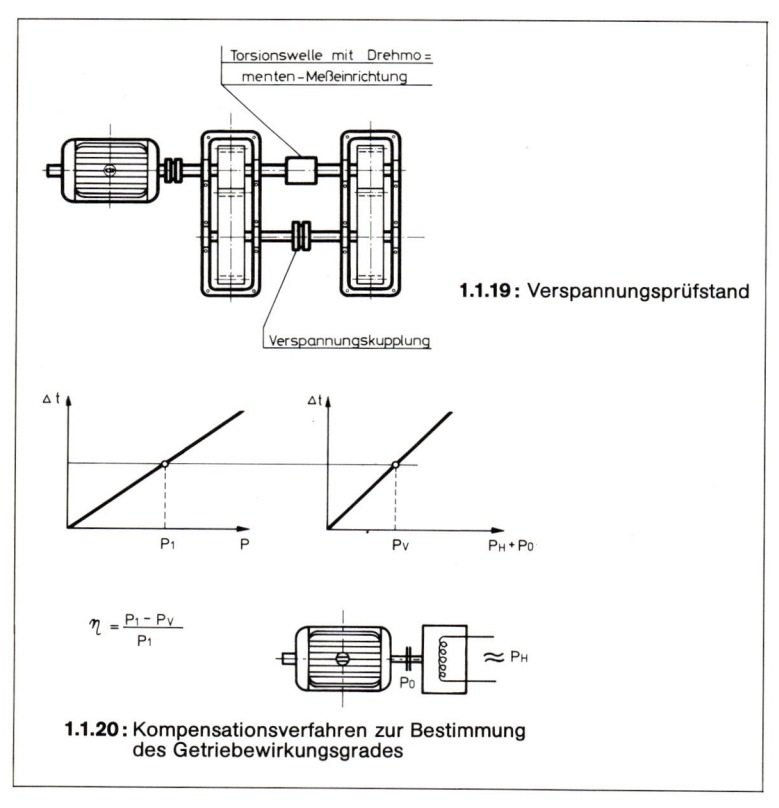

$$\eta = \frac{P_1 - P_V}{P_1}$$

1.1.20: Kompensationsverfahren zur Bestimmung des Getriebewirkungsgrades

gemessen. Die Messung der Antriebsleistung erfolgt zweckmäßigerweise wiederum über die Messung des Drehmomentes durch Pendelmotor oder Dehnungsmeßstreifen auf der Antriebswelle und der Eingangsdrehzahl.

Gemäß der linken Darstellung in **Bild 1.1.20** wird die Übertemperatur Δt über der Antriebsleistung P aufgetragen. In einem zweiten Versuch wird dann mittels elektrischer Heizstäbe das Ölbad aufgeheizt. Gleich-

1.1. Zahnradgetriebe

zeitig wird das Getriebe im Leerlauf mit Nenndrehzahl betrieben, um den Wärmeübergang vom Öl auf die Gehäusewandung gegenüber dem Belastungslauf und damit auch die Wärmeabgabe durch das Gehäuse und die umlaufenden Getriebeteile nicht zu verändern. Auch hier wird die nur geringe Antriebsleistung P_o für die Pansch- und Reibungsverluste des Öles gemessen. In einem zweiten Diagramm wird dann die Übertemperatur Δt über der Gesamtleistung – bestehend aus der Heizleistung P_H plus der zur Überwindung der Panschverluste erforderlichen Antriebsleistung P_o – gemäß der rechten Darstellung in Bild 1.1.20 aufgetragen. Durch Gleichsetzen der Übertemperaturen Δt in beiden Diagrammen erhält man dann eine recht genaue Beziehung zwischen der jeweiligen Antriebsleistung P_1 und der zugehörigen Verlustleistung P_V.

Im Gegensatz zu den behandelten Meßverfahren für die Wirkungsgradbestimmung bei Getrieben mit Tauchschmierung bietet sich für die Ölumlaufschmierung ein allerdings etwas ungenaueres – wenn auch ebenfalls recht einfaches – Verfahren an. Die gesamte Verlustleistung P_V wird zunächst in eine Ölaufwärmung Δt umgesetzt und unter Vernachlässigung der Wärmeabführung durch das Getriebegehäuse mit dem Ölstrom Q aus dem Getriebe herausgeleitet. Ist

Q [l/min] = die durch das Getriebe pro Minute durchgepumpte Ölmenge,

Δt [°C] = die aus der Differenz zwischen Öleintritts- und Ölaustrittstemperatur bestimmte Ölaufwärmung innerhalb des Getriebes,

$c = 0{,}47 \ \dfrac{\text{kcal}}{\text{kp°C}}$ = die spezifische Wärme des Öles,

$\gamma = 0{,}91 \ \dfrac{\text{kp}}{\text{l}}$ = das spezifische Gewicht des Öles und

P_V [kW] = die im Getriebe auftretende und durch das Öl abgeführte Verlustleistung,

so gilt die Beziehung:

$$P_V \ [\text{kW}] = Q \left[\frac{\text{l}}{\text{min}}\right] \cdot \Delta t \ [°C] \cdot c \left[\frac{\text{kcal}}{\text{kp°C}}\right] \cdot \gamma \left[\frac{\text{kp}}{\text{l}}\right] \cdot \frac{\text{kWh}}{860 \ \text{kcal}} \cdot \frac{60 \ \text{min}}{\text{h}}$$

Daraus errechnet sich durch Ausmultiplikation mit den obigen Werten die einfache und übersichtliche Beziehung:

$$P_V \text{ [kW]} = 3 \cdot 10^{-2} \cdot Q \left[\frac{l}{\min}\right] \cdot \Delta t \text{ [°C]}.$$

Danach kann die Verlustleistung in einfacher Weise aus der Aufwärmung der durch das Getriebe pro Zeiteinheit hindurchgepumpten Ölmenge ermittelt werden.

1.1.1. Stirnradgetriebe

1.1.1.1. Allgemeines

Stirnradgetriebe stellen die bekannteste und gebräuchlichste Ausführungsform von Zahnradgetrieben dar. Ihre Kinematik bildet auch die Grundlage für den Getriebeaufbau bei Planetengetrieben.

Bild 1.1.21 zeigt ein nach modernen Gesichtspunkten durchkonstruiertes einstufiges Stirnradgetriebe mit horizontaler Teilfuge. Um eine gute Kühlung durch den auf der schnellaufenden Ritzelwelle sitzenden Blaslüfter zu ermöglichen, ist das Gehäuse außen glattwandig ausgeführt. Die zum Wärmeübergang erforderliche Verrippung ist im Ge-

1.1.21: Einstufiges Stirnradgetriebe in Fußausführung mit Lüfter
(Flender, Bocholt)

1.1. Zahnradgetriebe

triebeinneren angeordnet. An den Lagerstellen sind kastenförmige Versteifungen vorgesehen, die gemeinsam mit der inneren Rippenanordnung eine schwingungsarme Gehäusekonstruktion ergeben. Hierdurch wird ein volles Tragbild – auch bei hohen Belastungen – in der Verzahnung sichergestellt und gleichzeitig die mögliche Geräuschabstrahlung vermindert.

Der Gehäusewerkstoff ist normalerweise Grauguß. Für Sonderfälle (robuste Betriebsverhältnisse) werden solche Getriebe auch mit Gehäusen aus Sphäro-Guß oder in Schweißausführung eingesetzt. Allerdings müssen dann infolge der verminderten Werkstoffdämpfung höhere Geräuschpegel zugestanden werden. Die Getriebewellen sind in Kegelrollenlagern, Pendelrollenlagern bzw. Zylinderrollenlagern gelagert. Die Ölversorgung der Wälzlager erfolgt entweder über Ölabstreifer und Ölnut in der Gehäuseteilfuge oder durch besondere Ölsammeltaschen, die im Gehäuseoberteil angeordnet sind. Der besondere Vorteil dieser Schmierung liegt darin, daß in einem gewissen Bereich Gehäuseneigungen um die Längs- und Querachse ohne zusätzliche Ölversorgung – beispielsweise durch eine Druckölschmierung – möglich sind. Zur optimalen Raumausnutzung des Getriebegehäuses sind Ritzel und Rad mit einfacher Schrägverzahnung ausgeführt.

1.1.1.2. Besondere Ausführungen und Anwendungen von Stirnradgetrieben

1.1.1.2.1. Mehrstufige Getriebe

In der normalen Ausführung kämmt ein Ritzel mit einem Gegenrad, wobei die erforderliche Stufenzahl in erster Linie von der Gesamtübersetzung abhängt. Die Aufteilung dieser Gesamtübersetzung in die einzelnen Teilübersetzungen wird unter der Voraussetzung vorgenommen, daß das Gesamtvolumen aller Getrieberäder ein Minimum wird. Den Volumen sind nämlich die zugehörigen Gewichte proportional, und es kann vorausgesetzt werden, daß mit einem kleineren Gewicht des Radsatzes auch kleinere Werkstoff- und Bearbeitungskosten verbunden sind.

Für ein zweistufiges Stirnradgetriebe wird unter dieser Voraussetzung:

$$i'_{12} \approx 0{,}8 \cdot i^{2/3},$$

wenn die Zahnflanken- bzw. die Zahnfußbeanspruchung in beiden Stirnradstufen gleich hoch angesetzt wird. In der Formel bedeuten:

i'_{12} = Übersetzung zwischen schnellaufender Antriebswelle und Zwischenwelle und

i = Gesamtübersetzung.

Mit $\quad i = i'_{12} \cdot i'_{22}$

wird dann: $\quad i'_{22} = \dfrac{i}{i'_{12}}$

die Getriebeübersetzung in der zweiten Stufe.

Unter den gleichen Voraussetzungen ergibt sich für ein dreistufiges Stirnradgetriebe

$$i'_{13} \approx 0{,}61 \cdot i^{4/7} \text{ und}$$

$$i'_{23} \approx 1{,}10 \cdot i^{2/7}.$$

In diesem Falle ist die Übersetzung in der letzten Getriebestufe

$$i'_{33} = \frac{i}{i'_{13} \cdot i'_{23}}.$$

In **Bild 1.1.22** sind die optimalen Teilübersetzungen für zwei- und drei-

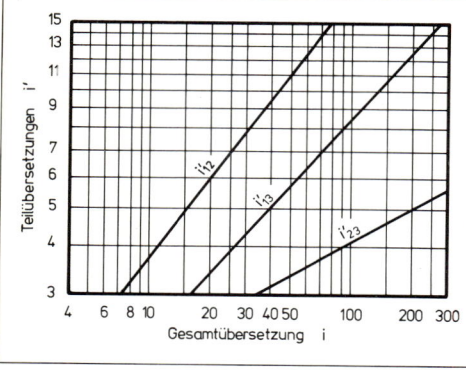

1.1.22: Aufteilung der Gesamtübersetzung bei mehrstufigen Getrieben

1.1. Zahnradgetriebe

stufige Getriebe über der Gesamtübersetzung aufgetragen. Da die über der Teilübersetzung aufgetragene Preiskurve jedoch ein recht flaches Minimum durchläuft, sind geringe Abweichungen von den theoretisch abgeleiteten Teilübersetzungen vertretbar.

Die moderne Konzeption dieser Getriebe mit der spezifisch hochbelasteten, einsatzgehärteten und geschliffenen Verzahnung begrenzt die Gesamtübersetzung etwa wie folgt:

- einstufig: Gesamtübersetzung i bis 8
- zweistufig: Gesamtübersetzung i bis 30
- dreistufig: Gesamtübersetzung i bis 125
- vierstufig: Gesamtübersetzung i bis 625.

Bei höheren Übersetzungen würden die Ritzeldurchbiegungen infolge der kleinen Fußkreisdurchmesser unzulässig groß und die erreichbaren Tragfähigkeitssteigerungen durch Belastungsspitzen infolge Kantentragens wieder reduziert.

Die angestrebte Leistungsbreite sowie die erforderliche Größe des Übersetzungsbereiches zwischen Motordrehzahl und Drehzahlen der Arbeitsmaschinen legte es aus Kostengründen schon früh nahe, Leistungen, Drehmomente bzw. Übersetzungsverhältnisse weitgehend geordnet festzulegen. Hierdurch gelang es, fast alle vorkommenden Bedarfsfälle durch geeignet ausgewählte, aus Baukastenelementen aufgebaute Getriebetypen zu befriedigen. Wenn Achsabstände, Übersetzungsverhältnisse und Radbreiten nach einer einheitlichen Normzahlreihe festgelegt werden, ergibt sich auch für die übertragbaren Leistungen der einzelnen Baugrößen eine gute Abstufung. Da die von den Zahnrädern übertragbaren Drehmomente primär durch die zulässige Wälzpressung bzw. durch die zulässige Biegebeanspruchung im Zahnfuß begrenzt werden und diese Drehmomente der Zahnbreite und dem Quadrat der Teilkreisdurchmesser proportional sind, ergibt sich nach der Normzahlreihe mit dem Stufensprung von beispielsweise 1,25 für die geometrischen Abmessungen eine solche Leistungsabstufung der aufeinander folgenden Getriebegrößen, daß die nachfolgende Baugröße gerade die doppelte Leistung der vorangehenden aufweist.

Unter Zugrundelegung dieses Konstruktionskonzeptes wiederholen sich bei den ein- und mehrstufigen Bautypen aber nicht nur die Einzelelemente, sondern ganze Baugruppen. Auch können die Einzelelemente

1.1.23: Stirnradgetriebe zum Antrieb von Schneckenpumpen *(Flender, Bocholt)*

zusätzlich so konzipiert werden, daß durch einfaches Umlegen der Innenteile ohne zusätzliche Bearbeitung aus einem Getriebe in Rechtsausführung eine Linksausführung – und umgekehrt – wird.

1.1.1.2.2. Schneckenpumpenantriebe

Bild 1.1.23 zeigt z. B. Stirnradgetriebe zum Antrieb von schräg angeordneten Schneckenpumpen im Einlaufhebewerk einer Kläranlage für die Reinigung von Schmutzwasser. Die Förderleistung einer einzelnen Schneckenpumpe beträgt 2600 m³/h bei einer Drehzahl von ca. 30 1/min. Der Einzelantrieb erfolgt über je einen Drehstromasynchronmotor mit einer Nenndrehzahl von 1480 1/min und einer Leistung von jeweils 145 kW. Die Drehzahluntersetzung von i = 1480/30 erfolgt in zweistufigen Stirnradgetrieben, die gemeinsam mit den Antriebsmotoren in der Gesamtanlage mit den gleichen Neigungswinkeln eingebaut sind wie die Pumpenschnecken. Durch die schräge Anordnung der Antriebe ist eine normale Kupplung zwischen den einzelnen Antrieben ohne den Einbau einer gesonderten Gelenkwelle möglich.

1.1.1.2.3. Rührwerksgetriebe

Rührwerke finden überall dort Anwendung, wo feste, flüssige oder gasförmige Medien gemischt, getrennt, gelöst, verteilt oder umgesetzt

1.1. Zahnradgetriebe

werden. Besonders auf dem Sektor der chemischen Verfahrenstechnik nimmt das Rühren einen breiten Raum ein. Für die speziellen Bedingungen wurden kompakte Getriebe nach dem Baukastenprinzip konzipiert, bei deren Entwicklung durch systematisches Stufen der Größen und Untersetzungen auf die in der Rühr- und Mischtechnik gestellten Forderungen gezielt eingegangen wurde. Nach den gleichen Gesichtspunkten konzipierte Getriebe finden aber heute auch in zunehmendem Maße in der Abwassertechnik neue Einsatzmöglichkeiten.

Im allgemeinen besteht ein Rührwerk aus einem Behälter, dem Rührer, der Rührwelle, der Dichtung und dem Antrieb. Folgende Baugruppen kennzeichnen den gebräuchlichen Rührwerksantrieb: Drehstrommotor, elastische Kupplung, Getriebe, Abtriebswelle mit Lager und Abdichtung zum Medium. Als Kraftmaschinen stehen Elektromotoren der verschiedensten Bauarten und Größen als Flansch- oder Fußmotoren zur Verfügung. Je nach den Erfordernissen der Rührwerkskonstruktion kann die elastische Kupplung auch durch einen Riementrieb oder durch ein Keilriemen-Verstellscheibenpaar als Verbindung von Motor und Getriebe ersetzt werden.

Für das Getriebe selbst stellen sich folgende Forderungen:

- Sehr große Übersetzungsbereiche müssen untergebracht werden können.

- Universelle Einsatzmöglichkeiten werden verlangt, z. B. durch Motorenanbau oben oder unten, Verwendung verschieden großer Rührwellen bei gleicher Getriebegröße, Sonderlagerungen für hohe Zusatzkräfte, gelegentlich sogar höhenverstellbare Abtriebswellen.

- Eine absolute Öldichtheit des Gesamtaggregates sowie auch häufig eine sichere Medienabdichtung müssen gewährleistet sein.

- Um den geforderten großen Untersetzungsbereich von $i = 10:1$ bis $i = 2000:1$ wirtschaftlich sinnvoll verwirklichen zu können, werden zwei- bis fünfstufige Getriebe so eingesetzt, daß die jeweils gewünschten Untersetzungen durch den Einbau von Radpaaren in einem Universalgehäuse gemäß **Bild 1.1.24** mit räumlich versetzt angeordneten Wellen erreicht werden, wobei im Rahmen einer bestimmten Systematik die Anzahl der Radpaare

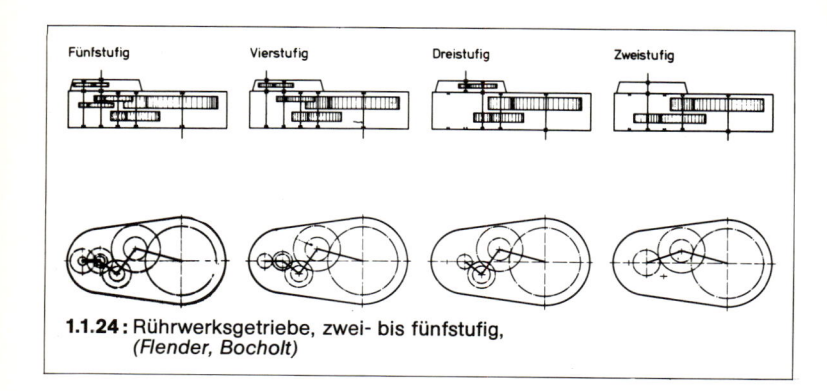

1.1.24: Rührwerksgetriebe, zwei- bis fünfstufig, (Flender, Bocholt)

nur in den vorderen Stufen variiert wird. Je nach der geforderten Untersetzung können dabei auch die vorderen Stufen entfallen.

- Da die Rührwerksdrehzahlen dem unterschiedlichen Rührgut verschiedenster Beschaffenheit oft empirisch angepaßt werden müssen, ist eine nachträgliche Änderung der Drehzahlen mittels leicht zugänglicher Wechselräder in der ersten Getriebestufe möglich.

Besonderes Augenmerk muß bei den Rührwerksantrieben auf die Wellenlagerung gerichtet werden. Vom Rührwerk her wird bestimmt, ob die Welle im Behälter oder im Getriebe geführt werden soll. Bei der Führung der Rührwelle im Behälter wird diese durch Lager zentriert. Diese Art findet dort Anwendung, wo relativ hohe Behälter mit langen Wellen erforderlich sind. Die Axial- und Radialkräfte an der Rührwelle werden von Lagerungen außerhalb des Getriebegehäuses aufgenommen. Die Ausgangswelle des hierfür benötigten Rührwerksantriebes hat dabei nur das Drehmoment zu übertragen.

Bei der im Behälter nicht geführten Rührwelle muß diese vom Getriebe gehalten werden. Eine solche Bauweise ist bei kurzen Wellen sowie kurzen Lüfter- und Mischerflügeln üblich. Die von der Welle ausgehenden Kräfte bedingen eine sichere Führung der Abtriebswelle im System. Zu diesem Zweck werden die Getriebe mit speziellen Laternen

1.1. Zahnradgetriebe

und Deckeln versehen, die einen großen Abstand der Lager für die durch das Getriebe gesteckte Rührerwelle ermöglichen.

Je nach Art und Größe des Rührers ist eine längere oder kürzere Welle mit zugeordnetem Lagerabstand erforderlich. Die Übertragung des Drehmomentes erfolgt über eine Hohlwelle mit Innenverzahnung. Somit ist die Laufverzahnung im Getriebe weitgehend frei von unerwünschten äußeren Zusatzkräften. Um eine optimale Zuordnung der Rührwelle zum Getriebe vornehmen zu können, kann jedes Getriebe mit mehreren Abtriebswellendurchmessern kombiniert werden.

Die Ölversorgung der obenliegenden Lager und Räder erfolgt durch eine angeflanschte Ölpumpe. Ständig kann eine Ölkontrolle mit einem Ölpeilstab oder mit einem Ölschauglas vorgenommen werden. Um eine gezielte Kontrolle der Strömung des Schmiermittels zu ermöglichen, können zusätzlich in der Druckleitung Strömungs- und Druckwächter eingebaut werden, die bei Unterbrechung der Ölversorgung akustische oder optische Warnsignale abgeben.

1.1.25: Getriebe im Antrieb eines Asphaltrührers
(Flender, Bocholt)

Bei Rührwerken ist die Abdichtung gegen Ölaustritt besonders zu beachten. Selbst der geringste Ölfilm kann z. B. in der Nahrungsmittelindustrie offenkundig unangenehmste Folgen verursachen. Aus diesem Grunde muß bei Rührwerksgetrieben die Abdichtung der Abtriebswelle mit Hilfe einer Spezialvorrichtung absolut sicher beherrscht werden.

Bild 1.1.25 zeigt den Antrieb eines Asphaltrührers. Unten am Getriebe ist noch innerhalb der mit einem Fenster versehenen Laterne eine spezielle Stopfbuchsen-Abdichtung zum Medium angeordnet. Der Austausch solcher Dichtungen muß vielfach unter äußerstem Zeitdruck erfolgen, weil eine zu lange Stillstandszeit ein Festsetzen des Rührgutes an der Behälterwand und am Rührer bedeuten kann. Auffallend ist der große Lagerabstand für die Abtriebswelle. Hierfür wurde das obere Lager bis in Motorhöhe nach oben aus dem Getriebe herausgezogen. Durch diese Konstruktion ergibt sich eine betriebssichere Lagerung bei einer optimalen Raumausnutzung.

1.1.1.2.4. Aufsteckgetriebe

Neben den bisher gezeigten Standgetrieben in Flansch- bzw. Fußausführung kommen heute auch immer mehr Getriebe als Aufsteckgetriebe mit einer im Durchmesser möglichst groß gewählten Abtriebshohlwelle zur Anwendung. Hierbei kann der Elektromotor ohne weiteres an das Getriebe angeflanscht werden.

Im Gegensatz hierzu zeigt **Bild 1.1.26** eine Getriebeausführung, wie sie bei Bandanlagen häufig eingesetzt wird. Ihre Kombination besteht aus Elektromotor, Anlaufkupplung und Kegelstirnradgetriebe. In diesem Fall ist der Elektromotor nicht am Getriebegehäuse angeflanscht,

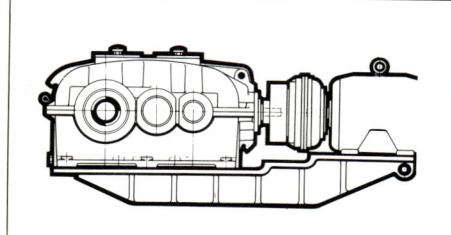

1.1.26: Dreistufiges Kegelstirnrad- und Aufsteckgetriebe mit Elektromotor, Anlaufkupplung und Schwinge *(Flender, Bocholt)*

sondern in Fußausführung auf einen gemeinsamen Fundamentrahmen mit dem Getriebe aufgeschraubt. Der Rahmen ist als Schwinge um die Hohlwelle drehbar mit einem Auge zur Drehmomentenabstützung ausgeführt.

Gerade die Verwendung eines solchen Kegelstirnradgetriebes ergibt eine recht schmale Antriebsausführung, die bei Bandantrieben aus Platzgründen infolge des seitlichen Anbaues an die Antriebsrolle neben dem Band vorteilhaft ist. In diesem Falle wird die erste Getriebestufe durch ein Kegelradpaar gebildet, so daß sich ein gesondertes Kegelradgetriebe erübrigt.

1.1.1.2.5. Turbogetriebe zum Antrieb einer Auswuchtmaschine

Aus Kostengründen sind die Lager für Wellen und Räder in der Regel bei Getrieben, die von der Antriebsdrehzahl 1500 1/min ins Langsame hinunter untersetzen, als Wälzlager ausgeführt. Lediglich bei Großgetrieben und solchen Antrieben, die starken Stoßbeanspruchungen ausgesetzt bzw. solchen, die aus thermischen Gründen mit einer Umlaufschmierung ausgerüstet sind, können auch bei niedrigen Abtriebsdrehzahlen Gleitlagerungen zur Anwendung gelangen. Turbogetriebe hingegen – darunter sind grundsätzlich Getriebe zu verstehen, bei denen die kleinste Drehzahl etwa 1500 1/min beträgt – sind grund-

1.1.27: Turbogetriebe zum Antrieb einer Auswuchtmaschine *(Voith)*

sätzlich gleitgelagert ausgeführt, da infolge der hohen Getriebedrehzahl die erreichbare Wälzlagerlebensdauer in der Regel zu niedrig liegt.

In **Bild 1.1.27** ist eine Getriebekombination zum Antrieb einer Wuchtmaschine für Turboläufer dargestellt. Der Antrieb erfolgt durch einen Gleichstrommotor mit einer Leistung von P_{max} = 90 kW für beide Drehrichtungen und einer regelbaren Antriebsdrehzahl von n = 1000 bis 2400 1/min. Das zweistufige Stirnradgetriebe übersetzt die Motordrehzahl auf n_2 = 10 400 bis 25 000 1/min. Am freien Wellenende der hochtourigen Getriebewelle ist der Anbau eines Drehzahlmessers vorgesehen. Die nachgeschaltete Zwischenwelle und die daran anschließende Gelenkwelle werden aus Montagegründen sowie als Abdichtelement zwischen dem Maschinenraum einerseits und dem Vakuum-Wuchtraum andererseits installiert. Das hintere Stirnrad-Doppelgetriebe läuft im Vakuum bis zu einem maximalen Drehzahlbereich von ca. 25 000 bis 60 000 1/min. Das Getriebe nimmt den von den Prüflingen erzeugten Axialschub auf. Die Zahnräder sind im Einsatz gehärtet und feinstgeschliffen, die Zahngeschwindigkeit im Teilkreis beträgt maximal 193 m/s.

Die blindgeflanschten Rohrleitungen stellen die Ölversorgung aller Lager und Zahneingriffe sicher und sind an einer zentralen Ölversorgungsanlage angeschlossen. Die Getriebegehäuse sind sehr robust ausgeführt, um eine sichere Lagerung aller Getriebewellen zu erreichen

1.1.28: Einstufiges Turbogetriebe zwischen Dampfturbine und Generator
(Voith)

1.1. Zahnradgetriebe

und eine mögliche Schwingungsanregung im gesamten stufenlos durchfahrbaren Drehzahlbereich zu vermeiden.

1.1.1.2.6. Turbogetriebe zwischen Dampfturbine und Generator

Bild 1.1.28 stellt ein einstufiges Stirnradgetriebe zwischen einer Dampfturbine und dem Generator dar. Die Betriebswerte sind: P = 1175 kW und n = 9600 auf 1500 1/min. Die Anlage wird auf einem Schiff installiert, das Getriebe ist nach den Vorschriften der entsprechenden Klassifikationsgesellschaft gebaut. Über ein Kegelradvorgelege wird ein Woodward-Regler angetrieben. Außerdem ist an der 1500-tourigen Getriebewelle die Hauptölpumpe für die Gesamtanlage angebaut.

1.1.2. Kegelradgetriebe

Die Stirnradgetriebe mit parallelen Achsen stellen die herkömmliche Getriebeform dar. Man benötigt in der Antriebstechnik jedoch auch häufig Zahnräder mit sich schneidenden Wellen, wobei der Schnittwinkel der beiden Achsen nicht unbedingt 90° betragen muß. Da der Grundkörper eines solchen Zahnrades kegelförmig ist, nennt man es „Kegelrad".

1.1.2.1. Geometrie der Kegelräder

Mit einem gegebenen Kegelrad können verschiedene Gegenkegelräder theoretisch einwandfrei unter Linienberührung der Zahnflanken kämmen. Die verschiedenen Paarungen müssen allerdings denselben Achsschnittpunkt sowie eine gemeinsame Planverzahnung haben. Die Summe der beiden Teilkegelwinkel der gepaarten Räder ergibt den jeweiligen Achswinkel. Die Planverzahnung dient in der gleichen Weise als Bezugsverzahnung für die zugeordneten Kegelräder wie die Verzahnung der Zahnstange für Stirnräder.

Auch der Verlauf der Flankenlinien zur Kegelspitze ist somit durch die Festlegung der Flankenlinien im Planrad festgelegt. Grundsätzlich wird zwischen Kegelrädern mit Geradverzahnung, Schrägverzahnung und Bogenverzahnung unterschieden, wobei die Kopf- und Fußbegrenzungen im Normalfall ebenfalls kegelförmig zur gemeinsamen Spitze der Teilkreiskegel verlaufen. Man kann ihren Verlauf jedoch auch dem Herstellungsverfahren anpassen, so daß sie parallel zum Teilkegel verlaufen. Theoretisch könnten sie sogar weitgehend beliebig verlaufen, da die Kopf- und Fußlinien lediglich den Zahneingriff begrenzen, den eigentlichen Abwälzvorgang auf den Zahnflanken jedoch nicht beeinflussen.

Zur Vermeidung von Unterschneidung oder des Spitzwerdens der Zähne kann auch bei Kegelrädern eine Profilverschiebung angewendet werden.

Kegelräder mit einer nicht geraden Zahnlinie werden unter dem Sammelbegriff „Spiralkegelräder" zusammengefaßt. Hierbei handelt es sich um eine Weiterentwicklung des geradverzahnten Kegelrades. Mit Spiralkegelrädern lassen sich nämlich analog zu den nicht geradverzahnten Stirnrädern höhere spezifische Leistungen, vor allem auch bei geräuschloserem Lauf, übertragen. Auch hier greifen die Zähne im Betrieb allmählich ineinander.

Entsprechend der Maschinenart und Werkzeugform unterscheiden sich die Spiralkegelräder nach dem Herstellungsverfahren. Die wichtigsten Herstellungsverfahren sind:

a) *Gleason*-Verfahren,
b) *Oerlikon*-Verfahren,
c) *Klingelnberg*-Verfahren.

Bei der *Gleason*-Verzahnung wird die Verzahnung des Planrades durch

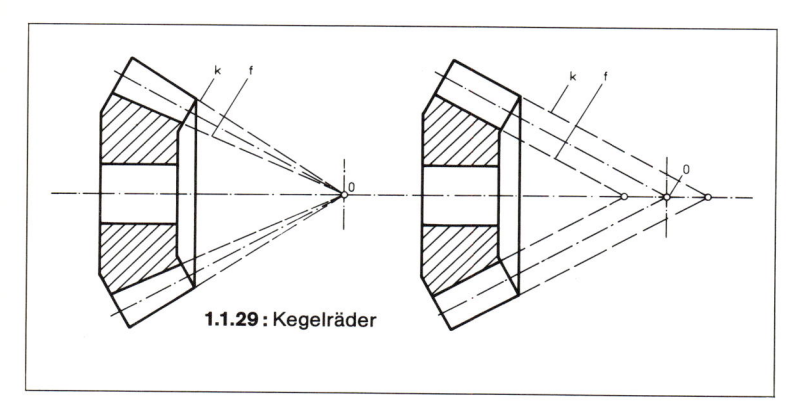

1.1.29: Kegelräder

1.1. Zahnradgetriebe

die Bahnen der Schneidkanten eines Messerkopfes verkörpert, der stirnseitig die auf einem Kreis angeordneten, geradflankigen Schneidmesser trägt. Bei dieser „Kreisbogenverzahnung" wächst der Spiralwinkel von innen nach außen und liegt in der Mitte der Zahnbreite bei etwa 35°. Die mit dem Messerkopf im Einzelverfahren geschnittenen Zahnflanken tragen breitenballig, da die äußeren und inneren Messerkanten auf verschiedenen Radien laufen und bei spiralverzahnten Kegelrädern immer eine in Breitenrichtung konvexe mit einer konkaven Zahnflanke läuft. Die Zahnhöhe wird durch Schwenken des Werkstückes während des Bearbeitungsvorganges zur theoretischen Spitze hin so verjüngt, daß die Spitzen der Teilkreis-, Kopf- und Fußkegel gemäß der linken Darstellung in **Bild 1.1.29** zusammentreffen.

Auch beim *Oerlikon*-Verfahren werden die Zahnflanken mittels eines Messerkopfes bearbeitet. Dieser ist jedoch stirnseitig mit mehreren Messergruppen versehen, die so angeordnet sind, daß die jeweils folgende Gruppe kontinuierlich die nächste Zahnlücke ausschneidet. Die so im Abwälzverfahren bearbeiteten Zahnflanken verlaufen in Breitenrichtung als Epizykloiden. Auch hier ergibt sich ein breitenballiges Tragbild. Die Zahnhöhe wird jedoch entsprechend der rechten Darstellung des Bildes 1.1.29 entlang der Zahnbreite konstant gehalten.

Im Gegensatz zu den beiden erstgenannten Kegelradverzahnungen wälzt sich zur Herstellung der *Klingelnberg*-Verzahnung ein kegelförmiger Schneckenfräser mit dem Kegelrad ab. Die Flankenlinien des Planrades sind aus verlängerten Evolventen abgeleitete allgemeine Kurven, auch „Palloide" genannt. Daher stammt auch die Bezeichnung Zyklopalloid-Verzahnung. Auch bei dieser Verzahnungsart wird die Zahnhöhe entsprechend der rechten Darstellung des Bildes 1.1.29 über der Breite konstant gehalten. Der Schrägungswinkel nimmt von innen nach außen zu. Die von den Fräserlagen eingehüllten konvexen Radflanken erhalten durch eine Korrektur der Teilkegelwinkel an Ritzel und Rad eine stärkere Krümmung als die konkaven. Dadurch ergibt sich auch in diesem Falle wiederum ein breitballiges Tragbild, das mit einer Verstärkung des Zahnfußes in der Zahnbreitenmitte verbunden ist.

1.1.2.2. Anwendungsfälle

Spiralkegelgetriebe in Standardbauweise als Abzweig- wie als Hohlwellengetriebe oder auch in der Variation mit verstärkten durchgehen-

1.1.30: Spiralkegelgetriebe
(Tandler)

1.1.31: Einsatz von Kegelradgetrieben zum Umbau einer Fräßmaschine

den Wellen sind seit Jahren zuverlässige Maschinenelemente in der Antriebstechnik. Die sichere Beherrschung aller von der Spiralverzahnung her vorgeschriebenen Abmessungen und zulässigen Toleranzen, das für eine Hintereinanderschaltung von Getrieben geforderte minimale Flankenspiel, Erfahrungen über die Erwärmungsgrenzen solcher Kegelradgetriebe sowie über deren allgemeine Auslegung selbst haben denselben auch infolge ihrer bewiesenen Zuverlässigkeit ein breites Anwendungsgebiet in der gesamten Technik gegeben. So zeigt **Bild 1.1.30** eine formschöne und funktionsgerechte Ausführungsform eines Spiralkegelgetriebes, die es durch die universelle und allen Einbaulagen gerecht werdende Anschraubmöglichkeit erlaubt, solche Getriebe in allen Stellungen zu montieren.

Ausgehend von den bekannten Hohlwellengetrieben, deren konstruktive Eigenart besonders groß gehaltene Bohrungen der Tellerräder sind, besteht die Möglichkeit, die Spiralkegelgetriebe auch mit verstärkten durchgehenden Wellen auszuführen. Diese Getriebe gestatten es dann, nur Teilmomente aus hintereinander angeordneten und miteinander verbundenen Getrieben zu entnehmen. Spiralkegelgetriebe der beschriebenen Art sind mit einem Kanalsystem mit mehreren Abstichen vergleichbar und werden in vielen Typenreihen eingesetzt. Das maximal einleitbare Drehmoment kann auch voll durchgeleitet werden, wobei die Anzahl der hintereinander liegenden Getriebe lediglich konstruktiv begrenzt ist. Vorteilhaft wirkt sich bei derartigen Anordnungen das geringe Flankenspiel (S_f = 0,05 bis 0,02 m_n) aus, das im mittleren und unteren Drehzahlbereich noch weiter eingeengt werden kann, so daß auch beim Hintereinanderschalten von Getrieben kein Flattern infolge gegenseitiger Störungen der einzelnen Getriebeabgänge auftritt. Infolge des hohen Überdeckungsgrades der Spiralverzahnung von ε_g = 2,5 bis 3,0 ergibt sich eine kinematisch gleichförmige Winkelgeschwindigkeit der jeweiligen Abtriebswellen und damit ein ruhiges Arbeiten auch großer hintereinandergeschalteter Anlagen.

Bild 1.1.31 zeigt einen weiteren sehr interessanten Anwendungsfall, der sich beim Umbau einer Werkzeugmaschine ergab. Aus einem vorhandenen dreispindeligen Fräswerk, ursprünglich für die Bearbeitung von Leichtmetallgehäusen ausgelegt, konnte mit einfachen Mitteln bei zweimaligem Umlenken und der dabei möglichen Untersetzung von 2 x 3,3 : 1, das ist i = 10 ins Langsame, die für Grauguß erforderliche Reduktion der Messerkopfdrehzahl einfach und billig erreicht werden. Dabei wirkte sich vor allem die Spielarmut der Verzahnung (S_f = 0,04 bis 0,015 m_n) so positiv aus, daß ein ursprünglich geplanter Anbau von Schwungscheiben unterbleiben konnte. Das erreichte Fräsbild war einwandfrei und in der Oberfläche so hochwertig, daß keinerlei weitere Maßnahmen notwendig wurden.

1.1.3. Stirn- und Kegelschraubgetriebe

Die geometrischen und kinematischen Gesetzmäßigkeiten der Stirn- und Kegelschraubgetriebe wurden bereits im Abschnitt 1.1.0.1. im Zusammenhang mit Bild 1.1.1 erläutert. Grundsätzlich sind beliebige Winkel und Abstände der gepaarten Wellen zueinander möglich.

Von praktischer Bedeutung verbleiben jedoch nur die im Abschnitt 1.1.4. behandelten Schneckengetriebe sowie die Kegelrad-Schraubgetriebe, deren Achsen im Regelfalle wieder in einem rechten Winkel zueinander verlaufen. Das Hauptanwendungsgebiet von Kegelrad-Schraubgetrieben ist in Kraftfahrzeug-Achsantrieben zu finden, wo Platzverhältnisse die Kombination von Kegelritzel und Tellerrad zur gleichzeitigen Erzielung eines möglichst hohen Übersetzungsverhältnisses nahelegen.

1.1.4. Schneckengetriebe

Auch Schneckengetriebe sind Schraubgetriebe mit Linienberührung. Diese Linienberührung wird dadurch erreicht, daß das für das Verzah-

1.1.32: Ausführungsmöglichkeiten von Schneckengetrieben

1. Schnecke zylindrisch, Rad globoidisch (Zylinderschneckenantrieb)
2. Schnecke globoidisch, Rad zylindrisch
3. Schnecke und Rad globoidisch (Globoidschneckentrieb)

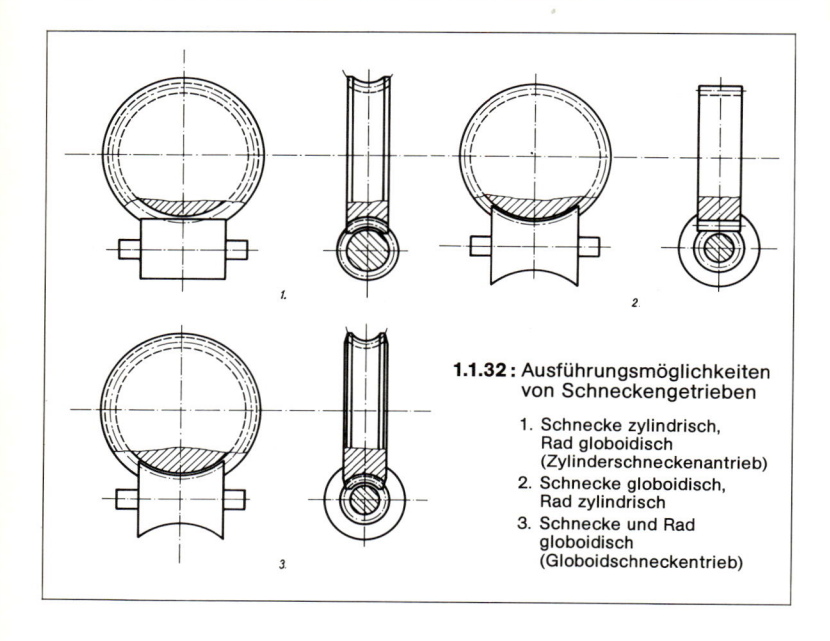

nen des Schneckenrades als Schneckenfräser benutzte Werkzeug in seiner Geometrie der zugehörigen Schnecke entspricht. Während einem Schneckenrad somit nur eine bestimmte Schnecke zugeordnet werden kann, können mit einer bestimmten Schnecke allerdings Schneckenräder unterschiedlicher Zähnezahlen gepaart werden. Aus diesem Grunde sind Satzräder nur mit Einschränkungen realisierbar.

Beim Schneckengetriebe ist mindestens eines der zusammen laufenden Räder globoidförmig ausgebildet. Grundsätzlich bestehen im Hinblick auf die Form der Grundkörper gemäß **Bild 1.1.32** drei Ausführungsmöglichkeiten:

1. Schnecke zylindrisch, Rad globoidisch (Zylinderschneckentrieb)
2. Schnecke globoidisch, Rad zylindrisch
3. Schnecke und Rad globoidisch (Globoidschneckentrieb),

1.1. Zahnradgetriebe

von denen die Paarung mit Zylinderschnecke weitaus am meisten verwendet wird. In diesem Falle kann nämlich die Schnecke axial in weiten Grenzen frei eingestellt werden, wodurch die Einbauverhältnisse sehr erleichtert werden.

Bei der Globoidschnecke ist die axial freie Einstellbarkeit infolge der Anschmiegung an das Schneckenrad nicht möglich. Hinzu kommt, daß sich Globoidschnecken wirtschaftlich nur in vergütetem Zustand fertigen lassen, so daß die bei üblichen Zylinderschnecken mit ihren oberflächengehärteten und geschliffenen Zahnflanken erzielbare Belastbarkeit ebenso wie deren Wirkungsgrad auch von Globoidschnecken mit einem vergleichsweise höheren Überdeckungsgrad infolge einer größeren Anzahl tragender Zähne nicht überboten werden kann.

Von der Beurteilung der Querschnittsform der Verzahnung her gilt für Schnecken folgende Unterscheidung:

1. Flankenform A oder N mit Trapezprofil eines Drehmeißels im *Achs*schnitt bzw. im *Normal*schnitt (Schleifen nicht möglich).

2. Flankenform K mit Trapezform des um den mittleren Steigungswinkel γ geschwenkten Rotationswerkzeuges (Schleifen möglich).

3. Flankenform E mit evolventenförmiger Flanke im Achsschnitt. Hierbei entspricht die Schnecke einem schrägverzahnten Stirnrad mit Evolventenverzahnung, welches einen sehr großen Schrägungswinkel aufweist. Wenn das Abwälzverfahren bei der Herstellung auch kaum angewendet wird, so ist durch diese Fertigungsmöglichkeit eine solche Schnecke jedoch mit hoher Genauigkeit herstellbar.

4. Flankenform H mit Hohlflankenprofil. Diese Schneckenverzahnung wird nach Art der K-Schnecke gefertigt, wobei das im Schneckengang angestellte und um den mittleren Steigungswinkel geschwenkte Rotationswerkzeug nunmehr ein entsprechendes konvexes Kreisbogenprofil besitzt.

Bei den Flankenformen 1 bis 3 ist die erzeugende Linie eine Gerade. Sie sind in DIN 3975 genormt.

Die Vorteile der Schneckengetriebe liegen in der Möglichkeit, daß große Untersetzungen in einer Stufe untergebracht werden können, wobei in Verbindung mit einer einfachen Bauweise ein relativ kleiner Raumbedarf in Anspruch genommen wird. Gegenüber den Stirnradgetrieben und Kegelradgetrieben können sich daher oft einfachere Bauformen ergeben.

1.1.4.1. Wirkungsgrad bei Schneckengetrieben

Der geräuscharme, stoßdämpfende Lauf, die sehr gleichmäßige Übertragung der Drehbewegung ohne Schwankungen in der Winkelgeschwindigkeit und eine hohe Belastbarkeit auch gegenüber großen, stoßartigen Beanspruchungen bei hinreichender Sicherheit gegen Zahnbruch und Flankenschäden konnten lange Zeit nur in einem begrenzten Umfang praktisch ausgenutzt werden, da der Reibwert zwischen Schnecke und Schneckenrad hoch und damit der Verzahnungswirkungsgrad schlecht waren.

Allgemein kann der Verzahnungs-Wirkungsgrad eines Schneckengetriebes aus den Kräfteverhältnissen an der schiefen Ebene abgeleitet werden. Es ist

$$\eta_1 = \frac{\operatorname{tg} \gamma}{\operatorname{tg} (\gamma + \varrho')} \quad \text{bei treibender Schnecke,}$$

$$\eta_2 = \frac{\operatorname{tg} (\gamma - \varrho')}{\operatorname{tg} \gamma} \quad \text{bei treibendem Schneckenrad}$$

mit γ als mittlerem Steigungswinkel der Schnecke. Weiter ist $\operatorname{tg} \varrho' = \mu_{\text{eff}}$ mit $\mu_{\text{eff}} = \frac{\mu}{\sin \alpha}$ und μ als Reibwert an den Zahnflanken und α dem Eingriffswinkel. Die graphische Darstellung dieser Beziehungen geht aus **Bild 1.1.33** hervor. Für beispielsweise $\mu_{\text{eff}} = 0{,}15 = \operatorname{tg} 8{,}53°$ kommt die ausgezogene Kurve für η_1 aus Null, durchläuft bei $\gamma = 40{,}735°$ ein Maximum von $\eta_1 = 74{,}2\%$ und fällt danach wieder ab. Bei $\gamma = 90° - 8{,}53° = 81{,}47°$ wird der Wirkungsgrad wieder zu Null. Die gestrichelte Kurve für η_2 (Antrieb der Schnecke durch das Schneckenrad) hat für $\gamma = 45°$ den gleichen Wert wie η_1. Sie verläuft jedoch von hier aus hinsichtlich der Abszisse spiegelbildlich zu η_1. Sie beginnt bei $8{,}53°$ und endet bei $90°$.

Diese Verhältnisse können dadurch veranschaulicht werden, daß Schnecke und Schneckenrad lediglich ihre Funktionen vertauschen. Demnach besteht kein prinzipieller Unterschied zwischen Schnecke und Schneckenrad, während der auf der Abszisse aufgetragene Stei-

1.1. Zahnradgetriebe

1.1.33: Wirkungsgrad von Schneckengetrieben
γ = Steigungswinkel der Schnecke;
$\mu_{\text{eff}} = \mu/\sin\alpha$;
μ = Reibwert zwischen Schnecke und Schneckenrad;
α = Eingriffswinkel

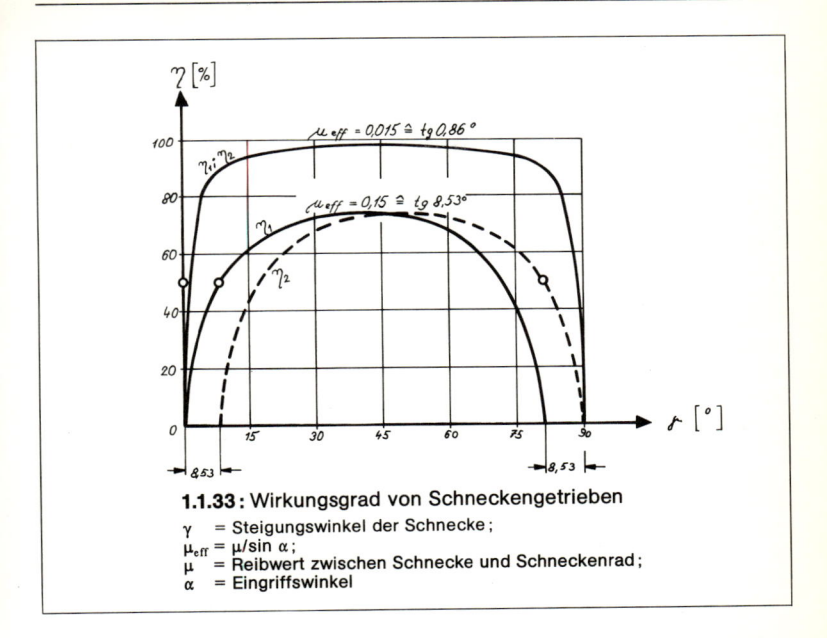

gungswinkel immer der Schnecke zuzuordnen ist, so daß bei $\gamma > 45°$ und treibender Schnecke auch eine Übersetzung ins Schnelle verwirklicht werden kann, während bei treibendem Schneckenrad jetzt die Untersetzung ins Langsame erfolgt.

Ein Vergleich der ausgezogenen und gestrichelten Kurven für $\mu_{\text{eff}} = 0{,}15$ in Bild 1.1.33 zeigt, daß der Antrieb ins Langsame immer mit einem günstigeren Wirkungsgrad zu realisieren ist als der Antrieb ins Schnelle. Ebenfalls ist aus einem Vergleich der für $\mu_{\text{eff}} = 0{,}15$ aufgetragenen Kurven zu ersehen, daß η_2 für $\gamma \leq \rho'_{(\mu_{\text{eff}} = 0{,}15)} = 8{,}53°$ gleich Null ist und $\eta_1 \leq 50\%$ beträgt. Das heißt, daß bei einem $\eta_1 \leq 50\%$ keine Drehmomentübertragung vom Schneckenrad auf die Schnecke möglich ist. Das Schneckengetriebe ist in diesem Falle selbsthemmend. Demnach sind die Übersetzungsmöglichkeiten ins Schnelle grundsätzlich begrenzt.

Aus diesem Grunde ist auch beim Auslauf von Maschinenanlagen mit eingebauten Schneckengetrieben großer Untersetzung besondere Vorsicht geboten, da eine große Untersetzung immer mit einem kleinen Steigungswinkel verbunden ist. In diesem Zusammenhang muß auf jeden Fall den nachgeschalteten Schwungmomenten besondere Aufmerksamkeit geschenkt werden. Wenn die Schwungmomente auf der Abtriebswelle, bezogen auf die schnellaufende Getriebeantriebsseite, größer sind als die Schwungmomente von Motor, Kupplung und Antriebswelle zusammen, besteht nämlich die Möglichkeit, daß nach dem Abschalten des Motors beim Auslaufen der Maschinenanlage die schnelle Seite von der langsamen Seite „überholt" wird. In diesem Falle treiben die dem Getriebe nachgeschalteten Schwungmassen von rückwärts, so daß bei Schneckengetrieben mit hoher Untersetzung die Gefahr des Blockierens besteht, weil Getriebe mit kleinem Steigungswinkel beim Auslauf infolge einer schlechteren Schmierfilmausbildung nahe an das Gebiet der Selbsthemmung geraten. Der beim Blockieren auftretende plötzliche Übergang vom Zustand der Bewegung in den Zustand der Ruhe würde dann unzulässig hohe Belastungsspitzen hervorrufen. Aus diesem Grunde ist es zweckmäßig, beim Antrieb extrem großer Schwungmassen darauf zu achten, daß es für den Einfluß der angetriebenen Massen sowie zur Vermeidung unkontrolliert hoher Belastungen bei aussetzendem oder pulsierendem Betrieb günstig ist, daß im allgemeinen bei einem Schneckengetriebe mit kleinem Steigungswinkel (eingängige Schnecke) die Abbremsung hinter dem Getriebe größer ist als vor dem Getriebe. Durch Aufsetzen einer zusätzlichen Schwungmasse auf die Motorwelle ist es möglich, das Schwungmoment der schnellaufenden Welle künstlich zu vergrößern.

Eine weitere Möglichkeit, das Problem zu lösen, besteht darin, die Schnecke bei kleinerer Untersetzung in der Schneckenstufe mehrgängig zu planen und den Rest an Untersetzung in einer angebauten Stirnrädervorschaltstufe unterzubringen. Zwei- und mehrgängige Schnecken mit normalen Abmessungen sind nichtselbsthemmend aus dem Lauf.

Aus dem gleichen Grund kann ebenfalls der Einbau einer antriebsseitigen Bremse auch bei einem Schneckengetriebe mit hoher Untersetzung problematisch sein, da beim Übergang vom Bewegungszustand

1.1. Zahnradgetriebe

in den Ruhezustand ein Reibwertanstieg auftritt, der dazu führen kann, daß dann noch eine plötzliche Selbsthemmung auftritt.

Da es für Schneckengetriebe charakteristisch ist, daß im Gegensatz zu Wälzgetrieben immer ein hoher Anteil an gleitender Bewegung zwischen den Zahnflanken auftritt, ist eine merkliche Verbesserung des Getriebewirkungsgrades in erster Linie durch Verringerung des Zahnflankenreibwertes μ zu erzielen, zumal die Lagerverluste meist von geringer Bedeutung sind, da man bei Hochleistungs-Schneckengetrieben zumindest für die schnellaufende Schneckenwelle ausschließlich Wälzlager verwendet. Unter diesem Gesichtspunkt sollte die Aufrechterhaltung eines Schmierölfilmes auf den Kontaktlinien der gepaarten Flanken auch bei Drehmoment-Übertragung angestrebt werden, da in diesem Falle die vollhydrodynamische Schmierung einen minimalen Reibwert und somit auch geringe Verzahnungsverluste und einen guten Wirkungsgrad gewährleistet. Bei einem mit entsprechend hoher Gleitgeschwindigkeit durchaus erreichbaren Reibwert von $\mu_{eff} = 0,015$ verlaufen die Wirkungsgradkurven für η_1 und η_2 entsprechend dem oberen Kurvenzug von Bild 1.1.33. Hinsichtlich der Lage von η_1 und η_2 besteht in der Tendenz die gleiche Relation zueinander wie bei den Kurven für $\mu_{eff} = 0,15$. Infolge des kleinen Reibungswinkels von nur $\rho'_{(\mu_{eff}=0,015)} = 0,86°$ fallen beide Kurvenzüge jedoch innerhalb der Strichstärke nahezu zusammen. Auffallend ist das recht breite Maximum, welches bei einem Steigungswinkel zwischen $15° \leq \gamma \leq 75°$ oberhalb 94% liegt und zwischen $30° \leq \gamma \leq 60°$ sogar 97% übersteigt.

Da der Reibwert in starkem Maße von der Gleitgeschwindigkeit der Flanken aufeinander abhängig ist, kann der Wirkungsgrad tatsächlich etwa zwischen den Kurven für $\mu_{eff} = 0,015$ und $\mu_{eff} = 0,15$ in Abhängigkeit von den jeweiligen Betriebsbedingungen schwanken. Dennoch ist ein guter Wirkungsgrad mit einem entsprechend konzipierten Schneckengetriebe im Gebiet einer großen Getriebeuntersetzung noch durchaus realisierbar. Eine angestrebte Selbsthemmung mit automatischer Blockierung beim Antrieb vom Langsamen ins Schnelle beispielsweise zum Einsparen einer Haltebremse ist jedoch infolge des kleinen Reibungswinkels schon schwieriger mit Sicherheit zu erreichen, da Reibwertschwankungen und damit Veränderungen des zugehörigen Reibungswinkels im Betrieb nicht völlig zu vermeiden sind. Außerdem sollten solche Forderungen schon aus dem Grund vermieden werden,

1.1.34: Hohlflankenschnecke
(Flender, Bocholt)

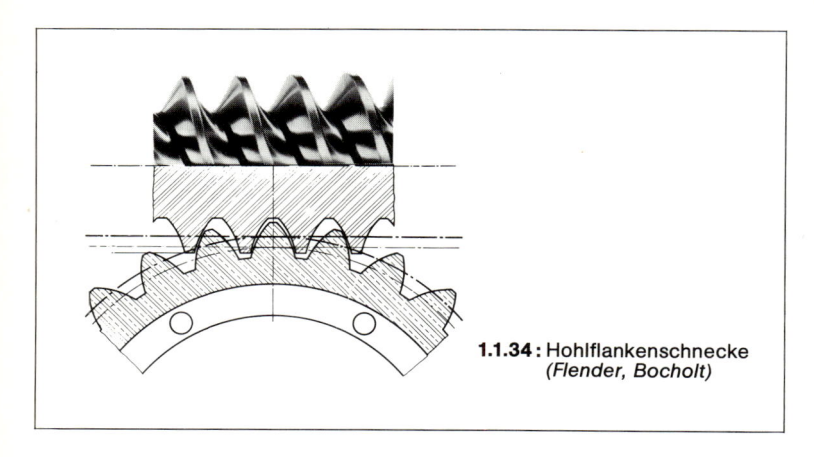

um unnötigen Wärmeanfall innerhalb des Getriebes im Dauerbetrieb zu vermeiden.

1.1.4.2. Hochleistungs-Schneckengetriebe

Die erforderliche Reduzierung der spezifischen Flankenpressung zwischen Schnecke und Schneckenrad kann nur durch eine günstige Flankenschmierung gefördert werden. Hierzu bietet sich in erster Linie die H-Schnecke mit Hohlflankenprofil an, bei der gemäß **Bild 1.1.34** die Schneckengänge im Stirnschnitt durch ein konkaves Flankenprofil gekennzeichnet sind, während die konjugierten Schneckenradzähne ein konvexes Profil besitzen. Im Gegensatz zu den strichpunktiert und stark ausgezogenen Mittelkreisdurchmessern verläuft die Wälzachse außen am Kopfkreis der Schnecke. Die entsprechenden Wälzkreisdurchmesser sind in Bild 1.1.34 ebenfalls strichpunktiert, jedoch dünn, eingezeichnet. Wenn die Korrektur auch eine Verringerung des Eingriffsfeldes zur Folge hat, so ist es neben der guten Anschmiegung zur Reduzierung der Wälzpressung und zur Förderung der hydrodynamischen Schmierdruckbildung bei dieser Flankenform zudem gewährleistet, daß die Kontaktlinien zwischen Schneckenflanken und Radzähnen im wesentlichen rechtwinklig zur Gleitgeschwindigkeit ver-

1.1. Zahnradgetriebe

laufen, so daß analog zu einer in einem Gleitlager schwimmenden Welle die Bildung eines tragfähigen Schmierfilms noch gefördert wird. Die Kraftübertragung erfolgt zumindest im stationären Dauerbetrieb, also im Gebiet der flüssigen Reibung, mit den bekannten Vorzügen hinsichtlich geringer Reibarbeit und Verschleißlosigkeit.

Auch bezüglich der Zahnfußfestigkeit ergeben sich Vorteile, da nicht nur an der Schnecke, sondern als Folge der konkaven Schneckenzahnform auch am Schneckenrad besonders große Zahnfußdicken erreicht werden. In Verbindung mit der ausgezeichneten Lage der Wälzlinie sind die Biegebeanspruchungen in der Zahnwurzel somit gering.

Entsprechend den genannten Vorteilen von Schneckengetrieben mit ihren geometrisch der Zweckform angepaßten Zahnflankenprofilen zeigen solche Getriebe

a) eine geringe Verlustleistung und Erwärmung mit Wirkungsgraden, die die Werte von Stirnradgetrieben gleicher Übersetzungsverhältnisse bei gleichzeitig verringertem Bauvolumen durchaus erreichen können,

b) einen geringen Verschleiß der Radzähne – und dieser primär auch nur durch instationäre Betriebsverhältnisse bedingt – und damit eine beachtliche Lebensdauer sowie

c) eine große Zahnbiegefestigkeit bei gleichem Modul.

Diese genannten, durch konstruktive Maßnahmen angestrebten Vorzüge sind jedoch nur bei einer optimalen Oberflächengüte der Flanken realisierbar. Hierzu müssen die Schnecken aus hochwertigem Einsatzstahl gefertigt und ihre Zahnflankenoberflächen nach dem Härten mit höchster Genauigkeit in Bezug auf Teilung und Profillage sowie beste Oberflächengüte geschliffen werden. Die Schneckenräder bestehen aus bester Kupfer-Zinn-Bronze, wobei $CZ-SnB_2 12$ sich für universelle Anwendung am besten bewährt hat. Sie werden mit Spezialfräsern verzahnt, die der zugehörigen Schneckenform angepaßt sind.

Durch konsequente Anwendung aller leistungssteigernden Maßnahmen an den Verzahnungen von Schneckengetrieben können heute Getriebe von 100 kW und darüber bei wirtschaftlicher Bauweise verwirklicht werden. Auch hinsichtlich der maximalen Drehzahlen brauchen keine wesentlichen Einschränkungen gemacht zu werden. Schneckengetriebe mit Drehzahlen der Schneckenwelle von 3000 1/min und mehr bieten keine unüberwindlichen Schwierigkeiten. Selbstverständlich müssen bei solchen extremen Verhältnissen auch die Schmier- und Kühlverhältnisse sehr sorgfältig beachtet werden.

1.1.4.3. Anwendungsfälle
1.1.4.3.1. Fahrtreppenantrieb

Unter dem allgemeinen Gesichtspunkt des Umweltschutzes werden heute in verstärktem Maße besonders strenge Forderungen hinsichtlich der Minderung durch Lärmbelästigung erhoben. So ist ihre Geräuscharmut im Vergleich mit Wälzgetrieben häufig von entscheidender Bedeutung für den praktischen Einsatz von Schneckengetrieben, die sich durch die günstigen Ein- und Auslaufverhältnisse sowie die guten Anschmiegungen der Zahnflanken von Schnecke und Schneckenrad ergeben. Aus diesem Grunde bietet sich ein Schneckengetriebe in all den Fällen als prädestiniert in der Anwendung an, in denen auf einen geräusch- und schwingungsfreien Antrieb besonderer Wert gelegt wird.

1.1.35: Schneckengetriebe
im Antrieb einer Fahrtreppe
(Flender, Bocholt)

1.1. Zahnradgetriebe

So sind zum Beispiel viele Antriebe von Aufzügen in Hotels und Krankenhäusern oder auch von Fahrtreppen in Warenhäusern, Flughafenabfertigungshallen bzw. nicht niveaugleichen Fußgängerzonen mit Schneckengetrieben bzw. Schnecken-Radsätzen ausgerüstet. Einen solchen Fahrtreppenantrieb zeigt beispielsweise **Bild 1.1.35**. Der Antrieb erfolgt in diesem Falle durch einen Drehstrom-Asynchronmotor von 8 kW mit 940 1/min über einen Keilriementrieb auf ein Schneckengetriebe mit untenliegender Schnecke und waagerecht angeordneter Abtriebswelle. Der Achsabstand beträgt 160 mm. Die Abtriebswelle dieses Schneckengetriebes dreht bei einer Untersetzung von $i = 25$ mit einer Drehzahl von 37,5 1/min. Auf der Hauptwelle des Schneckenrades sind Kettenräder angebracht, mit denen die Antriebsrollen der Fahrtreppe über einen doppelten Kettentrieb formschlüssig verbunden sind. Von hier aus erfolgt dann über kleinere Kettentriebe der Antrieb für die Kunststoff-Handläufe. In moderneren Konzeptionen werden die Antriebsrollen über oberflächen-gehärtete und geschliffene Stirnräder angetrieben, die in nachgeschalteten und völlig gekapselten Getriebekästen im Ölbad laufen.

Auf der Getriebeeingangswelle befindet sich eine Doppelbackenbremse, um zu gewährleisten, daß die Fahrtreppe sogar bei Abwärtsfahrt auch bei einer plötzlichen Stromunterbrechung mit Sicherheit abgebremst wird. Infolge der Anordnung dieser Bremse auf der schnelllaufenden Schneckenwelle kann zum Bremsen der Brems-Effekt des Schneckengetriebes mitausgenutzt und die Bremse auch bei Gewährleistung der vollen Betriebssicherheit entsprechend klein ausgeführt werden.

1.1.4.3.2. Schneckengetriebe im Antrieb eines Naßmagnetscheiders

Die große Raumleistung von *Cavex*-Schneckengetrieben soll **Bild 1.1.36** veranschaulichen. Die Schemazeichnung zeigt einen Starkfeld-Naßmagnetscheider mit einer Durchsatzleistung von 120 Tonnen in der Stunde bei einem Eigengewicht von 100 Tonnen.

Dieser Starkfeld-Naßmagnetscheider ermöglicht es, Eisenerze mit einer Korngröße unter einem Millimeter von nicht magnetisierbaren Verunreinigungen zu trennen. Hierzu werden die gröberen Erze feinkörnig unter einem Millimeter aufgemahlen und mit Wasser zunächst zu einer

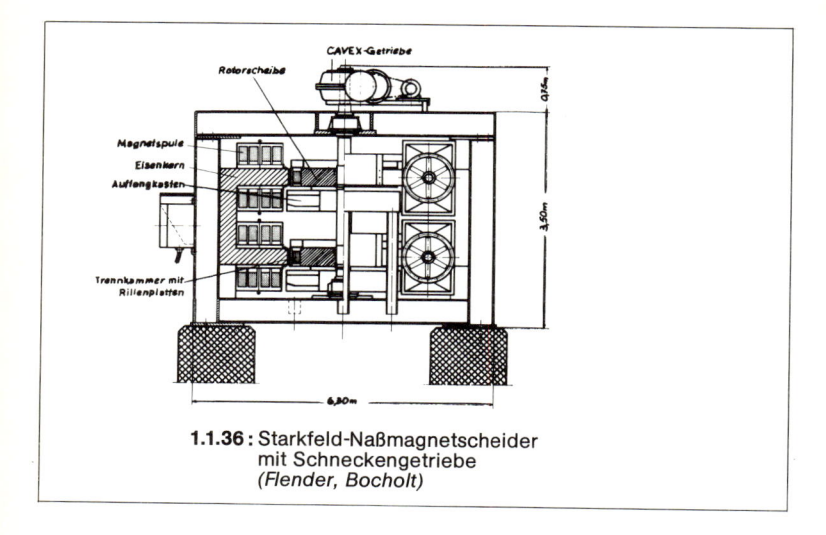

1.1.36: Starkfeld-Naßmagnetscheider mit Schneckengetriebe
(Flender, Bocholt)

sogenannten „Roherztrübe" aufgeschwemmt. Diese wird dann in dem Starkfeld-Naßmagnetscheider von ihren Verunreinigungen getrennt. Das auf diese Weise hochwertig angereicherte Erz wird anschließend zu größeren Stücken „pelletiert" bzw. „gesintert" und kann dann in den Hochofen gelangen.

Neben der Einsatzmöglichkeit im Eisenerzbergbau ist der Magnetscheider auch zur Anreicherung oder Trennung der verschiedensten Mineralien verwendbar. So können in vielen Fällen magnetisierbare Verunreinigungen auch aus Glassanden, Talk, Feldspat, Kaolin, Graphit und Bauxit gezogen werden.

Gemäß Bild 1.1.36 drehen sich zwei übereinander angeordnete Rotorscheiben durch ein seitliches Magnetfeld. An den Außenseiten der Scheiben befinden sich Trennkammern mit senkrecht stehenden Rillenplatten. Durch diese Rillenplatten fließt die Roherztrübe mit einer Körnung kleiner als ein Millimeter. Während die unmagnetisierbaren Anteile unbeeinflußt durchfließen, wird das magnetisierbare Erz im Magnetfeld zwischen den Platten festgehalten und erst nach Austritt der Kammern aus dem magnetischen Feld in der neutralen Zone durch einen Wasserstrom ausgespült. Die nunmehr wieder leeren Kammern treten auf der gegenüberliegenden Seite des Magnetscheiders erneut in das magnetische Feld und werden wieder mit Roherztrübe beaufschlagt. Der gleiche Vorgang spielt sich auf dem zweiten Rotor ab. Die getrennten Produkte werden in Auffangkästen gesammelt und abgeführt. Das gewonnene Konzentrat erreicht einen Eisengehalt von etwa 67 %, während die Anforderungen der Hüttenindustrie bei etwa 65 % Fe-Anteil liegen.

Der Antrieb der Rotorscheiben des Magnetscheiders erfolgt auch hier wieder durch einen Drehstrom-Asynchronmotor mit einer Leistung von 18,5 kW und einer Drehzahl von 1750 1/min über einen Keilriemenantrieb mit $i \approx 3$ auf ein *Cavex*-Stirnrad-Schneckengetriebe mit der Eingangsdrehzahl von 595 1/min. Um die Rotordrehzahl von 3,6 1/min zu erzielen, wird die Gesamtuntersetzung im Getriebe von $i = 160$ in die Untersetzung in der Schneckenstufe von $i_s = 50$ und die Untersetzung durch eine dem Schneckengetriebe vorgeschaltete Stirnradstufe von $i_1 = 3,2$ aufgeteilt. Das Gehäuse der Vorschaltstufe ist unmittelbar am Gehäuse des Schneckengetriebes angeflanscht und das hohle Schneckenrad direkt auf die Rotorwelle des Naßmagnetscheiders aufgesetzt. Die Übertragung des Drehmomentes erfolgt über eine formschlüssige Paßfederverbindung. Es entfallen also die schwere, langsamlaufende Kupplung und das umständliche Ausrichten der Maschinen zueinander. Elektromotor und Schneckengetriebe sind auf einer gemeinsamen Grundplatte montiert und werden durch drei Füße vom Rahmen des Magnetscheiders getragen, an dem sich auch das Reaktionsmoment abstützt.

Ritzel- und Schneckenwelle sind horizontal angeordnet. Sie tauchen im Ölbad ein, so daß eine gesicherte Schmierung bei Verwendung eines hochlegierten Öles mit einer Nennviskosität von 300 mm^2/s bei 50° C gewährleistet ist.

1.1.4.3.3. Schnecken-Aufsteckgetriebe im Antrieb eines Teerkochers

Die Grundausführung des gleichen *Cavex*-Getriebes als Aufsteckgetriebe ohne Vorschaltstufe zeigt **Bild 1.1.37**. Grundsätzlich kann der Antrieb sowohl von einem separat aufgestellten Elektro- oder Verbrennungsmotor über einen Riementrieb oder koaxial über eine elastische

1. Getriebe mit unveränderlicher Übersetzung

1.1.37: CAVEX-Aufsteckgetriebe
(Flender, Bocholt)

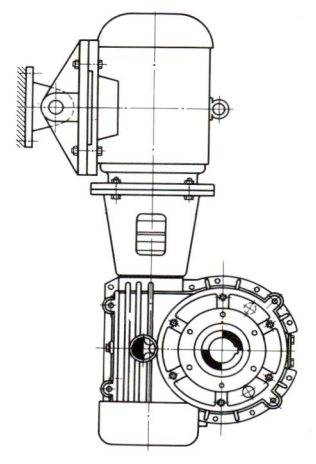

1.1.38: Schnecken-Aufsteckgetriebe mit Flanschmotor
(Flender, Bocholt)

1.1. Zahnradgetriebe

1.1.39: CAVEX-Aufsteckgetriebe im Antrieb eines Teerkochers
(Flender, Bocholt)

Kupplung bzw. über eine Gelenkwelle als auch durch einen direkt angeflanschten Motor erfolgen. Das in **Bild 1.1.38** dargestellte Aufsteckgetriebe mit Flanschmotor der Bauform B3/B5 zeigt, wie vorteilhaft das Problem der Abstützung des Reaktionsmomentes gelöst werden kann. Hierbei dient der Flanschmotor mit Fuß gleichzeitig als Drehmomentstütze. Um ein Verspannen des Antriebes zu verhindern und um starke Stöße und Schwingungen wirkungsvoll zu dämpfen, ist es zweckmäßig, das Abstützlager als elastisches Glied auszubilden, was dann wesent-

1.1.40: Doppel-Schneckengetriebe
(Flender, Bocholt)

lich zur Schonung der Maschinenanlage beiträgt. **Bild 1.1.39** zeigt das gleiche Getriebe eingebaut in einem Teerkocher zum Antrieb des Rührwerkes. Beachtenswert ist hier die sinnvolle Lösung der elastischen Drehmomentabstützung.

1.1.4.3.4. Doppel-Schneckengetriebe für große Untersetzungen

Die mit Schneckengetrieben realisierbare Untersetzung ist in erster Linie eine Kostenfrage. Während früher Untersetzungen bis 1:50 in einer Schneckenstufe als wirtschaftliche Lösung angesehen werden konnten, ist es heute beim Einsatz von hochbeanspruchten, einsatzgehärteten und geschliffenen Stirnrädern in Vorschaltstufen kostengünstiger, schon ab etwa 1:30 eine Vorschaltstufe vorzusehen. Da die Kostenkurven in dem genannten Bereich jedoch einen schleifenden Schnittpunkt bilden, trifft man dennoch auch heute noch häufig große Untersetzungen in der Schneckenstufe an. Der Trend dürfte jedoch zur Verschiebung nach kleineren Untersetzungsverhältnissen in der Schneckenstufe gehen, zumal damit neben einer Verbesserung des Gesamtwirkungsgrades auch der Gefahr der Selbsthemmung am sichersten begegnet werden kann.

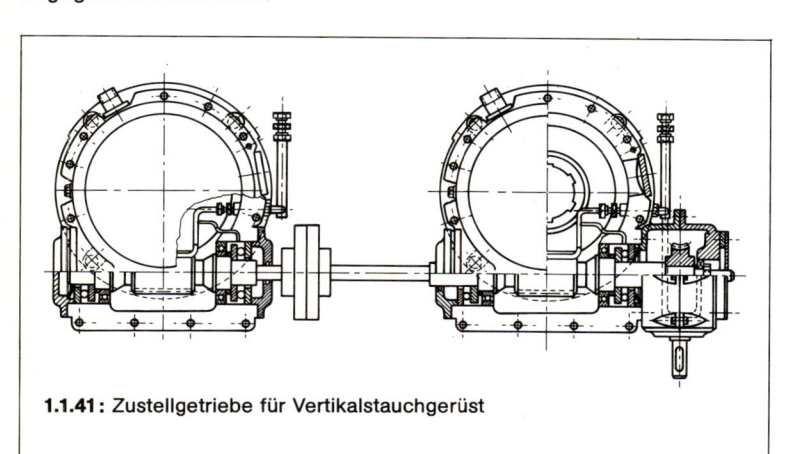

1.1.41: Zustellgetriebe für Vertikalstauchgerüst

1.1. Zahnradgetriebe

Werden größere Untersetzungen als 1:250 verlangt, so ist das Ziel bis 1:2500 mit einer vorgeschalteten Schneckenstufe, also einem Doppelschneckengetriebe, zu erreichen. **Bild 1.1.40** zeigt ein Doppel-Schnecken-Aufsteckgetriebe mit 160 mm Achsabstand, welches bei einer Gesamtuntersetzung von 1:480 ein Abtriebsdrehmoment von 7000 Nm bei 4,2 1/min abgeben kann.

1.1.4.3.5. Zustellgetriebe für Stauchwalzen von Vertikalstauchgerüsten

Ein typischer Anwendungsfall für Hochleistungs-Schneckengetriebe liegt beim Zustellgetriebe für Stauchwalzen von Vertikalstauchgerüsten gemäß **Bild 1.1.41** vor. Hierbei müssen die Spindeln feinfühlig eine Hub- und Senkbewegung ausführen, die dadurch erreicht wird, daß die Spindeln außerhalb des Getriebes mit Flachgewinde in einer feststehenden Mutter geführt sind und in der Nabe des Schneckenrades im Keilnabenprofil auf und ab gleiten können. Der Antrieb erfolgt von einem Elektromotor aus mit 1000 1/min am ersten Getriebe über ein vorgeschaltetes Schneckengetriebe, so daß die Hauptschneckenwelle des ersten Getriebes, die über eine Zahnkupplung mit der Schneckenwelle des zweiten Getriebes verbunden ist, mit 192 1/min läuft. Die Schneckenradwellen beider Getriebe laufen mit einer Drehzahl von 4 1/min. Alle drei Schneckengetriebe haben *Cavex*-Verzahnung. Da eine Zentralschmieranlage zur Verfügung steht, ist Druckschmierung für alle drei Getriebe vorgesehen. Die Längslager sind durch Federn vorgespannt.

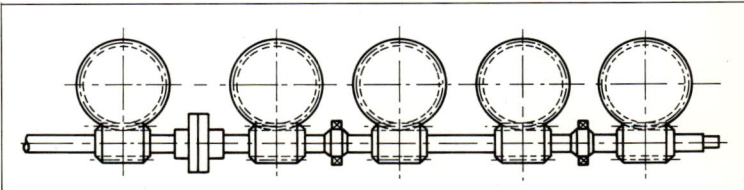

1.1.42: Schematischer Aufbau von Mehrstationen-Antrieben mit Schneckengetrieben

1.1.4.3.6. Schneckenwelle mit mehreren Schnecken

Sehr einfach und bequem lassen sich auch Gruppenantriebe von einer Hauptantriebswelle aus zwangsläufig ableiten, wenn diese Welle als Schneckenwelle mit mehreren Schnecken ausgebildet wird. Die Hauptwelle kann aus zwei, drei oder mehr solcher Schneckenwellen bestehen, die jeweils durch verdrehstarre Kupplungen miteinander verbunden werden. Der Außendurchmesser der Schnecken ist etwas kleiner gehalten als die Sitze für die Wälzlager, so daß diese über die Schnecken geschoben werden können und damit die Montage der Lager auf einfache Weise durchgeführt werden kann. Von den Schneckenrädern erfolgt der Antrieb der einzelnen Gruppen. Der schematische Aufbau solcher Antriebe ist in **Bild 1.1.42** dargestellt.

1.1.4.3.7. Schneckengetriebe im Kranbau

Auf die vielseitigen Einsatzmöglichkeiten von Schneckengetrieben im Kranbau soll im Rahmen der Beschreibung entsprechender Anwen-

1.1.43: Schneckengetriebe am Hubwerk eines Lkw-Kranes *(Flender, Bocholt)*

1.1. Zahnradgetriebe

1.1.44: Schneckengetriebe am
Drehwerk eines Mobilkranes
(Flender, Bocholt)

dungsmöglichkeiten ebenfalls hingewiesen werden. In den weitaus meisten Fällen reicht ein einstufiges Getriebe ohne Stirnrad-Vorschaltstufe aus.

In **Bild 1.1.43** ist eine Anordnung zum Antrieb einer Seiltrommel zu sehen, bei der die Trommelwelle beidseitig in Stehlagern abgefangen ist. Auf der Antriebsseite ragt die Welle heraus, auf ihr wurde ein Aufsteckgetriebe aufgesetzt. Das Reaktionsdrehmoment dieses Getriebes wird durch einen Hebel, die Drehmomentstütze, abgestützt, die auf der Trommel zugekehrten Seite am Getriebe angeschraubt ist. Es wird zur Befestigung gerade diese Getriebeseite bevorzugt, weil dadurch der Abstand vom Abstützpunkt bis zum nächsten Stehlager und damit auch die Biegebeanspruchung in der Trommelwelle klein bleiben. Der Stützpunkt kann starr, soll aber nicht fest sein. Er kann auch elastisch gestaltet werden und damit stoßmindernd wirken. Eine elastische Fassung läßt sich noch insofern ausnutzen, als man bei Überlast, also bei übermäßigem Ausschlag, durch einen Schalter den Motor stillsetzen lassen kann.

Die Verbindung vom Motor zum Getriebe übernimmt in diesem Falle eine Gelenkwelle. Man erkennt, daß die rechtwinklige Lage der Getriebewellen den kompakten Einbauverhältnissen sehr zustatten kommt. Die Trommel liegt mittig zum Ausleger. Diese Antriebsgestaltung hat den weiteren Vorteil, daß Fluchtungsfehler der Lager und Verwindungen keinen nachteiligen Einfluß auf den Antrieb ausüben, d. h. keine zusätzlichen Spannungen hervorrufen. Die Trommelwelle läuft in Pendelrollenlagern. Das Getriebe ist gut zugänglich und notfalls leicht abnehmbar.

Da in diesem Falle verschiedene Drehzahlen für das Hubwerk verlangt wurden und Schneckengetriebe infolge des möglichen Selbsthemmeffektes als Schaltgetriebe nicht geeignet sind, ist das Hubwerk mit einem stufenlos verstellbaren Gleichstrommotor ausgerüstet.

Auch bei der Erzeugung der Drehbewegungen von Kranaufbauten ist die gekreuzte Lage der Schneckengetriebewellen ein baulicher Vorteil. **Bild 1.1.44** demonstriert die flache Bauweise des Antriebs.

Soll am Drehwerk ein Normalschnecken-Getriebe mit Abtriebswellenstumpf zum Einsatz kommen, dann ist das Ritzel auf der Abtriebswelle möglichst nahe an den Getriebefuß zu setzen. Bei größerem Abstand ist die Welle nochmals zu lagern. Andernfalls kann das auftretende Biegemoment für die Welle zu groß werden. Rechts im Bild ist das Hubwerksgetriebe zu sehen. Die Verbindungen Motor–Getriebe übernehmen elastische Kupplungen.

1.1.45: Schneckengetriebe am Fahrwerk eines Turmdrehkranes *(Flender, Bocholt)*

1.1. Zahnradgetriebe

Während sich an diesem Mobilkran die Antriebsgruppe mit dem Drehteil um den feststehenden Zahnkranz bewegt, kann sich grundsätzlich der große Zahnkranz auch um die feststehende Antriebsgruppe drehen. In diesem Falle ist der Antrieb durch einen hydrostatischen Motor besonders leicht zu realisieren, da die Ölbeaufschlagung über fest installierte Leitungen vorgenommen werden kann.

An Fahrwerken werden in der Regel wegen der erforderlichen Bodenfreiheit Schneckengetriebe mit obenliegenden Schnecken angebaut. Am Kran nach **Bild 1.1.45** ist zwischen Schneckengetriebe und Laufrädern noch je ein gleiches Stirnradpaar geschaltet. Die Verbindung zu dem Getriebe mit beidseitigem Abtrieb muß fest sein und wird von Schalenkupplungen übernommen. Ausführungen, bei denen das Getriebe auf der durchgehenden Laufradwelle sitzt, kommen seltener vor, weil bei Defekt das Getriebe nur abgenommen werden kann, nachdem eines der Laufräder entfernt worden ist. Die Teilbarkeit von Gehäuse und Schneckenrad wäre zwar möglich, scheitert aber gewöhnlich an der Kostenfrage.

Die Welle des angeflanschten Motors ist in die Schneckenwelle eingeführt worden. Noch einfacher wäre es, das freie Ende der Motorwelle unmittelbar als Schnecke auszubilden und fliegend in das Schneckenrad eingreifen zu lassen. Dieses ist bei kleinen Leistungen möglich, lohnt sich aber nur bei großen Stückzahlen.

Bei größeren Leistungen und in dem Fall, in dem der Betrieb des Fahrwerks es nicht anders gestattet, geht man zum Einzelantrieb gemäß **Bild 1.1.46** über. Als Antrieb dienen hier wiederum normale Aufsteck-

1.1.46: Schneckengetriebe für den Antrieb von Fahrwerksraupen eines Turmdrehkranes
(Flender, Bocholt)

getriebe, diesmal mit vorgeschalteter Stirnradstufe. Stirnräder- und Schneckenstufe bilden eine Getriebeeinheit. Das Ritzel der Vorschaltstufe liegt unter seinem Gegenrad, das auf der oben angeordneten Schneckenwelle montiert ist. Dadurch steht der Motor tief genug, um sich in den Gesamtantrieb gut einzufügen. Der Motor gibt seine Leistung über eine Anlaufkupplung an das Getriebe weiter. Eine solche Kupplung ist nötig, weil beim Anfahren des Großkrans erhebliche Massen zu beschleunigen sind. Das Reaktionsmoment eines jeden Getriebes wird durch eine Stütze abgefangen, die beiderseits des Getriebes angeschraubt und am Ende zu einer Konsole für den Motor ausgebildet ist. Die Stütze wird im Rahmen gehalten.

1.1.4.4. Spielfreie Verzahnungen

Die Fertigung absolut spielfreier Verzahnungen ist wegen der stets erforderlichen Toleranzen im Getriebeachsabstand, der unvermeidbaren Zahnfehler sowie infolge weiterer ungünstiger Einflußgrößen, z. B. Erwärmung, nicht möglich. Man kann zwar aus mehreren Rädern das jeweils günstigste Radpaar aussuchen, doch ist dieses Verfahren meist sehr unwirtschaftlich. Vor allem tritt vielfach auch die Zusatzforderung auf, ein Getriebe bei sich einstellendem geringstem Verschleiß spielfrei nachstellen zu müssen. Im übrigen sind bei einer solchen Einstellung sowohl die Schmierverhältnisse als auch die im Betrieb auftretenden Wärmedehnungen derart zu berücksichtigen, daß ein Räderpaar in kaltem Zustand und im Stillstand nicht völlig spielfrei eingestellt werden darf.

Verzahnungen, die spielfrei einstellbar und jederzeit nachstellbar sein müssen, können dort erforderlich sein, wo das Drehmoment trotz gleichbleibender Drehrichtung nicht ständig in derselben Richtung wirkt bzw. wo die Größe des Drehmomentes schwankt, oder die Winkelgeschwindigkeit – z. B. infolge unterbrochenen Schnitts des Werkzeuges – nicht gleichmäßig ist, so daß die angetriebenen Schwungmassen infolge ihrer kinetischen Energie um das Zahnspiel voreilen können. Dieses Voreilen kann auch durch die Rückfederung der einzelnen Wellen und elastisch durchgebogenen Schneidezähne hervorgerufen werden. Derartige Erscheinungen treten beispielsweise bei Werkzeugmaschinen mit unterbrochenem Schnitt (Bohrwerke) oder beim Anschneiden bzw. bei ungenügender Überdeckung von Walzenstirnfrä-

1.1. Zahnradgetriebe

sern auf, so daß hier zur Schonung der Werkzeuge oder zur Erzielung hochwertiger Bearbeitungsoberflächen eine spielfreie Verzahnung häufig wünschenswert erscheint. Eine solche Verzahnung kann sich ferner zur Schonung des Getriebes als notwendig erweisen, wenn der Antrieb häufig reversiert.

Wenn es zwar vielfach auch genügen wird, das Räderpaar mit geringstmöglichem Zahnspiel auszuführen, so gibt es dennoch zahlreiche Fälle, besonders bei Genauigkeitsantrieben, wo dies noch nicht ausreichend ist, sondern ein spielfrei nachstellbarer Antrieb gefordert werden muß.

Für Stirnradpaare und Zylinderschneckenradsätze gibt es einige exakte Lösungen, von denen den spielfrei einstellbaren Verzahnungen in Schneckengetrieben eine besondere Bedeutung zukommt. Da Schneckengetriebe ohnehin den Vorteil bieten, daß mit ihnen die gleichmäßigste Winkelgeschwindigkeit am Abtrieb erreichbar ist, wurden beispielsweise bei Genauigkeitsantrieben vorteilhaft spielfrei einstellbare Schneckengetriebe vorgesehen.

Einen stets einwandfreien Verzahnungseingriff auch bei Schnecken mit beliebig hohem Steigungswinkel gewährleistet der sogenannte Duplex-Schneckentrieb. Hierbei werden Schnecke und Schneckenrad für einen bestimmten unveränderlichen Achsabstand gefertigt und bei diesem auch eingebaut. Die Schnecke verzahnt man mit unterschiedlichem Modul an Rechts- und Linksflanke. Aus **Bild 1.1.47**, das Schnecke und Schneckenrad eines solchen Duplex-Schneckengetriebes zeigt, ist sehr

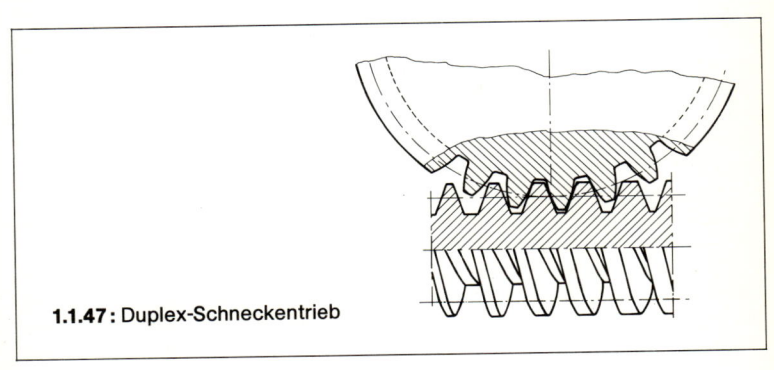

1.1.47: Duplex-Schneckentrieb

1.1.48: Duplex-Schneckengetriebe in einem Fräßspindelantrieb *(Flender, Bocholt)*

gut zu entnehmen, wie der Schneckengang von einem Ende bis zum anderen Ende der Schnecke in seiner Dicke zunimmt. Das zugehörige Schneckenrad muß in gleicher Weise mit verschiedenem Modul an den entsprechenden Flanken gefräst werden. Durch Axialverschiebung der Schnecke ist es dann möglich, die Verzahnung spielfrei einzustellen und bei aufgetretenem Verschleiß entsprechend nachzustellen.

Als interessantes Beispiel wird in **Bild 1.1.48** der Frässpindelantrieb einer Wälzfräsmaschine gezeigt. Dieser Antrieb ist mit einem Duplex-Schneckengetriebe zur Gewährleistung einer spielarmen Einstellung versehen.

In diesem Zusammenhang soll die Anwendungsmöglichkeit nicht unerwähnt bleiben, wo über zwei Schnecken ein Schneckenrad angetrieben wird, wie dies bei großen Drehtischen oder Drehwerken häufig ausgeführt ist. Man kann bei dieser Anordnung durch geringe Axialverschiebung der Schnecken gegeneinander das Spiel ausschalten und die Drehbewegung ebenfalls sehr gleichmäßig übertragen.

1.1.5. Triebstockverzahnung

Die Triebstock-Verzahnung stellt einen Sonderfall der Zykloidenverzahnung dar. Die in Abschnitt 1.1.0.1.3. angeführten Nachteile für die dort in Bild 1.1.8 dargestellte doppelseitige Zykloidenverzahnung führten einmal zur Entwicklung einer einseitigen Zykloidenverzahnung. Hierbei befinden sich die Zähne jeweils nur auf einer Seite des Wälzkreises

1.1. Zahnradgetriebe

Bild 1.1.49: Geometrie der Triebstockverzahnung mit Zapfenrolle

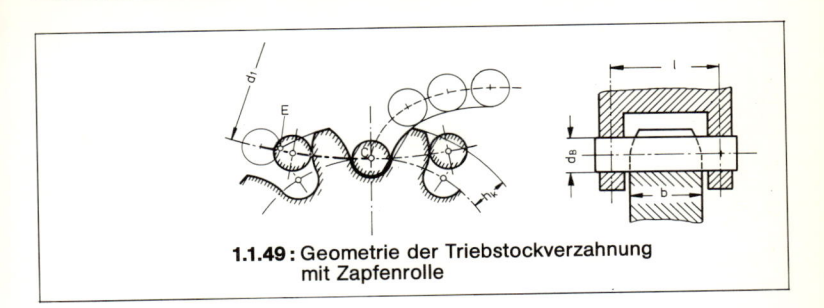

(ϱ_1 bzw. ϱ_2 ist Null). Infolge der dann nur noch verbleibenden halben Zahnhöhe ist der Überdeckungsgrad geringer. Die konjugierten Zahnprofile sind unsymmetrisch. Aus diesem Grunde sind nur Einzelverzahnungen möglich. Ihr Vorteil ist die recht genaue Fertigungsmöglichkeit im Abwälzverfahren – vor allem, wenn die Wälzkreise noch etwas außerhalb der Kopf- bzw. Fußkreise bleiben. In Verbindung mit einer Schrägverzahnung ergeben sich recht gute Anschmiegungen an der jeweiligen Kontaktstelle und ein günstiges Verschleißverhalten.

Die Triebstockverzahnung ist ein Sonderfall der einseitigen Zykloidenverzahnung. Der Rollkreis des Rades 1 ist identisch mit dem Grundkreis. Wenn in Bild 1.1.8 ϱ_2 zu Null wird, schrumpft unter diesen Voraussetzungen gemäß **Bild 1.1.49** das Zahnprofil des Rades 1 zu einem Punkt C zusammen. Am Rad 2 entsteht durch Abwälzen als Profilkurve die gestrichelte Epizykloide. In der praktischen Anwendung wird der Profilpunkt des Rades 1 zu einem Zapfen oder besser zu einer Zapfenrolle erweitert. Das Profil der Zahnflanke des Rades 2 ersetzt die in Bild 1.1.49 gestrichelt eingezeichnete Profilkurve. Sie verläuft als Äquidistante in der Entfernung des Zapfenradius zur gestrichelten Epizykloide.

Der Eingriffsbogen verläuft von E bis C angenähert auf dem Wälzkreis des Rades 1. Die Kopfhöhe h_k muß so festgelegt werden, daß der Eingriffsbogen größer als die Teilung und damit der Überdeckungsgrad größer als 1 ist.

Vorteilhaft bei der Triebstockverzahnung ist das aus gleich weit geteilten, kreisrunden Triebstöcken bestehende Bezugsprofil. Da solche Triebstöcke auch als Schneidwerkzeug mit einer recht hohen Genauigkeit gefertigt werden können, wäre es denkbar, daß solche Verzahnungen in manchen Fällen Evolventenräder ersetzen, zumal die Herstellung sehr eng tolerierter Achsabstände auf modernen Bohrwerken weder technische Schwierigkeiten noch wirtschaftliche Sorgen bereitet und somit der Unempfindlichkeit der Evolventenverzahnung gegenüber Achsabstandsänderungen heute nicht mehr die Bedeutung zukommt wie früher. Von besonderem Vorteil wäre dabei noch die Kombination der Außen-/Innenpaarung infolge der sehr günstigen Raumausnutzung auch bei sehr geringen Zähnezahlunterschieden ($\Delta z = 1$ ist möglich). Wegen der Möglichkeit, die Zapfenrolle auf Wälzkörpern zu lagern, kann an der Kontaktstelle mit dem Gegenrad eine reine Abrollbewegung gewährleistet werden. Aus diesem Grunde treten in einer solchen Verzahnung nur geringe Reibungsverluste auf.

Dennoch findet die Triebstockverzahnung nur selten Anwendung. Sie erstreckt sich im allgemeinen auf langsam rotierende Triebwerke vornehmlich bei Rädern in der Fördertechnik und beim Antrieb von Karussells auf Jahrmärkten. Lediglich beim *Cyclo*-Getriebe * wurden die Vorteile des Planetengetriebes mit denjenigen der Triebstockverzahnung kombiniert und zu einer auch in vielseitigen Anwendungsgebieten bewährten Getriebekonstruktion konsequent durchentwickelt.

1.1.6. Verzweigungsgetriebe, Mehrwegplanetengetriebe

Mehrweg-Getriebe können infolge der Verteilung der Leistung auf zwei bis sieben Zahneingriffe große Leistungen bei kleinem Bauvolumen und vorzugsweise koaxialer Ausführung übertragen. Durch die gegenüber normalen Stirnradgetrieben verhältnismäßig kleinen Räder ergeben sich geringere Geschwindigkeiten in den Verzahnungen und damit kleinere dynamische Zahnkräfte und ein geringeres Geräusch. Da die Gesamtleistung nur zum Teil als Wälzleistung übertragen wird, ist – von wenigen Ausnahmen abgesehen – der Wirkungsgrad günstig.

Innerhalb einer Getriebestufe sind schon vergleichsweise hohe Übersetzungen realisierbar. Hierdurch ergeben sich bei geeigneter Kombination von mehreren Planetensätzen praktisch unbegrenzte Übersetzungsmöglichkeiten. Durch wahlweises Festhalten oder auch zusätzlichen Antrieb eines beliebigen dritten Getriebegliedes können stufen-

---
*) Siehe Abschnitt 1.1.8.

1.1. Zahnradgetriebe

1.1.50: Verzweigungsgetriebe

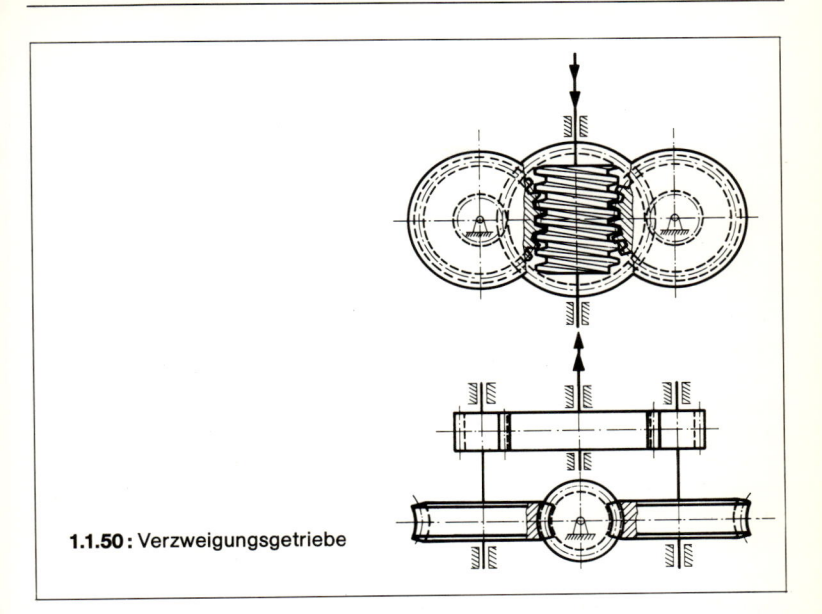

weise oder stufenlose Drehzahl- und Drehrichtungsänderungen erreicht werden. Wenn bei rotationssymmetrischem Aufbau die Zentralräder in den Gegenrädern zentriert werden, können Lager entfallen. Zugleich wird hierdurch ein Belastungsausgleich ermöglicht, der auf jeden Fall angestrebt werden muß, um eine gleichmäßige Lastverteilung auf die verschiedenen Getriebezweige zu erzielen. Werden hierzu keine konstruktiven Maßnahmen ergriffen, so muß eine besonders hohe Fertigungsqualität sichergestellt sein.

Die wesentlichsten Verzweigungs- bzw. Mehrwegplanetengetriebe sind als Stirnradgetriebe einzuordnen, wenn man von der Kinematik an den Zahnflanken ausgeht. Diese Betrachtungsweise schließt jedoch nicht aus, daß auch grundsätzlich andere Getriebeelemente in Mehrwegausführung zusammengebaut werden können. Beispielsweise kann gemäß **Bild 1.1.50** eine Schnecke gleichzeitig mit mehreren Schneckenrädern kämmen, die über Ritzel ein gemeinsames Sammelrad antreiben.

1.1.51: Kinematik des Planetengetriebes

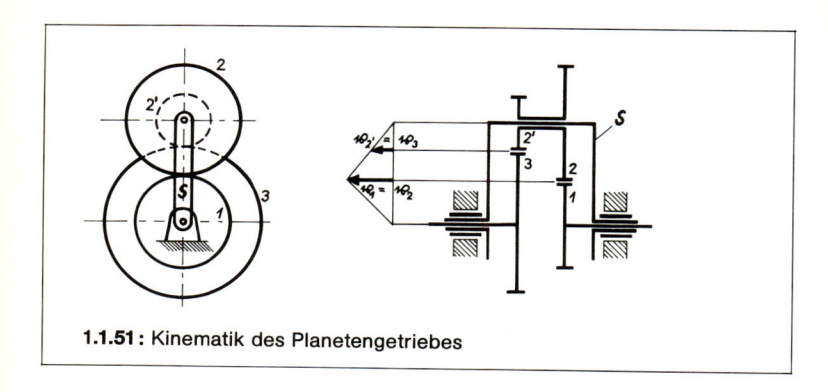

Wenn auch die Ausführungen mit Kegelrädern schon bekannter sind, so soll infolge der im allgemeinen Maschinenbau von Stirnrad-Planetengetrieben erlangten Bedeutung hier nur auf letztere näher eingegangen werden.

1.1.6.1. Kinematik

Den schematischen Aufbau eines Planetengetriebes mit beispielsweise zwei außenverzahnten Sonnenrädern zeigt **Bild 1.1.51**. Das innere Sonnenritzel 1 kämmt mit dem Planetenrad 2, welches mit dem Planetenritzel 2′ zu einem gemeinsamen Block ausgeführt ist und auf dem koaxial mit Ritzel 1 und selbst drehbar gelagerten Steg S – ebenfalls drehbar – gelagert ist. Das Planetenritzel 2′ kämmt wiederum mit einem inneren Sonnenrad 3. Unter der Voraussetzung, daß die Wellen 1 und 2 bei stillstehendem Steg umlaufen, ist in Bild 1.1.51 der zugehörige Drehzahlplan eingetragen. Es sind $v_1 = v_2$ und $v_{2'} = v_3$ die Umfangsgeschwindigkeiten in den Zahneingriffspunkten. Mit

$$v_i = r_i \cdot \omega_i \sim r_i \cdot n_i$$

werden

$$\frac{n_1}{n_2} = \frac{z_2}{z_1}$$

1.1. Zahnradgetriebe

und

$$\frac{n_{2'}}{n_3} = \frac{z_3}{z_{2'}}.$$

Da $n_2 = n_{2'}$ ist, ergibt die Multiplikation beider Gleichungen:

$$\frac{n_1}{n_3} = \frac{z_2 \cdot z_3}{z_1 \cdot z_{2'}} = u,$$

mit u als Standübersetzung. Diese Standübersetzung beobachtet auch ein Betrachter, der sich bei zusätzlicher Stegdrehzahl $n_s > 0$ mit dieser gleichsinnig dreht. Für den Außenstehenden haben sich alle Drehzahlen um n_s erhöht, so daß in diesem Falle die allgemeine Drehzahlgleichung

$$n_1 - n_s = u \cdot (n_3 - n_s)$$

gilt.

Es ist leicht verständlich, daß für $n_s = 0$ die gesamte Leistung von 1 nach 3 über die Verzahnungen als Wälzleistung fließen muß. Im Gegensatz hierzu gilt für $n_3 = 0$ und $n_s \neq 0$:

$$n_1 = n_s \cdot (1 - u).$$

1.1.6.2. Wirkungsgrad bei Planetengetrieben

Sind n_1 und n_s gleichgerichtet und ist $n_1 > n_s$, so ist ebenfalls leicht zu übersehen, daß sich die Gesamtleistung in die Kupplungsleistung

$$P_{1K} \sim T_1 \cdot n_s$$

und in die Wälzleistung

$$P_{1z} \sim T_1 \cdot (n_1 - n_s)$$

aufteilt. Bei einer Umdrehung der Welle 1 hat sich nämlich der Steg um n_s gedreht, so daß durch die Verzahnung nur der Betrag $P_{1z} \sim T_1 \cdot (n_1 - n_s)$ hindurchgeleitet werden muß, während die Kupplungsleistung $P_{1K} \sim T_1 \cdot n_s$ praktisch wie bei einer verdrehstarren Kupplung direkt übertragen wird. P_{1z} ist also der durch Abwälzen in der Verzahnung zu übertragende Leistungsanteil, der in die Wirkungsgradberechnung eingeht, während P_{1K} verlustlos weitergeleitet wird. Sind n_1 und n_s entgegengerichtet, so wird mit Berücksichtigung der zugehörigen Vorzeichen:

$$P_{1z} \sim T_1 \cdot [n_1 - (-n_s)] = T_1 \cdot (n_1 + n_s)$$

und

$$P_{1K} \sim T_1 \cdot (n_s) = -T_1 \cdot n_s.$$

Auch in diesem Falle stimmt die Leistungsbilanz:

$$P_1 = P_{1z} + P_{1K} \sim T_1 \cdot n_1.$$

Es ist lediglich zu beachten, daß die Wälzleistung jetzt um den Betrag der Kupplungsleistung größer ist als die in das Getriebe hineingeleitete und bei verlustfreier Übertragung auch aus dem Getriebe herausgeführte Leistung.

Diese Betrachtungen gelten sinngemäß auch für den Fall, daß $n_1 = 0$ gesetzt und der Leistungsfluß von 3 nach S verläuft. Auch darf der Steg als Antriebsglied angesetzt werden.

Drehen die Räder 1 und 3 sowie der Steg S gleichzeitig, so läßt sich analog zur obigen Ableitung ebenfalls auf die Wälzleistung und die Kupplungsleistung schließen. Man dreht das gesamte Planetengetriebe zunächst als Block wahlweise um $-n_1$ bzw. um $-n_3$, so daß n_1 oder n_3 zu Null wird. Dann ist:

$$P_K \sim T_3 \cdot (n_3 - n_1) = T_1 \cdot (n_1 - n_3).$$

Dreht dann der Steg gleichsinnig mit $(n_3 - n_1)$ bzw. $(n_1 - n_3)$, so wird zur Berechnung der Wälzleistung P_z die Kupplungsleistung P_K von der Gesamtleistung P subtrahiert; dreht er gegensinnig, so ergibt sich die Wälzleistung P_z durch Addition von P_K zu P.

Die Wälzleistung P_z ist der Berechnung des Getriebewirkungsgrades zugrundezulegen. Bei $P_z > P$ und entgegengesetztem Drehsinn von An- und Abtrieb wird in der Verzahnung des Getriebes tatsächlich eine höhere Leistung übertragen, als von außen eingeleitet wird. Diese vergrößerte Leistung führt zu einer Verschlechterung des Getriebewirkungsgrades gegenüber demjenigen eines Standgetriebes. Ähnlich ungünstige Verhältnisse treten auch bei gleichem Drehsinn von Antriebswelle und Steg auf, nämlich dann, wenn der Steg den Antrieb bildet und ins Langsame untersetzt wird bzw. wenn der Steg die Abtriebswelle

1.1. Zahnradgetriebe

	Betriebsweise				1	2
	Antrieb	Abtrieb	fest	Drehzahlübersetzung $i = \dfrac{n_{an}}{n_{ab}}$	$u = +\dfrac{Z_2 \cdot Z_3}{Z_1 \cdot Z_{2'}} > 1$	$u = -\dfrac{Z_2 \cdot Z_3}{Z_1 \cdot Z_{2'}}$
3	1	3	S	$i = u$	13 $\eta = \eta_{St}$	23 $\eta = \eta_{St}$
4	3	1	S	$i = \dfrac{1}{u}$	14 $\eta = \eta_{St}$	24 $\eta = \eta_{St}$
5	1	S	3	$i = 1 - u$	15 $\eta = \dfrac{u \cdot \eta_{St} - 1}{u - 1}$	25 $\eta = \dfrac{1 - u \cdot \eta_{St}}{1 - u}$
6	S	1	3	$i = \dfrac{1}{1 - u}$	16 $\eta = \dfrac{u - 1}{u/\eta_{St} - 1}$	26 $\eta = \dfrac{1 - u}{1 - u/\eta_{St}}$
7	3	S	1	$i = \dfrac{u - 1}{u}$	17 $\eta = \dfrac{u \cdot \eta_{St} - 1}{\eta_{St} \cdot (u - 1)}$	27 $\eta = \dfrac{\eta_{St} - u}{1 - u}$
8	S	3	1	$i = \dfrac{u}{u - 1}$	18 $\eta = \dfrac{u - 1}{u - \eta_{St}}$	28 $\eta = \dfrac{1 - u}{1/\eta_{ST} - u}$

Tabelle 1.1.6: Übersetzungen und Wirkungsgrade bei Planetengetrieben

bildet und eine Übersetzung ins Schnelle erfolgt. In den anderen Fällen wird die Gesamtleistung in Kupplungsleistung und Wälzleistung aufgeteilt. Das Getriebe wird geringer ausgelastet, der Wirkungsgrad ist besser als beim Standgetriebe.

In der **Tabelle 1.1.6** sind die Formeln zur Berechnung der Getriebeübersetzung $i = f(u)$ und des Wirkungsgrades $\eta = f(u; \eta_{St})$ den beiden gängigen Getriebevarianten 1 und 2 in Abhängigkeit von den in Frage kommenden Antriebsverhältnissen 3 bis 8 zugeordnet. In diesen Formeln ist u wiederum die Standübersetzung, η_{St} ist der Wirkungsgrad des Standgetriebes. Getriebevariante 1 ist kinematisch identisch mit der gestrichelt eingezeichneten Ausführung, bei der z_1 **und** z_3 gemeinsam als Innenverzahnung ausgebildet sind. Sind z_1 bzw. z_3 lediglich alternierend als Außen- bzw. Innenverzahnung ausgeführt, gilt Getriebevariante 2. Diese wiederum beinhaltet auch den Sonderfall $z_2 = z_{2'}$, bei dem ein einzelnes Planetenrad sowohl nach innen mit dem außenverzahnten inneren Sonnenritzel als auch nach außen mit dem innenverzahnten äußeren Sonnenrad gleichzeitig kämmt.

Unter Zugrundelegung eines einheitlichen Wirkungsgrades für das Standgetriebe von $\eta_{St} = 0{,}98$ wurden die Wirkungsgrade aller Getriebemöglichkeiten durchgerechnet und in **Bild 1.1.52** über der jeweiligen Getriebeübersetzung i aufgetragen. In der oberen Bildhälfte sind die Kurvenzüge für die Getriebe eingezeichnet, bei denen der Drehsinn für Antrieb und Abtrieb gleich ist. Die untere Bildhälfte gilt sinngemäß für gegenläufigen An- und Abtrieb. Die jeweilige linke Bildhälfte stellt den Bereich für Getriebeübersetzungen ins Schnelle dar, während die rechte Bildhälfte die Verhältnisse für Planetengetriebe angibt, bei denen eine Untersetzung ins Langsame erfolgt.

Nach diesem Bild sind alle Planetengetriebe der Variante 2 – mit einem innenverzahnten Außenrad und einem außenverzahnten Innenrad – hinsichtlich des Wirkungsgrades den Getrieben der Variante 1 überlegen. Lediglich die Wirkungsgrade der Getriebeausführungen 13 und 14 reichen etwa bis an diejenigen der Variante 2 heran. Allerdings ist in diesem Falle keine Umkehrung der Drehrichtung vom Antrieb zum Abtrieb innerhalb des Getriebes möglich. Für den Sonderfall, daß beim Planetengetriebe des Typs 2 mit Hohlrad 3 die Räder 2 und 2' des Planetenblockes gleich groß sind und sich unter dieser Voraussetzung lediglich eine Standübersetzung von $u < |11|$ realisieren läßt, gelten die

1.1. Zahnradgetriebe

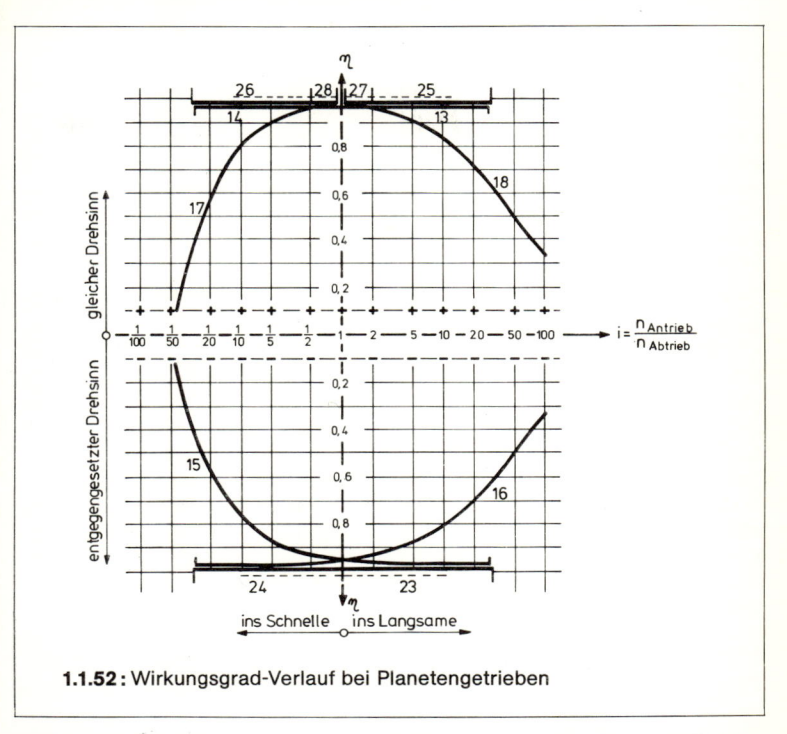

1.1.52: Wirkungsgrad-Verlauf bei Planetengetrieben

Wirkungsgradkurven nur im gestrichelt angedeuteten Bereich. Für die Getriebe mit Planetenblock wurde $u < |35|$ angesetzt. Andernfalls ergeben sich für die konstruktive Gestaltung und Lagerung des Blockes Schwierigkeiten. Auch würde sich die Raumausnutzung für das Planetengetriebe verschlechtern.

Nach Bild 1.1.52 ist bei Verwendung der Getriebevarianten 15, 16, 17 und 18 mit vergleichsweise schlechten Wirkungsgraden zu rechnen, wenn sich die Gesamtübersetzung i von 1 entfernt. Für $\eta_{St} = 0{,}98$ erreichen die Getriebe 15 und 17 bei einer Übersetzung von $i = \pm 1 : 50$ einen Wirkungsgrad von Null. Das heißt, daß in diesem Falle durch diese Getriebe kein Drehmoment mehr hindurchgeleitet werden kann. Sie sind selbsthemmend.

Vorsicht ist jedoch bei der Anwendung solcher Getriebe grundsätzlich geboten, da deren Wirkungsgradkurven sehr stark von der Größe des Wirkungsgrades η_{St} des Standgetriebes beeinflußt werden. Wird η_{St} beispielsweise mit 0,96 angesetzt, so tritt der Selbsthemmeffekt bereits bei einer Übersetzung von $i = \pm 1 : 25$ auf. Das bedeutet auch, daß die Grenze für die Selbsthemmung sehr stark von den augenblicklichen Schmierungsverhältnissen abhängt und somit auch starken Veränderungen unterliegen kann.

Wenn für den Bereich des Antriebs ins Langsame die Wirkungsgrade für die Getriebeausführungen 16 und 18 ebenfalls sehr ungünstig liegen, so treten hier dennoch keine unmittelbaren Gefahren hinsichtlich der Betriebssicherheit durch die Selbsthemmung auf, da diese Grenze für jedes beliebige $\eta_{St} > 0$ erst bei $i = \infty$ erreicht wird. Dennoch sollten solche Getriebe nur innerhalb des Bereiches von etwa $1 : 35 < i < 35$ ausgelegt werden. Außerhalb des von solchen Getrieben überdeckten Übersetzungsbereiches ist es bei der Übersetzung ins Schnelle unumgänglich und bei der Übersetzung ins Langsame ratsam, konstruktiv aufwendigere Kombinationen aus zwei hintereinandergeschalteten Pla-

1.1.53: Wasserkraftwerk, ältere Anlage *(Voith)*

1.1. Zahnradgetriebe

1.1.54: Wasserkraftanlage
nach dem Umbau *(Voith)*

netensätzen mit jeweils kleinerer Einzelübersetzung, jedoch bedeutend besserem Gesamtwirkungsgrad, zu verwenden.

1.1.6.3. Anwendungsfälle und besondere Ausführungen

1.1.6.3.1. Planetengetriebe in Kraftwerksanlagen

Das kleine Bauvolumen moderner Mehrwegplanetengetriebe geht sehr deutlich aus einem Vergleich der **Bilder 1.1.53** und **1.1.54** hervor. Wie Bild 1.1.53 zeigt, wurden vor Jahrzehnten Triebwerke mit vertikalen Francis-Turbinen gebaut. Holz-Eisenräder – das sind gußeiserne Radkörper mit eingesetzten Holzkämmen – dienten dabei zur Erhöhung der niedrigen Drehzahlen der Wasserturbinen auf die Drehzahl des Generators. Diese Antriebe sind zwar robust. Sie entsprechen heute aber nicht mehr den hohen Anforderungen der modernen Technik hinsichtlich der Wirtschaftlichkeit. Aus diesem Grunde gehen immer mehr

102   1. Getriebe mit unveränderlicher Übersetzung

Kraftwerke dazu über, bei einer Generalüberholung der Gesamtanlage auch neue, nach modernen Gesichtspunkten konzipierte Antriebe einzubauen.

UNIRED-Planetengetriebe arbeiten auf diesem Gebiete bereits mit bestem Erfolg. Sie haben einmal den baulichen und optisch wirksamen Vorteil der gleichachsigen An- und Abtriebswelle. Darüber hinaus sind der geringe Raumbedarf, der gute Wirkungsgrad und nicht zuletzt die größere Laufruhe der Getriebe besonders hervorzuheben. Die in Bild 1.1.53 dargestellte Kraftanlage wurde unter Verwendung eines vertikal angeordneten *UNIRED*-Planetengetriebes entsprechend Bild 1.1.54 umgebaut. Infolge des günstigen Getriebewirkungsgrades und der modernen Generatorausführung konnte die Generatorleistung gleichzeitig von 190 kW auf 220 kW gesteigert werden. Der ursprüngliche Geräuschpegel von 106 dBA wurde trotz höherer Ausgangsleistung auf 87 dBA gesenkt. Die ansprechende Lagerung des Generators erfolgte auf einem um das Planetengetriebe angeordneten Tragkonus in Schweißkonstruktion mit Grundring und solider Verankerung. Die im Bild gezeigten Öffnungen ermöglichen eine leichte Zugänglichkeit zum Getriebe und zur elastischen Kupplung zwischen Planetengetriebe und Generator. Kontaktinstrumente zur Überwachung der Lagertemperaturen, der Drehzahl und des Öldruckes gewährleisten in Verbindung mit Endabschaltern einen selbstüberwachten Betrieb, so daß heute in

1.1.55: Achs- und Stirnschnitt eines UNIRED-Planetengetriebes
   (Flender, Bocholt)

1.1. Zahnradgetriebe

einem so umgebauten Kraftwerk nur noch gelegentliche Kontrollgänge zur Aufrechterhaltung der vollen Betriebssicherheit genügen.

Das im Kraftwerk nach Bild 1.1.54 eingesetzte Planetengetriebe entspricht in seinem prinzipiellen Aufbau der Getriebeanordnung 26 der Tabelle 1.1.6. Dieses *UNIRED*-Planetengetriebe ist in **Bild 1.1.55** im Achs- und Stirnschnitt gezeigt. Der symmetrische Aufbau bei dem *UNIRED*-Getriebe, der sich durch Aufteilung von Hohlrad und Planetenritzel in je zwei zu beiden Seiten des Planetenrades angeordnete Hälften ergibt, bewirkt auch eine symmetrische Belastungsverteilung auf die Planetenachsen. Da diese zweckmäßigerweise als Gleitlager ausgebildet sind, ergeben sich dafür und auch für die Verzahnung gute Tragbilder über die gesamte Breite. Durch die Teilung des Planetenblockes in Rad und Ritzel wird eine hohe Übersetzung von bis zu 35:1 in einer Stufe erreicht, wobei im Falle einer Übersetzungsänderung nur das zentrale Antriebsritzel und die Planetenräder betroffen werden. Hohlräder und Planetenritzel bleiben im allgemeinen unbeeinflußt, ebenso der Achsabstand im Planetenträger. Das ist ein wesentlicher Vorteil für Fertigungslosgröße sowie Lager- und Ersatzteilhaltung. Der Übersetzungsbereich beim einstufigen *UNIRED*-Getriebe geht von $i = 5:1$ bis $i = 35:1$.

Die Verbindung zwischen Hohlradhälften und Gehäuse wird über sehr einfache Ausgleichselemente aus Stahl vorgenommen, die so abgestimmt sind, daß die parallel laufende Leistung möglichst gleichmäßig verteilt wird. Das Ausgleichselement dient bei Planetengetrieben in erster Linie der Kompensation von auch bei hoher Qualität unvermeidlichen, wenn auch geringen Rundlauf-, Achsabstands- und Achsenteilungsabweichungen. Darüber hinaus wird bei dem *UNIRED*-Getriebe den im Rahmen der Zahn-Teilungssprünge möglichen Fluchtungsfehlern zwischen den beiden Hohlradhälften durch eine gewisse Verdrehnachgiebigkeit entgegengewirkt.

Auch bei hoher Fertigungsqualität sind grundsätzlich konstruktive Voraussetzungen zu schaffen, um bei parallelem Leistungsfluß in kompakten, d. h. hoch beanspruchten Getrieben eine möglichst gleichmäßige Lastverteilung sicherzustellen. Es haben sich hierzu, insbesondere bei schnellaufenden Turbo-Getrieben, Lösungen bewährt, bei denen alle Zentralräder ungelagert bleiben und die Drehmomente über doppelte Zahnkupplungen abgestützt werden. Es soll jedoch in diesem Zusammenhang darauf hingewiesen werden, daß mit diesem zusätzlichen Aufwand keinesfalls eine Einbuße der ebenfalls erforderlichen hohen Fertigungsqualitäten der Planetengetriebe erkauft werden kann.

Die Planetenblöcke laufen auf Gleitlagern. Die Planetenachsen bestehen aus legiertem Vergütungsstahl und sind mit einer Verbundmetall-Gleitschicht versehen. Die Ölversorgung der Planetengleitlager erfolgt über die hohlgebohrten Planetenachsen und die darin befindlichen Schmutzfänger. Die Achsenbohrungen sind an beiden Seiten offen. Abtriebsseitig sind niedrige Ölstaubleche angebracht. Ein geringer Ölstau genügt, um ausreichende Schmiermittelmengen in den Lagerspalt zu transportieren. Die nicht zur Schmierung benötigte Ölmenge kann hingegen fast ungehindert die Achsen durchströmen und diese damit kühlen. Bei kleineren Drehzahlen füllen sich die Achsenbohrungen während des Durchlaufens durch den Ölsumpf. Bei höheren Drehzahlen wird durch Ölleitrippen am Gehäusedeckel und durch einen Ölfangring am Planetenträger eine mit der Drehzahl automatisch steigende Ölmenge unter Ausnutzung der Fliehkraft in die Achsen gefördert. Die konzentrische Bauart der *UNIRED*-Getriebe läßt für die bei höheren Leistungen erforderliche Kühlung den zusätzlichen Anbau eines Lüfters zu. Dieser sitzt auf der schnellaufenden Ritzelwelle. Die Kühlwirkung ist wegen der voll bespülten Getriebegehäusefläche seht gut.

Der Übersetzungsbereich kann bei diesem *UNIRED*-Planetengetriebeprogramm durch Zusammenfügen von zwei verschieden großen einstufigen Getrieben zu einem Doppelgetriebe auf 1000:1 vergrößert werden. Die Abtriebsdrehmomente sind innerhalb einer Getriebegröße konstant.

1.1.6.3.2. ANDANTEX-Getriebe

Der gedrängte Aufbau von Planetengetrieben geht ebenfalls sehr anschaulich aus der Schnittzeichnung des **Bildes 1.1.56** hervor. Dieses Bild zeigt die Schnittzeichnung eines *ANDANTEX*-Getriebes. Es handelt sich um ein aufsteckbares Reduziergetriebe, das wie eine Riemenscheibe in einfacher Weise auf die Antriebswelle der Arbeitsmaschine gesteckt wird. Der in diesem Falle angedeutete Antrieb durch Keilriemen schafft die einfache Möglichkeit der Verwendung eines elastischen Getriebes im Antriebsfluß. Selbstverständlich wäre auch hier eine formschlüssige Verbindung mittels Kette oder Zahnrädern möglich.

1.1. Zahnradgetriebe

1.1.56: Aufbau eines ANDANTEX-Getriebes *(Hilger und Kern)*

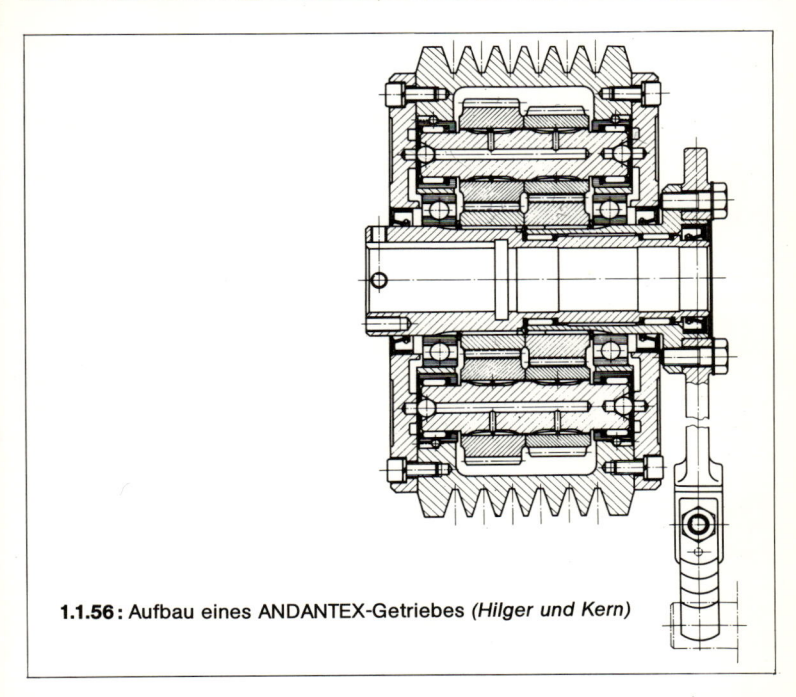

Der als öldichtes Gehäuse ausgebildete Mantel ist Steg und Planetenradträger des Umlaufgetriebes. Dieser Mantel stützt sich über reichlich bemessene Wälzlager auf der Abtriebsnabe bzw. auf der mit einem Feststellhebel verbundenen stillstehenden Festbüchse ab. Kräftige Käfignadellager zwischen Festbüchse und Abtriebsnabe sorgen für einwandfreien Umlauf. Durch Keilverzahnung sind jeweils ein Sonnenrad mit einer Festbüchse und das andere Sonnenrad mit der Abtriebsnabe fest verbunden. Da sich das Planetenrad beim Umlauf des Mantels auf dem feststehenden Sonnenrad abwälzt, wird die im Mantel in Nadellagern gelagerte Planetenradachse angetrieben, deren Drehung über das Planetenrad auf das Sonnenrad und damit auf die Abtriebsnabe weitergeleitet wird.

Die geforderte Untersetzung des Reduziergetriebes wird durch unterschiedliche Zähnezahlen der Zahnradpaare erreicht. Das Reaktionsmoment, das sich durch die Gleichgewichtsbedingungen am Doppelplanetenrad ergibt, wird über das Sonnenrad, die Festbüchse und den Feststellhebel am Maschinenrahmen abgestützt. Diese Drehmomentabstützung erfolgt durch einen federnden Anschlag, der gleichzeitig als Stoßdämpfer und als Sollbruchstelle wirkt.

Die völlig gleichmäßige Belastung aller Zahnräder ist auch hier entscheidend für die Funktion des Planetengetriebes. Bei dem aufsteckbaren Reduziergetriebe *ANDANTEX* wird das durch eine drehfeste, aber elastisch bleibende Verbindung der Planetenräder mit der Planetenradachse erreicht. Die Bohrungen der Planetenräder und deren Achse sind so mit einer Kerbverzahnung versehen, daß ein zentrischer Sitz gewährleistet wird und außerdem ein Hohlraum verbleibt. In diesen Hohlraum wird durch Bohrungen in den Planetenradachsen ein Werkstoff eingepreßt, der die drehfeste Verbindung herstellt. Das Einpressen erfolgt

1.1.57: ANDANTEX-Getriebe im Antrieb einer Metallkreissäge *(Hilger und Kern)*

1.1. Zahnradgetriebe

über Vorrichtungen, die das Getriebe in betriebswarmem Zustand halten und dadurch eine gleichmäßige Flankenbelastung bei genau eingestelltem Zahnspiel gewährleisten. Das aufsteckbare Reduziergetriebe *ANDANTEX* kann serienmäßig für Drehmomente bis 40000 Nm gebaut werden.

Die Bauart des aufsteckbaren Reduziergetriebes *ANDANTEX* gestattet über die Funktion als Untersetzungsgetriebe hinaus noch eine Erweiterung der Einsatzmöglichkeiten durch die Anwendung als Differential-Getriebe. Beim Einsatz als Reduziergetriebe ist der Bewegungszustand gemäß der Tabelle 1.1.6 durch zwei bewegte Glieder (An- und Abtrieb) gekennzeichnet, während das dritte Glied feststeht und das Reaktionsmoment aufnimmt. Wird nun dieses dritte, normalerweise feststehende Glied zur Ein- oder Ableitung einer zusätzlichen Bewegung verwendet, wird das Planetengetriebesystem zu einem Differential, mit dem z. B. Stellbereicherweiterung und -verminderung, Drehzahlüberlagerung und Leistungsverzweigung erreicht werden kann.

Bild 1.1.57 zeigt den Antrieb einer Metallkreissäge mittels eines *ANDANTEX*-Getriebes. Die Anlage ist für folgende technische Daten ausgelegt:

P_{Motor} = 6 kW
n_{Motor} = 1470 1/min
Keilriemenuntersetzung = 1,65
Getriebeuntersetzung = 20

Es handelt sich hier um ein Getriebe mit Zweigangschaltung in Kurzbauweise (Direktgang – Untersetzungsgang). Zur Sicherstellung der erforderlichen Kühlung ist das Getriebe stirnseitig mit einem stark verrippten Lüfterdeckel versehen.

1.1.6.3.3. Überlagerungsgetriebe zum Antrieb eines Belüftungskreisels

In Kläranlagen werden Belüftungskreisel zur Aufbereitung von Abwässern eingesetzt. In den Klärbecken ist die Intensität der Luftdurchmischung sowohl

a) von der Drehzahl des Propellers als auch
b) von der Entfernung des Propellers von der Wasseroberfläche

abhängig. **Bild 1.1.58** zeigt den Antrieb für einen Belüftungskreisel, dessen Drehzahl von n_{pmin} = 26,1 1/min bis n_{pmax} = 41,7 1/min, also in

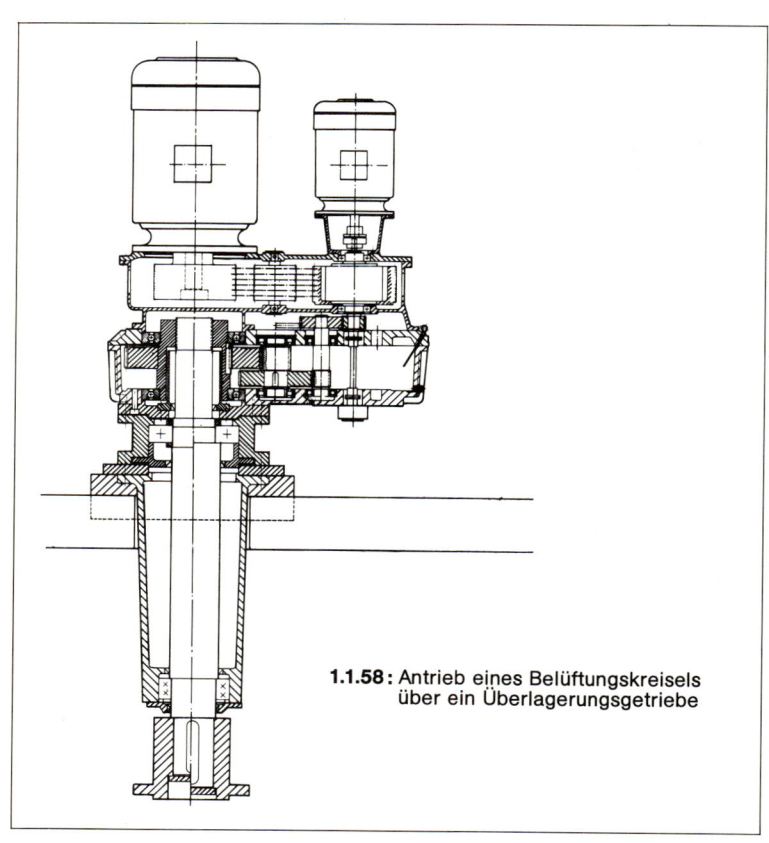

1.1.58: Antrieb eines Belüftungskreisels über ein Überlagerungsgetriebe

einem Bereich von 1:1,6, nach einer arithmetischen Reihe fünffach abgestuft eingestellt werden kann. Hierzu treibt der oberhalb der vertikalen Propellerwelle angeordnete Hauptmotor über einen Keilriementrieb das Außenrad eines Planetengetriebes an, dessen inneres Sonnenrad von dem kleineren Zusatzmotor angetrieben wird. Die Stegwelle des Planetengetriebes treibt das nachgeschaltete dreistufige Stirnrad-

1.1. Zahnradgetriebe

Haupt-motor	Zusatz-motor	Steg-drehzahl	Propeller-welle	Umfangsgeschwindig-keit am Propeller
[1/min]	[1/min]	[1/min]	[1/min]	v[m/s] für r = 1,25 m
1500	+ 1500	1500	41,7	5,5
1500	+ 750	1360	37,8	5,0
1500	± 0	1220	33,9	4,5
1500	− 750	1080	30,0	4,0
1500	− 1500	940	26,1	3,5
0	+ 750	140	3,9	0,5
0	+ 1500	280	7,8	1,0

Tabelle 1.1.7: Drenzahlen im Überlagerungsantrieb eines Belüftungskreisels

getriebe an, welches mit einer Gesamtübersetzung von 36 ausgelegt ist. Bei einer Grundübersetzung von $u = 4,34$ im Planetengetriebe beträgt dann die Abtriebs-Nenndrehzahl des Propellers $n_p = 33,9$ 1/min, wenn bei stehendem Zusatzmotor der Hauptmotor mit 1500 1/min läuft. Um das bei dieser Nenndrehzahl an der stillstehenden Ritzelwelle auftretende Drehmoment abzustützen, ist der Zusatzmotor mit einer Feststellbremse versehen.

Der Zusatzmotor ist als polumschaltbarer Motor mit den Drehzahlen 1500 1/min und 750 1/min ausgelegt, wobei diese Drehzahlen sowohl bei Rechtslauf (positiver Drehsinn) als auch bei Linkslauf (negativer Drehsinn) auftreten können. Bei positivem Drehsinn wird die Propellerwelle zusätzlich beschleunigt und erreicht als maximale Drehzahl $n_{pmax} = 41,7$ 1/min, wenn der Zusatzmotor mit 1500 1/min läuft. Beim umgekehrten Sinn des Zusatzmotors und 1500 1/min ist die Propellerwellen-Drehzahl $n_{pmin} = 26,1$ 1/min. Die zugehörigen Drehzahlen sind in der **Tabelle 1.1.7** noch einmal zusammengefaßt.

Zur Vervollständigung sind in der Tabelle 1.1.7 auch die Drehzahlen für den theoretischen Fall eingetragen, wenn der Zusatzmotor allein laufen würde. Man erkennt, daß die Stufensprünge dadurch bedingt sind, daß die durch den Zusatzmotor allein bedingten Drehzahlen bzw. Geschwindigkeiten zur Nenndrehzahl bzw. zur Nenngeschwindigkeit addiert oder davon abgezogen werden.

Das Planetengetriebe ist in diesem Falle also eindeutig als Summierungsgetriebe eingesetzt. Bei Abtriebsdrehzahlen der Propellerwelle unterhalb ihrer Nenndrehzahl läuft der Zusatzmotor generatorisch (negativer Drehsinn), d. h. er speist Strom ins Netz zurück.

Die Ölversorgung aller Verzahnungen und Lager erfolgt durch eine Ölpumpe, die von der verlängerten Welle der ersten Stirnradstufe angetrieben wird und unterhalb des Getriebegehäuses von außen zugänglich ist. Lediglich die Lager im oberen Keilriemengehäuse und der unteren Propellerwelle sind fettgeschmiert. Um das Öl von der Propellerwelle fern zu halten, ist im Getriebegehäuse um die Propellerwelle ein Staurohr angeordnet, welches bis über den Ölspiegel hinausragt.

Nach Lösen der Flanschschrauben des oberen Getriebedeckels können die beiden an diesem Deckel angeschraubten Elektromotoren zu Wartungszwecken gemeinsam mit dem Keilriemenantrieb und dem Planetengetriebe vom Ventilatorantrieb abgehoben werden, so daß die Keilriemen auf einfache Weise ausgetauscht werden können.

Solche Belüftungskreisel werden für Leistungen von ca. 20 bis 160 kW eingesetzt. Die Drehzahl der Propellerwelle richtet sich nach dem äußeren Durchmesser des Propellers, da hier die Umfangsgeschwindigkeit aus verfahrenstechnischen Gründen etwa zwischen 3,5 und 5,5 m/s liegen soll.

1.1.6.3.4. Zweiweggetriebe im Antrieb einer Zementmühle

Auch im Antrieb von Zementmaschinen haben sich Getriebe mit Leistungsverzweigung bewährt. Da man bei herkömmlichen Zahnkranzantrieben trotz gewissenhafter Abdeckung dennoch mit Staubeinwirkung und dadurch bedingten Flankenverschleiß rechnen muß, hat man Centra-Antriebe entwickelt, bei denen alle Zahnräder und Lager in absolut staubdicht geschlossenen Gehäusen angeordnet sind. Zusätzlich ist es bei dieser Anordnung in einfacher Weise möglich, alle Antriebsaggregate in einem Raum aufzustellen, der vom Mühlenraum durch eine Wand abgetrennt ist. Man hat nach Wegen gesucht, beim Centra-Antrieb eine möglichst kompakte Getriebebauweise zu erreichen, und ist hierbei zunächst auf das sogenannte „Zweiwege-Getriebe" gestoßen, dessen Teilfugenschnitt in **Bild 1.1.59** wiedergegeben ist.

Die konstruktive Aufgabe, die bei dieser Ausführung vorliegt, besteht darin, beide Getriebezweige gleichmäßig zu belasten. Ihre Lösung er-

1.1. Zahnradgetriebe

1.1.59: Zweiwege-Getriebe für eine Zementmühle

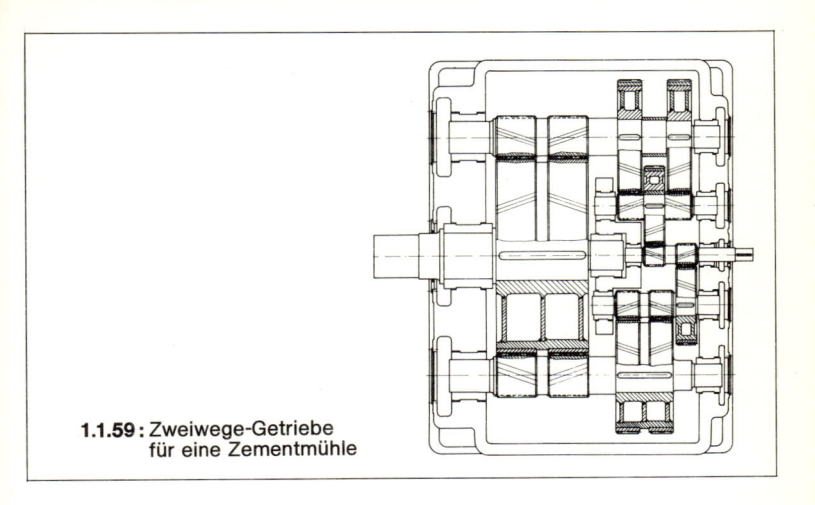

folgt z. B. dadurch, daß man das doppeltschrägverzahnte Antriebsritzel jeweils nur auf einer Verzahnungshälfte mit dem rechten bzw. linken Getriebestrang in Eingriff bringt, so daß bei axial nicht fixiertem Antriebsritzel die Axialkräfte die gleichmäßige Lastverteilung bewirken. Die einzige Welle, die innerhalb des Getriebes axial festgelegt wird, ist die Abtriebswelle mit dem großen, doppeltschrägverzahnten Rad. Entsprechend der Pfeilspitzenlage dieses Großrades müssen sich die Pfeilspitzen der mit diesem Rad in Eingriff stehenden Vorgelegeritzel einstellen. Das führt zwangsläufig dazu, daß die auf der Vorgelegeritzelwelle befestigten Vorgelegeräder eine ganz bestimmte axiale Lage einnehmen müssen. Dadurch werden wiederum die Ritzel der ersten Vorgelegestufe in ihrer axialen Lage bestimmt. Es empfiehlt sich, das Großrad axial zu fixieren. Theoretisch wäre es natürlich auch möglich, irgendein anderes Lager der Vorgelegewelle als Festlager zu verwenden. In diesem Fall würden sich jedoch die Einstellwege für einen Strang vergrößern und auch die verhältnismäßig großen Massen des Abtriebsrades der Spielbewegung folgen müssen. Infolgedessen würden größere und eventuell unkontrollierbare Zusatzkräfte sowohl in den Verzahnungen als auch im Festlager hervorgerufen. Neben dem vorstehend geschilderten Verfahren zur gleichmäßigen Lastverteilung mit Hilfe eines axial frei einstellbaren Antriebsritzels, das jeweils mit einem einfachschrägverzahnten Rad kämmt, besteht auch die Möglichkeit, das doppeltschrägverzahnte Ritzel bereits mit zwei ebenfalls doppeltschrägverzahnten Zahnrädern kämen zu lassen. Der Belastungsausgleich erfolgt in diesem Falle über zwei Torsionsfedern, durch die sich beide Getriebestränge bei der Montage spielfrei einstellen lassen. Daneben erlauben diese Torsionsfedern den Ausgleich unvermeidlicher Verzahnungsfehler.

1.1.7. Kombinierte Getriebe

Kombinierte Getriebe werden dort eingesetzt, wo hohe Drehmomente nur unter ungünstigen Bedingungen von einer Antriebsanlage aufgebracht bzw. übertragen werden können, oder in den Fällen, in denen vom Antrieb unterschiedliche Antriebsfunktionen zu erfüllen sind.

1.1.7.1. Zahnkranzmühle

Als Beispiele sind in **Bild 1.1.60** verschiedene Kombinationsmöglichkeiten von mehrstufigen Stirnradgetrieben für den Hauptantrieb von Zahnkranzmühlen mit Hilfsantrieben wiedergegeben, die unter Berücksichtigung der vorliegenden Platzverhältnisse ebenfalls als Stirnradoder als Kegelradgetriebe ausgeführt sind. Bei dieser konventionellen Antriebsart von Zementmühlen erfolgt der Antrieb zunächst über einen Zahnkranz. Dieser wird auf das Mühlenrohr aufgesetzt und durch ein Ritzel angetrieben, welches auf einer Vorgelegewelle angeordnet ist. Diesem Antriebsritzel wird dann noch in der Regel ein normales Stirnradgetriebe vorgeschaltet, um die höherliegende Drehzahl des Antriebsmotors auf die Drehzahl der Vorgelegewelle zu reduzieren. Normalerweise geschieht die Aufteilung der Gesamtübersetzung zwischen Motor und Mühle so, daß zwischen Motor und Ritzel noch ein zweistufiges Stirnradgetriebe zwischengeschaltet wird, welches die üblicherweise bei ca. 1000 1/min liegende Motordrehzahl zunächst auf eine Ritzeldrehzahl von etwa 115 1/min reduziert. Je nach dem Drehschwingungsverhalten der kompletten Mahlanlage wird dabei die Kupplung zwischen Antriebsmotor und Stirnradgetriebe entweder verdrehstarr oder drehelastisch ausgeführt. Die Ritzelwelle des Hauptgetriebes,

1.1. Zahnradgetriebe

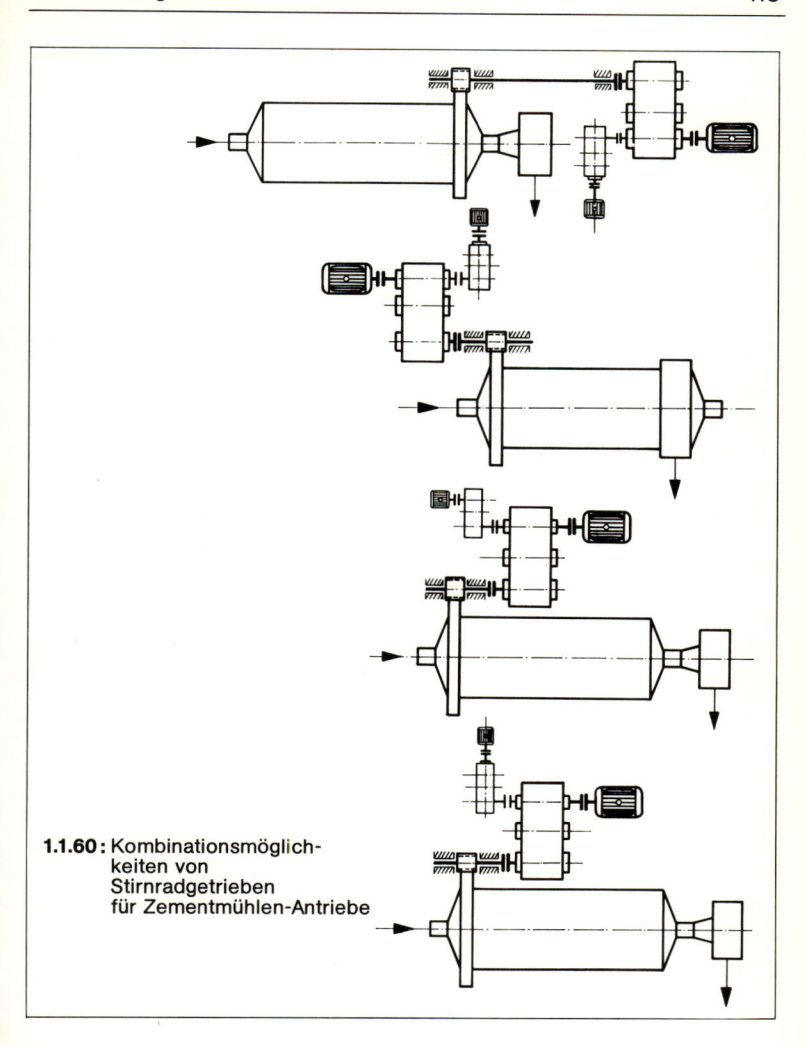

1.1.60: Kombinationsmöglichkeiten von Stirnradgetrieben für Zementmühlen-Antriebe

das die Vorgelegewelle zur Mühle antreibt, wird auf der Seite, die dem Motor gegenüberliegt, zum Turnen der Mühle nochmals mit einem Hilfsgetriebe und dazugehörigem Hilfsmotor gekuppelt. Die Untersetzung im Hilfsgetriebe beträgt etwa 1:100, so daß für Wartung und Reparaturzwecke ein langsames Durchdrehen der Mühle ermöglicht wird. Die Verbindung zwischen Hilfsgetriebe und Hauptgetriebe erfolgt über eine ausrückbare Klauenkupplung mit Überholeinrichtung. Diese Überholeinrichtung ermöglicht es, daß beim Einschalten des Hauptantriebsmotors das Hilfsgetriebe automatisch ausgerückt wird.

In einfacher Weise läßt sich die Antriebsleistung für die Zementmühle verdoppeln, indem man zwei Antriebsgruppen, wie oben bereits als einzelne beschrieben, in der Weise anordnet, daß zwei Ritzel gemeinsam auf den Zahnkranz der Mühle wirken. Für die beiden Antriebsseiten ist es dann natürlich durchaus möglich, die in den Prinzipbildern des Bildes 1.1.60 dargestellten Getriebeanordnungen wahlweise miteinander zu kombinieren.

1.1.7.2. Kombinierter Centra-Antrieb

Wie bei den Zahnkranzantrieben suchte man eine größere Leistung auch beim Centra-Antrieb auf zwei Antriebsmotoren aufzuteilen. Durch langjährige gute Erfahrungen beim Betrieb von Planetengetrieben kam man auf die Lösung, einem Sammelgetriebe zwei derartige Planetengetriebe vorzuschalten. Da jedoch die Drehzahl des Antriebsmotors von ca. 1000 1/min auf eine Mühlendrehzahl von weniger als 20 1/min reduziert werden muß, ist es nicht möglich, die Gesamtübersetzung in einem einstufigen Planetengetriebe zu verwirklichen. Es bietet sich an, ein Zusammenfassungsgetriebe zu verwenden, bei dem zwei Ritzel auf ein Großrad einwirken, welches seinerseits mit der anzutreibenden Mühle gekuppelt ist. An die Ritzelwellen werden dann die umlaufenden Planetenradträger des Planetengetriebes unmittelbar angeflanscht. Die Draufsicht einer solchen Getriebekombination zeigt **Bild 1.1.61**.

Bei der Durchkonstruktion des Zementmühlengetriebes nach dieser Ausführung ergibt sich dann sogar die Möglichkeit, die Gehäuse der Planetengetriebe nicht mehr separat auf dem Fundament aufzustellen, sondern direkt am Gehäuse des Zusammenfassungsgetriebes anzuflanschen. Dieser Gedanke liegt um so näher, als es sich bei den erfor-

1.1. Zahnradgetriebe

1.1.61: Kombinierter Centra-Antrieb für zwei Elektromotoren mit Turneinrichtung

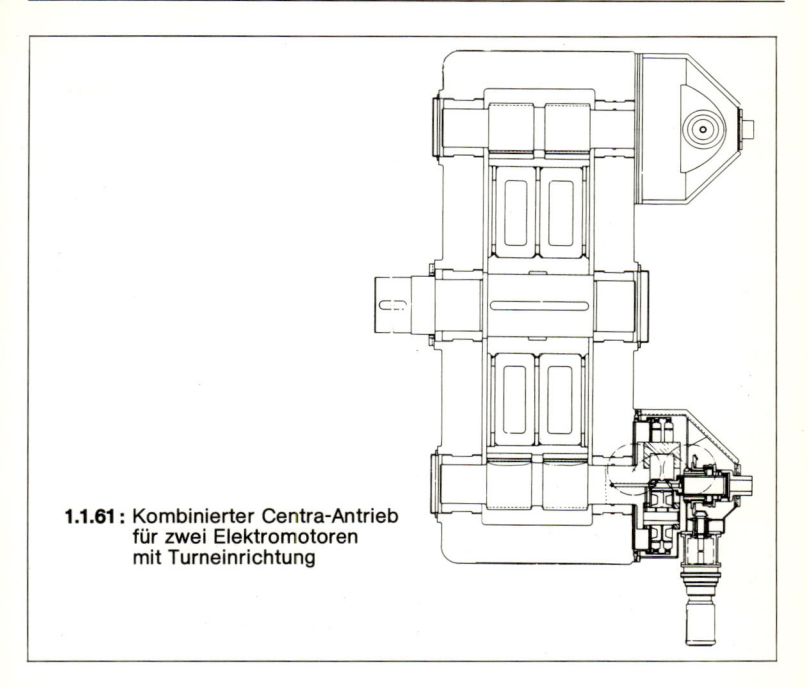

derlichen Gehäusen für die Planetengetriebe nun nur noch um reine Verschalungen handelt, da die Lagerung des Planetenträgers fortfällt.

1.1.7.2.1. Turneinrichtung

Natürlich muß bei dieser Getriebekombination ebenfalls eine Turneinrichtung (Drehvorrichtung) vorgesehen werden. Es ist angestrebt worden, auch hierfür keinerlei Fundamentfläche in Anspruch zu nehmen. Hierbei treibt ein Verschiebeankermotor mit eingebauter Kegelbremse über ein Hilfsgetriebe ein Kegelritzel an, das mit einem Kegelrad dauernd in Eingriff steht. Während des Normalbetriebes der Mühle, d. h. bei laufenden Hauptmotoren, steht das Kegelrad still. Über eine von Hand betätigte Klauenkupplung wird bei stillstehendem Hauptmotor das Kegelradpaar mit dem Kupplungsflansch des Planetengetriebes, der auf dem Zapfen des Hauptmotors aufgezogen ist, in Eingriff gebracht. Beim Turnen steht somit also neben den Übersetzungsverhältnissen des Hilfsgetriebes und der Kegelradstufe auch das volle Übersetzungsverhältnis der nachgeschalteten Planeten- und Stirnradstufe zur Verfügung. Die Klauenkupplung ist auf den rückwärtigen Flanken mit Abweis-Schrägen versehen, die beim Einschalten des Hauptmotors die Turnvorrichtung automatisch auskuppeln.

1.1.7.2.2. Gleichmäßige Lastverteilung

Bei Ausführung der Verzahnung des Sammelgetriebes mit doppeltschräger Verzahnung ist es aus den gleichen Gründen wie beim Zweiwege-Getriebe zweckmäßig, nur die Abtriebswelle axial festzuhalten, damit sich die mit dem Abtriebsrad in Eingriff befindlichen Ritzelwellen axial nach der Lage der Pfeilspitze des Sammelrades einstellen können. Die an die Ritzelwellen angeflanschten Planetenträger können dieser axialen Bewegung ungehindert folgen, da die Planetenräder ein hinreichend großes seitliches Spiel zu den Wangen der Planetenträger aufweisen. Eine gleichmäßige Lastverteilung auf die beiden Getriebezweige ist natürlich auf konstruktivem Wege innerhalb der Getriebe in diesem Falle nicht mehr möglich, da der Antrieb durch zwei Elektromotoren erfolgt. Aus diesem Grunde ist es unbedingt erforderlich, daß die beiden Elektromotoren nicht nur bei der Nennleistung die gleiche Nenndrehzahl, sondern auch zur Vermeidung von Überlastungen während des Anfahrvorganges die gleiche Momentenkennlinie aufweisen. Ebenfalls ist es erforderlich, daß beide Motoren gleichzeitig anlaufen, um eine Überlastung eines Motors und damit auch einer Getriebehälfte zu vermeiden. Üblicherweise werden für das Anlassen solcher Motoren Flüssigkeitsanlasser verwendet. Grundsätzlich sind zwei Möglichkeiten gegeben:

a) Anlassen mit einem elektrisch gemeinsamen Anlasser.
b) Anlassen mit zwei elektrisch getrennten, jedoch mechanisch gekuppelten Anlassern.

Um unzulässig hohe Drehmomentspitzen während des Anlassens bei Verwendung eines gemeinsamen elektrischen Anlassers zu vermeiden, müssen die Wicklungsachsen der beiden Motoren exakt in derselben Ebene liegen. Die Unsicherheit, daß nach Revisionsarbeit auf diese exakte elektrische Ausrichtung nicht geachtet wird, legt es nahe, zwei elektrisch getrennten, jedoch mechanisch gekuppelten Anlassern den Vorzug zu geben. Die für die Hauptmotoren angestellten Überlegungen hinsichtlich der Übereinstimmung ihrer Momentenkennlinien müßten sinngemäß auch auf die beiden Hilfsmotoren der Turnvorrichtungen übertragen werden. Da diese Motoren jedoch auf Grund ihrer kleinen Leistung in großen Serien gefertigt werden, erscheint es unzweckmäßig, aus einer solchen Serie gerade die beiden für einen Zementmühlenantrieb benötigten hinsichtlich des Verlaufs der Momentenkennlinie genau aufeinander abzustimmen. Vielmehr ist es in diesem Fall sinnvoll, beide Turnmotoren von vornherein für eine etwas größere Leistung auszulegen. Bei unterschiedlicher Leistungsaufnahme der beiden Motoren hat der höher belastete dann immer noch eine hinreichend große Reserve, um die Minderleistung des anderen zu kompensieren. Die ungleichmäßige Lastverteilung ist wegen des kurzzeitigen Betriebs während des Turnvorganges für das Getriebe jedoch ungefährlich. Man kann auch unter gewissen Umständen sogar so weit gehen, daß man nur noch eine Turnvorrichtung mit entsprechend dimensionierter Leistung vorsieht, wodurch sich eine weitere Kosteneinsparung ergibt.

1.1.7.2.3. Verriegelung

Die Einbeziehung der Hilfsgetriebe in den Getriebeaufbau ermöglicht es, den gesonderten Antrieb einfach und sicher zu verriegeln. Außerdem bietet diese Ausführung ein in der Praxis bewährtes Maß an Sicherheit für in die Mühle eingestiegenes Bedienungspersonal. Wenn die Mühle langsam mit den Hilfsantrieben gedreht werden soll, müssen zwei Kupplungshebel von Hand in die Stellung „ein" gebracht werden. Diese Handhebel bringen dabei die Klauen zur Verbindung der Innenräder der Planetengetriebe mit den Kegelrädern der Hilfsantriebe in Eingriff. An jeder Klauenkupplung wird die Stromversorgung für die Hilfsmotoren über einen Kontakt freigegeben. Die Hauptmotoren können jetzt nicht mehr eingeschaltet werden. Beide Hilfsmotoren werden mit einem gemeinsamen Schalter betätigt, was jedoch eingeschaltete Ölpumpen voraussetzt. Beim Abschalten oder Ausfall der Hilfsmotoren sprechen die Haltebremsen selbsttätig an. Beim Rückfahren in die Null-Lage pendelt die Mühle nicht frei zurück, sondern es wird mit den Hilfmotoren zurückgefahren, wobei diese als Generatoren arbeiten. In der Stellung

„aus" sind die Kupplungshebel für die Betätigung der Klauenkupplungen arretiert.

1.1.7.2.4. Ölversorgung

Die Versorgung aller Schmierstellen des Getriebes, der Lager, Zahneingriffe, Kupplungen usw. mit gereinigtem und gekühltem Öl wird durch eine Ölversorgungsanlage sichergestellt, die im wesentlichen aus einer Hauptölpumpe, einer Reserveölpumpe und einem Ölfilterkühler besteht. Ein in die Ölzuführungsleitung zwischen Filter und Getriebe eingebautes Kontaktmanometer bewirkt das automatische Einschalten der Reservepumpe, sobald der Öldruck unter den vorgeschriebenen Wert sinkt. Gleichzeitig erfolgt Signalgabe am Leitstand. Wenn auch von der Reservepumpe der vorgeschriebene Druck nicht aufgebracht wird, z. B. infolge eines Bruches der Ölleitung, wird die Anlage automatisch über ein Zeitrelais stillgesetzt. Eine weitere Sicherung ist durch einen Strömungswächter gegeben, der z. B. bei einem Verstopfen der Druckleitung, wobei der Druck selbstverständlich erhalten bleibt, die Anlage automatisch stillsetzt.

Konstanten Öldruck gewährleistet ein Überdruckventil in der Druckleitung. Jede Pumpe ist mit einer Rückschlagklappe abgesichert. Manometer vor und hinter dem Filter lassen den Zeitpunkt der erforderlichen Reinigung erkennen. Die Temperatur des in das Getriebe eintretenden Öles wird durch Thermometer kontrolliert, die wahlweise auch mit Kontakten versehen werden können. Auch jede Lagerstelle des Sammelgetriebes kann mit einem Thermometer mit oder ohne Kontakt versehen werden. Bei Überschreitung der zulässigen maximalen Temperatur an irgendeiner Meßstelle erfolgt ebenfalls Signalgabe, und die ganze Anlage kann, falls gewünscht, gleichzeitig automatisch stillgesetzt werden. Um auch im Winter betriebssicher anfahren zu können, wird zweckmäßigerweise eine Vorrichtung zum Aufheizen des in der Ölwanne des Getriebes befindlichen Öles vorgesehen. In einfacher Form besteht eine solche Heizungsvorrichtung z. B. in tauchsiederähnlichen Heizelementen, die von außen in Rohre eingeführt werden, welche ihrerseits von vornherein im Gehäuseunterteil eingeschweißt und bei Nichtverwendung der Heizungsstäbe blindgeflanscht sind. Eine zweite Möglichkeit ist natürlich auch die, eine dampfbeheizte Rohrschlange im Ölsumpf anzubringen.

1.1.7.3. Bogiflex-Antrieb

Aus der Überlegung heraus, einen robusten, unkomplizierten und kostengünstigen Antrieb zu erstellen, bei dem auch sehr große Drehmomente übertragen werden können und bei dem unkontrollierte Bewegungen von seiten der Arbeitsmaschine zugelassen werden können, wurde das Bogiflex-Antriebssystem entwickelt.

Bild 1.1.62 zeigt zunächst einen Konverterantrieb, bei dem das Großrad und das Ritzel in einem gemeinsamen Gehäuse untergebracht sind, das auf dem Konverterzapfen gelagert ist. Das Ritzel ist wie in einem Pendel aufgehängt. Durch diese Anordnung werden Verlagerungen des Konverterzapfens gemeinsam vom Großrad und Ritzel aufgefangen und die Eingriffsverhältnisse bleiben weitgehend ungestört. Die Verlagerungen des Konverterzapfens können zwar aufgefangen werden. Sollte sich aber das Großrad elastisch oder thermisch verformen, so treten auch hier Verzahnungsfehler auf. Außerdem muß ein tragendes Gehäuse vorhanden sein.

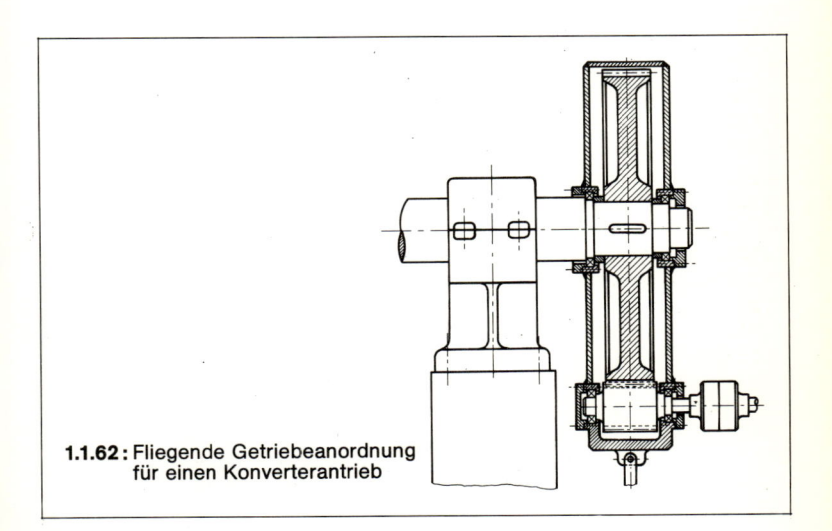

1.1.62: Fliegende Getriebeanordnung für einen Konverterantrieb

1. Getriebe mit unveränderlicher Übersetzung

Der Bogiflex-Antrieb besteht aus einem Grundstirnrad, das ebenfalls auf die Welle der Arbeitsmaschine aufgesteckt wird, und aus einem an dieses Großrad angeklammerten Wagen, in dem Ritzel mit Antriebswelle enthalten sind. Bei dieser Anordnung fehlt also der schwere Radkasten. Es entfallen also auch die Lagerungen, die in ihrem gegenseitigen Abstand und in ihren Bohrungen sehr genau ausgeführt werden müssen.

Der Antrieb setzt sich nach **Bild 1.1.63** aus folgenden Grundelementen zusammen: Aus dem

- großen Zahnkranz, der auf die Maschinenwelle gesetzt wird,
- Ritzelwagen, der mit Rollen durch die Innen- und Außenlaufbahnen des Großrades geführt wird,
- Ritzel, das im Ritzelwagen gelagert ist, und der
- Drehmomentstütze, die so angeordnet ist, daß sie die Reaktionskräfte der Verzahnung aufnimmt.

Außerdem ist für das große Zahnrad noch ein Schutzgehäuse vorgesehen. Dieses hat jedoch keine tragende Funktion und kann dementsprechend leicht ausgeführt werden.

Bei dieser Anordnung stellt sich durch die allseitige Einstellmöglichkeit des Ritzels ein optimales Tragbild auf den Zahnflanken ein. Dadurch können extrem hohe Zahnbreiten zugelassen werden. Bearbeitungstoleranzen, die sich sonst negativ auf die Verzahnung auswirken, wer-

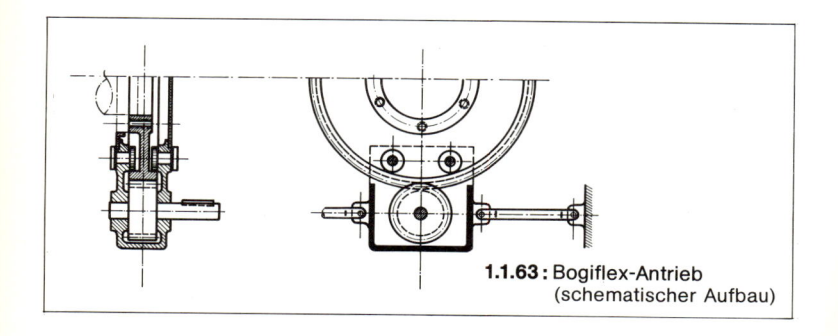

1.1.63: Bogiflex-Antrieb (schematischer Aufbau)

1.1. Zahnradgetriebe

den weitgehend ausgeglichen. Da der Antrieb über eine Gelenkwelle erfolgt, können große Verlagerungen der Maschinenwelle unbeschadet aufgefangen werden. Selbst Überbeanspruchungen und Deformationen in der Arbeitsmaschine, zum Beispiel Dehnungen, Biegungen und Schwingungen, haben auf die Qualität des Zahneingriffes nur einen geringen Einfluß. Durch den Wegfall des schweren Radkastens und des tragenden Gehäuses werden große Gewichtsersparnisse erzielt.

Die Standardübersetzung des Antriebes ist $i = 7{,}55$; durch Vorschaltung von Zusatzstufen können Übersetzungen bis $i = 40\,000$ erreicht werden. Die Zusatzstufen werden zweckmäßig ebenfalls als Aufsteckgetriebe ausgeführt, so daß sie in der gleichen Weise frei beweglich sind wie die Ritzelwagen.

Das Anwendungsgebiet dieser flexiblen Aufsteckgetriebe ist sehr weit gespannt und reicht von robusten Antrieben der Hütten- und Stahlindustrie bis zu hochempfindlichen Antrieben für Radar- und Radioteleskop-Antennen. Zur Übertragung extrem hoher Drehmomente können sogar mehrere Ritzelwagen an einem Großrad angebracht werden. Beim Eingriff von mehreren Ritzeln ist jedoch auch hier darauf zu achten, daß die Leistung gleichmäßig auf diese einzelnen Ritzel verteilt wird. Beim Einmotoren-Antrieb sind die Ritzelwagen durch Gelenkwellen verbunden. Beim Mehrmotorenantrieb wird die gleichmäßige Leistungsverteilung durch mechanisch oder hydraulisch gekoppelte Drehmomentstützen verwirklicht.

Bild 1.1.64 zeigt einen ausgeführten Bogiflex-Antrieb. Auf dem Fundament sind lediglich Haupt- und Hilfsmotor mit einem Schneckenge-

1.1.64: Ausgeführter Bogiflex-Antrieb für einen Drehrohrofen *(Flender, Bocholt)*

triebe aufgestellt. Von dort erfolgt der Antrieb des Bogiflex-Getriebes durch eine Gelenkwelle. An beiden Stirnflächen des Ritzelwagens ist je ein Stirnrad-Aufsteckgetriebe auf der Ritzelwelle angebracht. Hierdurch werden einseitig wirkende Kippmomente vermieden. Die Ritzelwelle des vorderen Aufsteckgetriebes ist nach hinten herausgeführt und treibt über eine zweite Gelenkwelle synchron das hintere Aufsteckgetriebe an. Über Drehmomentstützen wird das Reaktionsmoment beider Aufsteckgetriebe auf einen zweiseitigen Hebel übertragen, der als mittig drehbar gelagerter Waagebalken eine gleichmäßige Lastverteilung beider Getriebe gewährleistet.

1.1.8. Hoch übersetzende Exzentergetriebe
Dipl-Ing. R. Schumann

Um hohe Übersetzungsverhältnisse in einer Stufe oder höchste Übersetzungsverhältnisse in wenigen Stufen zu erzielen, verwendet man spezielle Konstruktionen, sogen. Exzentergetriebe. Allgemein basieren derartige Getriebe auf dem Prinzip, daß in einem Hohlrad ein Zahnrad exzentrisch angeordnet ist, das frei drehbar auf einem Exzenter läuft, der von der koaxial zum Hohlrad angeordneten schnellaufenden Welle angetrieben wird. Durchmesser und Zähnezahl des inneren Rades sind nur geringfügig kleiner als die des Hohlrades, entsprechend der Exzentrizität. Das Übersetzungsverhältnis ergibt sich aus der Zähnezahldifferenz von Hohl- und Innenrad. Auf dem Markt werden sehr unterschiedliche Konstruktionen angeboten, die nach diesem Prinzip arbeiten, wobei z. B. an die Stelle des Innenrades eine Kurvenscheibe und an die des Hohlrades entsprechend angeordnete Rollen treten können. Allen diesen Getrieben sind eine trotz des hohen Übersetzungsverhältnisses sehr kompakte Bauform und koaxialer An- und Abtrieb gemeinsam, ferner eine vollständig gleichförmige und zwangsläufige Drehbewegung der Abtriebswelle.

1.1.8.1. Cyclo-Getriebe

Bei diesem Getriebe ist auf der antreibenden, schnellaufenden Welle ein Rollenlager exzentrisch angeordnet, dessen Außenring eine Kurvenscheibe mit einer geschlossenen Zykloide am Umfang ist (daher der Name „Cyclo"). Wie **Bild 1.1.65** zeigt, steht diese Kurvenscheibe mit einem Satz Rollen im Eingriff. Diese Rollen sind im Getriebegehäuse

1.1. Zahnradgetriebe

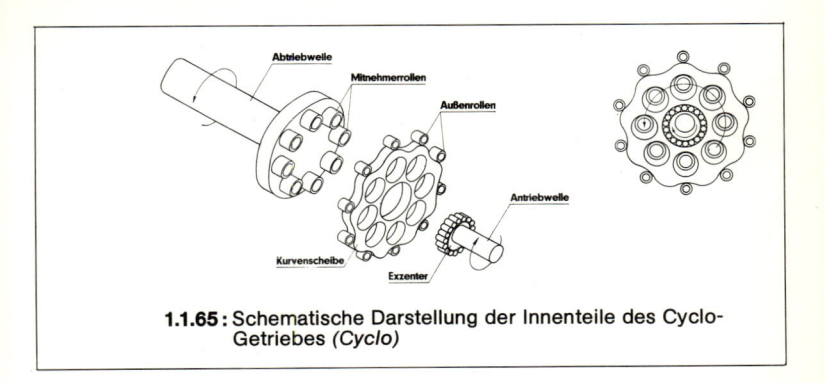

1.1.65: Schematische Darstellung der Innenteile des Cyclo-Getriebes *(Cyclo)*

entsprechend dem Umfang der Kurvenscheibe gleichmäßig verteilt angeordnet und um ihre eigene Achse drehbar. Es ist jeweils eine Rolle mehr vorhanden als Zykloidenzähne auf der Kurvenscheibe:

$$z_1 = z_2 + 1$$

mit z_1 = Anzahl der Rollen und z_2 = Anzahl der Zykloidenzähne.

Jede Umdrehung der schnellaufenden Antriebswelle bzw. des Exzenters bewirkt eine gegenläufige Weiterbewegung der Kurvenscheibe um einen Zahn, so daß sich die Übersetzung des Getriebes aus der Anzahl der Zähne ergibt. Über die in Bild 1.1.65 deutlich erkennbaren Mitnehmerbohrungen in der Kurvenscheibe und die Mitnehmerrollen auf der Abtriebswelle wird die langsame Drehbewegung der Kurvenscheibe auf die Abtriebswelle übertragen.

In **Bild 1.1.66** sind die Einzelteile eines einstufigen *Cyclo*-Getriebes dargestellt. Gegenüber der vorstehenden Prinzipschilderung werden bei der praktischen Ausführung eines solchen Getriebes zwei um 180° versetzt angeordnete exzentrische Rollenlager verwendet, auf denen zwei ebenfalls um 180° gegeneinander versetzt liegende Kurvenscheiben laufen, die mit dem gleichen Satz Außen- und Mitnehmerrollen im Eingriff stehen. Durch diese Anordnung wird eine sehr weitgehende Entlastung aller Getriebeteile von Biegemomenten erreicht und ein Unwuchtausgleich erzielt. Außerdem werden bei dem abwälzenden

1.1.66: Einzelteile eines einstufigen Cyclo-Getriebes *(Cyclo)*

Bewegungsvorgang praktisch sämtliche Teile gleichzeitig zur Kraftübertragung herangezogen.

In einer Getriebestufe des *Cyclo*-Getriebes werden folgende Übersetzungen verwirklicht: i = 9; 11; 13; 17; 21; 25; 35; 45; 55; 71; 85. Größere Übersetzungen sind durch zwei- oder mehrstufige Anordnungen möglich. Serienmäßig stehen in zweistufiger Anordnung Übersetzungsverhältnisse bis i = 6035 und in dreistufiger Anordnung bis i = 428485 zur Verfügung. Bei den serienmäßigen Ausführungen sind je nach Getriebegröße und Stufenzahl Abtriebsdrehmomente über 70000 Nm möglich.

1.1.8.2. Acbar-Getriebe

Das *Acbar*-Getriebe ist in **Bild 1.1.67** im Schnitt dargestellt. Das Getriebe besteht aus einem Gehäuse, in dem eine schnellaufende Eingangswelle mit exzentrischem Zwischenstück und eine koaxial zu dieser angeordnete langsamlaufende Ausgangswelle gelagert sind. Fest mit dem Gehäuse verbunden ist ein (stillstehendes) Hohlrad A. Auf dem exzentrischen Zwischenstück der Eingangswelle (Welle 1) ist gegenüber diesem frei drehbar ein Doppelzahnrad BC gelagert, dessen (von Welle 1 her gesehen) vordere Verzahnung B mit dem stillstehenden Hohlrad A im Eingriff steht und um etwa 2 bis 5 Zähne kleiner ist als dieses, während die hintere Verzahnung C des Doppelzahnrades mit dem Hohlrad D im Eingriff steht, welches fest mit der Abtriebswelle (Welle 2) verbunden ist.

1.1. Zahnradgetriebe

1.1.67: Schnitt durch ein Acbar-Getriebe *(Michel)*

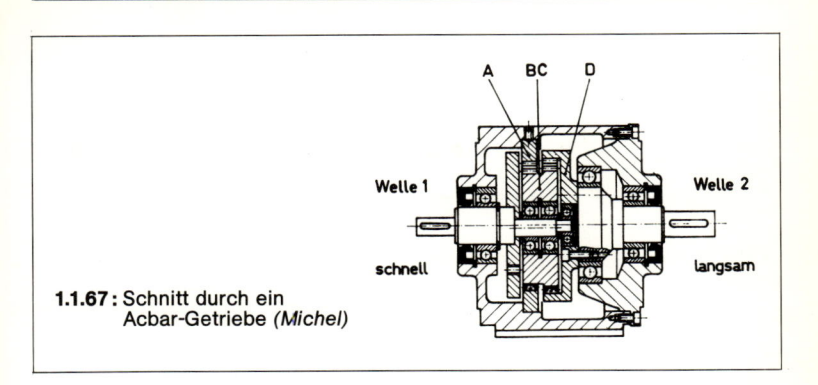

Wird nun die Welle 1 angetrieben, so wickelt sich das exzentrisch auf ihr gelagerte Doppelzahnrad mit seiner Verzahnung B in dem Hohlrad A ab. Gleichzeitig greift seine Verzahnung C in das Hohlrad D. Bei einer Umdrehung der Welle 1 findet zwischen A und B sowie zwischen C und D ein vollständiger Zahnwechsel statt, d. h. bei dieser einen Umdrehung sind alle Zähne einmal im Eingriff gewesen aufgrund der exzentrischen Bewegung des Rades BC. Dieses hat sich dabei allerdings nur um einen geringen Winkel um seine eigene Achse gedreht entsprechend der Zähnezahldifferenz zwischen A und B. Durch Änderung der Verzahnungen AB und CD in Abhängigkeit von der Exzentrizität ist eine große Zahl von Übersetzungen zu verwirklichen. Das Übersetzungsverhältnis ist abhängig von den jeweiligen Zähnezahlen der Zahnräder bzw. von deren Wälzkreisdurchmessern.

Prinzipiell sind drei Bauarten dieses Getriebes möglich, die unterschiedliche Drehrichtungen von An- und Abtrieb ergeben: Wenn, wie in Bild 1.1.67 dargestellt, die Wälzkreisdurchmesser der Zahnräder A und B kleiner sind als die von C und D, so ergibt sich eine entgegengesetzte Drehrichtung von An- und Abtrieb; sind sie jedoch größer, so drehen An- und Abtriebswellen gleichsinnig; sind schließlich die Wälzkreisdurchmesser von A und B kleiner als von C und D, ist jedoch C größer als D und also als Hohlrad ausgebildet, das sich um das (außenverzahnte) Rad D abwickelt, so ergibt sich wiederum eine gegen-

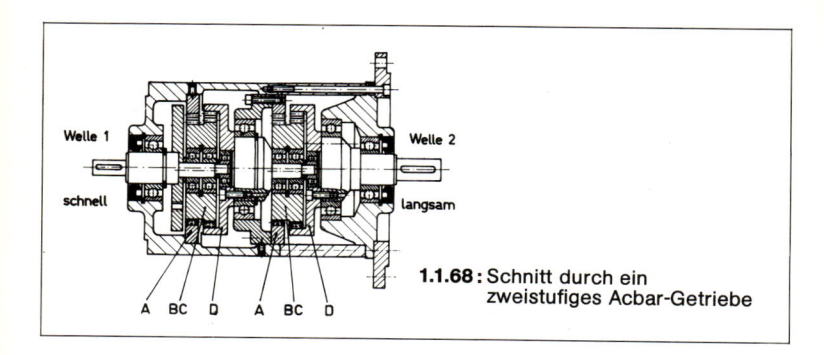

1.1.68: Schnitt durch ein zweistufiges Acbar-Getriebe

sinnige Drehrichtung von An- und Abtriebswelle. Diese Bauart wird überwiegend bei kleineren Übersetzungen, etwa bis $i = 28$, angewendet.

Verbindet man nun das Hohlrad A nicht fest mit dem Gehäuse, sondern lagert es ebenfalls drehbar und treibt es ebenfalls mit einer definierten Drehzahl an, so ergibt sich ein anderes, ebenfalls exakt definiertes Übersetzungsverhältnis, dessen Größe sowohl von den Drehzahlen als auch von den Drehrichtungen der beiden Antriebswellen abhängig ist. Wird das Hohlrad A dagegen mit stufenlos veränderbarer Drehzahl angetrieben, so wird das gesamte Getriebe zu einem stufenlos veränderlichen Antrieb. Diese Möglichkeiten sind selbstverständlich auch bei anderen Bauarten von Exzentergetrieben gegeben.

Acbar-Getriebe sind ein- und zweistufig (Duplex-Getriebe) lieferbar. **Bild 1.1.68** zeigt ein derartiges Duplex-Getriebe im Schnitt mit zwei gleichgroßen hintereinander geschalteten Stufen. Einstufig sind Übersetzungen von $i = 4,5$ bis $i = 20502$ möglich, bei Duplex-Getrieben mit beispielsweise $i = 13600$ pro Stufe sogar $i_{ges} = 184\,960\,000$. Der größte lieferbare Getriebetyp ist für ein Abtriebsdrehmoment im Dauerbetrieb von 1500 Nm ausgelegt.

1.1.8.3. Harmonic-Drive-Getriebe

Auch dieses Getriebe arbeitet nach dem zuvor geschilderten Prinzip mit dem Unterschied, daß an die Stelle des Exzenters ein elliptischer Körper tritt, der eine außenverzahnte Stahlbüchse von innen elastisch

1.1. Zahnradgetriebe

verformt und sie mit einem Hohlrad in Eingriff bringt, wobei – das ist ein weiterer Unterschied – der Zahneingriff an zwei sich gegenüberliegenden Stellen erfolgt.

Bild 1.1.69 zeigt das Prinzip des *Harmonic-Drive*-Systems: In einem kreisrunden, innenverzahnten starren Stahlring 1 ist eine außenverzahnte elastische Stahlbüchse 2 angeordnet, die ursprünglich einen kreisförmigen Querschnitt hat, sich aber in der Form einem elliptischen Kern 3 anpassen muß, auf den außen ein Kugellager aufgezogen ist und der in die Büchse eingesetzt ist. Stahlring 1 und Büchse 2 sind teilungsgleich verzahnt, jedoch ist der Teilkreisdurchmesser der Büchse um ca. 1% kleiner als der des Stahlrings. Sie besitzt daher zwei Zähne weniger als dieser. Der elliptische Kern 3 verformt nun die Stahlbüchse 2 derart, daß ein Teil ihrer Zähne, etwa 15 bis 20% der Gesamtzähnezahl, mit der Innenverzahnung des Ringes 1 im Eingriff steht, und zwar jeweils die Zähne, die der großen Achse der Ellipse entsprechen (Punkt 5 in Bild 1.1.69). Die der kleinen Ellipsenachse entsprechenden Zähne sind dagegen völlig frei von der Verzahnung des Ringes 1 (Punkt 4 in Bild 1.1.69).

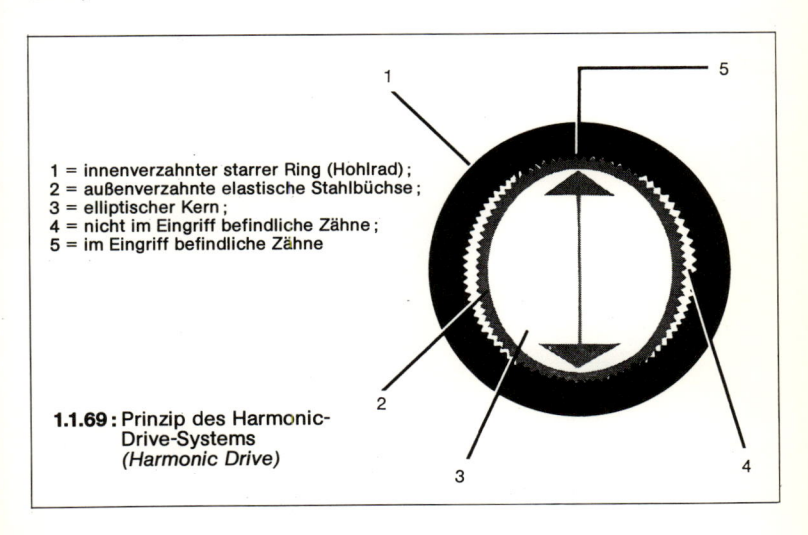

1 = innenverzahnter starrer Ring (Hohlrad);
2 = außenverzahnte elastische Stahlbüchse;
3 = elliptischer Kern;
4 = nicht im Eingriff befindliche Zähne;
5 = im Eingriff befindliche Zähne

1.1.69: Prinzip des Harmonic-Drive-Systems
(Harmonic Drive)

Wird nun der elliptische Kern 3 um seine Achse gedreht, so wird seine Kurvenform fortschreitend auf die Stahlbüchse 2 übertragen. Dadurch läuft der Zahneingriff mit der Drehzahl des Kerns um. Bedingt durch die unterschiedliche Zähnezahl von Ring 1 und Büchse 2 wird die letztere gegenüber dem normalerweise feststehenden Ring kontinuierlich gedreht. Diese langsame Drehbewegung wird auf die Abtriebswelle übertragen. Bezeichnet man mit z_2 die Zähnezahl der elastischen Büchse 2 und mit z_1 die Zähnezahl des starren Ringes 1, so ergibt sich als Übersetzungsverhältnis:

$$i = \frac{z_2 - z_1}{z_2}$$

Da z_1 größer ist als z_2, wird der Bruch negativ. Das bedeutet also, daß die Drehrichtungen von An- und Abtrieb gegensinnig sind.

In **Bild 1.1.70** sind die wesentlichen Einzelteile des *Harmonic-Drive*-Getriebes dargestellt. Vorn ist der elliptische Kern 3 mit dem außen aufgezogenen Kugellager zu erkennen, der in die in der Mitte befindliche elastische Büchse 2 eingesetzt wird und diese entsprechend verformt. Hinten ist das starre Hohlrad 1 zu sehen.

Das *Harmonic-Drive*-Getriebe wird für Abtriebsdrehmomente bis 6000 Nm hergestellt; in einer Stufe werden Übersetzungen von i = 80 bis 320

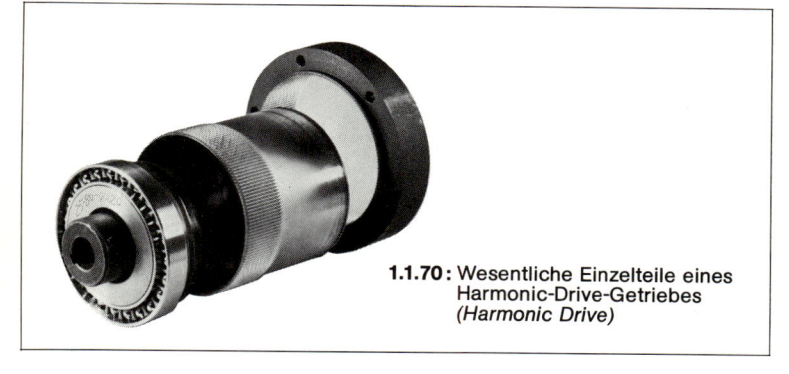

1.1.70: Wesentliche Einzelteile eines Harmonic-Drive-Getriebes *(Harmonic Drive)*

1.1. Zahnradgetriebe

1.1.71: Harmonic-Drive-Kompaktgetriebe, aufgeschnitten
(Harmonic Drive)

erreicht. An- und Abtrieb sind auch hier koaxial angeordnet. Für besonders hohe Beanspruchung des Getriebes wird eine verstärkte Ausführung A geliefert, die ab einer bestimmten Getriebegröße ausschließlich verwendet wird. Bei dieser Ausführung besteht die elastische Büchse aus Chrom-Nickelstahl, während sie für die Normalausführung aus rostfreiem Stahl gefertigt wird. Das *Harmonic-Drive*-Getriebe ist sowohl als Einbausatz als auch als Komplettgetriebe **(Bild 1.1.71)** lieferbar.

1.2. Reibradgetriebe

Ing. (grad.) K.-H. Klenke

Die Wahl eines bestimmten Antriebselementes richtet sich nach den konstruktiven und wirtschaftlichen Forderungen eines Kunden an den Antrieb. Als oberster Grundsatz gilt, den besten Wirkungsgrad einer Anlage mit einem möglichst geringen konstruktiven und preislichen Aufwand sowie Erreichung hoher Zuverlässigkeit zu erzielen.

Bei der Wahl eines Gummiwälzrades **(Bild 1.2.1)** – handelsübliche Bezeichnung ist „Reibrad" – für ein Getriebe ist einer der folgenden Gründe oft entscheidend:

- Es sind kleine Achsabstände der in Eingriff kommenden Räder vorhanden, bedingt durch eine begrenzte Bauhöhe.
- Es sollen Übersetzungsverhältnisse bis 1:18 überwunden werden.
- Die Scheibendurchmesser können dem geforderten Übersetzungsverhältnis einfach angepaßt und kleiner als bei anderen Antriebselementen gewählt werden.
- Niedrige Lagerbelastung durch proportionale Anpressung des Reibrades mittels Steuerwinkel und damit wartungsfreier Betrieb.
- Der Einsatz ist wirtschaftlich im Drehzahlbereich von 5 bis 10000 1/min.

1.2.1: Verschiedene Ausführungsformen von Reibrädern *(Conti)*

1.2. Reibradgetriebe

- Unempfindlichkeit gegen Drehmomentschwankungen und Stöße.
- Geräuschloser Lauf.

Reibradantriebe werden meist rein konstruktiv ausgelegt. Bei höher belasteten Antrieben und solchen, die in höheren Drehzahlbereichen arbeiten, sollte jedoch unbedingt eine Kontrollrechnung mit folgenden Formeln durchgeführt werden:

Umfangsgeschwindigkeit:

$$v = \frac{d_1 \cdot n_1}{19{,}1 \cdot 10^3} = \frac{d_2 \cdot n_2}{19{,}1 \cdot 10^3} \quad [\text{m/s}]$$

Leistung:

$$P = \frac{F_U \cdot v}{10^3} = \frac{M \cdot 2\pi n}{60 \cdot 10^3} \quad [\text{kW}]$$

Umfangskraft:

$$F_U = \frac{P \cdot 10^3}{v} = \frac{2 M \cdot 10^3}{d} \quad [\text{N}]$$

Anpreßkraft (Normalkraft):

$$F_N = \frac{F_U}{\mu} \quad [\text{N}] \quad \text{mit } \mu = 0{,}5 \text{ bis } 0{,}7$$

In diesen Beziehungen bedeuten:

d = Reibraddurchmesser [mm]; v = Umfangsgeschwindigkeit [m/s]; n = Drehzahl [1/min]; P = Leistung [kW]; F_U = Umfangskraft [N]; F_N = Anpreßkraft [N]; M = Drehmoment [Nm]; μ = Reibwert.

Die ermittelte Anpreßkraft ist anschließend mit den zulässigen Werten aus den Angaben des Herstellers zu vergleichen. Bei Überschreitung der zulässigen Werte ist eine entsprechende Erhöhung der Reibrad-Stückzahl notwendig.

Zur Erhaltung eines möglichst gleichbleibenden Reibwertes wird empfohlen, die Laufflächen eines Antriebes weitgehend gegen Staub- und

Schmutzeinwirkung zu schützen unter gleichzeitiger Beachtung einer ausreichenden Belüftung zwecks besserer Wärmeableitung.

Die zulässige Temperatur ist von den verwendeten Werkstoffen des Reibrades abhängig. Bei Verwendung von normalen Elastomeren sollte die Umgebungstemperatur des Reibrades 60° und die Beharrungstemperatur des Reibrades selbst ca. 80° C nicht überschreiten. Die Beharrungstemperatur des Reibrades wird in hohem Maße durch die Verformungsarbeit und diese wiederum durch Anpreßkraft, Drehzahl und Durchmesser bestimmt. Daher ist die zulässige Belastung den einschlägigen Firmen-Unterlagen zu entnehmen.

1.2.1. Reibringe mit Stahldrahteinlage für den Drehzahlbereich von 5 bis 1500 1/min

Für den untersten Drehzahlbereich von 5 bis 1500 1/min im Schwermaschinenbau und Maschinenbau ist der Einsatz von Reibringen mit Stahldrahteinlagen am wirtschaftlichsten. Der Grund hierfür ist die einfache Montagemöglichkeit und außerdem eine große Gewichtsersparnis bei oft geforderten größeren Scheibendurchmessern.

Das arbeitende elastische Elastomer ist mit seinem harten Unterbau durch Vulkanisation fest verbunden und kann bezüglich seiner physikalischen Eigenschaften individuell auf den jeweiligen Einsatz abgestimmt werden. Standard-Ausführungen sind lieferbar in Größen mit äußerem Durchmesser von 60 bis 1000 mm. **Bild 1.2.2** zeigt die Ansicht eines Reibringes mit zylindrischer Fußausführung, **Bild 1.2.3** den Querschnitt eines Reibringes mit konischer Fußausführung auf geteiltem Radkörper. Für kurzfristigen Ein- und Ausbau der Reibräder und bei langen Wellen ist die konische Ausführung mit geteilten Felgen der zylindrischen Fußausführung vorzuziehen.

Der Einsatz von Reibrädern ist auch umweltfreundlich. Mit ihnen wird ein geräuscharmer, weicher und dämpfender Lauf erzielt.

Im Drehzahlbereich von 5 bis 100 1/min können Reibringe die Ketten in den Antrieben ersetzen, in denen ein gewisser Schlupf zulässig ist oder im Notfall sogar gefordert wird.

Anwendungsbereich:

Als Führungsrollen an Förderkörben im Bergbau, Antriebs- und gleich-

1.2. Reibradgetriebe

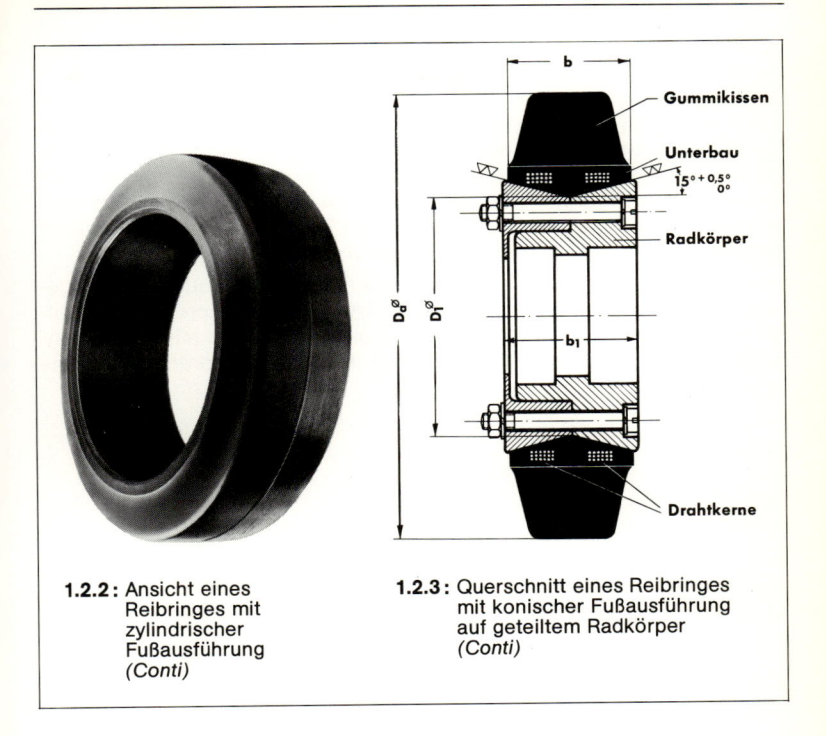

1.2.2: Ansicht eines Reibringes mit zylindrischer Fußausführung
(Conti)

1.2.3: Querschnitt eines Reibringes mit konischer Fußausführung auf geteiltem Radkörper
(Conti)

zeitig Stützrollen bei Turm-Drehkränzen, Drehbühnen, für Trommel-Drehvorrichtungen, Rohrdrehvorrichtungen, Betonmischmaschinen, Werkzeugmaschinen, Fördertechnik, gewerbliche Waschmaschinen und Vollernte-Maschinen der Landwirtschaft.

1.2.2. Reibräder für den Drehzahlbereich von 100 bis 10 000 1/min

Für den mittleren und höheren Drehzahlbereich von 100 bis 10 000 1/min im Maschinenbau und Leichtmaschinenbau ist der Einsatz von Reibrädern in aufvulkanisierter Ausführung vorteilhaft **(Bild 1.2.4)**. Hierfür stehen von der einschlägigen Industrie Reibräder in genormten Größen als Lagerware zur Verfügung. Standardgrößen nach der Reihe 20 haben einen Außendurchmesser von 40 bis 160 mm. Im Metallkörper ist eine Zentrierung angebracht, damit die Bohrung nach Bedarf vorgesehen werden kann. Der Metallkörper ist außerdem einseitig breiter ausgeführt als der Gummibelag, damit das Reibrad zur Bearbeitung eingespannt werden kann. Für größere aufvulkanisierte Reibräder werden vorteilhaft nahtlos gezogene Stahlrohre als Träger verwendet.

Der Gummibelag der Lagerware ist aus Chloroprenekautschuk hergestellt, bedingt ölbeständig und hochabriebfest. Bei entsprechender Auftragsgröße kann das Elastomer bezüglich seiner physikalischen Eigenschaften auf den jeweiligen Einsatzfall abgestimmt werden (z. B. eine

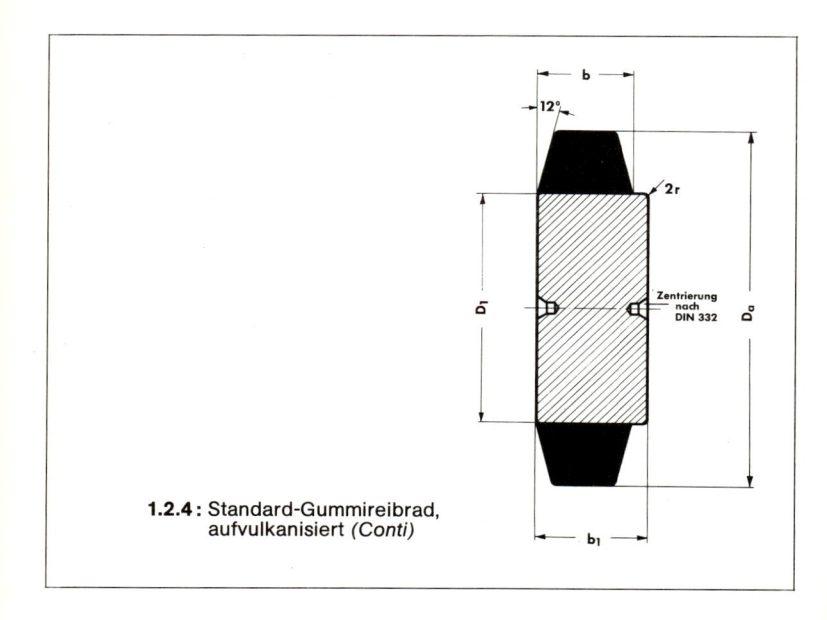

1.2.4: Standard-Gummireibrad, aufvulkanisiert *(Conti)*

1.2. Reibradgetriebe

1.2.5: Standard-Reibrad in einem Hochleistungs-Schleifgerät mit $v = 22$ m/s *(Conti)*

helle Mischung, eine härtere, hitzefeste oder elektrisch leitfähige Einstellung). Werden größere Stückzahlen benötigt, empfiehlt es sich, den Metallkörper bereits vor der Vulkanisation weitgehend den technischen Forderungen anzupassen.

Gemäß den Hersteller-Angaben können die Reibräder im allgemeinen bis 20 m/s, unter günstigen Voraussetzungen auch bis 25 m/s Umfangsgeschwindigkeit eingesetzt werden. Bei größeren Umfangsgeschwindigkeiten der Reibräder tritt meist eine Zerstörung durch mangelnde Ableitung der Eigenwärme auf. In diesem hohen Geschwindigkeitsbereich werden die Reibräder durch spezielle Riementriebe abgelöst.

Um der Weiterentwicklung in dieser Technik keine zu starren Grenzen zu setzen, sei auch auf eine Ausnahme der Regel hingewiesen. Es gibt seit Jahren einen Zwillingsreibradantrieb mit Spitzengeschwindigkeiten bis zu 55 m/s am Umfang.

Falls es aus konstruktiven Gründen erforderlich ist, kann bei allen Reibrädern die Gummibelaghöhe bis auf 0,5 der Breite abgedreht bzw. abgeschliffen werden. Dadurch wird außer der Durchmesser-Abstimmung eine Minderung der Eigenwärme erreicht. Von einer größeren Reduzierung der Belaghöhe wird aber abgeraten, da sonst zu hohe Walkkräfte auf die Bindezone wirken.

Anwendungsbereich:

Das Einsatzgebiet dieser Reibräder ist sehr umfangreich. Es umfaßt praktisch den gesamten Maschinenbau, die Fördertechnik und den Werkzeugmaschinenbau **(Bild 1.2.5)**. In konstruktiv abgewandelten Formen werden auch größere Stückzahlen im Textilmaschinenbau benötigt.

Von der Verwendung von Reibrädern als Steuerorgane sowie zur Kraft- und Drehzahlübertragung in stufenlosen Verstellgetrieben wird für den allgemeinen Maschinenbau abgeraten. Durch die unterschiedlichen Drehzahlen in der Berührungsfläche treten Differenzgeschwindigkeiten auf. Diese bewirken eine zu große Erwärmung, verbunden mit zuviel Abrieb, die zu vorzeitigem Ausfall führen können.

1.2.3. Reibringe für den Drehzahlbereich von 500 bis 10 000 1/min

Für den höheren Drehzahlbereich von 500 bis 10 000 1/min im Leichtmaschinenbau, für Haushaltsmaschinen und in der Feinwerktechnik ist die Einsatzmöglichkeit von Reibrädern noch vielseitiger. Es empfiehlt sich aus wirtschaftlichen Gründen, für diese Einsatzgebiete mit Vorspannung aufgezogene Reibringe oder Reibräder mit mechanischer Verankerung oder mit chemischer Bindung zu verwenden.

1.2. Reibradgetriebe

1.2.6: Reibringe für die Feinwerktechnik *(Conti)*

Auch eine Verwendung in Winkeltrieben und kleinen Verstellgetrieben der Feinwerktechnik ist bei entsprechender konstruktiver Formgebung möglich. Es ist bei der Konstruktion dieser Antriebe unbedingt darauf zu achten, daß sich die Mittellinien der Antriebsachsen in einem Punkt schneiden und die Reibradfläche möglichst ballig ausgeführt wird. Die Reibringe **(Bild 1.2.6)** und Reibräder können speziell für die Feinwerktechnik gemäß den Herstellerangaben und Fertigungsmöglichkeiten sehr unterschiedlich ausgebildet sein. Diese Konstruktionsvariationen kommen, bezogen auf die jeweiligen Stückzahlen, den wirtschaftlichen Forderungen gleichzeitig entgegen. Es sollte daher grundsätzlich auf eine möglichst einfache Formgebung geachtet werden.

In den meisten Antriebsfällen kommt es weniger auf eine besonders große Leistungsübertragung an, sondern es wird mehr Wert auf einen guten Wirkungsgrad und eine möglichst lange gleichbleibende Gummiqualität gelegt. Diese Forderungen können durch spezielle Beimischungen in den Elastomeren erfüllt werden. Bekanntlich ist Gummi immer einem gewissen Alterungsprozeß unterworfen. Auch die zu wählende Shore-Härte hat je nach dem Einsatzfall einen mitentscheidenden Einfluß. Sie ist nach Erfahrung in ähnlichen Einsatzfällen zu wählen oder durch Versuch zu ermitteln.

1. Getriebe mit unveränderlicher Übersetzung

Ein treibendes Gummirad erzielt eine sehr gute Kraftübertragung bei gleichzeitigem geringen Schlupf. Günstigeres Verschleißverhalten beim Gummi zeigt sich dagegen im Fall des treibenden kleineren Gegenrades aus härterem Werkstoff. Bei größeren Übersetzungsverhältnissen ist es vorteilhaft, das große Rad mit einem Gummibelag auszurüsten, um eine niedrigere Eigenerwärmung des Reibrades zu erzielen. Es wurden auch bereits miteinander in Eingriff laufende Gummireibräder mit positivem Erfolg sowohl im Maschinenbau als auch in der Feinwerktechnik eingesetzt. Wird ein möglichst genaues Übersetzungsverhältnis gefordert, so ist für den von der Eindrucktiefe abhängigen und sich einstellenden Rollradius ein entsprechender prozentualer Zuschlag im Reibraddurchmesser erforderlich.

Anwendungsbereich:

Büromaschinen, Casetten-Recorder, Diktiergeräte **(Bild 1.2.7)**, Haushaltsmaschinen (Lebensmittel-Verarbeitung, Reinigungsgeräte), Kopiergeräte, Lichtpausgeräte, Nähmaschinen, Plattenspieler, Projektoren, Spielautomaten, Tonbandgeräte usw.

Man kann daher abschließend sagen, daß auf dem Gebiet der Reibrad-Getriebe eine stetige Entwicklung im positiven Sinne beobachtet werden kann.

1.2.7: Reibringe mit Vorspannung in einem Diktiergerät
(Conti)

1.3. Zugmittelgetriebe

Ing. (grad.) H.-G. Tope

1.3.1. Riemengetriebe

1.3.1.1. Flachriemengetriebe

Ein Flachriemen überträgt ein Drehmoment kraftschlüssig und ist damit von einem bestimmten Reibwert zwischen Riemenlaufseite und Scheibenoberfläche abhängig. Die Übertragung des Drehmoments kann nur dann erfolgen, wenn der Riemen gespannt wird, um so gegen die treibende und getriebene Scheibe gepreßt zu werden.

Flachriemengetriebe sind einfach und billig in ihrer Bauweise. Es können gleichzeitig mehrere Wellen in gleich- und gegensinniger Drehrichtung angetrieben werden. Sie zeichnen sich durch günstiges, elastisches Verhalten (Dämpfung), geräuscharmen Lauf, hohe Gleichlaufgenauigkeit [1] und hohem Wirkungsgrad von 98 % bis 99 % aus. Hohe Riemengeschwindigkeiten bis 100 m/s sind möglich. Leistungen von etwa 30 kW/cm Riemenbreite können maximal übertragen werden.

1.3.1.1.1. Theoretische Grundlagen (Bild 1.3.1)

Eytelweinsche Gleichung

Unter Annahme der Gültigkeit des Coulombschen Reibungsgesetzes läßt sich für die Kräfteverteilung F_1 und F_2 die bekannte Eytelweinsche Gleichung unterhalb der Gleitgrenze einsetzen.

$$\frac{F_1}{F_2} = e^{\mu \beta} \qquad (1)$$

e = 2,718, die Basis der natürlichen Logarithmen
μ = Reibwert
β = Umschlingungswinkel im Bogenmaß

Umfangskraft, Wellenbelastung, Reibwert

Aufgrund der Gleichgewichtsbedingung an der treibenden Welle ergibt sich die zu übertragende Umfangskraft F_u aus:

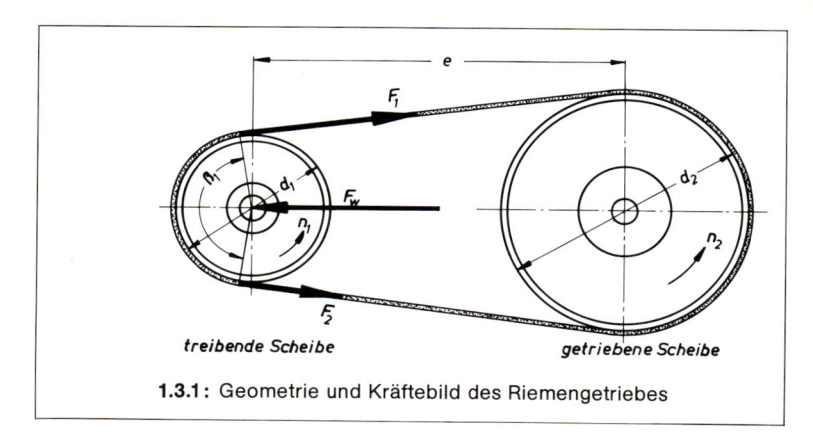

1.3.1: Geometrie und Kräftebild des Riemengetriebes

$$F_u = F_1 - F_2 \tag{2}$$

Die Wellenbelastung F_w bei einem Umschlingungswinkel von $\beta = 180°$ ist somit die Summe der Kräfte F_1 und F_2.

$$F_w = F_1 + F_2 \tag{3}$$

Bei einem Umschlingungswinkel $\beta < 180°$ läßt sich die Wellenbelastung mit Hilfe des Cosinussatzes nach folgender Gleichung errechnen.

$$F_w = \sqrt{F_1^2 + F_2^2 - 2F_1 \cdot F_2 \cdot \cos\beta} \tag{4}$$

Allgemein genügt es, für F_w die Summe der Kräfte für $F_1 + F_2$ bei $\beta = 180°$ für die Wellenbelastung anzunehmen. So errechnet sich beispielsweise bei einem relativ kleinen Umschlingungswinkel von $\beta = 120°$ und einem aus der Praxis als durchschnittlich angenommenen Wellenbelastungswert von $F_w = 2F_u$ eine Belastung, die nur 10 % niedriger liegt als bei einem $\beta = 180°$.

Wird nun die Eytelweinsche Gleichung (1) in die Gleichung (2) und (3) eingesetzt, so ergibt sich:

$$F_u = F_1 \frac{e^{\mu\beta} - 1}{e^{\mu\beta}} = F_2 \cdot (e^{\mu\beta} - 1) \tag{5}$$

1.3. Zugmittelgetriebe

und

$$F_w = F_1 \frac{e^{\mu\beta} + 1}{e^{\mu\beta}} = F_2 (e^{\mu\beta} + 1) \tag{6}$$

Hieraus läßt sich wiederum das Verhältnis

$$\frac{F_w}{F_u} = \frac{e^{\mu\beta} + 1}{e^{\mu\beta} - 1} \tag{7}$$

ableiten.

Die beiden Gleichungen (5) und (6) zeigen eindeutig, daß F_2 nicht gleich Null werden darf. Gleichzeitig läßt sich die Folgerung ableiten, daß man optimale Verhältnisse bekommt, wenn die Kraft F_2 proportional mit der zu übertragenden Umfangskraft F_u ansteigt [2], [3]. Betrachtet man die Ausnutzung des Riemens

$$\frac{F_u}{F_1} = \frac{e^{\mu\beta} - 1}{e^{\mu\beta}} \text{ nach (5)}$$

in Abhängigkeit von μ und β, so läßt sich nach **Bild 1.3.2** folgendes erkennen:

Der Kurvenverlauf ist asymptotisch und erreicht den Wert 1 erst bei $\mu\beta = \infty$.

Eine Steigerung des Reibwertes über $\mu = 0{,}6$ hinaus keinen wesentlichen Zuwachs bringt.

Beispiel:

Bei $\beta = 180°$ und einer Steigung von $\mu = 0{,}4$ auf $\mu = 0{,}6$ ergibt sich ein Zuwachs von 18,6 % (bei $\mu = 0{,}4$ 100 %). Dagegen bei einer weiteren Erhöhung von $\mu = 0{,}6$ auf $\mu = 0{,}8$ nur von 8,2 % (bei $\mu = 0{,}6$ 100 %).

Eine Erhöhung des Umschlingungswinkels über $\beta = 180°$ läßt den Wert

$$\frac{e^{\mu\beta} - 1}{e^{\mu\beta}}$$

geringer ansteigen als eine Verminderung unter $\beta = 180°$.

Beispiel:

Bei einem $\mu = 0{,}6$ steigt der Wert (Erhöhung um 60° bzw. Verminde-

1.3.2: Ausnützung des Riemens

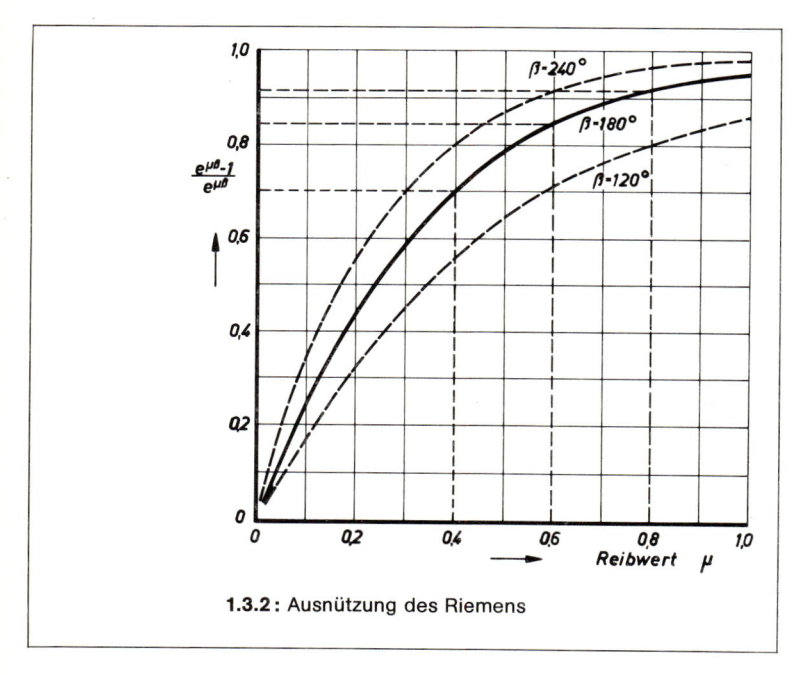

rung um 60°) für $\beta = 240°$ um 8,2 %, dagegen sinkt der Wert bei $\beta = 120°$ um 15,6 %. Dieser letztere Wert würde einem Umschlingungsfaktor C von 0,84 entsprechen.

Bild 1.3.3 zeigt die Abhängigkeit der Wellenbelastung F_w vom Reibwert μ, wenn man nach (7) für

$$\frac{e^{\mu\beta} + 1}{e^{\mu\beta} - 1} = C$$

setzt und damit

$$F_w = C \cdot F_u \tag{8}$$

wird.

1.3. Zugmittelgetriebe

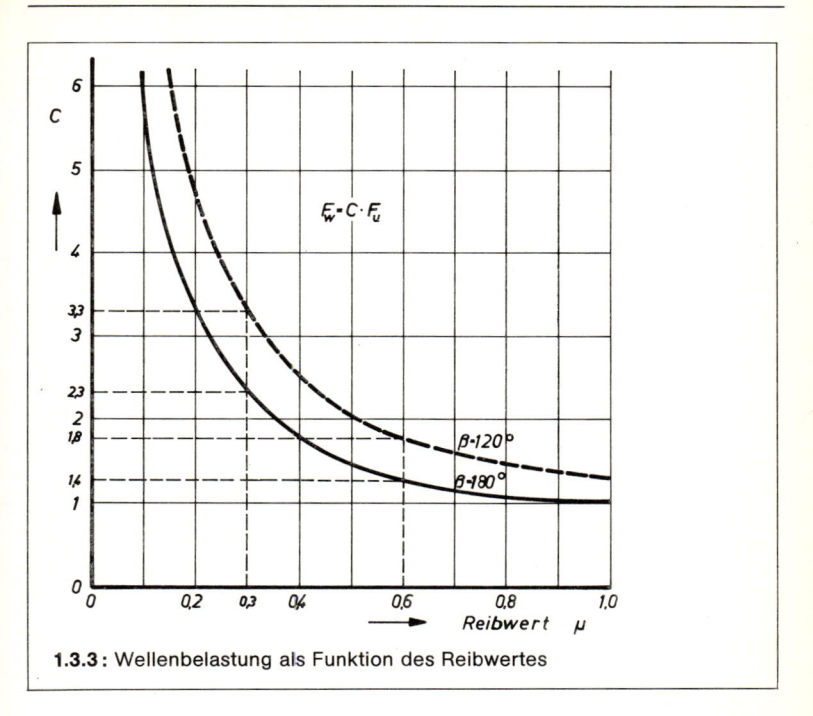

1.3.3: Wellenbelastung als Funktion des Reibwertes

Daraus geht hervor, daß bei einem Umschlingungswinkel $\beta = 180°$ die Wellenbelastung $F_w = 2{,}3 \cdot F_u$ für $\mu = 0{,}3$ und $F_w = 1{,}4 \cdot F_u$ für $\mu = 0{,}6$ beträgt. Geht man von einem mittleren Reibwert $\mu = 0{,}4$ aus, ist die niedrigste Wellenbelastung bei $\beta = 180°$ $F_w = 1{,}8 \cdot F_u$ und bei $\beta = 120°$ $F_w = 2{,}5 \cdot F_u$.

Fliehkraft

Beim Lauf des Riemens aus der Geraden in die Halbkreisform treten Fliehkräfte je nach Riemengeschwindigkeiten auf, die versuchen, den Riemen von der Scheibe abzuheben, d. h. die Wellenbelastung F_w im Stillstand wird um den Fliehkraftanteil vermindert. Gleichzeitig erhöhen sich die Kräfte F_1 und F_2 gleichmäßig um den Betrag der Fliehkraft F_f.

Die Fliehkraft läßt sich nach folgender Gleichung errechnen:

$$F_f = \frac{\gamma}{g} \cdot v^2 \cdot A \tag{9}$$

γ = Dichte des Riemens
g = Erdbeschleunigung
v = Riemengeschwindigkeit
A = Riemenquerschnitt

Die vorgenannte Betrachtung der Fliehkraft zeigt, daß der Wert F_w um den Betrag F_f erhöht werden muß, um im Betriebszustand die Umfangskraft F_u zu übertragen. Damit ergeben sich zwei Werte für die Wellenbelastung – der statische und der dynamische Zustand.

$$F_{w_{stat}} = F_1 + F_2 + F_f \tag{10}$$

$$F_{w_{dyn}} = F_1 + F_2 \tag{11}$$

Zugspannungen im Riemen

Zugspannungen im Riemen werden durch die Kräfte F_1, F_2 und F_f hervorgerufen. Bisher wurde die Spannung bei Antriebsriemen stets auf die Querschnittsfläche A = Riemenbreite b · Riemendicke a bezogen. Hierbei wird vorausgesetzt, daß es sich um einen homogenen Werkstoff handelt. Diese Annahme entspricht jedoch keineswegs den heutigen Riemenkonstruktionen, die stets aus Zugschicht und Reibschicht bestehen, mit jeweils sehr unterschiedlichen spezifischen Eigenschaften. Es ist daher sinnvoll, die Zugbeanspruchung nicht auf die Querschnittsfläche, sondern nur auf die Breite, zum Beispiel 1 cm zu beziehen, da es ohnehin stets schwierig sein wird, den genauen tragenden Querschnitt zu bestimmen (zum Beispiel Gewebeeinlagen als Zugschicht).

Damit ergibt sich:

Zugspannung für das ziehende Trum im Betriebszustand

$$\sigma_1 = \frac{F_1}{b} + \frac{F_f}{b} \text{ in N/cm} \tag{12}$$

Zugspannung für das gezogene Trum im Betriebszustand

$$\sigma_2 = \frac{F_2}{b} + \frac{F_f}{b} \text{ in N/cm} \tag{13}$$

1.3. Zugmittelgetriebe

Nutzspannung

$$\sigma_N = \frac{F_u}{b} \text{ in N/cm} \tag{14}$$

Biegespannung, Biegefrequenz

Beim Umlenken des Riemens über die Scheiben tritt eine Biegespannung auf, die umso größer ist, je kleiner der Scheibendurchmesser, je dicker der Riemen und je größer der Elastizitätsmodul ist. Sie kann nach folgender Gleichung ermittelt werden, vorausgesetzt, es handelt sich um einen homogenen Werkstoff und der Biegeelastizitätsmodul E_b ist bekannt.

$$\sigma_b = E_b \frac{\alpha}{d_1} \tag{15}$$

α = Riemendicke
d = Scheibendurchmesser

Da die Riemengesamtdicke gegenüber dem Scheibendurchmesser in der praktischen Anwendung sehr klein ist, kann bei Flachriemen diese Beanspruchung vernachlässigt werden. Wichtiger erscheint die Biegefrequenz f_B, die angibt, wie oft ein Riemen in einer Zeiteinheit aus der Geraden in die Scheibenkrümmung gebogen wird. Die Frequenz errechnet sich wie folgt:

$$f_B = \frac{v \cdot z}{L} \tag{16}$$

v = Riemengeschwindigkeit in m/s
z = Anzahl der Scheiben
L = Riemenlänge in m

Dehnschlupf, Gleitschlupf

Der beim Übertragen einer Umfangskraft entstehende Spannungs- bzw. Dehnungsunterschied zwischen dem ziehenden und gezogenen Trum gleicht sich im Bereich des Umschlingungswinkels aus. Die dabei entstehende Relativbewegung kennzeichnet den Dehnschlupf, der sich nach außen hin als Drehzahlabweichung an der getriebenen Scheibe bemerkbar macht.

Definiert wird der Dehnschlupf

$$s = \frac{v_1 - v_2}{v_1} \cdot 100 \ (\%) \tag{17}$$

Mit steigender Umfangskraft beginnt der Riemen als Ganzes auf der Scheibe durchzurutschen. Dies Verhalten wird als Gleitschlupf bezeichnet.

Schlupf-Umfangskraftverhalten

Das Schlupf-Umfangskraftverhalten zeigt am deutlichsten den in (7) dar-

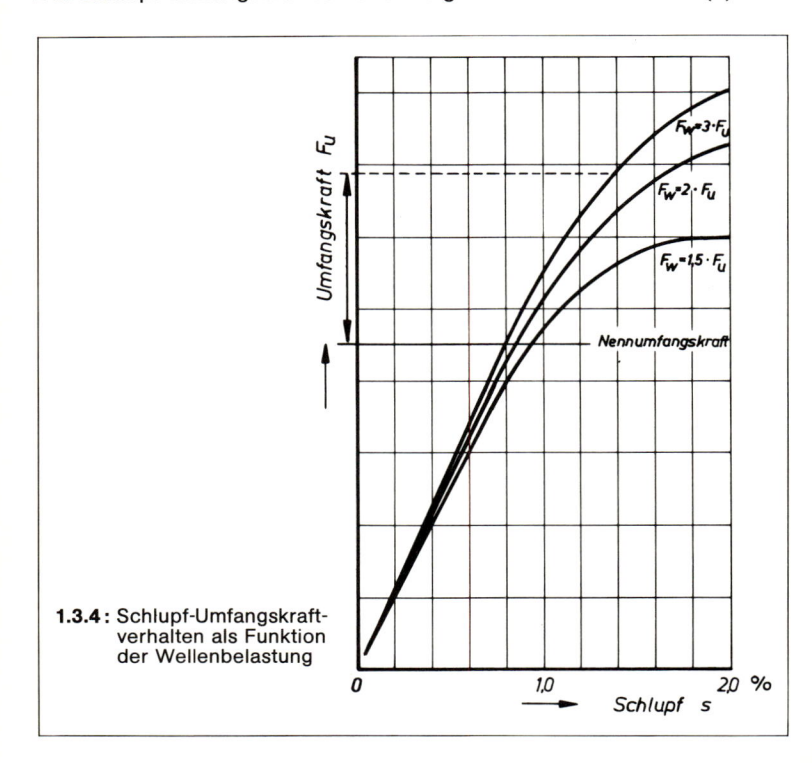

1.3.4: Schlupf-Umfangskraftverhalten als Funktion der Wellenbelastung

1.3. Zugmittelgetriebe

gestellten Zusammenhang zwischen F_w und F_u an. Anhand eines Beispieles ist in **Bild 1.3.4** das Ergebnis einer Schlupf-Umfangskraft-Untersuchung an einem Flachriemen nach Bild 1.3.8 wiedergegeben.

Danach kann die Nenn-Umfangskraft, die die Kenngröße dieses Flachriementyps ist, bei einer Wellenbelastung von $F_w = 1{,}5 \cdot F_u$ übertragen werden.

Der Schnittpunkt der Nenn-Umfangskraft liegt im linear ansteigenden Teil der Schlupfkurve und ist somit noch unterhalb der Gleitschlupfgrenze. Wird dieser Riemen z. B. beim Anfahren einer Maschine über den Nenn-Umfangskraftwert hinaus belastet, so bedeutet dies, daß der Riemen rutscht und eventuell sogar von den Scheiben abläuft. Wird der Riemen dagegen mehr gespannt, d. h. die Wellenbelastung F_w erhöht, dann kann diese kurzfristige Erhöhung der Umfangskraft ohne Gleitschlupf übertragen werden. (Beispiel Kurve $F_w = 3 \cdot F_u$)

Diese Tatsache wird zum Teil in Berechnungsrichtlinien von Flachriemen berücksichtigt, in denen die Vorspannung bzw. Auflegedehnung in Abhängigkeit der Betriebsbedingung festgelegt wird.

Dehnschlupfwerte bei der Übertragung der Nennumfangskraft liegen im allgemeinen bei den heutigen Flachriemen zwischen 0,5 und 1,5 %.

1.3.1.1.2. Flachriemen, Aufbau, Eigenschaften

Alle modernen Flachriemen haben den gleichen Aufbau: Eine Zugschicht, die die auftretenden Kräfte aus Umfangskraft und Fliehkraft übernimmt und eine Laufschicht, die die Reibkraft von der Scheibe auf die Zugschicht überträgt.

Zugschicht

Als Zugschicht kommen folgende Konstruktionen zur Anwendung:

a) endlosgewebte Gewebe, 1-lagig, (sogenannte Schlauchgewebe) aus Polyamid- oder Polyesterfasern
b) mehrere übereinanderliegende Lagen aus Baumwoll-, Polyamid- oder Polyestergewebe (Aufbau wie ein Fördergurt)
c) endlos spiralförmig gewickelte Cordfäden aus Polyamid oder Polyester
d) Polyamid in Bandform mit einer Dicke bis 1 mm, wobei auch mehrere Lagen übereinander liegen können.

Laufschicht

Die Zugschicht kann je nach Anwendung ein- oder beidseitig mit einer Laufseite bzw. Reibschicht versehen werden. Hierbei werden folgende Werkstoffe verwendet:

a) Elastomere, wie zum Beispiel Polyurethan, Gummi usw.
b) Chromleder

Flachriemenarten

Aus dieser Vielzahl von Zugschicht-Ausführungen in Verbindung mit den möglichen Laufschicht-Werkstoffen sind folgende Flachriemenarten mit ganz bestimmten Eigenschaften anzutreffen:

I) Zugschicht Textil, endlosgewebtes einlagiges Gewebe aus Polyamid- oder Polyesterfasern, ein- oder beidseitig beschichtet mit Gummi oder Polyurethan **(Bild 1.3.5)**.

Diese endlosen Riemen werden in Längen von etwa 200 bis 5000 mm bei relativ kleinen Breiten bis ca. 50 mm für geringe Leistungen bei hohen Biegefrequenzen eingesetzt (z.B. Schleifspindeln). Kleinstzulässiger Scheibendurchmesser ca. 15 mm, maximal übertragbare Umfangskraft etwa 100 N/cm.

II) Zugschicht Textil – mehrere Lagen aus Baumwoll-, Polyamid- oder Polyestergewebe, die untereinander durch Gummi oder Balata verbunden sind **(Bild 1.3.6)**.

Laufseite beidseitig entweder Gummi oder Balata. Diese Riemen werden von der Rolle einzeln zugeschnitten und endlos vulkanisiert. Das Anwendungsgebiet liegt hauptsächlich bei landwirtschaftlichen Maschinen. Je nach Gewebewerkstoff liegen die maximal zulässigen Biegefrequenzen zwischen f_B = 10/s und 20/s. Der kleinstzulässige Scheibendurchmesser richtet sich nach der Anzahl der Gewebeeinlagen und liegt zwischen 150 und 500 mm.

III) Zugschicht aus endlosgewickelten Cordfäden aus Nylon oder Polyester in Gummi oder Polyurethan gebettet mit ein- oder beidseitiger Lauffläche aus Elastomer (Gummi, Polyurethan) oder Chromleder. Diese nur endlose Riemenart wird bis 500 mm Breite und etwa 40000 mm Länge hergestellt. Die Riemen in der Gummiausführung werden überwiegend einzeln gefertigt und unterliegen als Vulkanisationsprodukt größeren Fertigungstoleranzen als ein auf Polyure-

1.3. Zugmittelgetriebe

1.3.5: Schlauchgewebe-Riemen
  a) Lauffläche: Gummi, Polyurethan
  b) Zugschicht: Polyamid- oder Polyestergewebe

1.3.6: Mehrlagen-Gewebe-Riemen
  a) Lauffläche: Gummi oder Balata
  b) Zugschicht: Baumwolle-, Polyamid- oder Polyestergewebe

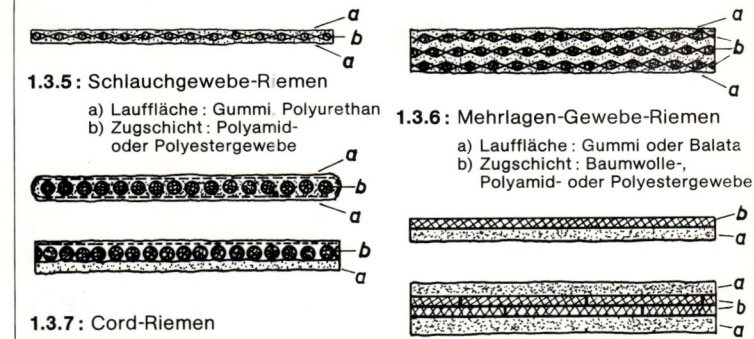

1.3.7: Cord-Riemen
  a) Lauffläche: Gummi, Polyurethan
  b) Zugschicht: endlos spiralförmig gewickelte Cordfäden aus Polyamid oder Polyester

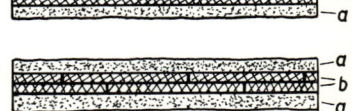

1.3.8: Polyamidband-Riemen
  a) Lauffläche: Gummi, Polyurethan
  b) Zugschicht: Polyamidband

thanbasis hergestellter Riemen. Zulässige Biegefrequenzen maximal $f_B = 50/s$ sowie $F_{u\,max} = 200$ N/cm, max. Riemengeschwindigkeit v = 60 m/s **(Bild 1.3.7 oben)**.

Für Riemen auf Polyurethanbasis mit Elastomer- oder Chromlederlaufseite sind Biegefrequenzen bis max. $f_B = 100/s$ zulässig. Die Umfangskräfte pro cm/Riemenbreite liegen bei max. 400 N/cm. Max. Riemengeschwindigkeit 120 m/s. Kleinstzulässiger Scheibendurchmesser 20 mm (Bild 1.3.7 unten).

IV) Zugschicht aus verstreckten Polyamidbändern in verschiedenen Dicken, einseitig oder beidseitig belegt mit einer Lauffläche aus Elastomer oder Chromleder **(Bild 1.3.8)**.

Diese Riemen können in jeder beliebigen Länge und Breite von der Rolle zugeschnitten und durch eine sichere Endlosverbindung hergestellt werden. Maximale Riemenbreite 1200 mm. Die maximale Umfangskraft, die mit dieser Riemenart übertragen werden kann, liegt bei $F_u = 800$ N/cm. Maximale Riemengeschwindigkeit 80 m/s, maximal zulässige Biegefrequenz $f_B = 80/s$. Kleinstzulässiger Scheibendurchmesser je nach Dicke der Zugschicht 30–400 mm.

1.3.9: Flachriemengetriebe eines Luftkompressors
(Siegling) P = 152 KW, v = 21,5 m/s

1.3.10: Flachriemengetriebe eines Holzhackers
(Siegling) P = 1100 kW, v = 43,3 m/s

Aufgrund der hohen spezifischen Belastbarkeit der Zugschicht, Dämpfungseigenschaft, hohe Elastizität und der Unabhängigkeit von einer genormten Riemenlänge ist dies die am meisten verwendete Riemenart. Ein Beispiel der Anwendung zeigen die **Bilder 1.3.9** und **1.3.10**.

1.3.1.1.3. Berechnung, Riemenauswahl

Geometrische Abmessungen

Umschlingungswinkel

Der Umschlingungswinkel β für einen offenen Antrieb errechnet sich nach Bild 1.3.1

$$\beta = 180° - 2\alpha \tag{18}$$

$$\alpha \text{ aus } \sin\alpha = \frac{d_2 - d_1}{2e} \tag{19}$$

für Umschlingungswinkel β von 180° bis 110° kann als Näherung mit genügender Genauigkeit folgende Formel verwendet werden.

$$\beta \approx 180° - \frac{60(d_2 - d_1)}{e} \tag{20}$$

Riemenlänge

Offener Antrieb
Genaue Länge (Innenlänge)

$$l = 2e \cdot \cos\alpha + \frac{\pi}{2}(d_2 + d_1) + \frac{\pi \cdot \alpha}{180}(d_2 - d_1) \tag{21}$$

Mit genügender Genauigkeit kann die Näherungsformel

$$l \approx 2e + \frac{\pi}{2}(d_1 + d_2) + \frac{(d_2 - d_1)^2}{4e} \tag{22}$$

verwendet werden.

Wellenabstand e bei gegebener Riemenlänge l

$$e = p + \sqrt{p^2 - q} \tag{23}$$
$$p = 0{,}25\, l - 0{,}393\, (d_2 + d_1)$$
$$q = 0{,}125\, (d_2 - d_1)^2$$

gekreuzter Antrieb

Näherungsformel für Riemenlänge

$$l \approx 2e + \frac{\pi}{2}(d_1 + d_2) + \frac{(d_2 + d_1)^2}{4e} \tag{24}$$

Allgemeine Formeln

Riemengeschwindigkeit v

$$v = \frac{d \cdot \pi \cdot n}{60} = \frac{d \cdot n}{19,1} \text{ in m/s} \qquad \begin{array}{l} d \text{ [m]} \\ n \text{ [1/min]} \end{array}$$

Drehmoment M

$$M = 9550 \frac{P}{n} \text{ in Nm} \qquad P \text{ [kW]}$$

Umfangskraft F_u

$$F_u = \frac{2 M_1}{d_1} = \frac{2 M_2}{d_2} \text{ in N}$$

$$F_u = \frac{1000 \cdot P}{v} \text{ in N} \qquad 1 \text{ kW} = 1000 \text{ N m/s}$$

Übersetzungsverhältnis

$$i = \frac{d_2}{d_1}$$

$$i = \frac{n_1}{n_2} \quad \text{(ohne Schlupf)}$$

Riemenberechnung

Die Aufstellung von genormten Berechnungsunterlagen, wie sie für Keilriemen bereits bestehen, scheitert an der Vielzahl der Flachriemen-Werkstoffe mit ihren unterschiedlichen Eigenschaften sowie an den von den Herstellern herausgegebenen und voneinander sehr stark abweichenden Berechnungsrichtlinien. Es ist daher unumgänglich, für die einzelnen Flachriemenarten die jeweiligen Firmenunterlagen für die Berechnung heranzuziehen. Als Beispiel soll nachfolgend die Berechnung

1.3. Zugmittelgetriebe

der Riemenart mit einer Polyamidband-Zugschicht wiedergegeben werden (EXTREMULTUS, Firma Siegling, Hannover).

Weitere Hersteller von Flachriemen sind die Firmen HABASIT, Basel, CONTINENTAL, Hannover, Balatros, Hamburg, usw.

Beispiel einer Riemenberechnung, EXTREMULTUS-Flachriemen

Zugschicht

Die Zugschicht besteht aus ein- oder mehrlagigem Polyamidband in unterschiedlicher Dicke. Die Dicke der Zugschicht bestimmt die Nennumfangskraft, die mit dem jeweiligen Riementyp übertragen werden kann. Die Bezeichnung der einzelnen Typen wurde so gewählt, daß sie gleichzeitig eine Aussage über die Nenn-Umfangskraft darstellt (siehe **Tabelle 1.3.1)**.

Die angegebenen Nenn-Umfangskraftwerte gelten bis zu einer Riemengeschwindigkeit von 60 m/s.

Laufschicht, Ausführung, Belastungsfaktor

Die in Tabelle 1.3.1. aufgeführten Riementypen werden sowohl mit einer Elastomer- als auch mit einer Chromleder-Lauffläche einseitig oder beidseitig hergestellt.

Die Bezeichnung lautet dann folgendermaßen:

G = Elastomer, einseitige Laufschicht
GG = Elastomer, beidseitige Laufschicht
L = Chromleder, einseitige Laufschicht
LL = Chromleder, beidseitige Laufschicht

Beispiel einer vollständigen Typenbezeichnung:

$\qquad$ GG 28

Riementyp Bezeichnung	6	10	14	20	28	40	54	80
Nennumfangskraft $F_u = C_6$ [N/mm]	6	10	14	20	28	40	54	80

Tabelle 1.3.1: Nenn-Umfangskraft für Flachriemen

1. Getriebe mit unveränderlicher Übersetzung

Art des Antriebes

Gleichmäßiger Betrieb, geringe zu beschleunigende Massen	fast gleichmäßiger Betrieb, mittlere zu beschleunigende Massen	ungleichmäßiger Betrieb, mittlere zu beschleunigende Massen, Stöße	ungleichmäßiger Betrieb, große zu beschleunigende Massen, starke Stöße	ungleichmäßiger Betrieb, sehr große zu beschleunigende Massen, besonders starke Stöße

Antriebsbeispiele

| Lichtgeneratoren, leichte Textilmaschinen, Transport- und Förderbänder für Schüttgut, Zentrifugalpumpen, Drehautomaten | Leichte Ventilatoren, Werkzeugmaschinen, Drehkolbengebläse, leichte bis mittlere Holzbearbeitungsmaschinen, Generatoren, Förderbänder (Stückgut), Fördertrommeln, Walzenstühle (Getreide), Gruppenvorgelege | Kolbenpumpen und Kompressoren mit einem Ungleichförmigkeitsgrad >1:80, Zentrifugen, Großventilatoren, Preßpumpen, Knetmaschinen, Holländer, Kugel- u. Rohrmühlen, Mahlgänge, Kärden u. Krempel, Webstühle, Schiffswellen, Sägegatter | Kolbenpumpen und Kompressoren mit einem Ungleichförmigkeitsgrad <1:80, Rüttelmaschinen, Baggerantriebe, Kollergänge, Kalander und Rollapparate, Ziegelpressen, Schmiedepressen, Scheren, Stanzen, Walzwerke für Nichteisenmetalle | Kolbenpumpen und Kompressoren ohne Schwungrad, Steinbrecher, Rohrstrangpressen, Kaltpilgerwalzwerke |

Belastungsfaktor C_2

1,0	1,1	1,3	1,5	1,7

trockene (auch staubige) Atmosphäre ohne nennenswerten Einfluß von Fett, Öl oder anderen Flüssigkeiten	starker Einfluß von Fett, Öl oder anderen Flüssigkeiten

Reibschicht

Elastomer G	Chromleder

Antriebsform

Mehrscheibenantriebe mit beidseitiger Leistungsabnahme	Standardantriebe mit einseitiger Leistungsabnahme (keine Konusantriebe, keine Ausrückerantriebe)	Mehrscheibenantriebe mit beidseitiger Leistungsabnahme	Standardantriebe mit einseitiger Leistungsabnahme

Ausführung

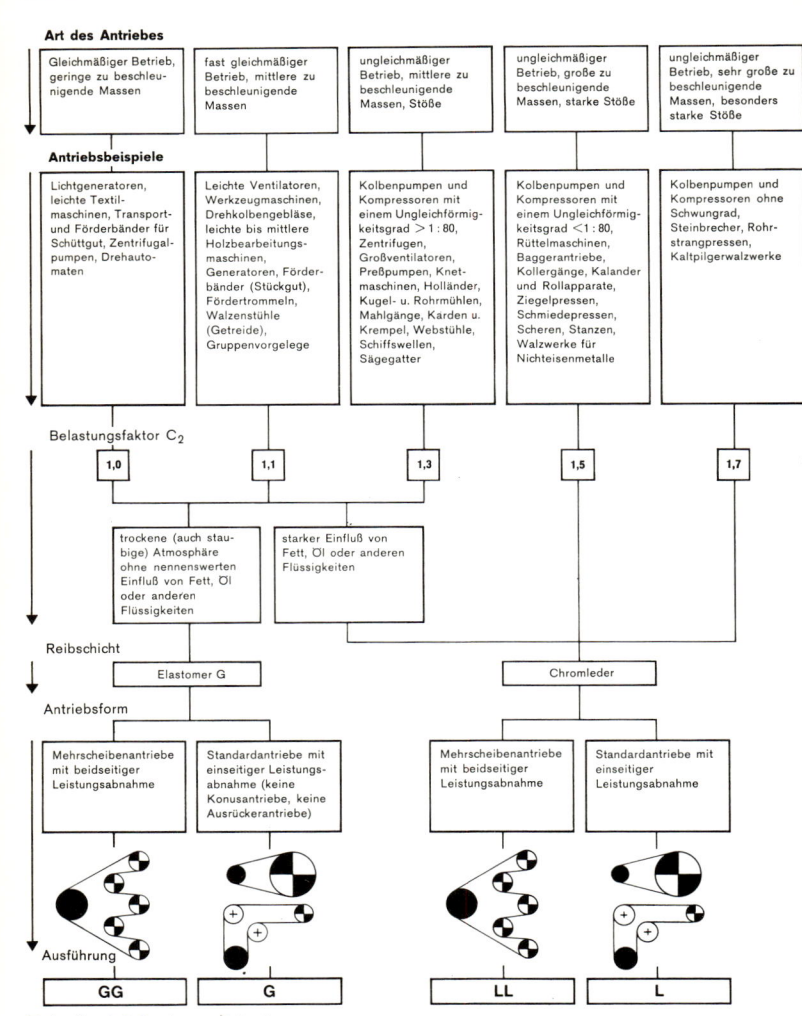

GG	G	LL	L

Tabelle 1.3.2: Auswahlschema

1.3. Zugmittelgetriebe

Über die Anwendung der Laufschicht G oder L gibt das Auswahlschema **(Tabelle 1.3.2)** Auskunft, in dem die Bestimmung nach der Art des Antriebes, den Umwelteinflüssen und der Antriebsform vorgenommen wird. Gleichzeitig wird der Belastungsfaktor C_2 festgelegt.

Bestimmung des Riementyps

Der Riementyp wird bestimmt in Abhängigkeit von der Riemengeschwindigkeit v und dem kleinen Scheibendurchmesser d_1. Der geschwindigkeitsabhängige Faktor C_1 (siehe **Bild 1.3.11**).

$$\text{Typ} = \frac{d_1 \cdot c_1}{10} \qquad d_1 \text{ in mm}$$

$$v = \frac{d \cdot \pi \cdot n}{60} \qquad [\text{m/s}]$$

Aus der Typenreihe (Tabelle 1.3.1) wird der nächstliegende Typ gewählt.

Kontrolle der Biegefrequenz

Die Biegefrequenz errechnet sich aus

$$f_B = \frac{v \cdot z}{l} \qquad [1/s]$$

z = Anzahl der Riemenscheiben
l = Riemenlänge in m

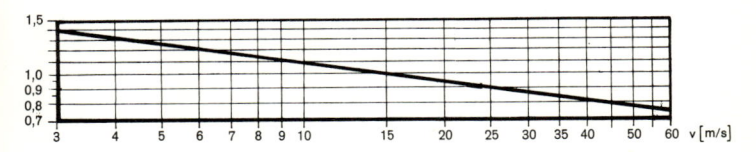

1.3.11: Faktor C_1 als Funktion der Geschwindigkeit

Die errechnete Biegefrequenz muß gleich oder kleiner sein als der dem Typ und der Ausführung zugeordnete zulässige $f_{B\,\text{zul.}}$-Wert aus **Tabelle 1.3.3**. Ist $f_{B\,\text{zul.}}$ kleiner als f_B muß der nächstkleinere Typ (dünnere) eingesetzt werden.

1. Getriebe mit unveränderlicher Übersetzung

d_1 [mm]	6 G	6 L	10 G	10 L	14 G	14 L	20 G	20 L	28 G	28 L	40 G	40 L	54 L	80 L
30	5													
35	10	5												
40	14	10	5											
45	20	15	7	5										
50	30	20	10	7										
56	40	30	14	10	5									
63	60	40	20	15	7	5								
71	80	55	30	20	10	7								
80	80	55	40	30	14	10	3							
90			60	40	20	15	5	3						
100			80	55	30	20	7	5						
112			80	55	40	30	10	7	3					
125					60	40	14	10	5	3				
140					80	55	20	15	7	5				
160					80	55	30	20	10	7	3			
180							40	30	14	10	5	3		
200							60	40	20	15	7	5		
224							80	55	30	20	10	7		
250							80	55	40	30	14	10	3	
280									60	40	20	15	5	
315									80	55	30	20	7	
355									80	55	40	30	10	3
400											60	40	15	5
450											80	55	20	7
500											80	55	30	10
560													40	15
630													40	20
710														
800														
900														
1000														

f_{Bzul} [s^{-1}] für Type und Ausführung

Tabelle 1.3.3: Zulässige Biegefrequenz

1.3. Zugmittelgetriebe

Umschlingungswinkel β	180	170	160	150	140	130	120
C_3	1,0	0,98	0,95	0,93	0,89	0,86	0,83

Tabelle 1.3.4: Faktor C_3 in Abhängigkeit vom Umschlingungswinkel

Riemenbreite

Die Riemenbreite b wird bestimmt durch den gewählten Typ, der zu übertragenden Leistung in kW, der Antriebsart, den Umschlingungswinkel β und der Riemengeschwindigkeit v.

$$b = \frac{P \cdot 1000 \cdot C_2}{v \cdot \text{Typ} \cdot C_3} = \text{mm}$$

Antriebsart = Faktor C_2, Tabelle 1.3.2
Umschlingungswinkel = Faktor C_3, **Tabelle 1.3.4**
P = zu übertragende Leistung in kW
Typ = übertragbare Umfangskraft in N/mm

Auflegedehnung

Die Auflegedehnung, mit der der Riemen gespannt werden muß, ist abhängig von der Antriebsart und der Riemengeschwindigkeit und wird errechnet aus

$$\varepsilon = C_4 + C_5 \text{ in \%}$$

C_4 = Dehnungswert für die Antriebsart **(Tabelle 1.3.5)**

C_5 = Dehnungswert für die Fliehkraft **(Tabelle 1.3.6)**
Aufgrund des geringen spezifischen Gewichtes von 1,1–1,2 g/cm³ kann der Fliehkrafteinfluß bis zu einer Riemengeschwindigkeit von 20 m/s vernachlässigt werden.

Wellenbelastung

Die Wellenbelastung im Betriebszustand errechnet sich aus der Auflegedehnung ohne dem Anteil, der für die Fliehkraft notwendig ist, der Riemenbreite und dem Spannungs-Dehnungswert des gewählten Riementyps (siehe Tabelle 1.3.1, Wellenbelastung bei 1 % Dehnung in N/mm bei $\beta = 180°$).

Belastungsfaktor C_2	1,0	1,1	1,3	1,5	1,7
C_4	1,5	1,7	2,0	2,3	2,6

Tabelle 1.3.5: Dehnungswert C_4

v [m/s]	C_5 für Riementyp und Ausführung											
	6				10				14			
	G	GG	L	LL	G	GG	L	LL	G	GG	L	LL
20	0,1	0,3	0,3	0,5	0,1	0,2	0,2	0,4	0,1	0,1	0,2	0,3
30	0,3	0,6	0,7		0,3	0,4	0,5	0,8	0,2	0,3	0,4	0,7
40	0,6	1,0	1,1		0,5	0,7	0,8		0,4	0,5	0,7	
50	0,9				0,7	1,0	1,2		0,6	0,8	1,0	
60					1,0				0,9			

v [m/s]	C_5 für Riementyp und Ausführung												
	20				28				40			54	80
	G	GG	L	LL	G	GG	L	LL	G	GG	L	L	L
20	0,1	0,2	0,1	0,2	0,1	0,1	0,1	0,2	0,1	0,1	0,1	0,1	0,1
30	0,2	0,3	0,3	0,5	0,2	0,2	0,2	0,4	0,2	0,2	0,2	0,2	0,2
40	0,4	0,6	0,6		0,3	0,5	0,5		0,3	0,4	0,5	0,5	0,3
50	0,6	1,0	1,0		0,5	0,8	0,8		0,5	0,6	0,7	0,7	0,6
60	0,9				0,8	1,1	1,1		0,7	0,9	1,0	0,9	0,8

Tabelle 1.3.6: Dehnungswert C_5 in Abhängigkeit von der Riemengeschwindigkeit

1.3. Zugmittelgetriebe

Wellenbelastung im Betriebszustand $F_{w\,dyn}$.

$$F_{w\,dyn} = C_4 \cdot C_6 \cdot b \text{ in N}$$

b = Riemenbreite in mm

Wellenbelastung im Stillstand $F_{w\,stat}$.

$$F_{w\,stat} = (C_4 + C_5)\, C_6 \cdot b \text{ in N}$$

Berechnungsbeispiel

gegeben: Antrieb Drehstrommotor − Kolbenkompressor

Motorleistung: $P = 180$ kW
Motorscheibe: $d_1 = 380$ mm
Kompressorsch. $d_2 = 900$ mm
Motordrehzahl: $n_1 = 1450$ U/min
Wellenabstand: $e = 1050$ mm

gesucht: Riementyp und Ausführung

Riemenbreite, Auflegedehnung, Wellenbelastung im Stillstand und Betriebszustand

- Umschlingungswinkel $\beta = 150°$
- Riemenlänge $l = 4175$ mm
- Riemengeschwindigk. $v = 28,8$ m/s
- Riemenausführung nach Auswahlschema, Belastungsfaktor C_2 einseitige Lauffläche Elastomer G, $C_2 = 1,3$
- Riementyp

$$\text{Typ} = \frac{d_1 \cdot c_1}{10} = \frac{380 \cdot 0,86}{10} = 32,7$$

gewählter Typ = 28

- Kontrolle der Biegefrequenz

$$f_B = \frac{v \cdot z}{l} = \frac{28,8 \cdot 2}{4,175} = 13,8/s$$

Zulässige Biegefrequenz für $d_1 = 355$ mm
für $f_B = 40/s$
für $d_1 = 400$ mm, $f_{B\,zul} = 60/s$

- Riemenbreite

$$b = \frac{P \cdot 1000 \cdot c_2}{v \cdot \text{Typ } C_3} = \frac{180 \cdot 1000 \cdot 1{,}3}{28{,}8 \cdot 28 \cdot 0{,}93} = 312 \text{ mm}$$

gewählte Riemenbreite: 300 mm

- Auflegedehnung

$$\varepsilon = C_4 + C_5 = 2{,}0 + 0{,}2 = 2{,}2 \text{ \%}$$

- Wellenbelastung im Stillstand

$$F_{w\,stat} = (C_4 + C_5)\, C_6 \cdot b = 2{,}2 \cdot 28 \cdot 300 = 18\,480 \text{ N}$$

- Wellenbelastung im Betriebszustand

$$F_{w\,dyn} = C_4 \cdot C_6 \cdot b = 2{,}0 \cdot 28 \cdot 300 = 16\,800 \text{ N}$$

1.3.1.1.4. Konstruktions-Hinweise

Flachriemenscheiben

Die Ausführung der Flachriemenscheiben bestimmt weitgehend die Lebensdauer eines Flachriemens. Eine rauhe Lauffläche ist in jedem Fall wegen des ständigen Dehnschlupfes zu vermeiden, ideal ist eine polierte Oberfläche. Der Werkstoff soll abriebfest sein, da sonst der Abrieb den Reibwert der Lauffläche ungünstig beeinflußt. Zur Führung des Riemens muß die Kranzform der Riemenscheibe schwach gewölbt ausgeführt werden. Bei einer zu starken Wölbung oder dachförmigen Form wird der Riemen einer zusätzlichen Biege- und Scherbeanspruchung ausgesetzt, die zu einer vorzeitigen Zerstörung führt.

Oberflächenbeschaffenheit, Wölbhöhe und Durchmesser sind in dem DIN-Blatt – DIN 111 – festgehalten **(Bild 1.3.12)**.

Bei Übersetzungsverhältnissen größer als 1:3 und waagerechten Wellen kann die kleine Scheibe in der Kranzform zylindrisch ausgeführt werden. Bei senkrechten Wellen sind beide Scheiben mit einer Wölbung entsprechend DIN 111 zu versehen.

Spannweg, Spannen der Riemen

Bei festem Wellenabstand wird der Riemen gegenüber der berechneten stumpfen Länge um den Betrag der Auflegedehnung kürzer hergestellt.

1.3. Zugmittelgetriebe

DK 621.851 — DEUTSCHE NORMEN — **September 1972**

Antriebselemente

Flachriemenscheiben
Maße Nenndrehmomente

DIN 111

Driving components; pulleys; dimensions; nominal torsional moments
Zusammenhang mit den von der International Organization for Standardization (ISO) herausgegebenen Empfehlungen ISO/R 22-1956, ISO/R 99-1959 und ISO/R 100-1959 siehe Erläuterungen.

Maße in mm
Die Flachriemenscheiben brauchen der bildlichen Darstellung nicht zu entsprechen; nur die angegebenen Maße sind einzuhalten. ∇, ∇∇ Reihe 2 DIN 3141

Bodenscheiben — bündig, ≃ r nach DIN 748 Blatt 1, gewölbt, zylindrisch — Nabenbezugskante

Armscheiben einteilig (1T) — bündig, ≃ r nach DIN 748 Blatt 1 — zweiteilig (2T) rückspringend, vorspringend

Nabendurchmesser $d_3 \approx (1{,}6\ \text{bis}\ 1{,}8) \times d_2$ — Nabenbezugskante

Bezeichnung einer Flachriemenscheibe, einteilig (1T), mit Kranzform gewölbt (G), von Durchmesser $d_1 = 400$ mm, Kranzbreite $b = 200$ mm, Nabenbohrung $d_2 = 65$ mm, mit Paßfedernut (PN) nach DIN 6885 Blatt 1:

Scheibe 1T G 400×200×65 PN DIN 111

Bezeichnung einer mit ▱ gekennzeichneten Flachriemenscheibe, einteilig (1T) mit Kranzform gewölbt (G) von Durchmesser $d_1 = 400$ mm, Kranzbreite $b = 200$ mm, Nabenbohrung $d_2 = 65$ mm, Nabenlänge $l = 140$ mm, mit Paßfedernut (PN) nach DIN 6885 Blatt 1:

Scheibe 1T G 400×200×65×140 PN DIN 111

Tabelle 1.

Durchmesser d_1 Nennmaß	zul. Abw.	Wölbhöhe h	Rundlauftoleranz t
40	±0,5		
50	±0,6	0,3	
63	±0,8		
71	±1	0,3	0,2
80	±1		
90	±1,2	0,3	
100	±1,2		
112	±1,2	0,3	
125			
140	±1,6	0,4	0,3
160	±2	0,5	
180	±2	0,5	
200		0,6	
224	±2,5	0,6	0,4
250		0,8	
280		0,8	
315	±3,2		0,5
355		1	

Tabelle 2.

Kranzbreite b	≤125	140 160	180 200	224 250	280 315	355	≥400	Rundlauftoleranz t
Durchmesser d_1 Nennmaß	zul. Abw.	Wölbhöhe h						
400	±4	1	1,2	1,2	1,2	1,2	1,2	1,2	0,5
450			1,2	1,2	1,2	1,2	1,2	1,2	0,6
500			1,5	1,5	1,5	1,5	1,5	1,5	0,6
560				1,5	1,5	1,5	1,5	1,5	
630	±5	1	1,5	2	2	2	2	2	0,6
710									0,8
800									
900	±6,3	1	1,5	2	2,5	2,5	2,5	2,5	0,8
1000						3	3	3	
1120			1,2	1,5	2	2,5	3	3	3,5	
1250	±8						3,5	3,5	1
1400		1,5	2	2,5	3	3,5	4	4	
1600		1,5	2	2,5	3	3,5	4	5	1
1800	±10							5	
2000		2	2,5	3	3,5	4	5	6	1,2

Fachnormenausschuß Maschinenbau im Deutschen Normenausschuß (DNA)

1.3.12: Normblatt für Flachriemenscheiben
Wiedergegeben mit Genehmigung des Deutschen Normenausschusses. Maßgebend ist die jeweils neueste Ausgabe des Normblattes im Normformat A 4, das bei der Beuth-Vertrieb GmbH., 1 Berlin 30 und 5 Köln, erhältlich ist.

Hierbei muß der Riemen auf die Scheiben aufgedreht werden, was nicht immer ohne Hilfsvorrichtung möglich ist, da sonst der Riemen beschädigt werden kann.

Die Änderung des Wellenabstandes ist die am häufigsten angewendete Methode. Hierbei wird in der Regel die Antriebsseite (Motor) z. B. auf Spannschienen verschoben. Der Verstellweg hängt weitgehend von dem Spannungs-Dehnungs-Verhalten der Zugschicht ab. So können folgende Richtwerte angenommen werden.

Zugschicht	Verstellweg in % der Riemenlänge
Baumwollgewebe	6,0
Polyestergewebe	3,0
Polyamidgewebe	4,0
Nylon-Cord	3,0
Polyester-Cord	1,5
Polyamidband	3,0

Die genaue Einstellung der Dehnung wird am einfachsten mit Hilfe einer Meßmarke auf der Riemenoberfläche kontrolliert. Voraussetzung ist, daß der genaue Wert vom Hersteller angegeben werden kann. Hierbei werden zwei Querstriche in einem bestimmten Abstand, z. B. 500 oder 1000 mm, auf den ungespannten Riemen angezeichnet. Die Verlängerung der Meßmarke beim Spannen gibt dann die Dehnungswerte an.

Literaturhinweise

[1] *Tope, H. G.:* Die Übertragungsgenauigkeit der Drehbewegung von Keil- und Flachriemen und deren Prüfung mit seismischen Drehschwingungsaufnehmern. Zeitschrift Konstruktion 20 (1968) 59–62
[2] *Leyer, A.:* Zahnrad- oder Bandantrieb? Zeitschrift antriebstechnik 6 (1967) 117–122
[3] *Neu, K.:* Die zweite Spannrolle. Zeitschrift antriebstechnik 2 (1973)

1.3.1.2. Keilriemengetriebe

Dr.-Ing. P. Schrimmer

1.3.1.2.1. Funktionsweise

Keilriemengetriebe sind kraftschlüssige Getriebe. Die Übertragung der Umfangskraft erfolgt durch Reibkräfte an den Flanken der Paarung Riemen/Scheibenrille **(Bild 1.3.13)**.

Die einfachste Bauform eines derartigen Getriebes besteht aus zwei Scheiben (An- und Abtrieb) und einem Riemen. Mehrrillige Antriebe – in Ausnahmefällen bis zu 100 Riemen, normal bis etwa 12 Riemen parallellaufend – sind häufig; ebenso mehrere Abtriebsscheiben wie z. B. in **Bild 1.3.14** dargestellt.

1.3.1.2.2. Aufbau der Keilriemen

Der grundsätzliche Aufbau eines Keilriemens in seiner gebräuchlichsten Form als Seil- oder Kabelkordriemen geht aus **Bild 1.3.15** hervor. Der Riemen besteht aus

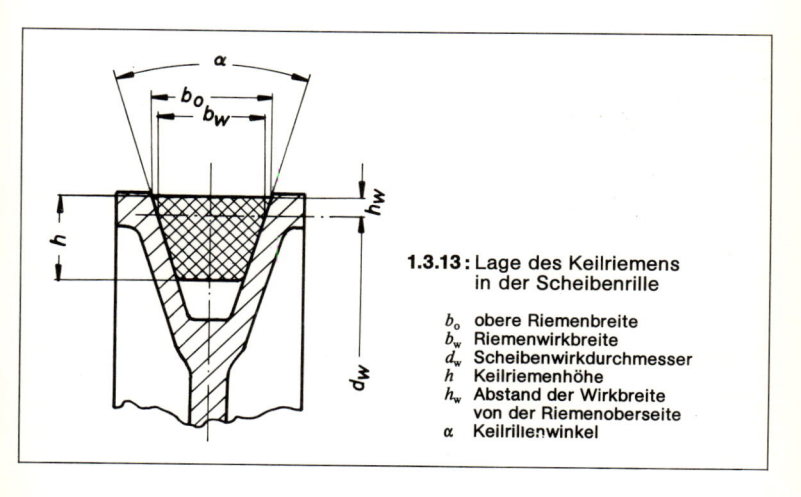

1.3.13: Lage des Keilriemens in der Scheibenrille

- b_o obere Riemenbreite
- b_w Riemenwirkbreite
- d_w Scheibenwirkdurchmesser
- h Keilriemenhöhe
- h_w Abstand der Wirkbreite von der Riemenoberseite
- α Keilrillenwinkel

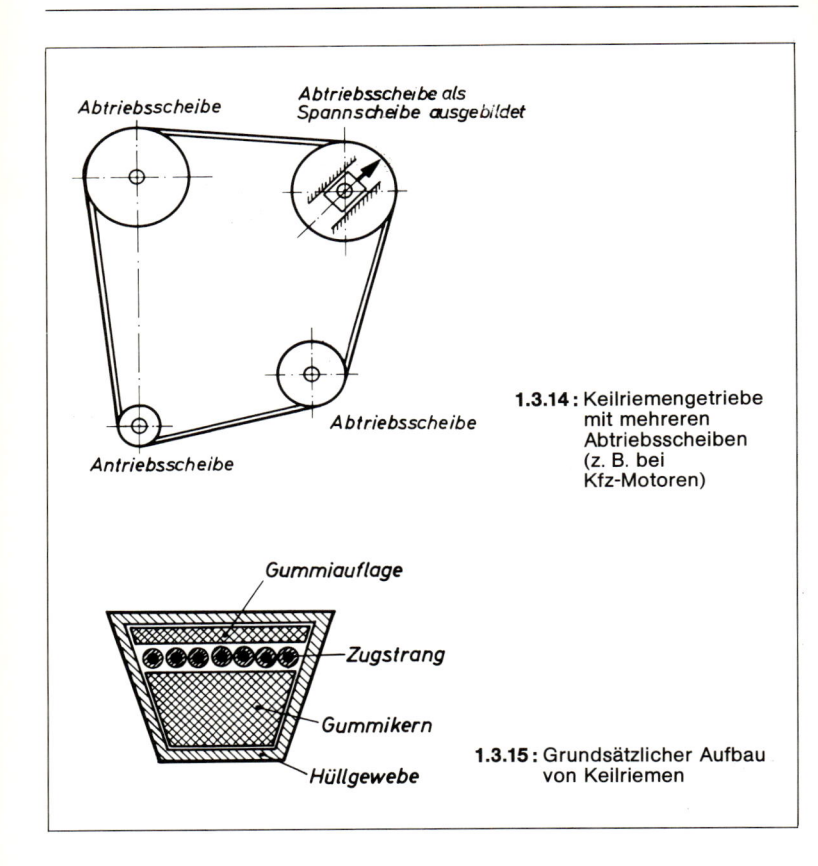

1.3.14: Keilriemengetriebe mit mehreren Abtriebsscheiben (z. B. bei Kfz-Motoren)

1.3.15: Grundsätzlicher Aufbau von Keilriemen

Zugträger einer schraubenlinienförmig gewickelten Kordfadenlage. Als Material verwendet man heute hauptsächlich Kordfäden aus Polyesterfasern gegenüber früher Baumwolle, hochfestem Reyon oder – in Sonderfällen – Stahldraht.

1.3. Zugmittelgetriebe

Gummiauflage und Gummikern	oberhalb unterhalb der Kordlagenschicht. Als Material finden hochwertige Gummimischungen (alterungs- und ölbeständig usw.) Verwendung.
Umhüllung	ein- oder mehrlagige Ummantelung von Gummi und Kordfäden. Als Material wird im allgemeinen gummiertes Baumwollgewebe aber auch synthetisches Gewebe benutzt.

In besonderen Fällen sind auch gegenüber der in Bild 1.3.15 dargestellten Form abweichende Konstruktionen erforderlich, z. B.

Paketkordriemen **(Bild 1.3.16)**	Hier wird die einlagige Kordfadenschicht durch eine mehrlagige (Paket) ersetzt. Diese Ausführung wird bei Normalkeilriemen großer Länge ($\geq$ 4500 mm) und z. T. bei Breitkeilriemen gewählt;
endliche Keilriemen **(Bild 1.3.17)**	Diese Riemen haben wegen des erforderlichen Verbinders keine Fäden, sondern bestehen aus einem gewickelten Gewebe (Baumwolle, Polyester), um die Ausreißfestigkeit am Verbinder zu gewährleisten.

Daneben wird in Sonderfällen, bei sogenannten flankenoffenen Riemen, auf das seitliche Hüllgewebe verzichtet. Hierdurch ist eine besonders rationale Fertigung bei kleinen Stückzahlen möglich, da die Riemen von einem breiten Wickel abgestochen werden können.

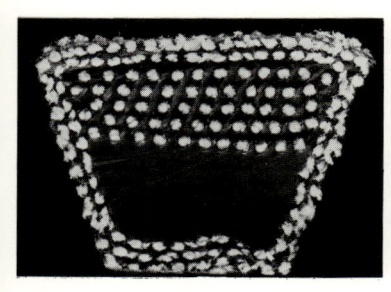

1.3.16: Paketkordriemen
DIN 2215

1.3.17: Endlicher Keilriemen
DIN 2216

Die einzelnen Bauelemente des Keilriemens haben innerhalb der Gesamtfunktion des Riemens unterschiedliche Aufgaben, und zwar

Zugträger: Übernahme der Kräfte, insbesondere der Zugkräfte.

Gummi: Erreichen und Bewahren der Formstabilität.

Umhüllung: Übernahme der Reibkräfte zwischen Riemen und Scheibenrille; darüber hinaus Schutzfunktion gegenüber Verschmutzung (Öl, Staub).

1.3.1.2.3. Keilriemenbauformen

Aus den Bildern 1.3.15 bis 1.3.17 geht bereits hervor, daß die geometrische Form des Keilriemens ein Trapez darstellt, dessen äußere Querschnittsmaße durch

> obere Riemenbreite b_o
> Riemenhöhe h
> Keilwinkel α

bestimmt sind (siehe Bild 1.3.13).

Die Maße b_o und h sind – soweit es sich um genormte Riemen handelt – in Normen festgelegt. Die Wahl des Keilwinkels α ist dem Hersteller überlassen. Jedoch sind der Wahlfreiheit mit Rücksicht auf die genormten Scheibenrillen Grenzen gesetzt, so daß sich je nach Verformungsverhalten des Riemens bei normalen Bauformen Keilwinkel zwischen etwa 34° und 40° ergeben.

Eine Übersicht über die gebräuchlichen Bauformen von Keilriemen mit Angaben der wichtigsten Einsatzbereiche und Besonderheiten gibt **Tabelle 1.3.7**.

Für die genormten Keilriemen und die auf Normabmessungen basierenden Bauformen Nr. 5; 6, z. t. auch 7; 9.1; 9.2; 9.3 gibt es Riemenscheiben, deren Abmessungen ebenfalls genormt sind (DIN 2211 und DIN 2217).

Für ganz spezielle Sonderbauformen werden entsprechende, dazu geeignete, Scheiben geliefert.

1.3. Zugmittelgetriebe

Lfd. Nr.	Riementyp (KR $\triangleq$ Keilriemen)	DIN	Einsatzbereiche – Besonderheiten	Bild Nr.
1	Endlose KR („Normal"-KR; „klassische" KR)	2215	Einsatzbereich universell; 11 Profile (Profile 5 bis 40); günstiges Verhältnis $b_o/h \approx 1{,}6$, daher kleinere Mindestscheibendurchmesser zugelassen als bei Nr. 3.	1.3.18
2	Endliche KR (endliche „Normal"-KR; „klassische" KR)	2216	Einsatz besonders vorteilhaft bei schwer zugänglicher Montagestelle. Herstellen jeder gewünschten Riemenlänge einfach, da Material als Rollenware geliefert wird. Endlosmachen durch Verbinder; teilweise besonders einfach durch gelochte Riemen. Übertragbare Leistung etwas niedriger; Mindestscheibendurchmesser etwas größer als bei Nr. 1, 9 Profile (Profile 6 bis 32).	1.3.17
3	Endlose Schmal-KR für den Maschinenbau	7753 Bl. 1	Einsatzbereich universell; 4 (5) Profile (zwischen 9,5 und 22 mm oberer Breite); Verhältnis $b_o/h \approx 1{,}2$, daher Mindestscheibendurchmesser größer als bei Nr. 1, aber besonders kompakte Bauweise des Antriebs möglich wegen schmaler Bauweise und gegenüber Nr. 1 höherer übertragbarer Leistung.	1.3.19
4	Endlose Schmal-KR für den Kfz-Bau	7753 Bl. 3	Einsatz speziell für Antriebe von Nebenaggregaten des Kfz-Motors, 2 Profile (Profil 9,5 und 12,5). Leistungs- und Lebensdauerwerte unterliegen besonderen Vereinbarungen, die mit speziellen Untersuchungsverfahren überprüft werden können.	1.3.19
5	Endliche Schmal-KR	–	Einsatzbereiche usw. wie unter Nr. 2, Profile wie unter Nr. 3.	Analog 1.3.17
6	Doppel-KR (Hexagonal-KR) endlos endlich	–	Einsatz generell dort, wo gegenläufige Scheiben angetrieben werden müssen (Rücken- und Spannscheibenantriebe) z. B. im Landmaschinenbau. Aufbau prinzipiell aus zwei rückenseitig aneinanderliegenden Profilen nach Nr. 1, auch Profile wie unter Nr. 1; Verhältnis $b/h \approx 1{,}25$, Leistungen, Scheibendurchmesser ebenfalls wie bei Nr. 1.	1.3.20

Tabelle 1.3.7: Übersicht über die gebräuchlichen Keilriemenbauformen

Lfd. Nr.	Riementyp (KR $\triangleq$ Keilriemen)	DIN	Einsatzbereiche — Besonderheiten	Bild Nr.
7	Verbund-KR (Normal- und Schmal-Verb.-KR)	–	Einsatzbereiche allgem. Maschinenbau, Landmaschinenbau; für Leistungsübertragung aber auch für Kupplungsaufgaben. Verbund-KR bestehen aus bis zu 5 KR nach Nr. 1 bzw. Nr. 3, die durch ein gemeinsames dünnes elastisches Deckband miteinander verbunden werden. Dadurch Verminderung von Riemenschwingungen und Verhinderung von Verdrillen einzelner Riemen bei stoßartiger Belastung. Gegenüber parallellaufenden Einzelriemen nach Nr. 1 und Nr. 3 (Mehrstrang-KR-Antriebe) Vorteile in bezug auf gleichmäßige Verteilung des Riemenschlupfes auf alle Stränge (Riemen)	1.3.21
8	Breit-KR	–	Einsatz besonders im Landmaschinenbau (oft als KR-Verstellgetriebe) und in KR-Verstellgetrieben des Maschinenbaus, große Profilvielfalt; Verhältnis $b/h \approx 2 \div 5$. Bei großer Breite großer Verstellbereich des Getriebes, aber Riemenquersteifigkeit gefährdet. Keilwinkel im allgem. kleiner als bei KR nach Nr. 1, um Verstellbereich zu vergrößern; untere Grenze etwa bei 22°. Bei kleinen Winkeln aber größere Gefahr der Selbsthemmung. Leistungen entsprechen ungefähr den vergleichbaren Profilen nach Nr. 1.	1.3.22
9	Sonderbauformen			
9.1	gezahnte KR	–	Einsatzbereich universell. Normal-, Schmal- und Breit-KR nach Nr. 1, 3 und 8 werden auch mit stanz- oder formgezahntem Riemenunterbau hergestellt, um Biegefähigkeit zu verbessern und dadurch wesentlich kleinere Mindestscheibendurchmesser und geringeres Bauvolumen zu ermöglichen. Übertragbare Leistung etwas niedriger als bei Normalausführung; außerdem wird Gleichförmigkeit der Drehbewegungsübertragung verschlechtert.	1.3.23

Tabelle 1.3.7 (Forts.): Übersicht über die gebräuchlichen Keilriemenbauformen

1.3. Zugmittelgetriebe

Lfd. Nr.	Riementyp (KR ≙ Keilriemen)	DIN	Einsatzbereiche — Besonderheiten	Bild Nr.
9.2.	teilummantelte KR			
9.2.1	flankenoffene KR	—	Einsatzbereiche wie unter Nr. 8 in Sonderfällen. Besonders wirtschaftliche Fertigung bei kleinen Stückzahlen durch Abstechen der gewünschten Riemenbreite von einem breiten Wickel.	
9.2.2	rückenfreie KR	—	Einsatzbereiche wie unter Nr. 1 für leichte Antriebe (Haushaltsgeräte, Feinmechanik, Phonotechnik). Erhöhte Biegefähigkeit, daher kleine Scheiben möglich und raumsparende Bauweise erreichbar.	
9.3.	Glieder-KR	—	Einsatzbereich wie unter Nr. 2. Riemen besteht aus der der gewünschten Riemenlänge entsprechenden Anzahl von Einzelgliedern, die aus mehrlagigen gummierten Gewebeplatten gestanzt werden. Verbindung der treppenartig überlappenden Glieder erfolgt durch „Knöpfe". Normale Profilanzahl (Profile 8 bis 32), in verschiedenen Qualitäten. Übertragbare Leistungen, Mindestscheibendurchmesser wie bei Nr. 2 gegenüber Nr. 1	1.3.24
9.4	KR mit von der Normalform abweichenden geometrischen Formen			
9.4.1	asymmetr. Breit-KR	—	Einsatz in Sonderfällen bei Breit-KR-Verstellgetrieben. Verwendung finden asymmetrische KR mit einseitig nahe 0° liegendem Flankenwinkel (andere Seite rd. 20°); dadurch günstiger Verstellbereich bei kompakter Bauweise, ohne daß Selbsthemmgrenze erreicht wird, jedoch Gefahr der Schieflage des Riemens in der Rille.	
9.4.2	60° — KR	—	Einsatz universell. Relativ neue Entwicklung. Gegossene Riemen aus Polyurethan mit Polyester-Kabelkord. Keilwinkel von 60° erforderlich, um Selbsthemmung wegen höherem Reibbeiwert Polyurethan/Stahl zu vermeiden. Als Vorteil aus dem großen Winkel resultiert weitreichende Unterstützung der Kordfäden durch flache Flankenneigung. Durch Gießverf.	1.3.25

Tabelle 1.3.7 (Forts.): Übersicht über die gebräuchlichen Keilriemenbauformen

Lfd. Nr.	Riementyp (KR ≙ Keilriemen)	DIN	Einsatzbereiche – Besonderheiten	Bild Nr.
			genauere aber teurere Fertigung. Wesentliche Vorzüge neben gutem Gleichförmigkeitsgrad sind gute Biegefähigkeit, die kompakte Antriebe durch kleine Scheiben erlaubt (Ausgleich der Nachteile der Riemen nach Nr. 3) sowie geringer Verschleiß. 4 Profile (Profile M 3 bis M 11; entspr. 3 bis 11 mm Nennbreite).	
9.5	Poly-V-Riemen	–	Einsatzbereich universell. 3 Profile. Äußerliche Ähnlichkeit zu Riemen nach Nr. 7, jedoch innerer Aufbau unterschiedlich. Zugfäden liegen hier im alle Rippen überdeckenden Flachband. Vorzüge: Weitgehend freie Wahl der Riemenbreite (Rippenanzahl) zum exakten Anpassen an vorliegendes Antriebsproblem; große Übersetzungen; stoßfreier und leiser Lauf. Nachteil: Spezialscheiben erforderlich.	1.3.26

Tabelle 1.3.7 (Forts.): Übersicht über die gebräuchlichen Keilriemenbauformen

1.3.18: Endlose Keilriemen
DIN 2215 *(Conti)*
links Kabelkord-,
rechts Paketkordausführung

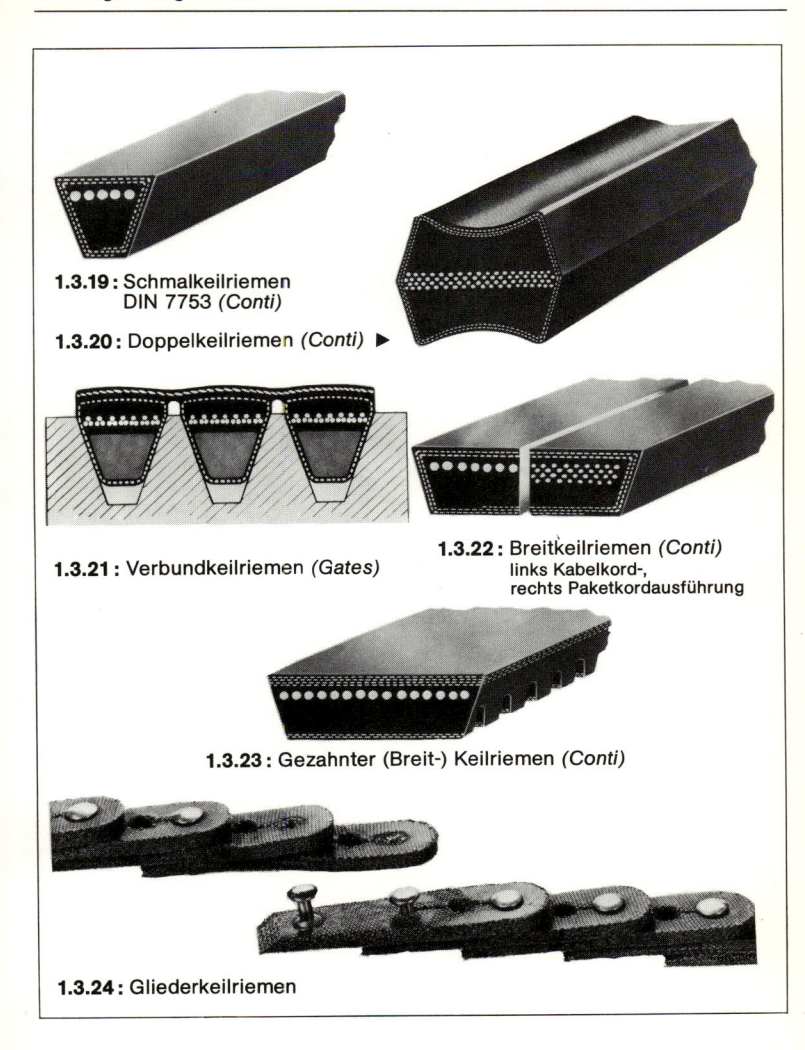

1.3. Zugmittelgetriebe

1.3.19: Schmalkeilriemen DIN 7753 *(Conti)*

1.3.20: Doppelkeilriemen *(Conti)* ▶

1.3.21: Verbundkeilriemen *(Gates)*

1.3.22: Breitkeilriemen *(Conti)*
links Kabelkord-,
rechts Paketkordausführung

1.3.23: Gezahnter (Breit-) Keilriemen *(Conti)*

1.3.24: Gliederkeilriemen

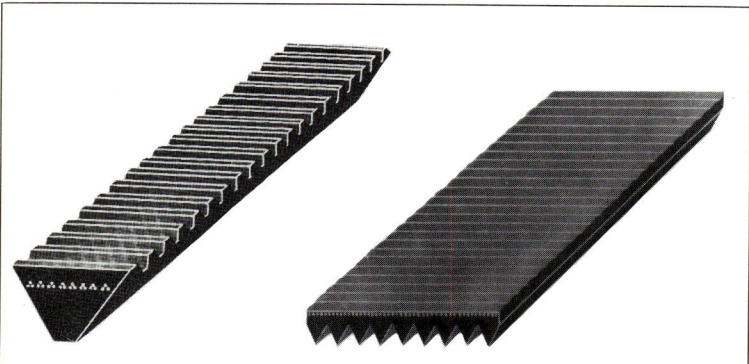

1.3.25: 60°-Keilriemen *(Conti)*   **1.3.26:** Poly-V-Riemen *(Conti)*

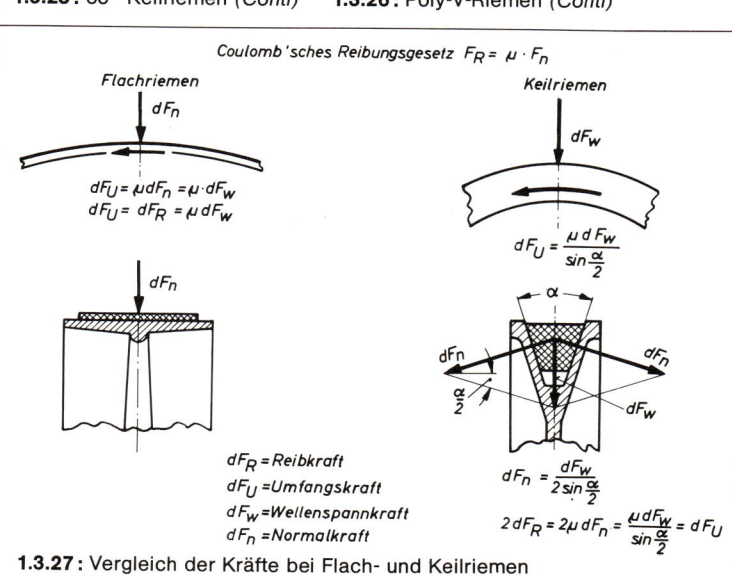

Coulomb'sches Reibungsgesetz $F_R = \mu \cdot F_n$

Flachriemen

$dF_U = \mu dF_n = \mu \cdot dF_W$
$dF_U = dF_R = \mu dF_W$

Keilriemen

$dF_U = \dfrac{\mu \, dF_W}{\sin\frac{\alpha}{2}}$

dF_R = Reibkraft
dF_U = Umfangskraft
dF_W = Wellenspannkraft
dF_n = Normalkraft

$dF_n = \dfrac{dF_W}{2\sin\frac{\alpha}{2}}$

$2 dF_R = 2\mu \, dF_n = \dfrac{\mu \, dF_W}{\sin\frac{\alpha}{2}} = dF_U$

1.3.27: Vergleich der Kräfte bei Flach- und Keilriemen

1.3. Zugmittelgetriebe

Als Werkstoffe finden vorwiegend Stahl und Grauguß aber auch Aluminium und geeignete Kunststoffe Verwendung. Diese Scheiben werden bis auf einige Kunststoff-Scheiben spangebend bearbeitet. Für Großserien benutzt man häufig auch Scheiben aus gepreßtem Stahlblech.

1.3.1.2.4. Berechnung

Grundlage der Theorie der Kraftübertragung mit Keilriemen ist wie auch beim Flachriemen (vgl. Abschnitt 1.3.1.1.) die sogenannte Eytelwein-Grashof'sche Beziehung

$$F_1 = F_2 \, e^{\mu_s \beta} \quad \text{in [N]} \tag{1}$$

mit $\quad \mu_s = \dfrac{\mu}{\sin \dfrac{\alpha}{2}}$

deren Ableitung in jedem Handbuch zu finden ist. Darin bedeuten

F_1 = Kraft im straffen Trum   in N
F_2 = Kraft im losen Trum   in N
e = Basis des natürlichen Logarithmus
μ = Reibbeiwert
α = Keilrillenwinkel   in °
β = Umschlingungswinkel   in rad
μ_s = Keilreibungsbeiwert

Gleichung (1) beschreibt die Kraftübertragung des Keilriemens nur unvollkommen, so daß sich zahlreiche Arbeiten [1] um Berechnungsverfahren bemühen, die den experimentell feststellbaren tatsächlichen Verhältnissen besser entsprechen.

Im Vergleich zum Flachriemengetriebe, vgl. Bild 1.3.1 und **1.3.27** ergeben sich aufgrund der Keilwirkung günstigere Verhältnisse zwischen Umfangskraft F_U und Wellenspannkraft F_W,

$$\frac{d F_{U \text{ Keilr.}}}{d F_{U \text{ Flachr.}}} = \frac{\mu \, d F_W}{\sin \dfrac{\alpha}{2} \cdot \mu \, d F_W} = \frac{1}{\sin \dfrac{\alpha}{2}} \approx 3:1 \tag{2}$$

wenn μ in beiden Fällen gleich groß ist (gleiche Werkstoffpaarungen), der Keilwinkel den üblichen Wert von rund 38° aufweist und die Reibkraft rein tangential, also in Umfangsrichtung, angreift.

Gleichung (2) zeigt, daß eine Verringerung des Keilwinkels das Verhältnis zugunsten des Keilriemens verändern könnte. Dem sind mit Rücksicht auf Selbsthemmungsgefahr jedoch Grenzen gesetzt. Außerdem ändert der Keilriemen seinen Keilwinkel in Abhängigkeit von der Krümmung. Kleine Scheibendurchmesser, also große Krümmungen, bedingen eine je nach Riementyp mehr oder weniger deutliche Verminderung des Keilwinkels gegenüber dem Winkel des gestreckten Trums. Bei Normal- und Schmalkeilriemen liegen diese Winkeländerungen je nach Aufbau im Bereich zwischen 6 und 12°, bei Breitkeilriemen z. T. deutlich höher. Es muß also sichergestellt sein, daß Klemmeffekte auch bei kleinen Scheibendurchmessern vermieden werden.

1.3.1.2.5. Auslegungsgrenzwerte

Die in **Tabelle 1.3.8** für die jeweiligen Profile und im folgenden angegebenen profilunabhängigen Auslegungsgrenzwerte gelten für Getriebe mit endlichen Normal- bzw. Schmalkeilriemen. Sie stellen lediglich Richtwerte dar, wie sie auch in den angegebenen Normen enthalten sind. In besonderen Fällen können erheblich abweichende Werte erreicht werden. Hier sollte jedoch mit den Keilriemen-Herstellern Rücksprache genommen werden. Dies gilt auch für die Auslegungsgrenzwerte der übrigen Keilriementypen sowie der Sonderbauformen.

Für alle in Tabelle 1.3.8 bezeichneten Profile gilt:

Übersetzungsverhältnis $\quad i_{max} \approx 10$
Temperaturbelastung $\quad \vartheta = -50 \div +70°\,C$
Riemenspannung $\quad F_W \approx 1{,}5 \div 2{,}5\,F_U$ (F_U = Umfangskraft)
(Wellenspannkraft) $\quad$ Hierdurch ist im allgemeinen sichergestellt, daß der Riemenschlupf $s \approx 1\%$ nicht überschritten wird.

Wellenmittenabstand $\quad e = 0{,}7 \div 2\,(d_{wg} + d_{wk})$ mm
$\quad$ (d_{wg}; d_{wk} = Wirkdurchmesser der großen bzw. kleinen Scheibe).

1.3. Zugmittelgetriebe

Profilbezeichnung nach DIN 2215	ISO	max. Leistung je Riemen[1] P [kW]	empfohlene Scheibendurchmesser[2] $d_{w\,min}$ $d_{w\,max}$ [mm]		gebräuchliche Riemenlängen L_{min} L_{max} [mm]	
5		0,5	20	80	160	600
6	Y	0,8	28	125	250	850
8		2	40	200	315	1600
10	Z	3	63	710	290	2500
13	A	5	90	1000	400	5000
17	B	10	140	1600	570	7100
20		15	160	2000	900	8000
22	C	19	200	2000	950	8500
25		26	250	2000	1250	10000
32	D	45	355	2000	2000	12500
40	E	67	500	2000	3000	12500
DIN 7753	ISO					
SPZ		12	63	710	490	3550
SPA		20	90	1000	730	4500
SPB		34	140	1600	1250	8000
SPC		65	224	2000	2000	9500
19		39	180	2000	1175	5000

Tabelle 1.3.8: Profilabhängige Auslegungsgrenzwerte
[1] gerundete Werte nach DIN 2218 (Normalkeilriemen) sowie DIN 7753 Bl. 2 (Schmalkeilriemen)
[2] nach DIN 2217 (Normalkeilriemen) bzw. DIN 2211 (Schmalkeilriemen)

Biegefrequenz
für Normalkeilriemen $f_{B\,max.} \approx 40/s$
für Schmalkeilriemen $f_{B\,max.} \approx 90/s$

Riemengeschwindigkeit
Optimum f. Normalkeilr. $v_{opt} \approx 30 \div 35$ m/s
Optimum f. Schmalkeilr. $v_{opt} \approx 35 \div 40$ m/s

1.3.1.2.6. Einsatzgebiete

Das Einsatzgebiet für Keilriemen ist praktisch unbegrenzt. Die breite Profilauswahl ermöglicht Kleinantriebe mit geringster Leistung aus dem Bereich der Feinwerktechnik, des Phonogeräte- und des Haushaltsmaschinenbaues über leichte Antriebe wie z. B. Kreiselpumpen- und Ventilatorenantriebe über alle Zwischenstufen des Maschinenbaues bis zu Schwerlastantrieben wie z. B. Steinbrecher-, Bagger- und Kranantriebe.

Der Leistungsbereich reicht im allgemeinen bis etwa 700, gegebenenfalls 1000 kW, in besonderen Ausnahmefällen bis etwa 5000 kW.

Die zahllosen Antriebsfälle mannigfaltigster Art, die im Maschinenbau auftreten, lassen keine allgemeingültigen Lebensdauerangaben zu, zumal die Lebensdauer stark von den jeweiligen Einsatzbedingungen abhängt. Von Einfluß sind die Montage- und Betriebsbedingungen, jedoch spielen auch Umgebungseinflüsse wie Öl, Staub usw. sowie klimatische Bedingungen eine Rolle.

Den in den Normen angegebenen Leistungswerten liegt der sehr hohe empirische Lebensdauerwert von 24 000 Stunden zugrunde, der jedoch nur unter optimalen Betriebsbedingungen, z. B. keine Fluchtungsfehler der Scheiben, keine Überlastung, Einhalten der erforderlichen Riemenspannung, normale Umweltbedingungen usw. erreichbar ist.

Aufgrund der unterschiedlichen Einsatzhäufigkeit bzw. -dauer werden in den einzelnen Bereichen des Maschinenbaus außerdem unterschiedliche Lebensdauerwerte zugrundegelegt. Für den allgemeinen Maschinenbau gelten Werte zwischen 12 000 und 24 000 Stunden, für Haushaltsgeräte etwa 1500 bis 3000 Stunden.

Als Basis für die Auslegung der Riemen wird z. B. bei Haushaltswaschmaschinen eine Lebensdauer von 1000 bis 1500 Waschprogrammen – dies entspricht etwa 2000 bis 3000 Stunden Betriebszeit – oder je nach Häufigkeit der Benutzung eine Benutzungsdauer von 7 bis 10 Jahren festgelegt.

Für Landmaschinen gelten häufig deutlich geringere Lebensdauerwerte von etwa 500 bis 1200 Stunden, wobei als Kriterium und untere, zuverlässig gewährleistete Grenze eine Mindestlebensdauer von z. B. einer Erntesaison gilt. Bei Gartenbearbeitungsgeräten liegen die Lebensdauerwerte oftmals noch niedriger. Dies mag enttäuschend gering erscheinen, doch muß hier der im allgemeinen rauhe von häufigen Überlastungen gekennzeichnete Betrieb unter ungünstigen Bedingungen (Staub, Sand, Feuchtigkeit) berücksichtigt werden.

Ein weiterer, mengenmäßig besonders bedeutsamer Anwendungsbereich ist der Kraftfahrzeugbau mit seinen großen Bauserien in der Erstausrüstung und dem erheblichen Ersatzteilbedarf.

Der Keilriemen ist am Fahrzeugmotor Antriebselement zwischen Kurbelwelle und diversen Hilfsaggregaten, meist Lichtmaschine, Wasserpumpe und Lüfter, aber je nach Motor- oder Fahrzeugtyp gegebenenfalls auch z. B. für Klimageräte, Turbolader usw.

Die Lebensdauer wird für Kfz-Keilriemen so bemessen, daß 50 000 bis 80 000 km Fahrstrecke erreicht werden.

Speziell für Kfz-Riemen, aber auch für im Landmaschinen- und im Haushaltsgerätebau (z. B. Waschmaschinen) verwendete Riemen gibt es besondere Prüfverfahren. Diese Untersuchungen werden von den Herstellern, Verwendern und auch von unabhängigen Instituten nach einheitlichen zum Teil genormten oder vereinbarten Prüfbedingungen durchgeführt.

1.3.1.2.7. Berechnungsverfahren

Im folgenden werden die im Normalfall für die Berechnung von Keilriemengetriebe mit zwei Scheiben erforderlichen Formeln angegeben. Dabei ist der in DIN 2218 bzw. DIN 7753 Bl. 2 für Normal- bzw. Schmalkeilriemen enthaltene Berechnungsgang im wesentlichen eingehalten.

Für andere Riementypen, für die noch keine DIN-Blätter existieren, gilt im Prinzip der gleiche oder ein ähnlicher Berechnungsgang. Die Herstellerfirmen verfügen im allgemeinen auch für diese Riementypen über umfassende Berechnungsunterlagen. In allen Zweifelsfällen sollten die Herstellererfahrungen genutzt werden. Dies gilt gegebenenfalls auch für Antriebe mit mehr als zwei Scheiben, z. B. mehreren Abtriebsscheiben.

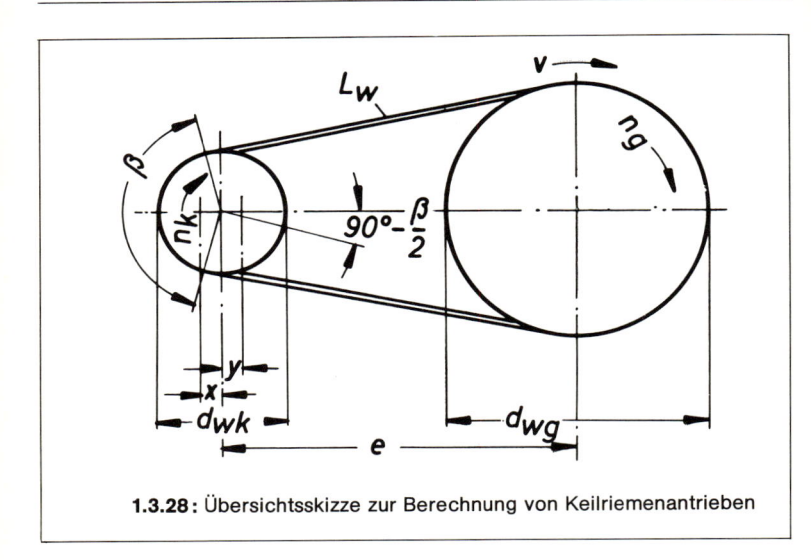

1.3.28: Übersichtsskizze zur Berechnung von Keilriemenantrieben

Normen und Firmenkataloge enthalten üblicherweise auch zahlenmäßig ausgeführte Berechnungsbeispiele. Ergänzend zu den in den genannten Unterlagen dargelegten Berechnungsgängen werden hier an den einzelnen Stellen, soweit erforderlich, einige zusätzliche Hinweise gegeben.

Die Bedeutung der Formelzeichen und die zu wählenden Einheiten gehen aus der Zusammenstellung am Ende dieses Abschnitts 1.3.1.2.7. hervor (vgl. auch **Bild 1.3.28**).

Übersetzung $\quad i = \dfrac{n_1}{n_2}$ \hfill (3)

Wirkdurchmesser der großen Scheibe

kleine Scheibe treibt: $\quad d_{wg} = i \cdot d_{wk} \quad$ in mm \hfill (4)

große Scheibe treibt: $\quad d_{wg} = \dfrac{1}{i} \, d_{wk} \quad$ in mm \hfill (5)

1.3. Zugmittelgetriebe

Die genormten Scheibendurchmesser sind nach Normzahlreihen (Reihe R 20) gestaffelt. Bei Verwendung dieser Scheibendurchmesser ergeben sich auch Übersetzungen nach Normzahlen. Die für das jeweilige Riemenprofil empfohlenen kleinstzulässigen Scheibendurchmesser sollten nicht unterschritten werden, da die erhöhte Biegebeanspruchung die Lebensdauer erheblich herabsetzt.

Wellenmittenabstand
empfohlene untere Grenze

$$e \geq 0{,}7 \ (d_{wg} + d_{wk}) \quad \text{in mm} \tag{6}$$

empfohlene obere Grenze

$$e \leq 2 \ \ (d_{wg} + d_{wk}) \quad \text{in mm} \tag{7}$$

Zu kleine Wellenmittenabstände (kurze Riemen) bedingen hohe Biegefrequenzen, die zu unzulässiger Erwärmung und damit zu vorzeitigem Versagen des Riemens führen. Zu große Abstände (lange Riemen) können Riemenschwingungen, besonders im losen Trum, begünstigen, die ebenfalls zu erhöhter Riemenbeanspruchung führen, aber auch z. B. den Produktionsprozeß an der Arbeitsmaschine, beispielsweise durch „Rattermarken" am Werkstück bei Werkzeugmaschinen, beeinträchtigen.

Bei bekannter Riemenwirklänge und gegebenen Scheibendurchmessern ergibt sich der Wellenmittenabstand angenähert aus:

$$e \approx p + \sqrt{p^2 - q} \quad \text{in mm} \tag{8}$$

mit $\quad p = 0{,}25 \ L_w - 0{,}393 \ (d_{wg} - d_{wk}) \quad \text{in mm} \tag{9}$

$$q = 0{,}125 \ (d_{wg} - d_{wk})^2 \quad \text{in mm}^2 \tag{10}$$

Verstellbarkeit des Wellenmittenabstandes

$$x \geq 0{,}03 \ L_w \quad \text{in mm} \tag{11}$$

$$y \geq 0{,}015 \ L_w \quad \text{in mm} \tag{12}$$

Die Bedeutung der Verstellbarkeit des Wellenmittenabstandes zum Spannen und Nachspannen des Riemens *(x)* bzw. zum zwanglosen Auflegen des Riemens *(y)* wird häufig unterschätzt. Besonders der Wert *y* wird häufig vernachlässigt. Dadurch bereitet das Auflegen Schwierigkeiten, und die Zuhilfenahme von Werkzeugen kann den Riemen bereits beim Auflegen schädigen.

Wirklänge des Riemens
angenähert:

$$L_w \approx 2e + 1{,}57\,(d_{wg} + d_{wk}) + \frac{(d_{wg} - d_{wk})^2}{4e} \quad \text{in mm} \quad (13)$$

genau:

$$L_w = 2e \sin\frac{\beta}{2} + \frac{\pi}{2}(d_{wg} + d_{wk}) + \frac{\pi\,(90° - \frac{\beta}{2})}{180°}(d_{wg} - d_{wk})$$
$$\text{in mm} \quad (14)$$

Die angenäherte Berechnungsformel ist im allgemeinen ausreichend genau für Umschlingungswinkel $\beta \geqq 140°$

Umschlingungswinkel
β aus Tabelle (DIN-Blatt oder Herstellerunterlagen)

über: $\dfrac{d_{wg} - d_{wk}}{e}$

angenähert: $\beta \approx 180° - 60° \dfrac{d_{wg} - d_{wk}}{e}$ in grd (15)

genau: $\cos\dfrac{\beta}{2} = \dfrac{d_{wg} - d_{wk}}{2e}$ (16)

Der praktisch im allgemeinen benutzte Bereich für den Umschlingungswinkel liegt zwischen $\beta = 180°$ $(i = 1)$ und etwa $90°$. Je kleiner der Umschlingungswinkel desto stärker wirkt sich dies leistungsmindernd aus. Dieser Tatsache wird durch den sogenannten Winkelfaktor c_1 (vgl. DIN-Blatt oder Herstellerunterlagen) Rechnung getragen. Die c_1-Werte liegen zwischen 1 (bei $\beta = 180°$) und 0,68 (bei $\beta = 90°$).

Anzahl der erforderlichen Riemen
Profilwahl: aus Diagramm (DIN-Blatt oder Herstellerunterlagen)
wenn Antriebsleistung P bzw. $P \cdot c_2$ (c_2 siehe unten) und Drehzahl der kleinen Scheibe n_k gegeben sind.

1.3. Zugmittelgetriebe

Bei bekanntem Drehmoment M_t und Drehzahl der (zugehörigen) Scheibe n

ergibt sich $\quad P = \dfrac{M_t \cdot n}{9550}$ in kW $\quad\begin{array}{l} M_t \text{ in Nm} \\ n \text{ in min}^{-1} \\ P \text{ in kW} \end{array}$ (17)

Riemenanzahl

$$z = \frac{P\, c_2}{P_N\, c_1\, c_3} \tag{18}$$

Die je Riemen übertragbare Nennleistung P_N ist – abhängig vom gewählten Wirkdurchmesser der kleinen Scheibe d_{wk}, der zugehörigen Drehzahl n_k und der Übersetzung – aus Tabellen (DIN-Blatt oder Herstellerunterlagen) zu entnehmen.

Dort sind auch Richtwerte für den Betriebsfaktor c_2 und Angaben über den Längenfaktor c_3 zu finden.

Der Betriebsfaktor berücksichtigt Art der Antriebs- und der Arbeitsmaschine (z. B. hohe Anlaufmomente, stoßhaften oder intermittierenden Betrieb) sowie die tägliche Betriebsdauer der Anlage. Die angegebenen Richtwerte liegen zwischen 1 und 2, d. h. ein Wert $c_2 = 1$ kennzeichnet einen Antrieb, auf den keine besonders erschwerenden Betriebsbedingungen zutreffen. $c_2 = 2$ bedeutet eine Verdoppelung der rechnerischen Antriebsleistung (oder eine Halbierung der Nennleistung bzw. eine Verdoppelung der benötigten Anzahl von Riemen bei Mehrstrangantrieben).

Der Längenfaktor c_3 berücksichtigt Abweichungen von einer, je nach Profilgröße unterschiedlich, festgelegten Nennriemenlänge (Bezugslänge), auf der die Zahlenwerte der jeweiligen Leistungstabelle basieren. Lange Riemen wirken sich wegen geringerer Biegefrequenzen hier günstiger aus als kurze. Daher haben Riemen, deren Länge größer ist als die Bezugslänge Werte $c_3 > 1$ und umgekehrt. Die Bezugslänge hat den Wert $c_3 = 1$. Der Bereich der c_3-Werte liegt etwa zwischen 0,75 und 1,25.

Riemengeschwindigkeit

$$v = \frac{d_{wk} \cdot \pi n_k}{60 \cdot 10^3} = \frac{d_{wg} \cdot \pi n_g}{60 \cdot 10^3} \quad \text{in m/s} \tag{19}$$

$$\frac{\pi}{60 \cdot 10^3} = \frac{1}{19\,100}$$

Eine Berechnung der Riemengeschwindigkeit (Umfangsgeschwindigkeit) ist beim derzeitigen Aufbau der Leistungstabellen auf der Basis Scheibendurchmesser und Drehzahl sowie eingezeichneter Leitlinien für die an der jeweiligen Stelle der Tabelle gültige ungefähre Riemengeschwindigkeit nicht unbedingt notwendig. Es empfiehlt sich jedoch die Beachtung der im individuellen Fall vorliegenden Umfangsgeschwindigkeit gegebenenfalls mit Rücksicht auf die Auslegung hinsichtlich optimaler Leistung aber auch zur Kontrolle, welche Scheibenwerkstoffe mit Rücksicht auf ausreichende Festigkeit gegen Fliehkraftbeanspruchung verwendet werden müssen und welche Ansprüche in bezug auf das Auswuchten zu stellen sind. Die Riemengeschwindigkeit wird außerdem benötigt für die Berechnung der

Biegefrequenz

$$f_B = \frac{2v}{L_w} \cdot 10^3 \quad \text{in } s^{-1} \tag{20}$$

Die im Abschnitt Auslegungsgrenzwerte angegebenen Höchstwerte sollten nach Möglichkeit mit Rücksicht auf unzulässige Riemenerwärmung und ausreichende Lebensdauer nicht überschritten werden.

Umfangskraft

$$F_U = \frac{1000 \cdot P}{v} \quad \text{in N} \tag{21}$$

bzw. bei bekanntem Drehmoment

$$F_U = \frac{1000 \cdot M_t}{r_w} \quad \text{in N} \tag{22}$$

Hieraus läßt sich die erforderliche Wellenspannkraft

$$F_W \approx 1{,}5 \div 2\ (2{,}5)\ F_U \quad \text{in N} \tag{23}$$

errechnen.

Die Messung der eingestellten Wellenspannkraft bereitet oftmals erhebliche Schwierigkeiten. Als Hilfsgröße dient manchmal die Riemendeh-

1.3. Zugmittelgetriebe

nung, die als Verlängerung einer auf dem Riemen aufgezeichneten Meßstrecke im Stillstand gemessen wird. Hierzu muß die Dehnungscharakteristik des Riemens bekannt sein. Eine andere Möglichkeit zur Kontrolle der Wellenspannkraft im Stillstand bietet die Messung der Durchbiegung des Riementrums bei bestimmter Belastung. Für diese Messung sind einige geeignete Meßgeräte im Handel.

Anhaltswerte für Messungen nach diesen Verfahren finden sich gegebenenfalls in den Herstellerunterlagen.

Günstiger, weil auf den Betriebszustand bezogen, ist jedoch die Überwachung des Riemenschlupfes, der, wie in Abschnitt 1.3.1.2.5. erwähnt, 1 % nicht überschreiten sollte. Hierzu sind lediglich die meist schon mit einfachen Geräten ausreichend genau meßbaren Drehzahlen beider Scheiben zu bestimmen und der Schlupf

$$s = \frac{n_1 - i \cdot n_2}{n_1} \cdot 100\ \%, \text{ wenn die kleine Scheibe treibt} \quad (24)$$

bzw.
$$s = \frac{n_1 - \frac{n_2}{i}}{n_1} \cdot 100\ \%, \text{ wenn die große Scheibe treibt} \quad (25)$$

zu berechnen.

Die Überwachung des Riemenschlupfes ist auch insofern günstig als sie auch die Auswirkung von Fliehkräften auf die Riemenvorspannung, z. B. bei Antrieben mit veränderlicher Drehzahl, mit einschließt. Einige Firmenunterlagen berücksichtigen die Fliehkräfte durch profil- und geschwindigkeitsabhängige Zuschlagswerte zur Riemenspannung.

Bedeutung der Formelzeichen

Die Berechnungsformeln gelten für die jeweils mit aufgeführten Einheiten.

c_1	Winkelfaktor	
c_2	Betriebsfaktor	
c_3	Längenfaktor	
d_{wg}	Wirkdurchmesser der großen Scheibe	mm
d_{wk}	Wirkdurchmesser der kleinen Scheibe	mm

e	Wellenmittenabstand	mm
F_U	Umfangskraft	N
F_W	Wellenspannkraft	N
f_B	Biegefrequenz	s^{-1}
L_w	Riemenwirklänge	mm
M_t	Drehmoment	Nm
n_1	Drehzahl der treibenden Scheibe	min^{-1}
n_2	Drehzahl der getriebenen Scheibe	min^{-1}
n_g	Drehzahl der großen Scheibe	min^{-1}
n_k	Drehzahl der kleinen Scheibe	min^{-1}
P	Vom Riemengetriebe zu übertragende Leistung	kW
P_N	Nennleistung je Riemen	kW
p	Rechengröße	mm
q	Rechengröße	mm^2
r_w	Wirkradius der Scheibe $= \dfrac{d_w}{2}$	mm
s	Riemenschlupf	%
v	Riemengeschwindigkeit	m/s
x	Verstellbarkeit des Wellenmittenabstandes e zum Spannen und Nachspannen der Riemen	mm
y	Verstellbarkeit des Wellenmittenabstandes e zum zwanglosen Auflegen der Riemen	mm
z	Anzahl der benötigten Riemen	
β	Umschlingungswinkel an der kleinen Scheibe	grd
$90 - \dfrac{\beta}{2}$	Trumneigungswinkel	grd

1.3.1.2.8. Hinweise auf Besonderheiten

Mehrstrangantriebe

Es ist darauf zu achten, Riemen gleicher Länge zu verwenden. Dies bedeutet, daß hier nur auf geeigneten Meßeinrichtungen gemessene, zu Riemensätzen zusammengestellte Satzriemen mit engen Längentoleranzen verwendet werden dürfen. Im Schadensfall ist der ganze Satz zu erneuern.

1.3. Zugmittelgetriebe

Das Problem des Zusammenstellens von Riemensätzen ist durch die Verwendung von Werkstoffen, die die Fertigung sogenannter „längenstabiler" Riemen gestattet, jedoch erheblich vermindert.

Spannrollenantriebe

Spannrollen sollten wegen ihrer lebensdauermindernden Wirkung vermieden werden. Kann jedoch aus besonderen Gründen auf eine derartige Spannscheibe nicht verzichtet werden, so sind die nachteiligen Auswirkungen am geringsten, wenn folgende Einbauregeln beachtet werden:

Spannscheibe in das lose Trum legen und als innenliegende Scheibe anordnen (außenliegende Scheibe bedeutet Rückbiegung über die Riemenoberbreite, für die der Riemen konstruktiv nicht ausgelegt ist; in solchen Fällen Doppelkeilriemen verwenden). Spannscheibendurchmesser mindestens so groß wie den der kleinen Riemenscheibe wählen (wenn außenliegende Scheibe unvermeidlich, sollte der Spannscheibendurchmesser mindestens um ein Drittel größer als der der kleinen Scheibe sein).

Abstand der Spannscheibe von der nächsten Scheibe, auf die der Riemen auflaufen wird, möglichst groß halten.

Der Einfluß einer Spannscheibe kann am einfachsten durch Erhöhen des Betriebsfaktors c_2 um etwa 0,1 berücksichtigt werden.

Keil-Flach-Antriebe

Hier wird eine kleine Keilrillenscheibe als Antriebsscheibe und eine große Flachriemenscheibe als Abtriebsscheibe eingesetzt.

Keil-Flach-Antriebe eignen sich besonders bei stark stoßbehaftetem Betrieb oder Antrieben mit großen Schwungmassen. In derartigen Fällen wird die vergrößerte Durchrutschneigung der Riemen auf der Flachriemenscheibe bewußt ausgenutzt.

Für die Auslegung gelten folgende Richtwerte:

    Übersetzung $\qquad\qquad\qquad i \geq 3$
    Keilriemenprofil $\qquad\qquad\quad \geq 17$
    Wellenmittenabstand $\qquad\; e \geq d_a$
    $\qquad\qquad\qquad\qquad\qquad e \leq 1{,}5\, d_a$
    spezifische Flächenpressung $p_{F_U} \leq 0{,}18$ bar *

* Empfehlung eines großen Keilriemenherstellers.

Die spezifische Flächenpressung errechnet sich dabei aus

$$p_{F_U} = \frac{10 \, F_U}{A} \quad \text{in bar} \quad F_U \text{ in N} \tag{26}$$

wobei F_U die Umfangskraft analog Kapitel 1.3.1.2.7. und A die von den Keilriemen auf der Flachscheibe belegte Fläche bedeutet.

Sie errechnet sich aus

$$A = \frac{d_a \, \pi \, \varphi \, u \, z}{36\,000} \quad \text{in cm}^2 \tag{27}$$

wobei d_a Außendurchmesser der Flachscheibe [mm]
     φ Umschlingungswinkel an der
        Flachscheibe (= 360° − β) [grd]
     u untere Breite des Keilriemens [mm]
     z Anzahl der Keilriemen

bedeutet.

Gekreuzte Antriebe

Gekreuzte Antriebe sind solche, deren Wellenmittellinien nicht parallel, sondern z. B. 45° oder 90° gegeneinander versetzt sind. Derartige Kreuzantriebe sind grundsätzlich bei Beachtung einiger, vorwiegend geometrischer, Bedingungen möglich. Es wird jedoch Rücksprache mit den Keilriemenherstellern empfohlen.

1.3.1.2.9. Vor- und Nachteile des Keilriemengetriebes

Die folgende Zusammenstellung gibt eine Übersicht über die Vor- und Nachteile des Keilriemengetriebes. Sie kann selbstverständlich nur eine relative Wertung in bezug auf andere vergleichbare Antriebssysteme (z. B. Flachriemen, Ketten, Zahnradgetriebe u. a.) darstellen, zumal eine Vergleichskalkulation exakt nur immer für den jeweiligen Antriebsfall (Leistung, Drehzahlen, aber auch Stückzahlen usw.) gelten kann. Ausführlichere Vergleiche sind in [2] und [3] enthalten.

Bedacht werden sollte dabei aber auch, daß z. B. der als Nachteil aufgeführte große Bauraum (z. B. im Vergleich zum Zahnradgetriebe) durch-

1.3. Zugmittelgetriebe

aus auch als Vorzug angesehen werden kann, wenn in bestimmten Antriebsfällen ein Überbrücken großer Wellenabstände auf einfache Weise erreicht werden soll.

Vorteile	Nachteile
● einfacher Aufbau	● relativ großer Bauraum
● geringe Montage- und Wartungsansprüche	● begrenzte Leistungen je Einzelriemen
● keine Schmierung erforderlich	● begrenzte Umfangsgeschwindigkeit
● relativ billig	
● Ersatzbeschaffung ab Lager	
● Fähigkeit zur Stoßabsorption	
● schwingungsdämpfend	
● geringe Geräuschentwicklung	
● hoher Wirkungsgrad	
● geringer Ungleichförmigkeitsgrad	
● großes Übersetzungsverhältnis in einer Stufe möglich	

Literaturhinweise

[1] Keilriemen – eine Monografie. Essen Verlag Ernst Heyer 1972. Siehe insbes. S. 35/57: *Gogolin, Bernd:* Untersuchungen zur Relativbewegung zwischen Keilriemen und Keilriemenscheibe. Dort weitere Literaturhinweise
[2] wie [1]. Siehe insbes. S. 11/34: *Müller, Herbert W.:* Anwendungsbereiche der Keilriemen in der Antriebstechnik
[3] VDI-Bericht Nr. 167. Getriebetagung 1971. Wege zur Optimierung in Entwicklung, Konstruktion, Fertigung und Anwendung. VDI Verlag Düsseldorf 1971. Siehe insbes. S. 21/29: *Peeken, H.:* Zugmittelgetriebe
[4] VDI-Jahresübersicht Antriebselemente. Jährlich z. Z. in Nr. 12 der VDI-Z erscheinende Jahresübersicht. Siehe insbes. *Schrimmer, Peter:* Treibriemen und Riemengetriebe. Dort Zusammenstellung der wichtigsten Literatur des Jahres
[5] Firmenunterlagen der Arntz Optibelt Gruppe, Höxter
[6] Firmenunterlagen der Continental Gummiwerke AG, Hannover

1.3.1.3. Zahnriemengetriebe

Dr.-Ing. P. Schrimmer

1.3.1.3.1. Funktionsweise

Zahnriemengetriebe sind formschlüssige Getriebe. Sie verbinden die Vorzüge des Riemens (z. B. geringes Gewicht, hohe Umfangsgeschwindigkeit, Schmierfreiheit) mit denen der Kette (Schlupffreiheit, d. h. drehzahlsynchrone Übertragung der Drehbewegung, geringe Vorspannung). Die Übertragung der Umfangskraft erfolgt ähnlich wie bei Zahnradgetrieben direkt über die, in Nuten der Zahnscheiben eingreifenden Riemenzähne **(Bild 1.3.29)**.

Die einfachste Bauform eines derartigen Getriebes besteht aus Antriebsscheibe, Abtriebsscheibe und einem Riemen. Die Mehrzahl aller Antriebe wird mit einem Einzelriemen entsprechender Breite ausgeführt; jedoch gibt es auch sogenannte mehrrillige Antriebe mit zwei oder drei schmalen, parallellaufenden Zahnriemen. Für diese Fälle sind besonders konstruierte Scheiben zu verwenden.

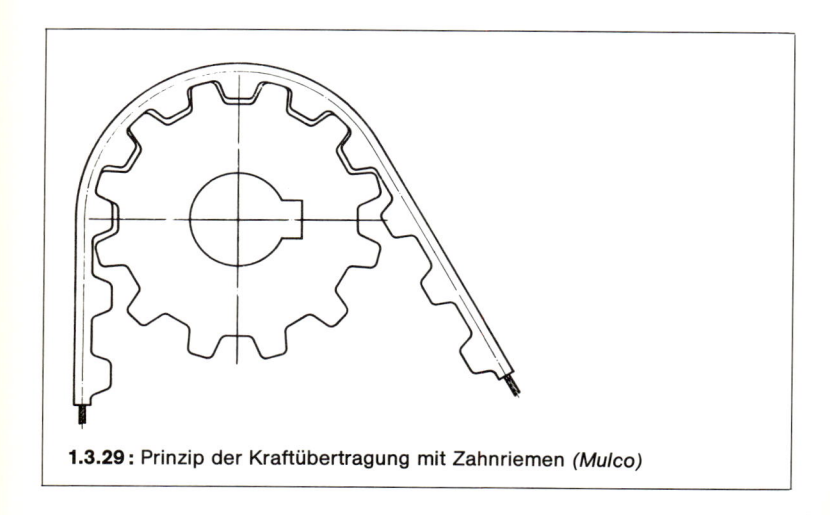

1.3.29: Prinzip der Kraftübertragung mit Zahnriemen *(Mulco)*

1.3.1.3.2. Aufbau der Riemen und Scheiben

Der Zahnriemen besteht aus dem Riemenkörper, der den Riemenrücken bildet und auch Träger der Verzahnung ist, dem Festigkeitsträger und gegebenenfalls einer Schutzschicht („Armierung") für die Verzahnung.

Der Aufbau ist vom Herstellungsverfahren abhängig, und zwar sind zwei Verfahren zu unterscheiden:

Konfektionieren aus mehreren Einzelelementen:

Der Riemen wird durch Konfektionieren der vorher genannten einzelnen Aufbauelemente hergestellt. Die Fertigung erfolgt in Vulkanisierformen hoher Genauigkeit. **Bild 1.3.30** zeigt einen solchen Riemen mit armierter Verzahnung.

Gießverfahren

Der Riemen wird in Präzisionsformen gegossen. Er besteht, wie **Bild 1.3.31** zeigt, nur aus zwei Komponenten, dem Riemenkörper und der Zugstrangeinlage. Die Zähne sind nicht armiert.

Als Werkstoffe werden verwendet für:

Riemenkörper: hochwertige, scherfeste, gegen viele Medien wi-
(Rücken u. Zähne) derstandsfähige Neoprenemischungen (Konfektionierung) oder Kunststoffmischungen (Polyurethan; Gießverfahren).

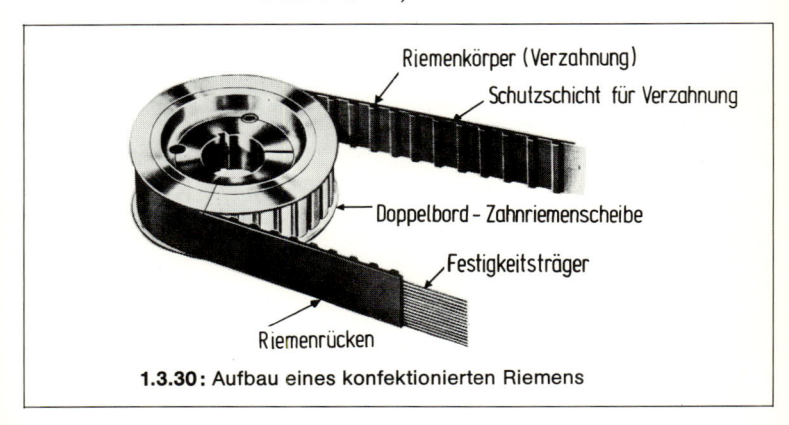

1.3.30: Aufbau eines konfektionierten Riemens

1.3.31: Aufbau eines gegossenen Riemens *(Mulco)*

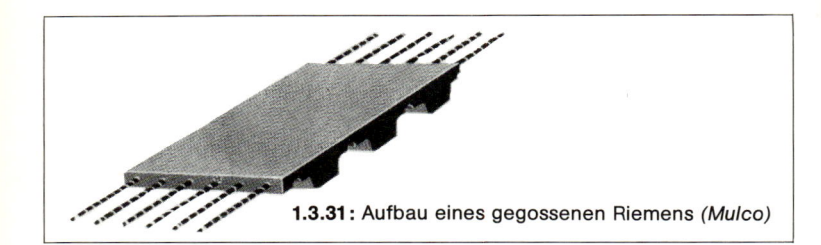

Festigkeitsträger: schraubenlinienförmig über der Riemenbreite gewickelte Stahl- oder Glasfaserseile.
Zahnarmierung: abriebfestes Polyamidgewebe (Nylon).

Zahnriemen werden überwiegend in endloser Ausführung hergestellt. Es gibt jedoch auch endliche Riemen in Form von Rollenware, die sich durch Verschweißen zu endlosen Riemen verbinden lassen. Die Rollenware ist in Längen bis zu 1000 m lieferbar und wird u. a. für Transport- und Steuerungsaufgaben eingesetzt. Die Zahnriemen sind z. Zt. noch nicht genormt. Eine Normung auf internationaler Ebene wird jedoch vorbereitet. Zur Zeit werden Riemen mit Abmessungen auf metrischer Grundlage und solche auf Zollbasis nebeneinander benutzt, siehe **Tabelle 1.3.9**.

Typ	Riemen-Teilung mm	Riemen-Teilung Zoll	Längenbereich von mm	Längenbereich bis mm	Breitenbereich von mm	Breitenbereich bis mm	Zähnezahlen von	Zähnezahlen bis
T 5	5	–	150	1215	6	50	30	243
T 10	10	–	260	1960	10	100	26	196
T 20	20	–	2000	4000	25	140	100	200
XL	–	1/5	152	660	6	10	30	130
L	–	3/8	314	1524	12	25	33	160
H	–	1/2	609	4318	20	76	48	340
XH	–	7/8	1289	4545	50	100	58	200
XXH	–	1 1/4	1778	4572	50	127	56	144

Anmerkung: Die Angebotsvielfalt, speziell hinsichtlich der Riemenlängen (Zähnezahlen), kann je nach Hersteller variieren.

Tabelle 1.3.9: Hauptabmessungen von Zahnriemen, Maße gerundet

1.3. Zugmittelgetriebe

Die Riemen sind sowohl in einfach- als auch in doppeltgezahnter Ausführung erhältlich. Letztere finden z. B. in Fällen Verwendung, bei denen eine Abtriebsscheibe gegenüber den anderen Scheiben umgekehrte Drehrichtung aufweisen soll. Hierzu läuft diese Scheibe als außenliegende Scheibe.

Zahnriemen und Doppelzahnriemen mit metrischer Teilung sind als Beispiele in den **Bildern 1.3.32** und **1.3.33** dargestellt.

Außerdem sind Sonderanfertigungen z. B. in elektrisch leitfähiger oder besonders wärme-, kälte- oder ölbeständiger Ausführung oder mit für Lebensmittelbetriebe geeigneten Mischungen lieferbar.

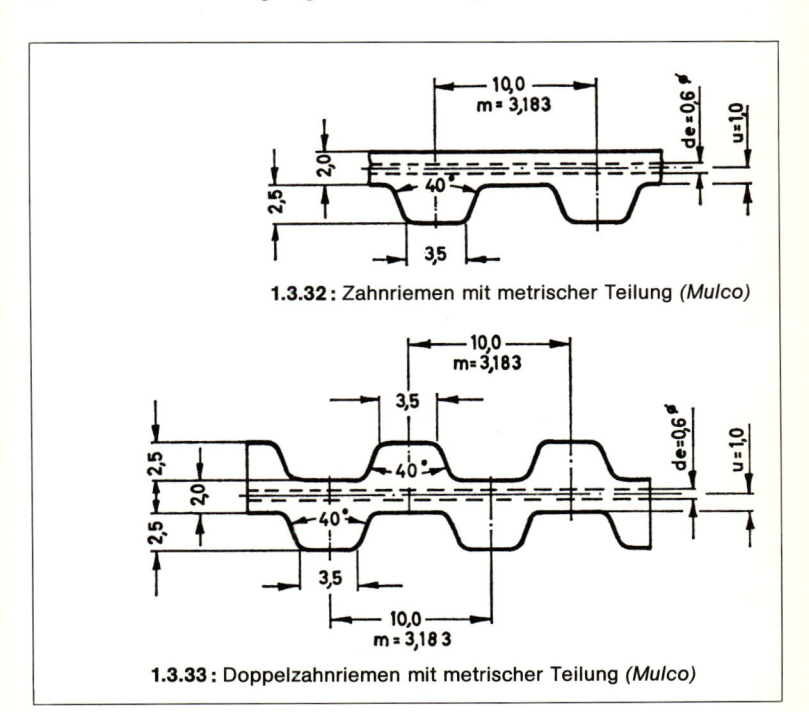

1.3.32: Zahnriemen mit metrischer Teilung *(Mulco)*

1.3.33: Doppelzahnriemen mit metrischer Teilung *(Mulco)*

An die Fertigungsgenauigkeit und die Oberflächengüte der Zahnscheiben, die je nach Verwendungszweck aus Stahl, Grauguß, Leichtmetall oder Kunststoff, bei Großserien auch aus Zink- oder Leichtmetalldruckguß hergestellt werden, sind hohe Anforderungen zu stellen. Die Verzahnung kann mit Formfräsern oder nach dem Abwälzverfahren hergestellt werden. Eine Übersicht über die z. Zt. angebotenen Scheiben gibt **Tabelle 1.3.10**.

Die Scheiben erhalten im allgemeinen ein-, gelegentlich auch beidseitig Führungsborde aus Blechringen an den Planseiten, die durch Schrauben oder Nieten befestigt bzw. durch Bördeln oder Drücken mitgefertigt werden. Diese Führungsborde sind notwendig, um ein Ablaufen des Riemens von den Scheiben zu verhindern. Die Ablaufneigung ist bereits durch die Drallwirkung des schraubenlinienförmig in den Riemenkörper eingebetteten Zugstrangs gegeben, kann aber auch durch Fluchtungsfehler der Scheiben hervorgerufen werden. Eine neuere Konstruktion verzichtet auf nachträglich angebrachte Borde, indem die Scheibendurchmesser zunächst um den erforderlichen Bordüberstand größer gewählt werden, dann die Verzahnung hergestellt und anschließend die für die Riemenbreite erforderliche Scheibenbreite in Form einer Rille durch Drehen oder Fräsen auf den eigentlichen Kopfkreisdurchmesser gebracht wird. Dieses zum Patent angemeldete Prinzip ermöglicht auf

Typ	Riemen-Teilung mm	Zoll	Zähnezahl von	bis	Außendurchmesser mm von	bis
T 5	5	–	10	114	15,05	180,65
T 10	10	–	12	114	36,35	361,00
T 20	20	–	15	119	92,65	754,70
XL	–	1/5	10	120	15,67	193,52
L	–	3/8	10	150	29,59	454,25
H	–	1/2	14	156	55,25	629,41
XH	–	7/8	18	150	124,54	1058,37
XXH	–	1 1/4	18	120	178,87	1209,70

Anmerkung: Die Angebotsvielfalt, speziell hinsichtlich der Zähnezahl (Außendurchmesser), kann je nach Hersteller variieren.

Tabelle 1.3.10: Hauptabmessungen von Zahnscheiben, Maße gerundet

1.3. Zugmittelgetriebe

1.3.34: Zahnriemengetriebe mit wechselseitig angeordneten Bordscheiben

1.3.35: Zweirillige Zahnriemenscheibe mit durchgefrästen Bordwänden *(Kahler)*

einfache Weise die Herstellung mehrrilliger Scheiben. Als Vorteile könnten u. a. Kosteneinsparungen bei der Scheibenherstellung sowie durch Verringerung der Anzahl der Riemenbreiten wirksam werden. **Bild 1.3.34** zeigt ein Zahnriemengetriebe mit normalen, wechselseitig angeordneten Bordscheiben **(Bild 1.3.35)**, eine der beschriebenen Scheiben mit durchgefrästen Bordwänden in zweirilliger Ausführung.

1.3.1.3.3. Berechnung

Grundlage der Berechnung von Zahnriemengetrieben ist, wie bereits aus den entsprechenden Analogiebegriffen Teilung, Modul, Teilkreisdurchmesser (Wirkdurchmesser), Zähnezahl, hervorgeht, eine vereinfachte Berechnung der Zahnradgetriebe, kombiniert mit Elementen der Berechnung von Keil- und Flachriemengetrieben.

1.3.1.3.4. Auslegungsgrenzwerte

Die in **Tabelle 1.3.11** zusammengestellten profilabhängigen Leistungswerte/cm Riemenbreite wurden Firmenunterlagen − ohne Berücksichtigung von Zu- oder Abschlagsfaktoren − entnommen.

Typ	Riemen-Teilung		max. Leistung/cm Riemenbreite P_{max}	Umfangsgeschwindigkeit für P_{max} v	empfohlener Leistungsbereich
	mm	Zoll	kW/cm	m/s	kW
T 5	5	−	2,2[1]	76	bis 1,5
T 10	10	−	6,5[1]	56	bis 15
T 20	20	−	14,2[1]	40	> 15
XL	−	1/5	1,4	25	bis 1,1
L	−	3/8	1,8	29	bis 5
H	−	1/2	6,3	40	bis 50
XH	−	7/8	6,6	30	bis 90
XXH	−	1 1/4	7,9	30	> 90

[1] Errechnet unter der Annahme einer eingreifenden Zähnezahl $z_e = 6$. (Katalogwerte geben Leistung/cm Riemenbreite und pro eingreifenden Zahn an).

Tabelle 1.3.11: Profilabh. Auslegungsgrenzwerte f. Zahnriemen, Werte gerundet

1.3. Zugmittelgetriebe

Allgemein gelten noch folgende, überwiegend profilunabhängige, Grenzwerte:

Übersetzungsverhältnis	$i_{max} \approx 12$
Temperaturbelastung	$\vartheta = -40 \div 80°\,C$
Riemenspannung (Wellenspannkraft)	$F_W \approx 0{,}5\,F_U$
	(F_U = Umfangskraft)
Wellenmittenabstand	$e \geqq 0{,}5\,(d_{wk} + d_{wg}) + 15\,mm$
	$e \leqq 2\,(d_{wk} + d_{wg})$
	(d_w = Wirkdurchmesser
	k kleine, g große Scheibe)
Biegefrequenz	$f_{B\,max} \approx 100/s$
Riemengeschwindigkeit	$v_{max} \approx 80\,m/s$
Obere Leistungsgrenze (absolut)	$P_{max} \approx 400\,kW$

1.3.1.3.5. Einsatzgebiete

Das Einsatzgebiet für Zahnriemengetriebe ist ähnlich universell wie das für Flach- und Keilriemen, wobei hier die Vorzüge des schlupffreien, übersetzungsgenauen Laufes häufig von besonderer Bedeutung sind.

In einer groben Unterteilung sind drei Haupteinsatzgebiete zu unterscheiden:

- **Zahnriemen für Steuer- und Regelantriebe sowie sonstige Kleinantriebe:** z. B. Antriebe für Steuer- und Regelgeräte in Walzwerken, Kraftwerken und in der chemischen Industrie sowie Antriebe von Büro- und Haushaltsmaschinen, Filmprojektoren, Phonogeräten, aber auch Einspritzpumpen, Nockenwellen usw. von Verbrennungsmotoren.

- **Zahnriemen für Leistungsantriebe:** z. B. Antriebe für Dreh-, Fräs- und Bohrmaschinen, Sägewerks- und Baumaschinen, Förderanlagen, Schrotmühlen, Bäckereimaschinen, Rührwerke, Kolbenpumpen, Kompressoren, Druckereimaschinen.

- **Zahnriemen für Hochgeschwindigkeitsantriebe:** z. B. Antriebe für Holzbearbeitungs- und Schleifmaschinen, Ventilatoren, Zentrifugen, Textilmaschinen, Webstühle.

Hinsichtlich der zu erwartenden Lebensdauerwerte existieren z. Zt. noch keine offiziellen Angaben. Es dürften jedoch ähnliche Überlegungen, wie bei Keilriemengetrieben (siehe Abschnitt 1.3.1.2.) erläutert, gelten.

1.3.1.3.6. Berechnungsverfahren

Die Berechnungsverfahren in den Unterlagen der einzelnen Hersteller sind etwas unterschiedlich. Sie beruhen jedoch alle auf gleicher Grundlage. Die wesentlichen Formeln für den Berechnungsgang eines Zahnriemengetriebes mit zwei Scheiben sind: (Bedeutung der Formelzeichen und zu wählende Einheiten siehe Zusammenstellung am Schluß dieses Abschnitts und **Bild 1.3.36**).

Übersetzung $\quad i = \dfrac{n_1}{n_2} = \dfrac{z_2}{z_1} = \dfrac{z_g}{z_k}$ \hfill (1)

Wirkdurchmesser

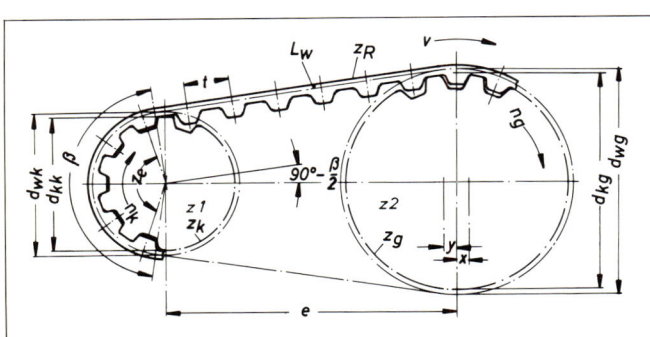

kleine Scheibe: $d_{wk} = \dfrac{z_k \cdot t}{\pi} \quad$ in mm \hfill (2)

große Scheibe: $d_{wg} = \dfrac{z_g \cdot t}{\pi} \quad$ in mm \hfill (3)

1.3.36: Übersichtsskizze zur Berechnung von Zahnriemenantrieben

1.3. Zugmittelgetriebe

Die meisten Herstellerunterlagen enthalten diese Werte tabelliert. Die für den jeweiligen Zahnriementyp empfohlenen Mindestscheibendurchmesser sollten im Hinblick auf ausreichende – zu kleine Scheibendurchmesser bedingen erhöhte Biegebeanspruchung – Lebensdauer nicht unterschritten werden.

Wellenmittenabstand

untere Grenze $\quad e \geqq 0{,}5\ (d_{wk} + d_{wg}) + 15 \quad$ in mm $\quad\quad$ (4)

obere Grenze $\quad e \leqq 2\ \ (d_{wk} + d_{wg}) \quad$ in mm $\quad\quad$ (5)

Es gelten prinzipiell die gleichen Ausführungen wie an der entsprechenden Stelle für Keilriemengetriebe ausgeführt. Zusätzlich sollte bei kleinen Wellenmittenabständen und gleichzeitig großer Übersetzung beachtet werden, daß möglicherweise die Mindesteingriffszähnezahl $z_e = 6$ unterschritten wird und bei $z_e < 6$ mit verminderter übertragbarer Leistung zu rechnen ist (siehe Zahneingriffsfaktor c_3 und Formel (14)).

Bei bekannten Zähnezahlen des Riemens und der Scheiben läßt sich der zugehörige Wellenmittenabstand auch aus Tabellen entnehmen oder angenähert aus

$$e \approx p + \sqrt{p^2 - q} \quad \text{in mm} \quad\quad (6)$$

wobei

$$p = 0{,}125 \cdot t\ (2\ z_R - z_g - z_k) \quad \text{in mm} \quad\quad (7)$$

$$q = 0{,}125 \cdot \left[\frac{t}{\pi}\ (z_g - z_k)\right]^2 \quad \text{in mm}^2 \quad\quad (8)$$

errechnen.

Verstellbarkeit des Wellenmittenabstandes

$$x \geqq 0{,}01\ L_w \quad \text{in mm} \quad\quad (9)$$

$$y \geqq 0{,}015\ L_w \quad \text{in mm} \quad\quad (10)$$

Auch hier gelten analoge Ausführungen wie an der entsprechenden Stelle der Keilriemengetriebe. Der Wert für den Spannweg x kann wegen der geringeren erforderlichen Riemenspannung und der geringeren Dehnung kleiner als bei Keilriemen sein. Das Auflegespiel y sollte mit

Rücksicht auf eventuell benutzte Doppelbordscheiben nicht zu klein gewählt werden.

Wirklänge des Riemens
angenähert:

$$L_w = 2e + \frac{t}{2}(z_g + z_k) + \frac{\left[\frac{t}{\pi}(z_g - z_k)\right]^2}{4e} \quad \text{in mm} \quad (11)$$

genau:

$$L_w = 2e \cdot \sin\frac{\beta}{2} + \frac{t}{2} \cdot \left[(z_g + z_k) + \frac{180 - \beta}{180}(z_g - z_k)\right] \quad (12)$$
$$\text{in mm}$$

mit
$$\cos\frac{\beta}{2} = \frac{t(z_g - z_k)}{2e\pi} \quad (13)$$

Eingriffszähnezahl

$$z_e = \frac{z_k \cdot \beta}{360°} \quad (14)$$

(vgl. hierzu Faktor c_3)

Wahl des Riementyps
nach Auswahldiagramm in den Herstellerunterlagen aus:

Motorleistung x Betriebsfaktor = $P \cdot c_1$ in kW und
Drehzahl der kleinen Scheibe n_k in min^{-1}

Betriebsfaktor c_1

Er kennzeichnet die Art der Antriebs- bzw. Abtriebsmaschine (Anfahrmomente, Lastschwankungen, Laststöße, Anzahl der Einschaltvorgänge usw.). Die Werte liegen mit $c_1 = 1,3$ bis 2,5 höher als bei den kraftschlüssigen Riementypen, da Zahnriemen wegen ihres Formschlusses kein Durchrutschen zulassen.

Als weitere Faktoren sind zu berücksichtigen:

Übersetzungsfaktor c_2

Bei Getrieben, deren Abtriebsdrehzahl größer ist als die Antriebsdrehzahl (Übersetzung ins „Schnelle"), ist ein Übersetzungsfaktor zu berücksichtigen. Er wird z. T. als Additionswert zu c_1 zugeschlagen ($c_2 = 0$

1.3. Zugmittelgetriebe

für $\frac{1}{i}$ zwischen 1,0 und 1,25 bis $c_2 = 0,4$ für $\frac{1}{i} > 3,5$), z. T. als Faktor mit Werten zwischen $c_2 = 1$ und 1,25 angegeben. Für die weitere Berechnung wurde hier die Form des Multiplikationsfaktors gewählt.

Zahneingriffsfaktor c_3

Die Leistungsangaben in den Tabellen der Hersteller beruhen auf der Annahme einer Eingriffszähnezahl $z_e \geq 6$. Bei Unterschreiten dieser Mindestgrenze verringert sich die übertragbare Leistung deutlich; z. B. bei nur fünf Zähnen auf 80 %, bei nur noch zwei Zähnen auf 20 %.

Wählt man wieder die Darstellungsweise dieses Faktors in der Form eines zur Kompensation der Minderleistung einzusetzenden Multiplikationsfaktors, so ergibt sich für sechs Zähne $c_3 = 1$, für zwei Zähne $c_3 = 5$.

Betriebsdauerfaktor c_4

Je nach täglicher Betriebsdauer wird ein weiterer Faktor zwischen $c_4 = 1$ bei täglich 8-Stunden-Betrieb und $c_4 \approx 1,15$ bei Dauerbetrieb erforderlich.
Anmerkung: In Katalogen wird c_4 häufig als Additionswert angegeben.

Spannrollenfaktor c_5

Eine eventuell erforderliche oder erwünschte Spannrolle wird ebenfalls mit einem Faktor $c_5 \approx 1,15$ berücksichtigt.
Anmerkung: In Katalogen wird c_5 häufig als Additionswert angegeben.

Breitenfaktor c_6

Der Breitenfaktor c_6 kennzeichnet die Mehr- oder Minderleistung eines Riemens, dessen Breite von einer Bezugsbreite (oft 25 mm ≙ 1 Zoll) abweicht. Für 25 mm Riemenbreite ist demzufolge $c_6 = 1$. Breitere Riemen z. B. mit 50 oder 75 mm übertragen etwa 7 bzw. 11 % mehr Leistung als der Verdoppelung oder Verdreifachung der Leistung eines 25 mm breiten Riemens entspricht. Entsprechend übertragen schmalere Riemen, mit z. B. 12,5 mm Breite, etwas geringere Leistung als der Halbierung der Leistung bei 25 mm Riemenbreite entspricht. Ursache hierfür ist das Fertigungsverfahren der Riemen in breiten Wickeln mit schraubenlinienförmig verlaufendem Zugstrang und das nachfolgende Abstechen gewünschter Riemenbreiten. Hat also z. B. ein 25 mm breiter Riemen 7 Windungen, so weist ein 50 mm breiter Riemen z. B. 15, ein 12,5 mm breiter Riemen nur 3 Windungen auf, wobei angeschnittene Windungen natürlich nicht mitgezählt werden.

Die c_6-Werte liegen zwischen $c_6 = 1{,}65$ für Riemenbreite 6,3 mm und 0,76 für Riemenbreite 355 mm.

Anmerkung: In Katalogen werden z. T. die c_6-Werte als Absolutfaktoren angegeben; z. B. hat ein Riemen, der 5mal so breit ist wie der Riemen mit der Bezugsbreite, den Faktor 6,15. Daraus ergibt sich nach der hier bevorzugten Methode ein c_6-Faktor von $c_6 = \dfrac{5}{6{,}15} = 0{,}82$.

Daraus folgt dann
erforderliche Riemenbreite

$$b = \frac{P \cdot c_1 \cdot c_2 \cdot c_3 \cdot c_4 \cdot c_5 \cdot c_6}{0{,}1 \cdot P_N} \quad \text{in mm} \tag{15}$$

wobei P_N übertragbare Leistung/cm Breite in $\dfrac{\text{kW}}{\text{cm}}$

0,1 Proportionalitätsfaktor*) in $\dfrac{\text{cm}}{\text{mm}}$

Riemengeschwindigkeit

$$v = \frac{d_{wk} \cdot \pi \cdot n_k}{60 \cdot 10^3} = \frac{d_{wg} \cdot \pi \cdot n_g}{60 \cdot 10^3} \quad \text{in m/s} \tag{16}$$

$$\frac{\pi}{60 \cdot 10^3} = \frac{1}{19\,100}$$

Die Berechnung der Riemengeschwindigkeit (Umfangsgeschwindigkeit) ist vorwiegend mit Rücksicht auf ausreichende Festigkeit der Riemenscheiben gegen Fliehkraftbeanspruchung und zur Festlegung der erforderlichen Auswuchtgüte durchzuführen.

Die auf den Parametern Drehzahl und Durchmesser der kleinen Scheibe aufbauenden Leistungstabellen der einzelnen Zahnriementypen geben

---

*) Dieser Faktor wird $0{,}04 \dfrac{\text{Zoll}}{\text{mm}}$ wenn, wie bei einer Reihe von ausländischen Herstellern üblich, P_N in $\dfrac{\text{kW (oder PS)}}{\text{Zoll Riemenbreite}}$ angegeben ist.

1.3. Zugmittelgetriebe

lediglich einen Hinweis, wenn $v = 30$ m/s überschritten werden, um auf die Notwendigkeit der Wahl hochfester Scheibenwerkstoffe aufmerksam zu machen.

Die Riemengeschwindigkeit wird außerdem benötigt für die Berechnung der Biegefrequenz

$$f_\text{B} = \frac{2v}{L_\text{w}} \cdot 10^3 \qquad \text{in s}^{-1} \tag{17}$$

(gilt für 2-Scheiben-Antrieb; bei mehr als zwei Scheiben ist der Zahlenfaktor 2 entsprechend anzupassen).

Der im Abschnitt Auslegungsgrenzwerte genannte Wert sollte mit Rücksicht auf ausreichende Lebensdauer nicht überschritten werden.

Umfangskraft

$$F_\text{U} = \frac{1000 \cdot P}{v} \qquad \text{in N} \tag{18}$$

bzw. bei bekanntem Drehmoment

$$F_\text{U} = \frac{1000 \cdot M_\text{t}}{r_\text{w}} \qquad \text{in N} \tag{19}$$

Die Höhe der übertragbaren Umfangskraft wird in besonderen Fällen gegebenenfalls durch die zulässige Flankenbelastung der Riemenzähne begrenzt. Dies kann bei kleiner Eingriffszähnezahl und hoher Umfangsgeschwindigkeit eintreten.

Wellenspannkraft

$$F_\text{W} \approx 0{,}5 \cdot F_\text{U} \qquad \text{in N} \tag{20}$$

Bei höheren Umfangsgeschwindigkeiten (etwa $v > 20$) muß der spannkraftvermindernde Einfluß der Fliehkraft berücksichtigt werden. Einige Herstellerkataloge geben diese Werte in Abhängigkeit vom Riementyp tabelliert oder graphisch an.

Hinsichtlich der Messung der eingestellten Wellenspannkraft in der Praxis bestehen ähnliche Schwierigkeiten wie auch bei anderen Riemengetrieben (vgl. Abschnitt 1.3.1.2.7.). Für die praktische Handhabung empfiehlt sich die dort beschriebene Methode der Messung der Durchbiegung des freien Trums. Anhaltswerte für die Durchbiegung sind in einigen Firmenunterlagen zusammengestellt. Eine Messung der Längenzunahme führt wegen kleiner Kräfte und konstruktionsbedingter geringer Dehnung meist nur zu sehr ungenauen Werten.

Bedeutung der Formelzeichen

Die Berechnungsformeln gelten für die jeweils mit aufgeführten Einheiten

b	Riemenbreite	mm
c_1	Betriebsfaktor	–
c_2	Übersetzungsfaktor	–
c_3	Zahneingriffsfaktor	–
c_4	Betriebsdauerfaktor	–
c_5	Spannrollenfaktor	–
c_6	Breitenfaktor	–
d_{kg}	Kopfkreisdurchmesser der großen Scheibe	mm
d_{kk}	Kopfkreisdurchmesser der kleinen Scheibe	mm
d_{wg}	Wirkdurchmesser der großen Scheibe	mm
d_{wk}	Wirkdurchmesser der kleinen Scheibe	mm
e	Wellenmittenabstand	mm
F_U	Umfangskraft	N
F_W	Wellenspannkraft	N
f_B	Biegefrequenz	s^{-1}
L_w	Riemenwirklänge	mm
M_t	Drehmoment	Nm
n_1	Drehzahl der treibenden Scheibe	min^{-1}
n_2	Drehzahl der getriebenen Scheibe	min^{-1}
n_g	Drehzahl der großen Scheibe	min^{-1}
n_k	Drehzahl der kleinen Scheibe	min^{-1}
P	vom Riemengetriebe zu übertragende Leistung	kW
P_N	Nennleistung/cm Riemenbreite	kW/cm
p	Rechengröße	mm
q	Rechengröße	mm²

1.3. Zugmittelgetriebe

r_w	Wirkradius der Scheibe = $\dfrac{d_w}{2}$	mm
t	Teilung	mm (Zoll)
v	Riemengeschwindigkeit	m/s
x	Verstellbarkeit des Wellenmittenabstandes e zum Spannen und Nachspannen des Riemens	mm
y	Verstellbarkeit des Wellenmittenabstandes e zum zwanglosen Auflegen des Riemens	mm
z_1	Zähnezahl der treibenden Scheibe	–
z_2	Zähnezahl der getriebenen Scheibe	–
z_e	Eingriffszähnezahl	–
z_g	Zähnezahl der großen Scheibe	–
z_k	Zähnezahl der kleinen Scheibe	–
z_R	Zähnezahl des Riemens	–
β	Umschlingungswinkel an der kleinen Scheibe	grd
$90 - \dfrac{\beta}{2}$	Trumneigungswinkel	grd

Hinweise auf Besonderheiten

Seit einiger Zeit sind, wie bereits in den Abschnitten 1.3.1.3.1. und 1.3.1.3.2. erwähnt, auch mehrrillige Antriebe (Mehrstrangantriebe) mit Scheiben nach Bild 1.3.35 im Einsatz.

Als Vorteile für diese Bauweise mit mehreren schmalen Riemen statt eines breiten werden im wesentlichen verminderter Verschleiß der Riemen an den Scheibenborden durch geringere axiale Kraftkomponente der aus der konstruktionsbedingten, schraubenlinienförmig gewickelten Zugstrangschicht resultierenden Schräglaufneigung, Reduzierung der Lagerhaltung unterschiedlichster Riemenbreiten und geringere Geräuschentwicklung bei hoher Riemengeschwindigkeit angeführt. Als Nachteil ergibt sich die etwas geringere spezifische übertragbare Leistung schmaler Riemen (vgl. Breitenfaktor c_6). Die Anzahl der Riemen sollte drei nicht übersteigen, wobei die Einzelriemen wegen gesicherter Längengleichheit aus einer Serie (Abstechen von demselben Wickel) stammen sollten.

Spannrollen führen wegen ihrer den Riemen zusätzlich auf Biegung belastenden Wirkung zu verminderter Lebensdauer bzw. zu verringerter übertragbarer Leistung (vgl. Spannrollenfaktor c_5). Sie können mit zylindrischer Lauffläche auf den Riemenrücken (in Sonderfällen werden Riemen mit geschliffenem Rücken eingesetzt) als außenliegende oder als Zahnscheiben bei Verwendung doppelseitig verzahnter Riemen als außenliegende, bei einseitig verzahnten Riemen als innenliegende Rollen eingesetzt werden.

Als allgemeine Einbauregeln gelten im wesentlichen die Hinweise unter Abschnitt 1.3.1.2.8.

Zahn-Flach-Antriebe

Vereinzelt werden Zahnriemen auch in Fällen eingesetzt, bei denen die große Scheibe des Antriebs als Flachscheibe ausgebildet ist. Berechnungsrichtlinien für derartige Sonderfälle sind bisher nicht bekannt, so daß Rücksprache mit den Riemenherstellern empfohlen wird. Die untere Grenze des Übersetzungsverhältnisses für Zahn-Flach-Antriebe liegt wahrscheinlich wie bei Keilriemengetrieben bei $i \geq 3$.

1.3.1.3.7. Vor- und Nachteile des Zahnriemengetriebes

Die folgende Zusammenstellung gibt eine Übersicht über die Vor-/Nachteile des Zahnriemengetriebes. Sie kann allerdings nur eine relative Wertung in bezug auf andere vergleichbare Antriebssysteme (z. B. Flach- und Keilriemen, Ketten, Zahnradgetriebe) darstellen, zumal eine Vergleichsberechnung exakt nur immer für den jeweiligen Antriebsfall (Leistung, Drehzahlen, aber auch Stückzahlen usw.) gelten kann.

Ausführlichere Vergleiche sind in Lit. [2] und [3] des Abschnitts 1.3.1.2. Keilriemengetriebe enthalten.

Bedacht werden sollte dabei aber auch, daß z. B. der als Nachteil aufgeführte große Bauraum (z. B. im Vergleich zum Zahnradgetriebe) durchaus auch als Vorzug angesehen werden kann, wenn in bestimmten Antriebsfällen ein Überbrücken größerer Wellenabstände auf einfache Weise erreicht werden soll.

1.3. Zugmittelgetriebe

Vorteile

- Übersetzungsgetreue Kraftübertragung
- praktisch keine Dehnung
- einfacher Aufbau
- geringe Montage- und Wartungsansprüche
- nur geringe Vorspannung notwendig, dadurch kleine Lagerbelastung
- große Übersetzungsverhältnisse in einer Stufe möglich
- keine Schmierung erforderlich
- hohe Umfangsgeschwindigkeiten möglich
- einfache Ersatzbeschaffung
- in Grenzen mögliche Stoßabsorption und Schwingungsdämpfung
- noch relativ billig

Nachteile

- relativ großer Bauraum;
- bei hohen Umfangsgeschwindigkeiten Geräuschentwicklung

1.3.2. Kettengetriebe
Ing. (grad.) P. Trippe

1.3.2.1. Rollenkettengetriebe
1.3.2.1.1. Allgemeines
Das Rollenkettengetriebe ist ein Zugmittel- bzw. Umschlingungsgetriebe. Es besteht in seiner normalen Form aus der Rollenkette, aus einem treibenden und einem getriebenen Rad und dient somit der Leistungsübertragung von einer Welle zur anderen.

1.3.2.1.2. Vorteile

- Das Rollenkettengetriebe ist formschlüssig. Die hintereinander montierten Kettenglieder sind so ausgebildet, daß sie eine Gelenkbewegung zueinander ausführen, die Kettenräder umschlingen und in die Verzahnung der Kettenräder eingreifen können, so daß sie die Leistung ohne Drehzahlverlust übertragen. Der Achsabstand des Kettengetriebes ist variabel und kann den konstruktiven Erfordernissen angepaßt werden. Achsabstände von 30- bis 50mal Kettenteilung sind normal. In Sonderfällen sind jedoch auch längere Achsabstände möglich.

- Achsabstände eines bestimmten Getriebes können leicht variiert werden, da die Kette in ihrer Länge verändert werden kann. Ebenso kann das Übersetzungsverhältnis durch Auswechseln von Kettenrädern verändert werden. Kettengetriebe eignen sich gleichgut für große und kleine Geschwindigkeiten.

- Der Wirkungsgrad eines richtig gewählten Kettengetriebes liegt bei ca. 98 %.

- Beim Kettengetriebe ist keine Vorspannung erforderlich. Es können deshalb kleine Lager verwendet werden. Das Kettengetriebe ist unempfindlich und kann deshalb auch unter ungünstigen Betriebsbedingungen eingesetzt werden. Es ist vielseitig verwendbar. Neben der Normalausführung kann die Rollenkette in einem Getriebe mehrere Räder gleichzeitig umschlingen bzw. antreiben. Bei langen Achsabständen können die Kettenstränge durch Stütz- oder Spannräder, sowie durch Gleitschienen, geführt bzw. unterstützt werden.

1.3. Zugmittelgetriebe

- Das Kettengetriebe ist einfach zu montieren.
- Durch Verwendung legierter und hoch vergüteter Werkstoffe kann die Rollenkette sehr hoch belastet werden. Sie kann somit bei einem geringen Gewicht hohe Leistungen übertragen.

1.3.2.1.3. Besondere technische Merkmale

Die Kette ist maßlich so proportioniert, daß sie unter Einwirkung einer normalen Belastung in den Kettenlaschen die entsprechende statische Sicherheit gegen Bruch aufweist und im Kettengelenk die nötige Verschleißfestigkeit vorhanden ist. Die Kettenlaschen, die also die Zugkraft übertragen, werden aus einem besonderen Stahl hergestellt, welcher auf eine Festigkeit von ca. 1300 N/mm^2 vergütet wird und trotzdem die erforderliche Elastizität aufweist. Das Kettengelenk, bestehend aus Bolzen und Hülse, wird auf Verschleiß beansprucht. Bolzen und Hülse erhalten deshalb eine Oberflächen- bzw. Einsatzhärtung, damit eine hohe Verschleißfestigkeit erzielt wird.

1.3.2.1.4. Beschreibung der Rollenkette

Eine Rollenkette besteht aus Innengliedern und Außengliedern, die abwechselnd aneinander montiert sind. Die Bolzen der Außenglieder drehen sich in den Hülsen der Innenglieder. Das Spiel zwischen Bolzen und Hülse ist so bemessen, daß freie Drehung und Bildung eines Schmierfilmes möglich sind **(Bild 1.3.37)**.

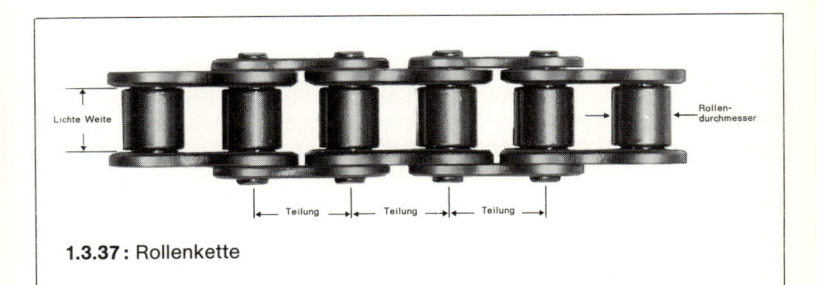

1.3.37: Rollenkette

1.3.38: Einzelteile der Rollenkette

Das Innenglied besteht aus zwei Rollen, zwei Hülsen und zwei Innenlaschen. Die Rollen drehen sich auf den Hülsen, die Hülsen sitzen mit hohem Preßsitz fest in den Seitenlaschen. Axiales Spiel zwischen Seitenlaschen und Rollen und radiales Spiel zwischen Hülsen und Rollen gewährleistet ein freies Drehen der Rollen beim Einlauf in das Kettenrad. Ein Außenglied besteht aus zwei Bolzen und zwei Außenlaschen. Die Bolzen werden mit hohem Preßsitz in die Außenlaschen eingepreßt und entweder beiderseits vernietet oder auf einer Seite vernietet und auf der anderen Seite versplintet **(Bilder 1.3.38)**.

Es ist von größter Bedeutung für die Lebensdauer der Kette, daß sich weder Bolzen noch Hülsen in ihren Laschen drehen. Ein gleichmäßig hoher Preßsitz zwischen Bolzen und Außenlasche und Hülse und Innenlasche ist deshalb notwendig. Es ist wünschenswert, eine Kette mit gerader Gliederzahl zu wählen. Das Verbindungsglied, das benötigt wird, um die beiden Kettenenden zusammenzuschließen, ist ein besonderes Außenglied, bei dem auf der einen Seite die Lasche durch Preßsitz und Vernietung fest mit dem Bolzen verbunden ist, während die andere Lasche Schiebesitz hat, so daß sie leicht auf die Bolzen geschoben und mit einer Feder bzw. mit Splinten oder Spannstiften verschlossen werden kann **(Bild 1.3.39)**.

1.3. Zugmittelgetriebe

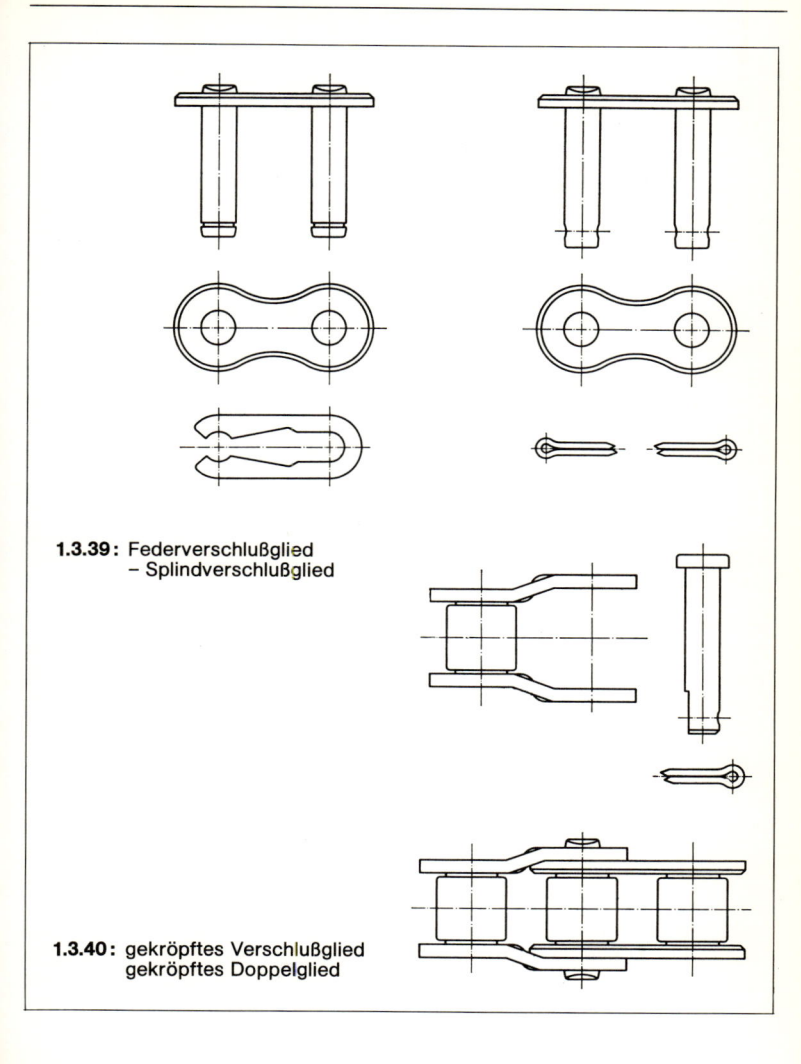

1.3.39: Federverschlußglied
— Splindverschlußglied

1.3.40: gekröpftes Verschlußglied
gekröpftes Doppelglied

Sollte die Konstruktion des Antriebes eine ungerade Zahl von Kettengliedern erforderlich machen, muß ein gekröpftes Glied verwandt werden, und zwar ein einfaches gekröpftes Glied oder ein gekröpftes Doppelglied **(Bild 1.3.40)**.

Während das einfache gekröpfte Glied einen lösbaren Bolzen hat, der nur durch eine Anflächung am Drehen in der Lasche gehindert wird, besteht das gekröpfte Doppelglied aus einem Standard-Innenglied und einem gekröpften Glied, bei dem der Nietbolzen mit Preßsitz in den Laschen befestigt ist. Daher ist das gekröpfte Doppelglied stärker als das einfache gekörpfte Glied. Bei Verwendung eines gekröpften Doppelgliedes sind zwei gerade Verbindungsglieder für den Zusammenschluß der Kette erforderlich.

Eine Mehrstrangkette ist mit mehreren nebeneinanderliegenden, aber zusammenmontierten Einstrangketten vergleichbar. Die Einzelstränge werden mit durchgehenden Bolzen zu einer Mehrstrangkette verbunden. Die Innenglieder sind mit denen der Einstrangkette identisch.

Mehrstrangketten ermöglichen es, eine höhere Leistung zu übertragen, ohne die Kettenteilung oder die Kettengeschwindigkeit zu erhöhen. Bei einer gegebenen Leistung kann eine Mehrstrangkette kleinerer Teilung mit höherer Geschwindigkeit laufen, als die erforderliche Einstrangkette größerer Teilung.

Jede Rollenkette wird durch drei Hauptabmessungen bestimmt: Teilung, lichte Weite, Rollendurchmesser. Die Teilung einer Rollenkette ist die Entfernung von Bolzenmitte zu Bolzenmitte. Die lichte Weite ist das Maß zwischen den Innenlaschen. Diese Abmessungen bestimmen auch die Abmessungen des Kettenrades, zu dem die Kette passen muß. Die Abmessungen der Kette sind in den Maßtabellen der **Bilder 1.3.44** und **1.3.45** angegeben.

1.3.2.1.5. Eigenschaften der Rollenkette

Bruchlast

Die Bruchlast der Kette wird im Zerreißversuch ermittelt. Es ist ein Prüfwert, mit dem das Verhalten der Einzelteile unter Belastung bis zur Bruchlast überwacht wird. Obwohl andere Kriterien, wie nachfolgend beschrieben, wichtiger für die Qualitativbeurteilung sind, wird sie als einziger Belastungswert in den Kettentabellen angegeben. Die weiteren

1.3. Zugmittelgetriebe

Kriterien stehen in einem bestimmten Zusammenhang zur Bruchlast der Kette.

Elastizitätsgrenze

Die Elastizitätsgrenze ist bei der Kette wie auch beim normalen Zerreißversuch die Grenze, bis zu der die Kette belastet werden kann, ohne daß eine bleibende Verformung auftritt. Theoretisch kann also eine Kette bis zur Elastizitätsgrenze belastet werden. In der Praxis bleibt man jedoch mit kontrollierbaren Belastungsspitzen bei dem 0,8-fachen dieses Wertes. Die Elastizitätsgrenze liegt bei einer Rollenkette ungefähr bei 60 bis 70 % der Bruchlast.

Dauerfestigkeit

Die Dauerfestigkeit ist diejenige Größe einer Schwellbelastung, die dauernd gerade noch ohne Bruch ertragen werden kann. Die Dauerfestigkeit ist ein empirischer Festigkeitswert, der durch Reihenuntersuchungen auf geeigneten Prüfeinrichtungen ermittelt wird. Das Ergebnis einer Untersuchung ist die Wöhlerkurve **(Bild 1.3.41)**. Wie diese Kurve zeigt, kann eine bestimmte Anzahl von Schwellbelastungen über die Dauerfestigkeitsgrenze hinausgehen. Ihre Höhe und Lastwechselzahl muß je-

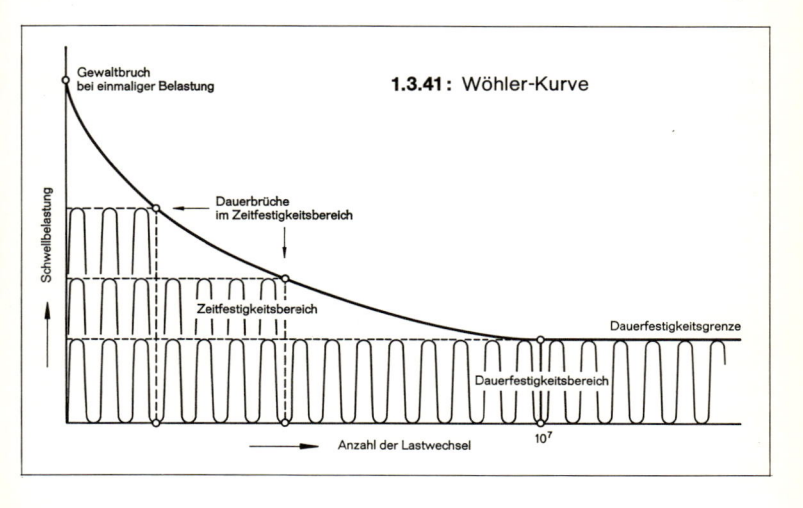

1.3.41: Wöhler-Kurve

doch innerhalb des Zeitfestigkeitsbereiches liegen, sonst führen sie zur Zerstörung der Kette. Die Dauerfestigkeitsgrenze von Rollenketten liegt je nach Qualität bei ca. 15 bis 20 % der Bruchlast.

Um die Dauerfestigkeit insbesondere der Kettenlaschen zu erhöhen, werden diese kugelgestrahlt und die Laschenbohrungen kugelkalibriert, also eine zusätzliche Verfestigung der Oberflächen durchgeführt. Das Vorrecken der montierten Ketten erhöht ebenso die Dauerfestigkeit, wie es die Einlauflängung verringert.

Gelenkfläche und Gelenkflächendruck

Die Größe der Gelenkfläche bestimmt sich aus dem Bolzendurchmesser und der Hülsenlänge. Es ist also die Projektion der Lagerfläche. Die Größen der Gelenkflächen der einzelnen Ketten sind in den Maßtabellen angegeben. Wirkt auf diese Gelenkfläche die Kettenzugkraft, so ergibt sich die

Gelenkflächenpressung $p = \dfrac{P}{F}$ (N/cm^2) P = Kettenzugkraft (N)
F = Gelenkfläche (cm^2)

Von der Gelenkflächenpressung ist im wesentlichen die Lebensdauer der Kette abhängig. Die Gelenkflächenpressung liegt bei normal beanspruchten Getrieben zwischen 2000 bis 3000 N/cm^2. Auf das Verschleißverhalten der Kette wirkt auch die Größe der Gelenkbewegung ein. Die Gelenkbewegung entsteht, wenn die Kette über das Kettenrad läuft und die Glieder zueinander abwinkeln. Dabei dreht sich der Bolzen in der Buchse der Kette um einen bestimmten Winkel, der abhängig von der Zähnezahl des Kettenrades ist. Je größer die Zähnezahl des Kettenrades, um so kleiner die Gelenkbewegung. Die Mindestzähnezahl bei normalbelasteten Getrieben sollte 19 sein.

Polygon-Effekt

Wenn eine Kette ein Kettenrad umschlingt, liegen die Mittelpunkte aller Kettenbolzen auf einem Kreis, dem sogenannten Teilkreis. Die Laschen der Kette bilden ein Polygon. Wenn Rolle A **nach Bild 1.3.42** in das Kettenrad einläuft, neigt sie dazu, auf geradem Wege die Position der Rolle B zu erreichen. Das Kettenrad aber zwingt sie, einen Bogen entsprechend dem Teilkreis zu beschreiben. Wenn die Rolle A in die gezeichnete Position **nach Bild 1.3.43** gelangt ist, ist sie um den Wert $a = r_o - r_i$ gehoben worden. Dadurch werden Schwingungen in den nachfolgenden Gliedern hervorgerufen.

1.3. Zugmittelgetriebe

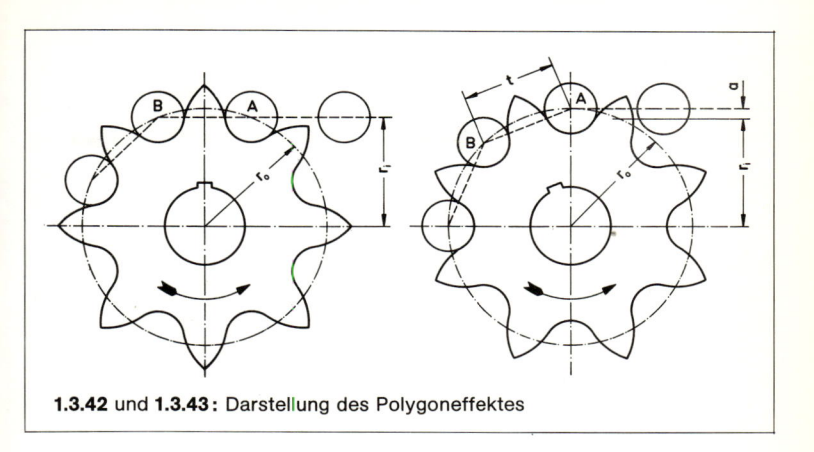

1.3.42 und **1.3.43**: Darstellung des Polygoneffektes

Die Größe des Polygon-Effektes hängt von der Zähnezahl des Kettenrades ab. Je größer die Zähnezahl, um so geringer ist die Geschwindigkeitsabweichung, um so flacher der Bogen, den das Glied durchläuft, und um so geringer ist die Schwingung der Kette.

Ein übermäßiger Polygon-Effekt ergibt ein lautes Getriebe und Schwankungen in der Umfangsgeschwindigkeit der Kettenräder. Wenn das Getriebe aber richtig ausgelegt ist, werden die Schwingungen durch die Elastizität der Kette genügend ausgeglichen. Dies ist der Fall bei mindestens 19 Zähnen für Geschwindigkeiten unter 5 m/s und bei mindestens 25 Zähnen des kleinen Kettenrades für Geschwindigkeiten über 5 m/s.

Kräfteabbau am Kettenrad

Das Kettengetriebe ist formschlüssig, Drehzahlen werden ohne Schlupf übertragen. Der Kräfteabbau in der Kette am Kettenrad vollzieht sich nach den einfachen Regeln der Kräftezerlegung. Der erste Zahn übernimmt die volle Kettenzugkraft. Damit das Kettengelenk nicht von der Zahnflanke abrutscht, übernimmt das vorauslaufende Glied, welches sich gerade zum eingelaufenen Glied abgewickelt hat, den entsprechenden Kraftanteil. Dieser Kraftanteil baut sich von Glied zu Glied weiter ab. In der aus dem Kettenrad auslaufenden Kette ist deshalb die Zugkraft voll abgebaut. Der Winkel von Glied zu Glied ist abhängig von der Zähnezahl des Kettenrades. Bei einer kleinen Zähnezahl ist der Winkel größer und der Abbau der Kräfte erfolgt über wenige Zähne. Bei Kettenrädern mit mehr Zähnen wird wegen des kleineren Winkels zwischen den Gliedern der Kettenzug über mehrere Zähne abgebaut. Wichtig ist, daß der Umschlingungswinkel der Kette um das Kettenrad mindestens 120° beträgt.

1.3.2.1.6. Abmessungen der Rollenketten

Die Rollenketten sind in allen Abmessungen nach DIN 8187 (europäische Bauart) und DIN 8188 (amerikanische Bauart) genormt. Siehe Normblätter **(Bild 1.3.44** und **1.3.45)**.

1.3.2.1.7. Auslegung von Rollenkettengetrieben

Kettengetriebe können sehr vielseitig eingesetzt werden. Daher sollte jeder Konstrukteur das vorgesehene Kettengetriebe selbst bestimmen können.

Kettengetriebe, die von der Normalausführung abweichen, wie z. B. die Übertragung veränderlicher Belastung bei wechselnden Geschwindigkeiten, müssen nach besonderen Regeln und Erfahrungswerten bestimmt werden. Das gleiche gilt z. B. auch für Rollgangsantriebe, Trommelantriebe und Mehrrädergetriebe. Die Auslegung solcher Getriebe soll man den Herstellerfirmen überlassen. Für die Auslegung eines Getriebes müssen folgende Daten bekannt sein:

Leistung der Antriebsmaschine (KW)
Drehzahl des treibenden Rades
Übersetzungsverhältnis
Betriebsbedingungen, wie z. B. Stoßbelastungen
Verfügbarer Raum

Korrektur der zu übertragenden Leistung

Die nachfolgenden Leistungsdiagramme sind auf bestimmte Grundwerte aufgebaut:

Gleichförmige Last, also keine Belastungsstöße
Treibendes Kettenrad mit 19 Zähnen

1.3. Zugmittelgetriebe

Kettenlänge mit ca. 100 Gliedern
Lebensdauererwartung von ca. 15000 Betriebsstunden bis zu einer Kettenlängung von ca. 3 %
Durchführung der empfohlenen Schmierung

Liegen abweichende Bedingungen vor, muß die zu übertragende Leistung korrigiert werden. Der Korrekturfaktor ist **Tabelle 1.3.12** zu entnehmen.

Angetriebene Maschine	Treibende Maschine		
	Kraftstoffmotor mit hydr. Getriebe	Elektromotor oder Turbine	Kraftstoffmotor mit mech. Getriebe
Stoßfreier Betrieb	1,0	1,0	1,2
Mittlere Betriebsstöße	1,2	1,3	1,4
Schwere Betriebsstöße	1,4	1,5	1,7

Tabelle 1.3.12: Stoßbeiwert f_1

Mit der korrigierten Leistung $P_k = f_1 \times P$ und der Drehzahl des kleinen Rades, kann die Kettengröße aus den Diagrammen **(Bilder 1.3.46 und 1.3.47)** bestimmt werden. Die Wahl einer Mehrfachkette wird erforderlich, wenn die Raumverhältnisse beschränkt sind, oder hohe Umdrehungszahlen die Wahl der kleinstmöglichen Kettenteilung erforderlich machen.

Die Diagramme sind auf eine Zähnezahl von 19 Zähnen aufgebaut. Sollte die gewählte Kettengröße eine Korrektur der Zähnezahl erforderlich machen, so ist über **Tabelle 1.3.13** der Korrekturfaktor f_2 zu ermitteln und damit die Leistung zusätzlich zu korrigieren. Mit dieser erneut korrigierten Leistung wird dann die endgültige Bestimmung der Kettengröße vorgenommen. Es ist zu bemerken, daß bei größeren Zähnezahlen ein Kettengetriebe ruhiger läuft.

$$P_{K1} = f_2 \times P_K$$ (Faktor f_2 siehe S. 222)

Übersetzungsverhältnis

Übersetzungsverhältnisse bis 4 sind normal, bis 10 eventuell noch mög-

1. Getriebe mit unveränderlicher Übersetzung

1 Einfach-Rollenkette

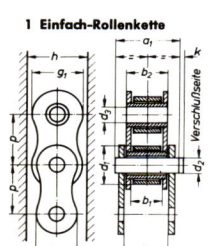

Laschen geschweift oder gerade nach Wahl des Herstellers

2 Zweifach-Rollenkette

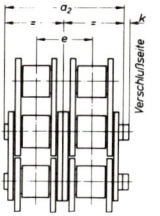

3 Dreifach-Rollenkette

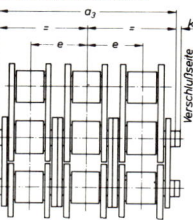

Die Ketten können auch als Vierfach-Rollenketten (4), Fünffach-Rollenketten (5) usw. hergestellt werden.

Ketten-Nr Reihe 1	2	p	b_1 min.	b_2 max.	b_3 min.	d_1 max.	d_2 h9	d_3 H11	e	g_1 max.	g_2 max.	h min.	k max.	a_1
03		5	2,5	4,15	4,25	3,2	1,49	1,52	–	4,1	4,1	4,3	2,5	7,4
04		6	2,8	4,1	4,2	4	1,85	1,87	–	5	5	5,2	2,9	7,4
05 B		8	3	4,77	4,9	5	2,31	2,36	5,64	7,11	7,11	7,37	3,1	8,6
06 B		9,525	5,72	8,53	8,66	6,35	3,28	3,33	10,24	8,26	8,26	8,52	3,3	13,5
081		12,7	3,3	5,8	5,93	7,75	3,66	3,71	–	9,91	9,91	10,17	1,5	10,2
082		12,7	2,38	4,6	4,73	7,75	3,66	3,71	–	9,91	9,91	10,17	–	8,2
083		12,7	4,88	7,9	8,03	7,75	4,09	4,14	–	10,3	10,3	10,56	1,5	12,9
084		12,7	4,88	8,8	8,93	7,75	4,09	4,14	–	11,15	11,15	11,41	1,5	14,8
085		12,7	6,38	9,07	9,2	7,77	3,58	3,63	–	9,91	9,91	10,17	2	14
08 B		12,7	7,75	11,3	11,43	8,51	4,45	4,5	13,92	11,81	10,92	12,07	3,9	17
10 B		15,875	9,65	13,28	13,41	10,16	5,08	5,13	16,59	14,73	13,72	14,99	4,1	19,6
12 B		19,05	11,68	15,62	15,75	12,07	5,72	5,77	19,46	16,13	16,13	16,39	4,6	22,7
	16 B	25,4	17,02	25,45	25,58	15,88	8,28	8,33	31,88	21,08	21,08	21,34	5,4	36,1
	20 B	31,75	19,56	29,01	29,14	19,05	10,19	10,24	36,45	26,42	26,42	26,68	6,1	43,2
	24 B	38,1	25,4	37,92	38,05	25,4	14,63	14,68	48,36	33,4	33,4	33,73	6,6	53,4
	28 B	44,45	30,99	46,58	46,71	27,94	15,9	15,95	59,56	37,08	37,08	37,46	7,4	65,1
	32 B	50,8	30,99	45,57	45,7	29,21	17,81	17,86	58,55	42,29	42,29	42,72	7,9	67,4
	40 B	63,5	38,1	55,75	55,88	39,37	22,89	22,94	72,29	52,96	52,96	53,49	10,2	82,6
	48 B	76,2	45,72	70,56	70,69	48,26	29,24	29,29	91,21	63,88	63,88	64,52	10,5	99,1
	56 B	88,9	53,34	81,33	81,46	53,98	34,32	34,37	106,6	77,85	77,85	78,64	11,7	114,6
	64 B	101,6	60,96	92,02	92,15	63,5	39,4	39,45	119,89	90,17	90,17	91,08	13	130,9
	72 B	114,3	68,58	103,81	103,94	72,39	44,48	44,53	136,27	103,63	103,63	104,67	14,3	147,4

[1]) Länge der Kette in Metern oder in Gliedern bei Bestellung angeben. Bei Bestellung in Metern sind die Endglieder stets Innenglieder. Nach Gliederanzahl bestellte Rollenketten enthalten einbaufertige Verbindungsglieder, und zwar Ketten mit gerader Gliederanzahl Steckglieder. Bei Rollenketten mit ungerader Gliederanzahl (möglichst vermeiden) sind entweder gekröpfte Doppelglieder oder gekröpfte Glieder mit Außengliedern vernietet bzw. mit Steckgliedern verbunden.

[2]) Bei gekröpften Gliedern (möglichst vermeiden) darf nur mit einer 0,8fachen Bruchkraft gerechnet werden.

Kettenräder für Hülsen- und Rollenketten, Profilabmessungen, siehe DIN 8196
Hülsenketten, Rollenketten, Berechnung der Antriebe, siehe DIN 8195
Rollenketten, Amerikanische Bauart, siehe DIN 8188
Rollenketten, langgliedrig, siehe DIN 8181

1.3. Zugmittelgetriebe

DK 672.658 : 621.855 — DEUTSCHE NORMEN — **August 1972**

Rollenketten
Europäische Bauart

DIN 8187

Roller chains; european type

Zusammenhang mit der von der International Organization for Standardization (ISO) herausgegebenen Empfehlung ISO/R 606-1967, siehe Erläuterungen.

Maße in mm

Die Rollenketten und die Kettenteile für den Zusammenbau brauchen der bildlichen Darstellung nicht zu entsprechen; nur die angegebenen Maße sind einzuhalten.

Bezeichnung von 12,7 m[1]) Rollenkette mit Ketten-Nr 10 B als Einfach-Rollenkette (1):

12,7 m Rollenkette 10 B — 1 DIN 8187

(Frühere Bezeichnung dieser 12,7 m langen Einfach-Rollenkette (1) mit einer Teilung $p = 15{,}875$ mm und einer inneren Breite $b_1 = 9{,}65$ mm: **12,7 m Rollenkette 1 × 15,875 × 9,65 DIN 8187**)

Bezeichnung einer Rollenkette mit Ketten-Nr 10 B mit 100 Gliedern als Zweifach-Rollenkette (2):

Rollenkette 10 B — 2 × 100 DIN 8187

(Frühere Bezeichnung dieser Zweifach-Rollenkette (2) mit einer Teilung $p = 15{,}875$ mm und einer inneren Breite $b_1 = 9{,}65$ mm und mit 100 Gliedern: **Rollenkette 2 × 15,875 × 9,65 × 100 DIN 8187**)

Sollen Rollenketten mit einem bestimmten Zusammenbauglied geliefert werden, z. B. Steckglied mit Federverschluß (E), so lautet die Bezeichnung: **Rollenkette 10 B — 2 × 100 E DIN 8187**

Einfach-Rollenkette (1)				Zweifach-Rollenkette (2)					Dreifach-Rollenkette (3)			
Bruch-kraft[2]) N min.	Meß-kraft N	Ge-lenk-fläche cm²	Ge-wicht kg/m ≈	a_2 max.	Bruch-kraft[2]) N min.	Meß-kraft N	Ge-lenk-fläche cm²	Ge-wicht kg/m ≈	a_3 max.	Bruch-kraft[2]) N min.	Meß-kraft N	Ge-lenk-fläche cm²	Ge-wicht kg/m ≈
2 000	20	0,06	0,08	—	—	—	—	—	—	—	—	—	—
3 000	30	0,07	0,12	—	—	—	—	—	—	—	—	—	—
4 600	50	0,11	0,18	14,3	8 000	100	0,22	0,36	19,9	11 400	150	0,33	0,54
9 100	80	0,28	0,41	23,8	17 300	150	0,55	0,78	34	25 400	220	0,83	1,18
8 200	130	0,21	0,28	—	—	—	—	—	—	—	—	—	—
10 000	130	0,16	0,26	—	—	—	—	—	—	—	—	—	—
12 000	130	0,32	0,42	—	—	—	—	—	—	—	—	—	—
16 000	130	0,35	0,59	—	—	—	—	—	—	—	—	—	—
6 800	130	0,32	0,38	—	—	—	—	—	—	—	—	—	—
18 200	130	0,50	0,70	31	31 800	250	1,00	1,35	44,9	45 400	380	1,50	2,0
22 700	200	0,67	0,95	36,2	45 400	400	1,34	1,85	52,8	68 100	600	2,02	2,8
29 500	300	0,89	1,25	42,2	59 000	560	1,78	2,5	61,7	88 500	850	2,68	3,8
58 000	400	2,10	2,7	68	110 000	1 000	4,21	5,4	99,9	165 000	1 500	6,32	8
95 000	800	2,95	3,6	79,7	180 000	1 600	5,91	7,2	116,1	270 000	2 400	8,86	11
170 000	1 100	5,54	6,7	101,8	324 000	2 200	11,09	13,5	150,2	485 000	3 300	16,64	21
200 000	1 500	7,40	8,3	124,7	381 000	3 000	14,81	15,6	184,3	571 000	4 500	22,21	25
260 000	2 000	8,11	10,5	126	495 000	4 000	16,23	21	184,5	743 000	6 000	24,34	32
360 000	3 000	12,76	16	154,9	680 000	6 200	25,52	32	227,2	1 000 000	9 000	38,28	48
560 000	4 500	20,63	25	190,4	1 000 000	9 000	41,26	50	261,6	1 600 000	14 000	61,89	75
850 000	6 100	27,91	35	221,2	1 600 000	12 000	55,82	70	330	2 350 000	19 000	83,73	105
1 100 000	8 000	36,25	60	250,8	2 100 000	16 000	72,5	120	370,7	3 100 000	24 000	108,75	180
1 400 000	10 000	46,17	80	283,7	2 700 000	20 000	92,34	160	420	4 000 000	31 000	138,5	240

Die Ketten der Reihe 1 stimmen überein mit der ISO-Empfehlung ISO/R 606; die Ketten der Reihe 2, mit Ausnahme der Kette Nr 03 und 04, haben die gleichen Abmessungen wie nach der ISO-Empfehlung; aber höhere Mindest-Bruchkräfte.

Zulässige Längenabweichungen der trockenen, ungeölten Kette unter Meßkraft: $+0{,}15\,\%$ bei Meßlänge $49 \times p$, jedoch höchstens 1500 mm. Bei der Messung muß die Kette in ihrer Gesamtlänge abgestützt sein.

Für die Prüfung der Bruchkraft sind Ketten mit einer Länge von mindestens $5 \times p$ zu verwenden, die mit Bolzen an Außen- oder Innenlaschenbohrungen kardanisch beweglich aufgehängt sind. Hierbei sind Biegebeanspruchungen zu vermeiden. Brüche an den Einspannseiten sind nicht zu berücksichtigen. Alle Ketten sind bei der Herstellung mit einer Prüfkraft von $1/3$ der Bruchkraft zu prüfen.

Werkstoff (nach Wahl des Herstellers): Einsatzstahl nach DIN 17 210, Vergütungsstahl nach DIN 17 200

Ausführung: geölt oder gefettet; andere Ausführung nach Vereinbarung.

Fortsetzung Seite 2 und 3
Erläuterungen Seite 3

Arbeitsausschuß Stahlgelenkketten im Deutschen Normenausschuß (DNA)

1.3.44: Rollenketten (Europäische Bauart)

1. Getriebe mit unveränderlicher Übersetzung

1 Einfach-Rollenkette

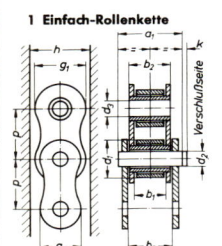

Laschen geschweift oder gerade nach Wahl des Herstellers

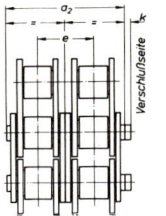

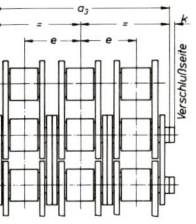

2 Zweifach-Rollenkette

3 Dreifach-Rollenkette

Die Ketten können auch als Vierfach-Rollenketten (4), Fünffach-Rollenketten (5) usw. hergestellt werden.

Ketten-Nr	p	b_1 min.	b_2 max.	b_3 min.	d_1 max.	d_2 h9	d_3 H10	e	g_1 max.	g_2 max.	h min.	k max.	a_1 max.	Einfach Bruchkraft [2] N min.
08 A	12,7	7,95	11,18	11,31	7,92	3,96	4,01	14,38	12,07	10,41	12,33	3,9	17,8	14 100
10 A	15,875	9,53	13,84	13,97	10,16	5,08	5,13	18,11	15,09	13,03	15,35	4,1	21,8	22 200
12 A	19,05	12,7	17,75	17,88	11,91	5,94	5,99	22,78	18,08	15,62	18,34	4,6	26,9	31 800
16 A	25,4	15,88	22,61	22,74	15,88	7,92	7,97	29,29	24,13	20,83	24,39	5,4	33,5	56 700
20 A	31,75	19,05	27,46	27,59	19,05	9,53	9,58	35,76	30,18	26,04	30,48	6,1	41,1	88 500
24 A	38,1	25,4	35,46	35,59	22,23	11,1	11,15	45,44	36,2	31,24	36,55	6,6	50,8	127 000
28 A	44,45	25,4	37,19	37,32	25,4	12,7	12,75	48,87	42,24	36,45	42,67	7,4	54,9	172 400
32 A	50,8	31,75	45,21	45,34	28,58	14,27	14,32	58,55	48,26	41,66	48,74	7,9	65,5	226 800
40 A	63,5	38,1	54,89	55,02	39,68	19,84	19,89	71,55	60,33	52,07	60,93	10,2	80,3	353 800
48 A	76,2	47,63	67,82	67,95	47,63	23,8	23,85	87,83	72,39	62,48	73,13	10,5	95,5	510 300

[1] Länge der Kette in Metern oder in Gliedern bei Bestellung angeben. Bei Bestellung in Metern sind die Endglieder stets Innenglieder. Nach Gliederanzahl bestellte Rollenketten enthalten einbaufertige Verbindungsglieder, und zwar Ketten mit gerader Gliederanzahl Steckglieder. Bei Rollenketten mit ungerader Gliederanzahl (möglichst vermeiden) sind entweder gekröpfte Doppelglieder oder gekröpfte Glieder mit Außengliedern vernietet bzw. mit Steckgliedern verbunden.

[2] Bei gekröpften Gliedern (möglichst vermeiden) darf nur mit einer 0,8fachen Bruchkraft gerechnet werden.

Kettenräder für Hülsen- und Rollenketten, Profilabmessungen, siehe DIN 8196
Hülsenketten, Rollenketten, Berechnung der Antriebe, siehe DIN 8195
Rollenketten, Europäische Bauart, siehe DIN 8187
Rollenketten, langgliedrig, siehe DIN 8181

1.3. Zugmittelgetriebe

DK 672.658 : 621.855	DEUTSCHE NORMEN	August 1972
	Rollenketten Amerikanische Bauart	**DIN 8188**

Roller chains, american type

Zusammenhang mit der von der International Organization for Standardization (ISO) herausgegebenen Empfehlung ISO/R 606-1967, siehe Erläuterungen.

Maße in mm

Die Rollenketten und die Kettenteile für den Zusammenbau brauchen der bildlichen Darstellung nicht zu entsprechen; nur die angegebenen Maße sind einzuhalten.

Bezeichnung von 12,7 m¹) Rollenkette mit Ketten-Nr 12 A als Einfach-Rollenkette (1):

12,7 m Rollenkette 12 A – 1 DIN 8188

(Frühere Bezeichnung dieser 12,7 m langen Einfach-Rollenkette (1) mit einer Teilung $p = 19,05$:

12,7 m Rollenkette 1 × 19,05 DIN 8188)

Bezeichnung einer Rollenkette mit Ketten-Nr 12 A mit 100 Gliedern als Zweifach-Rollenkette (2):

Rollenkette 12 A – 2 × 100 DIN 8188

(Frühere Bezeichnung dieser Zweifach-Rollenkette (2) mit einer Teilung $p = 19,05$ mm in Regelausführung und mit 100 Gliedern: **Rollenkette 2 × 19,05 × 100 DIN 8188)**

Sollen Rollenketten mit einem bestimmten Zusammenbauglied geliefert werden, z. B. Steckglied mit Federverschluß (E), so lautet die Bezeichnung: **Rollenkette 12 A – 2 × 100 E DIN 8188**

-Rollenkette (1)			Zweifach-Rollenkette (2)					Dreifach-Rollenkette (3)				
Meß-kraft N	Ge-lenk-fläche cm²	Ge-wicht kg/m	a_t max.	Bruch-kraft²) N min.	Meß-kraft N	Ge-lenk-fläche cm²	Ge-wicht kg/m	a_t max.	Bruch-kraft²) N min.	Meß-kraft N	Ge-lenk-fläche cm²	Ge-wicht kg/m
130	0,44	0,609	28,2	28 200	260	0,88	1,19	46,7	42 300	390	1,32	1,78
200	0,70	1,01	39,9	44 400	400	1,40	1,92	57,9	66 600	600	2,10	2,89
290	1,06	1,47	49,8	63 600	570	2,12	2,9	72,6	95 400	860	3,18	4,28
510	1,79	2,57	62,7	113 400	1 020	3,58	5,01	91,7	170 100	1 520	5,37	7,47
790	2,62	3,73	77	177 000	1 590	5,24	7,31	113	265 500	2 380	7,86	11,01
1 130	3,94	5,5	96,3	254 000	2 270	7,88	10,94	141,7	381 000	3 400	11,82	16,5
1 540	4,72	7,5	103,6	344 800	3 080	9,44	14,36	152,4	517 200	4 630	14,16	21,7
2 040	6,5	9,7	124,2	453 600	4 080	13,0	19,1	182,9	680 400	6 120	19,5	28,3
3 180	10,9	15,8	151,9	707 600	6 350	21,8	32	223,5	1 061 400	9 530	32,7	48
4 540	16,1	22,6	183,4	1 020 600	9 070	32,2	44	271,3	1 530 900	13 610	48,3	66

Zulässige Längenabweichungen der trockenen, ungeölten Kette unter Meßkraft: $+0,15\%\atop 0$ bei Meßlänge $49 \times p$, jedoch höchstens 1500 mm. Bei der Messung muß die Kette in ihrer Gesamtlänge abgestützt sein.

Für die Prüfung der Bruchkraft sind Ketten mit einer Länge von mindestens $5 \times p$ zu verwenden, die mit Bolzen an Außen- oder Innenlaschenbohrungen kardanisch beweglich aufgehängt sind. Hierbei sind Biegebeanspruchungen zu vermeiden. Brüche an den Einspannseiten sind nicht zu berücksichtigen. Alle Ketten sind bei der Herstellung mit einer Prüfkraft von ¹/₃ der Bruchkraft zu prüfen.

Werkstoff (nach Wahl des Herstellers): Einsatzstahl nach DIN 17 210, Vergütungsstahl nach DIN 17 200

Ausführung: geölt oder gefettet; andere Ausführung nach Vereinbarung.

Fortsetzung Seite 2
Erläuterungen Seite 2

Arbeitsausschuß Stahlgelenkketten im Deutschen Normenausschuß (DNA)

1.3.45: Rollenketten (Amerikanische Bauart)

220   1. Getriebe mit unveränderlicher Übersetzung

Bem.: Für die Ketten 56 B, 64 B und 72 B liegen keine Leistungskurven vor. Die Auslegung dieser großen Getriebe sollte dem Hersteller überlassen werden.

1.3.46: Leistungsdiagramm für Rollenketten nach DIN 8187 (Europäische Bauart)

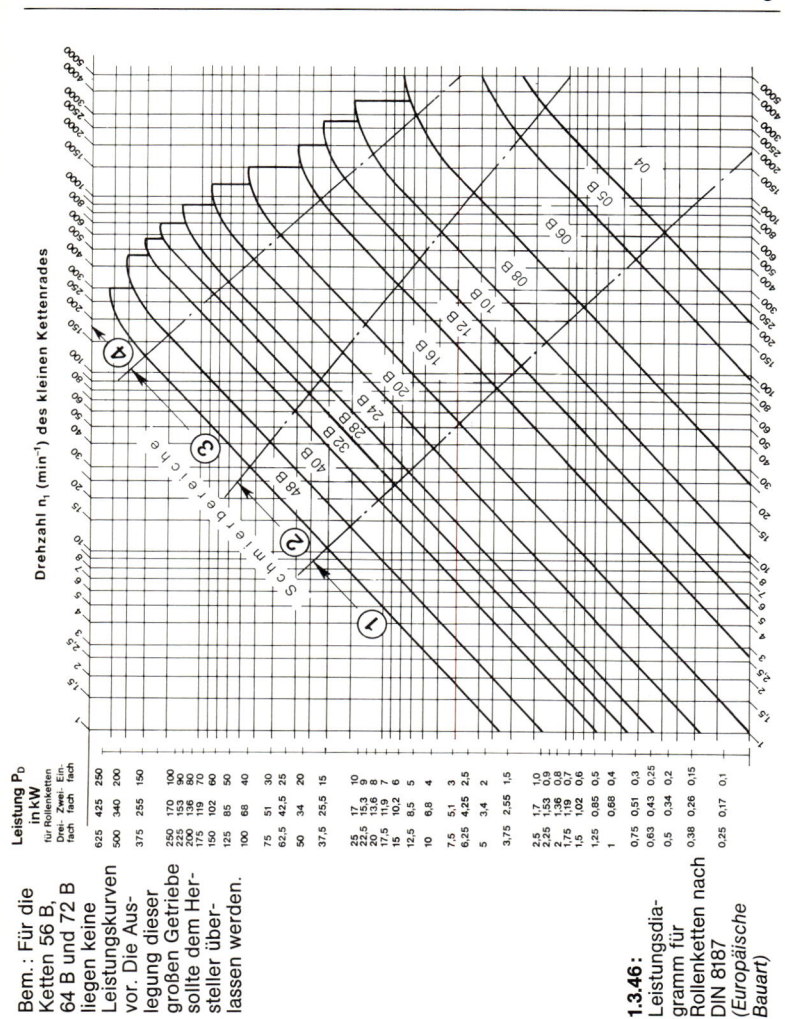

1.3. Zugmittelgetriebe

Drehzahl n_1 (min^{-1}) des kleinen Kettenrades

Leistung P_D in kW für Rollenketten		
Drei-fach	Zwei-fach	Ein-fach
625	425	250
500	340	200
375	255	150
250	170	100
225	153	90
200	136	80
175	119	70
150	102	60
125	85	50
100	68	40
75	51	30
62,5	42,5	25
50	34	20
37,5	25,5	15
25	17	10
22,5	15,3	9
20	13,6	8
17,5	11,9	7
15	10,2	6
12,5	8,5	5
10	6,8	4
7,5	5,1	3
6,25	4,25	2,5
5	3,4	2
3,75	2,55	1,5
2,5	1,7	1,0
2,25	1,53	0,9
2	1,36	0,8
1,75	1,19	0,7
1,5	1,02	0,6
1,25	0,85	0,5
1	0,68	0,4
0,75	0,51	0,3
0,63	0,43	0,25
0,5	0,34	0,2
0,38	0,26	0,15
0,25	0,17	0,1

Bem.: Für die Kette 48 A liegt keine Leistungskurve vor. Die Auslegung dieser großen Getriebe sollte dem Hersteller überlassen werden.

1.3.47: Leistungsdiagramm für Rollenketten nach DIN 8188 (Amerikanische Bauart)

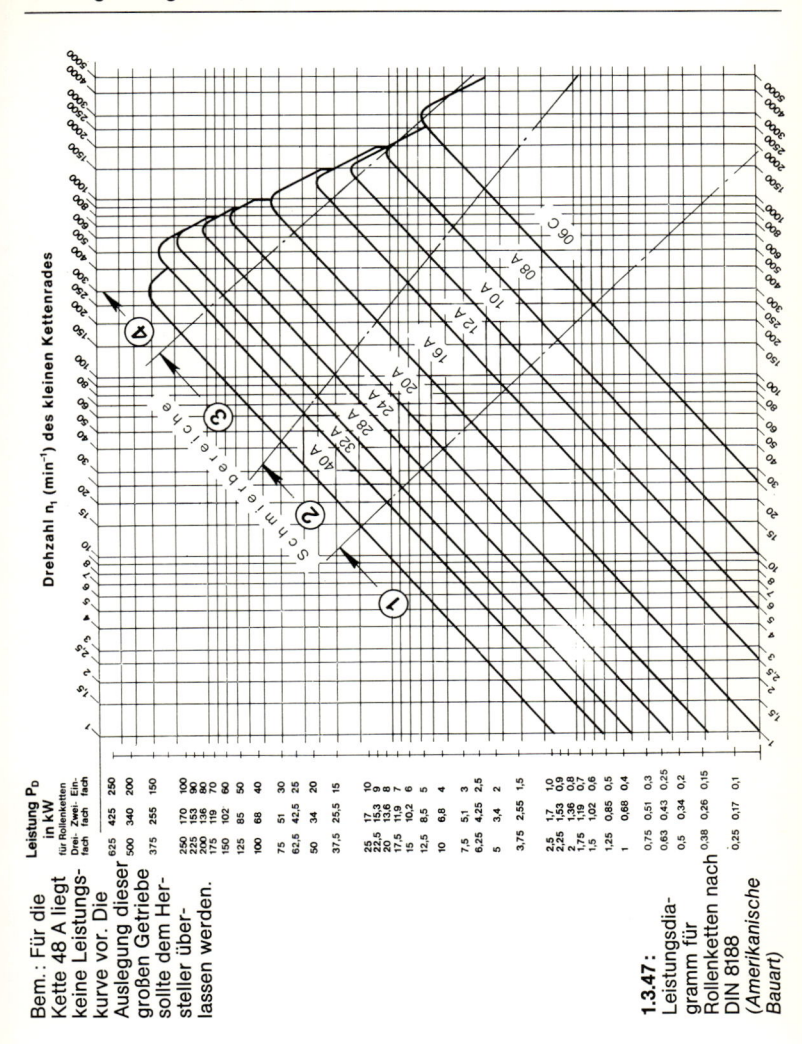

Zähnezahl	Faktor f_2	Zähnezahl	Faktor f_2
15	1,26	27	0,70
16	1,18	28	0,68
17	1,12	29	0,66
18	1,05	30	0,64
19	1,00	31	0,62
20	0,95	32	0,60
21	0,91	33	0,58
22	0,87	34	0,56
23	0,83	35	0,54
24	0,79	36	0,53
25	0,76	37	0,52
26	0,73	38	0,50

Tabelle 1.3.13: Zähnezahl – Faktor f_2

lich. Sind größere Übersetzungsverhältnisse erforderlich, sollten mehrere Getriebe hintereinander angeordnet werden. Bei der Wahl der Zähnezahl des großen Kettenrades sollten die Standard-Zähnezahlen beachtet werden, da Kettenräder mit diesen Zähnezahlen von den Herstellern auf Lager gehalten werden.

Standardzähnezahlen

12, 13, 14, 15, 16, 17, 18, 19, 20, 21, 22, 23, 24, 25, 27, 30, 38, 57, 76, 95, 114

Achsabstand

Ein Achsabstand zwischen 10- und 30mal Kettenteilung soll angestrebt werden. Es ist darauf zu achten, daß der Umschlingungswinkel am kleinen Kettenrad mindestens 120° beträgt. Bei einem Übersetzungsverhältnis von 3 und weniger, beträgt der Umschlingungswinkel stets 120° oder mehr. Bei größeren Übersetzungsverhältnissen erreicht man den Umschlingungswinkel dadurch, daß der Achsabstand nicht kleiner gewählt wird, als der Unterschied zwischen den Außendurchmessern der beiden Kettenräder ausmacht. Achsabstand $a \geqq d_{k2} - d_{k1}$

1.3. Zugmittelgetriebe

Maximaler Achsabstand

Als maximaler Achsabstand kann eine Länge von 80 Kettenteilungen angesehen werden; sehr lange Achsabstände ergeben zuviel Durchhang, wenn die Kette nicht durch Gleitschuhe oder Spannräder geführt wird. Bei ungewöhnlich langen Achsabständen sollten zwei oder mehr Getriebe hintereinander angeordnet werden.

Verstellbare und feste Achsabstände

Achsabstände können verstellbar oder fest sein. Bei verstellbaren Achsabständen kann die Kettenlängung einfacher ausgeglichen werden. Die Verstellmöglichkeiten sollten wenigstens 1 1/2 Kettenteilungen betragen. Bei Getrieben mit festen Achsabständen sollte ein Spannrad oder ein Spannschuh vorgesehen werden, um die Kettenlängung auszugleichen. Der Kettenkasten muß so bemessen sein, daß genügend Raum für den durch die Kettenlängung stärker werdenden Durchhang besteht, damit die Lebensdauer der Kette bis zum Äußersten ausgenutzt werden kann.

Getriebe mit mehr als zwei Kettenrädern und solche, die außergewöhnlichen Bedingungen ausgesetzt sind, verlangen besondere Überlegungen. Es ist daher empfehlenswert, daß Sie sich in solchen Fällen an die Herstellerfirmen wenden.

Berechnung der Kettenlänge **(Bild 1.3.48)**

Gliederzahl $\quad X = 2\,\dfrac{a}{t} + \dfrac{z_1 + z_2}{2} + \left(\dfrac{z_2 - z_1}{2\,\pi}\right)^2 \dfrac{t}{a}$

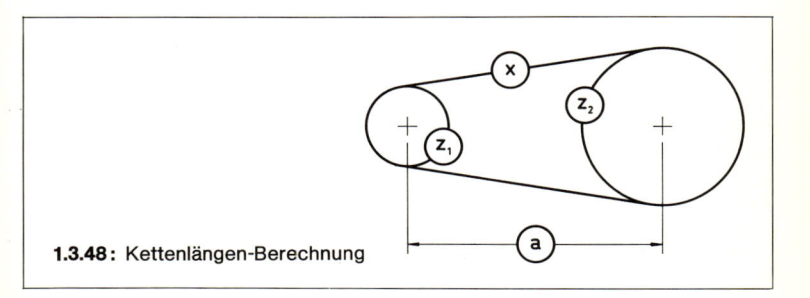

1.3.48: Kettenlängen-Berechnung

C	D	C	D	C	D	C	D
1	0,03	31	24,33	61	94,25	91	209,76
2	0,10	32	25,93	62	97,36	92	214,39
3	0,23	33	27,58	63	100,52	93	219,07
4	0,41	34	29,28	64	103,73	94	223,80
5	0,63	35	31,02	65	107,02	95	228,58
6	0,91	36	32,82	66	110,33	96	233,42
7	1,24	37	34,67	67	113,70	97	238,30
8	1,62	38	36,57	68	117,12	98	243,27
9	2,05	39	38,53	69	120,58	99	248,25
10	2,53	40	40,53	70	124,10	100	253,29
11	3,07	41	42,58	71	127,67	101	258,24
12	3,65	42	44,68	72	131,31	102	263,41
13	4,28	43	46,83	73	134,98	103	268,63
14	4,97	44	49,03	74	138,70	104	273,90
15	5,70	45	51,28	75	142,47	105	279,22
16	6,49	46	53,60	76	146,29	106	284,60
17	7,32	47	55,95	77	150,16	107	289,68
18	8,21	48	58,35	78	154,11	108	295,15
19	9,15	49	60,81	79	158,08	109	300,68
20	10,13	50	63,31	80	162,10	110	306,25
21	11,17	51	65,87	81	166,18	111	311,88
22	12,26	52	68,49	82	170,30	112	317,55
23	13,40	53	71,15	83	174,48	113	323,28
24	14,58	54	73,86	84	178,70	114	329,06
25	15,82	55	76,61	85	183,01	115	334,89
26	17,12	56	79,42	86	187,33	116	340,77
27	18,46	57	82,28	87	191,71	117	346,70
28	19,90	58	85,19	88	196,14	118	352,69
29	21,30	59	88,17	89	200,62	119	358,34
30	22,79	60	91,18	90	205,15	120	364,43

Tabelle 1.3.14: Zur Berechnung der Gliederzahl

Vereinfachte Formel unter Verwendung des Tabellenwertes D nach **Tabelle 1.3.14**

$$C = z_2 - z_1$$

$$X = 2\,\frac{a}{t} + \frac{z_1 + z_2}{2} + \frac{D \cdot t}{a}$$

Berechnung des Achsabstandes nach festgelegter Kettenlänge.

Bei gleicher Zähnezahl $z_1 = z_2 = z$

$$a = \frac{X - z}{2} \cdot t$$

Bei ungleicher Zähnezahl $z_1 < z_2$
Formel nach DIN 8195

$$a = \frac{t}{4} \left[\left(X - \frac{z_1 + z_2}{2} \right) + \sqrt{\left(X - \frac{z_1 + z_2}{2} \right)^2 - 2\left(\frac{z_2 - z_1}{\pi} \right)^2} \right]$$

Vereinfachte Formel unter Benutzung des Tabellenwertes B nach **Tabelle 1.3.15**

$$a = [2\,X - (z_1 + z_2)] \cdot B \cdot t$$

Zur Ermittlung des Wertes B benötigt man den Wert A, der sich aus der Formel errechnet

$$A = \frac{X - z_1}{z_2 - z_1}$$

1.3.2.1.8. Schmierung von Kettengetrieben

Eine wirksame Schmierung trägt wesentlich zu einer längeren Lebensdauer der Kette bei. Das Schmiermittel muß erstens im Kettengelenk, also zwischen Bolzen und Hülse und zweitens zwischen Rolle und Kettenrad wirksam werden und den Verschleiß verhindern bzw. vermindern. Damit insbesondere das Kettengelenk durch den Schmierstoff erreicht wird, muß dieser so auf die Laschen aufgebracht werden, daß es zwischen den Außen- und Innenlaschen hindurch vordringen kann **(Bild 1.3.49)**.

A	B	A	B	A	B
13	0,24991	2,4	0,24643	1,42	0,23381
12	990	2,3	602	1,40	301
11	988	2,2	552	1,39	259
10	986	2,1	493	1,38	215
9	983	2,0	421	1,37	170
8	978	1,95	380	1,36	123
7	970	1,90	333	1,35	073
6	958	1,85	281	1,34	022
5	937	1,80	222	1,33	0,22968
4,8	931	1,75	156	1,32	912
4,6	925	1,70	081	1,31	854
4,4	917	1,68	048	1,30	793
4,2	907	1,66	013	1,29	729
4,0	896	1,64	0,23977	1,28	662
3,8	883	1,62	938	1,27	593
3,6	868	1,60	897	1,26	520
3,4	849	1,58	854	1,25	443
3,2	825	1,56	807	1,24	361
3,0	795	1,54	758	1,23	275
2,9	778	1,52	705	1,22	185
2,8	758	1,50	648	1,21	090
2,7	735	1,48	588	1,20	0,21990
2,6	708	1,46	524	1,19	884
2,5	678	1,44	455	1,18	771
2,4	643	1,42	381	1,17	652

Tabelle 1.3.15: Für Achsabstandsberechnung

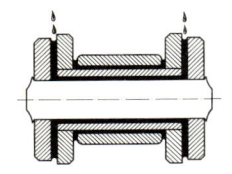

1.3.49: Schmierung des Kettengelenkes

1.3. Zugmittelgetriebe

1.3.50: Handschmierung mit Pinsel

Arten der Schmierung

In den Leistungsdiagrammen der Bilder 1.3.46 und 1.3.47 sind die Schmierbereiche entsprechend abgegrenzt.

Schmierbereich 1 = Handschmierung durch Ölkanne oder Pinsel **(Bild 1.3.50)**.

Das Auftragen von Öl erfolgt mittels Ölkanne oder Pinsel. Bei offenen Getrieben ist bei einer Ölschmierung herabtropfendes Öl nicht zu vermeiden. Es ist deshalb in vielen Fällen eine Schmierung mit Haftschmierstoffen zu empfehlen. Haftschmierstoffe sind mit einem Fluid gemischt und daher im Aufbringungszustand dünnflüssig, so daß sie in das Kettengelenk vordringen können. Nach dem Aufbringen verdunstet das Fluid und es bleibt ein zähhaftender, nicht abtropfender Schmierfilm zurück. Zur Erhöhung der Langzeitschmierung ist einigen Schmierstoffen Graphit oder Molybdändisulfid beigemischt. Haftschmierstoffe brauchen nur sehr dünn aufgetragen werden. Starke Verschmutzungen entfernt man vor dem Nachschmieren.

Schmierbereich 2 = Tropfschmierung **(Bild 1.3.51)**

Zur Tropfschmierung ist eine besondere Einrichtung erforderlich, die 4 bis 5 Tropfen pro Minute aufbringen kann. Je nach den Betriebsbedingungen ist eine Intervallschmierung zulässig.

Schmierbereich 3 = Ölbad oder Ölschleuderscheibe **(Bild 1.3.52 und 1.3.53)**

1. Getriebe mit unveränderlicher Übersetzung

1.3.51: Tropfschmierung

1.3.52: Ölbadschmierung

1.3.53: Ölbadschmierung mit Schleuderscheibe

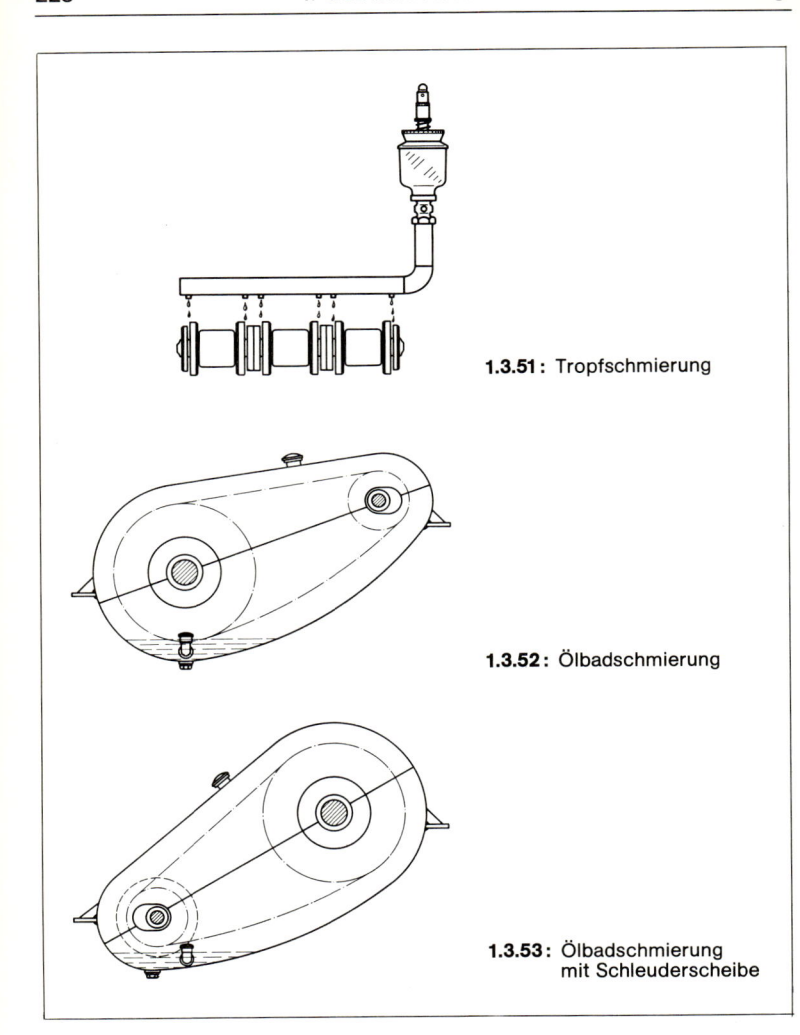

1.3. Zugmittelgetriebe

1.3.54: Umlaufschmierung

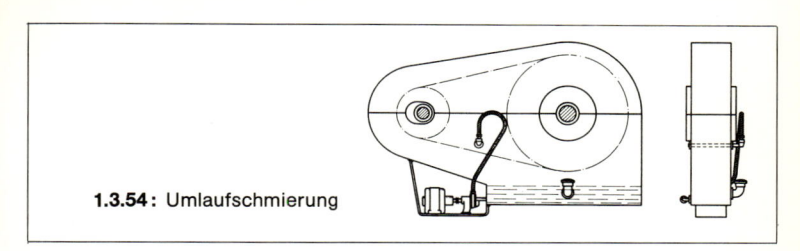

Beim Ölbad wird das untere Kettentrum durch das Öl geführt, wobei der Ölspiegel nur so hoch stehen soll, daß die Kette höchstens bis zur Rolle eintaucht.

Bei der Ölschleuderscheibe liegt die Kette über der Ölfläche. Das Öl wird durch die Scheibe aufgenommen und indirekt auf die Kette gebracht. Der Durchmesser der Scheibe sollte so gewählt werden, daß die Umfangsgeschwindigkeit mindestens 3 m/s bis maximal 40 m/s beträgt.

Schmierbereich 4 = Umlaufschmierung **(Bild 1.3.54)**

Umlaufschmierung ist die wirksamste Schmiermethode. Sie erfolgt entweder durch ein bereits bestehendes Ölumlaufsystem oder durch eine Pumpe, die von der Hauptantriebswelle oder einem separaten Motor angetrieben wird.

Viskosität des Schmieröles

Die richtige Viskosität für die verschiedensten Temperaturbereiche ergibt sich aus folgender Tabelle:

Temperatur in °C	entsprechendes Motoröl
− 5 bis + 5	SAE 20
+ 5 bis + 38	SAE 30
+ 38 bis + 49	SAE 40
+ 49 bis + 60	SAE 40

Bei Betriebstemperaturen von mehr als 150° C kann ein trockenes Schmiermittel wie Kolloidgraphit in einem Lösungsmittel, bei hohen Belastungen ein Hochdrucköl, verwendet werden. Kettengetriebe sollten gegen Staub, Schmutz und Rost geschützt werden. Es ist empfehlenswert, das Öl bei Bad- und Umlaufschmierung nach den ersten 500 Betriebsstunden und später alle 2500 Betriebsstunden zu erneuern.

Typ A **Typ B** **Typ C** **Typ D**

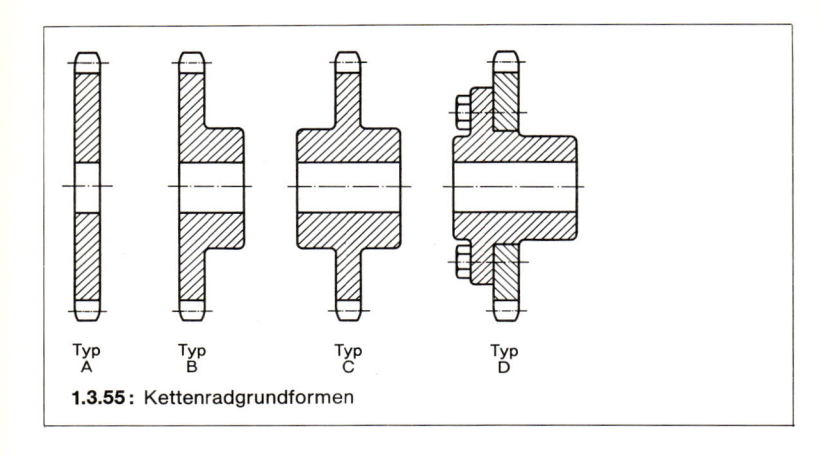

1.3.55: Kettenradgrundformen

1.3.2.1.9. Kettenräder

Grundformen

Es gibt drei Grundformen von Kettenrädern (siehe **Bild 1.3.55**).

Ausführung A	Kettenradscheibe
Ausführung B	Kettenrad mit einseitiger Nabe
Ausführung C	Kettenrad mit beidseitiger Nabe

A und B sind Standardausführungen.

Kettenräder werden aus Material mit einer Mindestfestigkeit von 500 N/mm^2 bzw. bei größeren Rädern ab 38 Zähne aus Grauguß oder Gußstahl hergestellt. Für hoch beanspruchte Kettenräder ist ein Werkstoff von höherer Festigkeit, ca. 700 N/mm^2, zu empfehlen. Bei abnormalen Betriebsbedingungen z. B. starke Verschmutzung und schlechte Schmierung sowie bei hohen Kettengeschwindigkeiten, sollte das kleine Rad gehärtete Zähne haben.

Abmessungen

Die Verzahnung der Kettenräder ist nach DIN 8196 genormt.
Die Abmessungen der Nabe errechnen sich aus dem Durchmesser der Bohrung.

1.3. Zugmittelgetriebe

Stahlräder   Nabendurchmesser = 1,7 mal Bohrung
Nabenlänge   = 1,5 mal Bohrung

Gußräder   Nabendurchmesser = 1,9 mal Bohrung
Nabenlänge   = 1,5 mal Bohrung

Der Teilkreisdurchmesser errechnet sich aus der Formel:

$$d_O = t \cdot x \qquad \begin{matrix} t = \text{Kettenteilung} \\ x = \text{Zähnezahlfaktor} \end{matrix} \quad \text{(siehe \textbf{Tabelle 1.3.16})}$$

Fußkreisdurchmesser

$$d_f = d_O - d_1 \qquad d_1 = \text{Rollendurchmesser}$$

Außendurchmesser

$$d_k = d_o + 0{,}55\, d_1 \qquad \text{bis 14 Zähne}$$
$$ d_o + 0{,}65\, d_1 \qquad \text{15 bis 24 Zähne}$$
$$ d_o + 0{,}8\, d_1 \qquad \text{über 24 Zähne}$$

Der Nabendurchmesser darf durch die aufgelegte Kette nicht berührt werden.

Der maximal mögliche Nabendurchmesser wird auch Freikreisdurchmesser genannt.

$$d_n = d_O - (g_1 + \text{Sicherheitsabstand})$$
$$g = \text{Laschenbreite}$$

Sicherheitsabstand je nach Kettengröße von 2 bis 10 mm.

1.3.2.2. Zahnkettengetriebe

1.3.2.2.1. Allgemeines

Das Zahnkettengetriebe ist in seiner Art und Wirkungsweise mit dem Rollenkettengetriebe zu vergleichen. Die Zahnkette greift mit besonders ausgebildeten Laschen in die Verzahnung eines Kettenrades. Es ist somit ebenfalls ein formschlüssiges Kettengetriebe.

1. Getriebe mit unveränderlicher Übersetzung

z	x	z	x	z	x	z	x	z	x
6	2,000	26	8,296	46	14,654	66	21,016	86	27,381	106	33,746
7	2,305	27	8,614	47	14,972	67	21,335	87	27,699	107	34,064
8	2,613	28	8,931	48	15,290	68	21,653	88	28,017	108	34,382
9	2,924	29	9,249	49	15,608	69	21,971	89	28,336	109	34,701
10	3,236	30	9,567	50	15,926	70	22,289	90	28,654	110	35,019
11	3,549	31	9,885	51	16,244	71	22,607	91	28,972	111	35,337
12	3,864	32	10,202	52	16,562	72	22,926	92	29,290	112	35,656
13	4,179	33	10,520	53	16,880	73	23,244	93	29,609	113	35,974
14	4,494	34	10,838	54	17,198	74	23,562	94	29,927	114	36,292
15	4,810	35	11,156	55	17,517	75	23,880	95	30,245	115	36,610
16	5,126	36	11,474	56	17,835	76	24,199	96	30,563	116	36,929
17	5,442	37	11,792	57	18,153	77	24,517	97	30,882	117	37,247
18	5,759	38	12,110	58	18,471	78	24,835	98	31,200	118	37,565
19	6,076	39	12,428	59	18,789	79	25,153	99	31,518	119	37,883
20	6,393	40	12,746	60	19,107	80	25,471	100	31,836	120	38,202
21	6,710	41	13,064	61	19,425	81	25,790	101	32,155	121	38,520
22	7,027	42	13,382	62	19,744	82	26,108	102	32,473	122	38,838
23	7,345	43	13,700	63	20,062	83	26,426	103	32,791	123	39,157
24	7,661	44	14,018	64	20,380	84	26,744	104	33,109	124	39,475
25	7,979	45	14,336	65	20,698	85	27,063	105	33,428	125	39,793

Tabelle 1.3.16: Für Teilkreisberechnung

1.3. Zugmittelgetriebe

n	x	n	x	n	x	n	x	n	x
126	40,111	141	44,886	156	49,660	171	54,434	186	59,209	201	63,983
127	40,430	142	45,204	157	49,978	172	54,753	187	59,527	202	64,301
128	40,748	143	45,522	158	50,297	173	55,071	188	59,845	203	64,620
129	41,066	144	45,840	159	50,615	174	55,389	189	60,164	204	64,938
130	41,384	145	46,159	160	50,933	175	55,707	190	60,482	205	65,256
131	41,703	146	46,477	161	51,251	176	56,026	191	60,800	206	65,575
132	42,021	147	46,795	162	51,570	177	26,344	192	61,118	207	65,893
133	42,339	148	47,114	163	51,888	178	56,662	193	61,437	208	66,211
134	42,658	149	47,432	164	52,206	179	56,981	194	61,755	209	66,529
135	42,976	150	47,750	165	52,525	180	57,299	195	62,073	210	66,848
136	43,294	151	48,068	166	52,843	181	57,617	196	62,392	211	67,166
137	43,612	152	48,387	167	53,161	182	57,935	197	62,710	212	67,484
138	43,931	153	48,705	168	53,479	183	58,254	198	63,028	213	67,803
139	44,249	154	49,023	169	53,798	184	58,572	199	63,347	214	68,121
140	44,567	155	49,342	170	54,116	185	58,890	200	63,665	215	68,440

Tabelle 1.3.16 (Fortsetzung)

1.3.2.2.2. Besonderheiten

Die unter 1.3.2.1.2. für das Rollenkettengetriebe dargestellten Vorteile gelten auch für das Zahnkettengetriebe.

1.3.2.2.3. Technische Merkmale

Die Zahnkette ist mit Wiegegelenken ausgerüstet **(Bild 1.3.56)**. Die beiden das Wiegegelenk bildenden Zapfen, Wiegezapfen und Lagerzapfen sind einsatzgehärtet. Bei der Gelenkbewegung wiegen sie aufeinander ab. Es findet dabei keine Gleitreibung statt. Die Laschen übertragen die Zugbelastung. Sie sind aus Spezialstahl hergestellt und auf eine Festigkeit von ca. 1300 N/mm^2 vergütet.

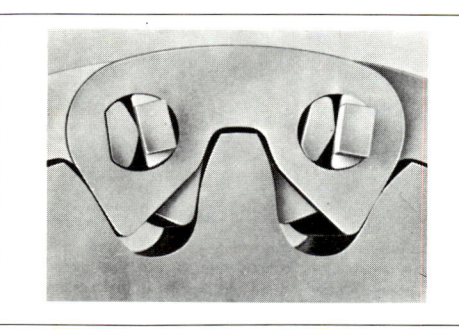

1.3.56: Wiegegelenk der Zahnkette

1.3.2.2.4. Beschreibung der Zahnkette

Die Zahnkette besteht aus Zahnlaschen, Führungslaschen, Wiegegelenken und Nietscheiben. Sie wird in zwei Ausführungen mit Innen- und Außenführungen hergestellt. **Bild 1.3.57** und **1.3.58**. Ihre Hauptabmessungen sind Teilung, Nennbreite, Arbeitsbreite und Gesamtbreite. Diese Abmessungen sind aus der **Tabelle 1.3.17** zu ersehen.

Zum Schließen der Kette gibt es besondere Zapfen, die als Nietverschluß oder Splintverschluß ausgebildet sind **(Bild 1.3.59)**. Zur Vermeidung eines gekröpften Gliedes sollte die Zahnkette eine gerade Gliederzahl haben. Bei Verwendung eines gekröpften Gliedes kann nur mit 80 %

1.3. Zugmittelgetriebe

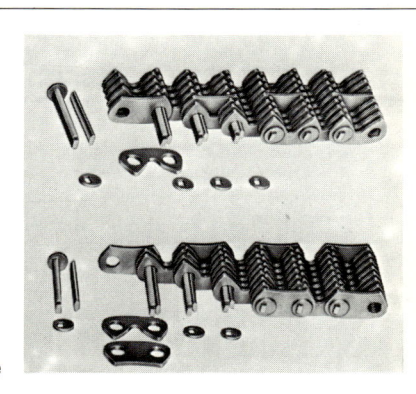

1.3.57: Aufbau der Zahnkette

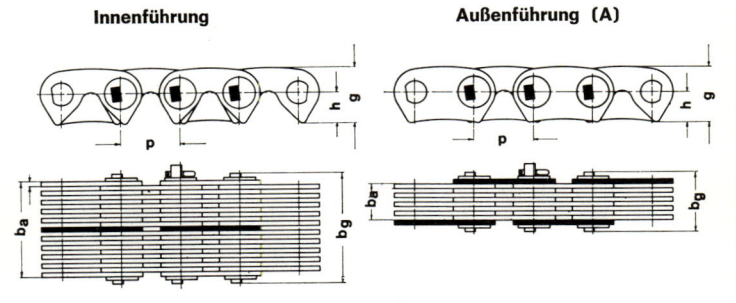

Innenführung **Außenführung (A)**

1.3.58: Zahnkette mit Innen- bzw. Außenführung

Nietverschluß Splintverschluß

1.3.59: Nietverschluß – Splintverschluß

1. Getriebe mit unveränderlicher Übersetzung

Bezeichnung	Teilung mm	Nennbreite b_n mm	Arbeitsbreite b_a mm	Gesamtbreite b_g mm	Zahnhöhe h mm	Laschenbreite g mm	Bruchlast da N	Gewicht kg/m	Zahnbreite des Rades mm
KH 2212 A	7,9375	12	10,5	16,5	4,2	7,7	950	0,50	10
KH 2215 A		15	12,5	18,5			1140	0,57	12
KH 2220 A	5/16''	20	17	23			1520	0,74	16,5
KH 2225		25	26,7	30,2			2280	0,95	30
KH 2230		30	30,9	34,4			2660	1,10	35
KH 2235		35	35,2	38,7			3040	1,24	40
KH 015 A	9,525	15 A	12,5	19	5,2	9,2	1500	0,64	12
KH 020 A		20 A	18,5	25			2300	0,86	18
KH 025	3/8''	25	26,2	29,7			3100	0,94	30
KH 030		30	32,3	35,8			3900	1,16	35
KH 035		35	38,5	42			4700	1,39	40
KH 315 A	12,7	15 A	12,5	20	6,7	12,3	2100	0,83	12
KH 320 A		20 A	18,5	26			3100	1,12	18
KH 325		25	26,2	30,7			4150	1,39	30
KH 330	1/2''	30	32,3	36,8			5200	1,54	35
KH 335		35	38,5	43			6200	1,84	40
KH 350		50	50,8	55,3			8300	2,42	55
KH 365		65	63,1	67,6			10400	3,02	70
KH 425	15,875	25	26,7	32,2	8,4	15,4	5500	1,68	30
KH 435		35	34,9	40,4			7300	2,31	40
KH 440	5/8''	40	43,1	48,6			9200	2,75	45
KH 450		50	51,3	56,8			11000	3,35	55
KH 465		65	67,7	73,2			14600	4,30	70

Tabelle 1.3.17: Hauptabmessungen von Zahnketten

1.3. Zugmittelgetriebe

Bezeichnung	Teilung mm	Nennbreite b_n mm	Arbeitsbreite b_a mm	Gesamtbreite b_g mm	Zahnhöhe h mm	Laschenbreite g mm	Bruchlast da N	Gewicht kg/m	Zahnbreite des Rades mm
KH 535	19,05	35	34,9	41,4	10,0	18,4	8 800	2,66	40
KH 540		40	43,1	49,6			11 000	3,22	45
KH 550	3/4''	50	51,3	57,8			13 200	3,95	55
KH 565		65	67,8	74,2			17 600	5,15	70
KH 575		75	75,9	82,4			19 800	6,20	80
KH 650	25,4	50	52	59,5	13,1	25,0	16 800	5,60	55
KH 665		65	64,3	71,8			21 000	6,80	70
KH 675	1''	75	76,5	84			25 200	8,20	80
KH 6100		100	101	108,5			33 600	10,70	105
KH 6125		125	125,5	133			42 000	12,70	130
KH 865	38,1	65	64,5	75,5	20,1	37,0	31 500	10,30	75
KH 875		75	76,8	87,8			37 800	11,60	85
KH 8100	1½''	100	101,3	111,3			50 400	16,20	110
KH 8125		125	125,9	136,9			63 000	20,10	135
KH 8150		150	150,4	161,4			75 600	23,60	160
KH 9100	50,8	100	102	115	26,8	49,2	67 200	22,40	110
KH 9115		115	118,3	131,3			78 400	25,60	125
KH 9135	2''	135	134,6	147,6			89 600	28,30	145
KH 9150		150	151	164			100 800	32,60	160
KH 9180		180	183,6	196,6			123 200	38,20	190

Tabelle 1.3.17 (Fortsetzung)

der Bruchlast gerechnet werden. Das Wiegegelenk läßt nur nach einer Seite eine volle Gelenkbewegung zu und kann nur geringfügig negativ umgelenkt werden. Durch geschickte Anordnung des Getriebes mit Umlenk- oder Spannrädern kann die evtl. notwendige negative Umlenkung umgangen werden.

Die Bauweise der Zahnkette gewährleistet auch bei Verschleiß im Gelenk eine gleichmäßige Längung der Glieder. Auch nach längerer Laufzeit bleibt somit für alle Glieder ein gleicher Abstand zum theoretischen Teilkreis und somit ein störungsfreier, gleichförmiger Lauf erhalten.

1.3.2.2.5. Auslegung des Zahnkettengetriebes

Das Zahnkettengetriebe wird aufgrund seiner Konstruktionsmerkmale besonders da eingesetzt, wo ruhiger Lauf auch bei hohen Geschwindigkeiten erforderlich ist.

Für die Auslegung eines Getriebes müssen folgende Daten bekannt sein:

- Leistung der Antriebsmaschine (KW)
- Drehzahl des treibenden Rades
- Übersetzungsverhältnis
- Betriebsbedingungen wie z. B. Belastungsstöße
- verfügbarer Raum

Korrektur der zu übertragenden Leistung

Aus der **Tabelle 1.3.18** ist der Korrekturfaktor f_1 zu entnehmen, mit dem die zu übertragende Leistung zu multiplizieren ist.

$$N_K = N \times f_1$$

Die Tabelle enthält Mittelwerte für Antriebe mit E-Motoren. Bei ungünstigen Verhältnissen (hohe Anlaufmomente, große Einschalthäufigkeit, geringe Schmierung) oder Verwendung von Verbrennungsmotoren mit ungünstigem Ungleichförmigkeitsgrad, sowie bei Forderung nach sehr hoher Lebensdauer, sind die Faktoren entsprechend zu erhöhen. Bei besonders günstigen Bedingungen können die Stoßbeiwerte auch verringert werden.

1.3. Zugmittelgetriebe

Werkzeugmaschinen
Bohr-, Fräs-, Dreh- und Schleifmaschinen — 1,5

Stahlwerksanlagen
Rollgänge — 2,5
Ziehmaschinen — 1,7

Baumaschinen
Mischer — je nach Mischgut — 1,5 – 2,5
Straßenfertiger und Bagger — 1,7

Krananlagen — 1,5

Zerkleinerungsmaschinen
Brecher und Mühlen — 2,5

Kunststoffmaschinen
Schneid- und Wickelmaschinen — 1,7
Extruder — 2,0

Papier- und Gummimaschinen
Kalander und Wickelmaschinen — 1,7
Glättzylinder — 2,5 – 3,0

Holzbearbeitungsmaschinen — 1,5

Textilmaschinen
Spinn- und Spulmaschinen — 1,5
Foulards — 1,5

Wäschereianlagen
Wäschetrommeln, reversierend — 2,5
Wäschepressen und -mangeln — 1,7

Druckereimaschinen — 1,5

Nahrungsmittelindustrie
Rühr-, Misch- und Knetwerke je nach Mischgut — 1,5 – 2,5
Fleischereimaschinen — 2,7

Tabelle 1.3.18: Stoßbeiwert f_1

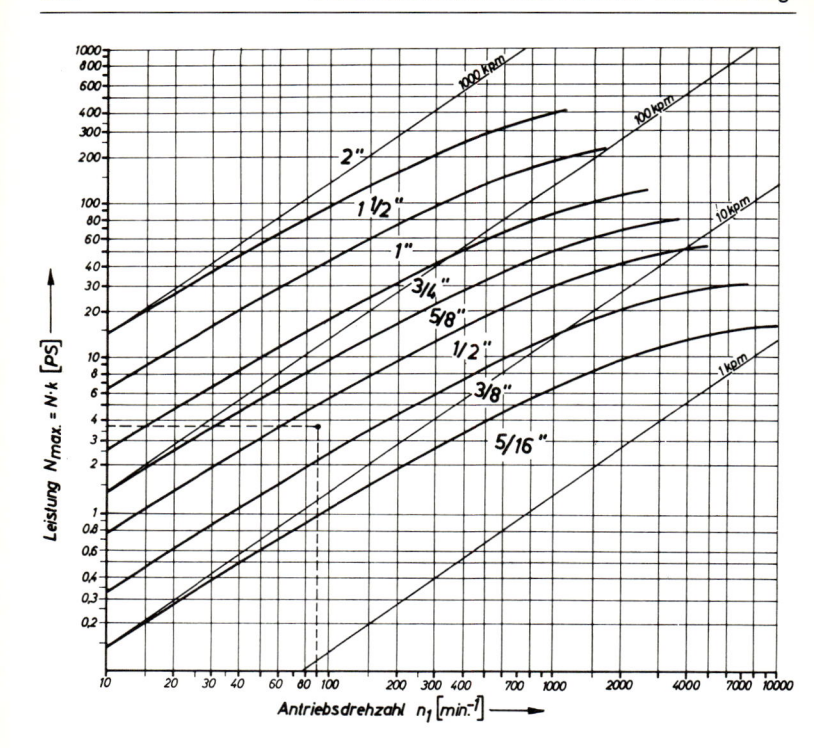

240 1. Getriebe mit unveränderlicher Übersetzung

1.3.60: Auswahl der Kettenteilung

Bestimmung des Kettengetriebes

Mit der Leistung N_K und der Drehzahl des treibenden Rades wird im Diagramm **(Bild 1.3.60)** die Kettenteilung bestimmt. Nach der Wahl der Zähnezahl, die im Normalfall zwischen 15 und 25 liegt (bei den höheren Geschwindigkeiten die größere Zähnezahl), erfolgt die Auswahl der Kettenbreite im Diagramm **(Bild 1.3.61)**.

1.3.2.2.6. Achsabstandsberechnung

erfolgt wie bei Rollenketten (siehe 1.3.2.1.7.)

1.3.2.2.7. Schmierung

Im Diagramm (Bild 1.3.61) sind die Schmierbereiche eingetragen. Über Schmierung sind unter 1.3.2.1.8. alle Einzelheiten aufgeführt, die auch für das Zahnkettengetriebe Anwendung finden.

bis 8 m/sec Fettschmierung oder Tropfschmierung
über 8–12 m/sec Ölbadschmierung
über 12 m/sec Umlaufschmierung

1.3.2.2.8. Kettenräder

Zahnkettenräder mit kleineren Zähnezahlen werden aus normalerweise Vergütungsstahl hergestellt und die Zahnflanken gehärtet, Räder mit größeren Zähnezahlen aus Grauguß.

Der Kopfkreisdurchmesser d_k ist kleiner als der Teilkreisdurchmesser d_o. Der Teilkreisdurchmesser berechnet sich:

$$d_O = t \cdot x$$

t = Kettenteilung
x = Zähnezahlfaktor
(siehe Tabelle 1.3.14)

Die Verzahnung entspricht einer Evolventen-Verzahnung mit 30° Eingriffswinkel und ist auf die Kettenteilung abgestimmt. Da ein einwandfreier Lauf des Getriebes im wesentlichen von der exakten Verzahnung abhängt, wird empfohlen, die Kettenräder beim Hersteller der Ketten zu beziehen. Werden bei großen Achsabständen Stützräder notwendig, so müssen diese eine Sonderverzahnung erhalten, da die Kette die Räder nur tangential berührt.

1. Getriebe mit unveränderlicher Übersetzung

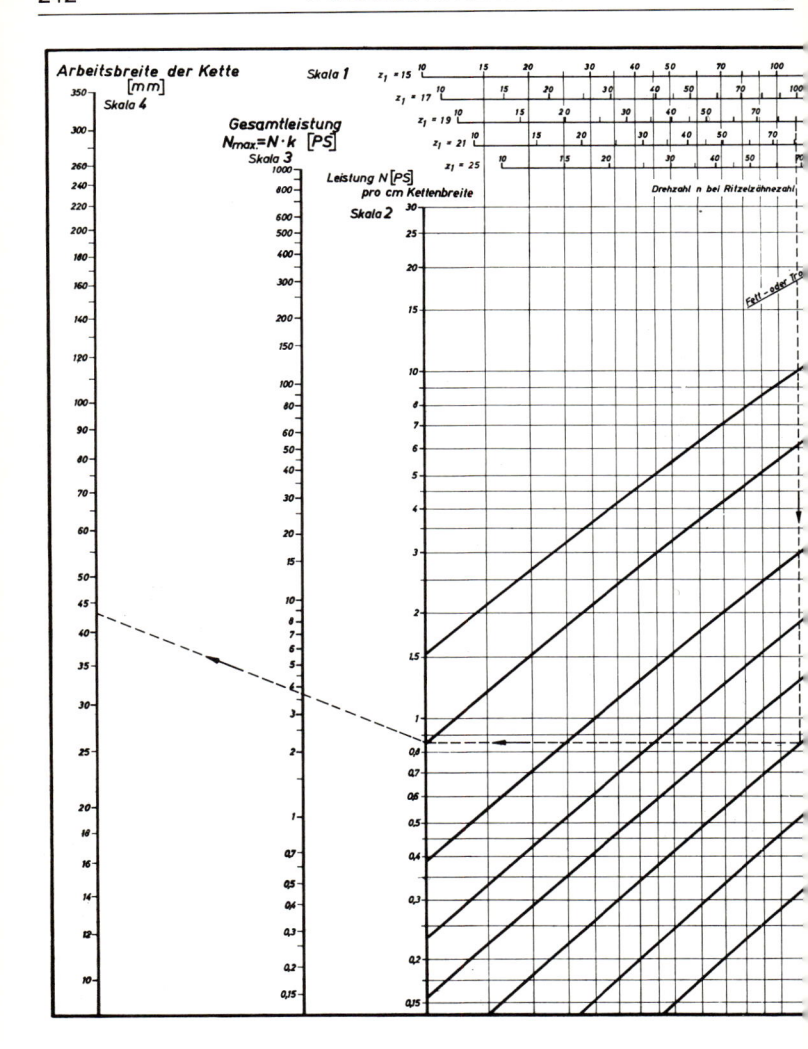

1.3. Zugmittelgetriebe

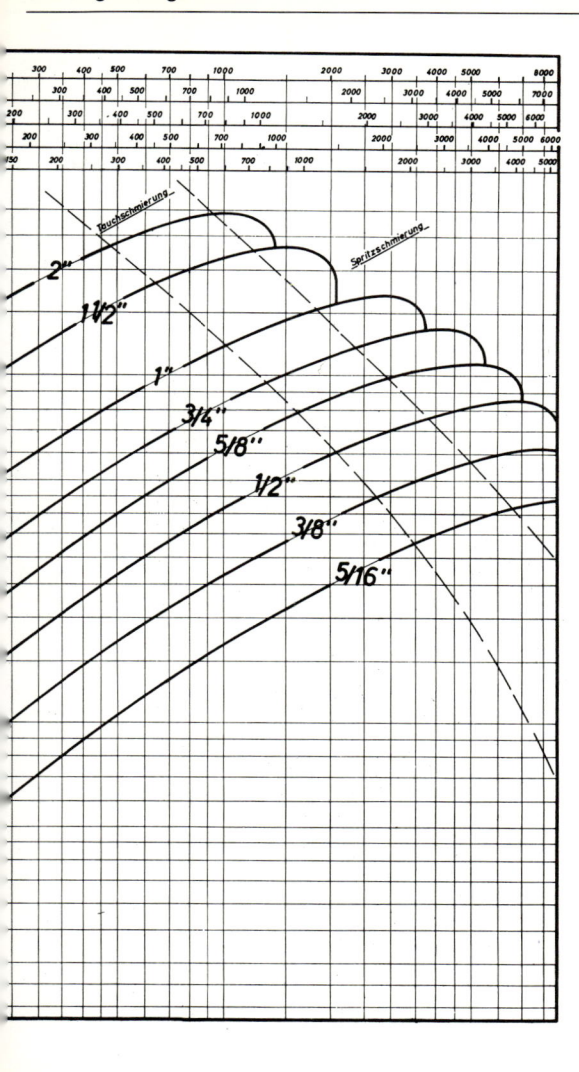

1.3.61: Auswahl der Kettenbreite

Schaltgetriebe 2

Was uns weiterbringt, sind Ideen

In der Wälzlagertechnik scheint vieles „endgültig" zu sein, „kaum mehr verbesserungsfähig", „perfekt".

Es scheint so. Für viele Außenstehende vielleicht – auf keinen Fall aber für die Ingenieure und Wissenschaftler bei SKF. Denn: sie ersetzen gute Ideen durch bessere (und bessere Ideen durch noch bessere).

Sie machen Wälzlager leiser und leistungsfähiger. Sie machen sie wirtschaftlicher. Sie verlängern ihre Lebensdauer. Sie vermindern den Wartungsaufwand oder machen Wartung überhaupt überflüssig. Sie verbessern konventionelle Werkstoffe, experimentieren mit neuen Materialien und konstruieren Lager für neue Anwendungsbereiche.

SKF
SKF KUGELLAGERFABRIKEN GMBH

Zahnradwerk Köllmann

Stirnradgetriebe für alle Industriezweige

Ein großes Programm im Baukastensystem für Übersetzungen von 3,55:1 bis 10000:1. Für den Antrieb von Maschinen und Anlagen aller Art. Sondergetriebe für alle Industriezweige, auch schaltbar in mehreren Gängen.

Für das Standardprogramm ein ausführlicher Katalog. Für den Sonderfall ein klärendes Gespräch mit unseren Konstrukteuren. Wir sind bekannt für wirtschaftliche Lösungen. Bitte schreiben Sie an

Zahnradwerk Köllmann GmbH · 56 Wuppertal-Barmen

Schwesterstr. 50 · Ruf (02121) 4811 · Telex 8591449

2. Schaltgetriebe

Dipl.-Ing. J. Pickard

Zur Drehzahlanpassung und Drehmomentwandlung zwischen Kraftmaschine und Arbeitsmaschine sind Getriebe erforderlich. Bei wechselnden Betriebszuständen, insbesondere der Arbeitsmaschine, bietet sich der Einsatz von stufenlosen Getrieben an, um die Zusammenarbeit von Kraftmaschine und Arbeitsmaschine optimal zu gestalten und um die installierte Antriebsleistung immer als Arbeitsleistung voll ausnutzen zu können. In den Anwendungsfällen, in denen entweder Übersetzungsbereich, Wirkungsgrad, Lebensdauer oder Leistungsgewicht von stufenlosen Getrieben nicht befriedigend sind, ergibt sich durch den Einsatz von Schaltgetrieben (Stufengetrieben) ein brauchbarer Kompromiß. Bei Schaltgetrieben kann die Gesamtübersetzung durch äußeren Eingriff stufenweise geändert werden. Wird nur eine Drehrichtungsumkehr geschaltet, dann spricht man von Wendegetrieben.

Schaltgetriebe finden in den vielfältigsten Ausführungsformen hauptsächlich Anwendung in Fahrzeugen aller Art und in Werkzeugmaschinen; sie werden aber auch in der Fördertechnik oder im Schwermaschinenbau, dort allerdings meist bei Sonderkonstruktionen, eingesetzt. Durch Schaltgetriebe wird z. B. bei Fahrzeugen das Motordrehmoment so gewandelt, daß sich ein dem jeweiligen Fahrzustand (Steigung, Beschleunigung, Höchstgeschwindigkeit) entsprechendes günstiges Nutzdrehmoment am Abtrieb ergibt. Durch Schaltgetriebe werden z. B. bei Werkzeugmaschinen Schnittkraft und Schnittgeschwindigkeit auf den jeweiligen Werkstoff abgestimmt. Durch Schaltgetriebe wird in der Fördertechnik z. B. bei Hubwerken durch angepaßte Hubgeschwindigkeiten für Vollast und Teillast ein optimales Kranarbeitsspiel erreicht.

2.1. Übersetzungsbereich und Getriebestufung

Der Übersetzungsbereich von Schaltgetrieben ist das Verhältnis von größter zu kleinster Übersetzung. Die größte und die kleinste Übersetzung ergeben sich aus den jeweiligen extremen Betriebszuständen der Arbeitsmaschine. Der Übersetzungsbereich von Fahrzeuggetrieben und Werkzeugmaschinengetrieben ist so groß, daß zwischen der größten und der kleinsten Übersetzung noch mehrere Zwischenübersetzungen erforderlich sind. In vielen anderen Anwendungsfällen werden die

Schaltgetriebe mit nur zwei oder höchstens drei Übersetzungen ausgeführt.

Der erforderliche Übersetzungsbereich eines Fahrzeuggetriebes ist abhängig von der maximalen Steigfähigkeit, der maximalen Fahrgeschwindigkeit, der spezifischen Leistung des Fahrzeuges, der Motorcharakteristik und dem Gesamtwirkungsgrad der Kraftübertragung und wird entweder durch physikalische Grenzen (Steigfähigkeit bzw. maximale Beschleunigung an der Rutschgrenze, Höchstgeschwindigkeit) oder praktische Grenzen (gewünschte Steigfähigkeit in Abhängigkeit vom Einsatzzweck, gesetzlich vorgegebene Höchstgeschwindigkeit) festgelegt. Die zwischen die beiden Grenzübersetzungen eingeschobenen Zwischengänge sollen eine möglichst gute Anpassung an die ideale Zugkrafthyperbel (maximale Motorleistung) ergeben. Der erforderliche Übersetzungsbereich und damit die Zahl der Zwischengänge wird um so größer, je ungünstiger die spezifische Leistung eines Fahrzeuges und je unelastischer der Motor sind. Daraus folgt aber, daß eine Getriebeart bei spezifischen Leistungen für Personenwagen zwischen 20 kW/t und 150 kW/t allein nicht optimal für alle Fahrzeuge sein kann. Bei Nutzfahrzeugen beträgt die spezifische Leistung 4,5 kW/t bis 7,5 kW/t und unterliegt nicht so breiten Streuungen, dafür ist der Einsatzzweck sehr weit gespannt. Die Getriebekonzeption muß daher immer das Fahrzeug, die Motorcharakteristik und den Einsatzzweck berücksichtigen.

Die Festlegung der Übersetzungen der Zwischengänge in der Weise, daß die unter der idealen Zugkrafthyperbel liegende Fläche (das entspricht der ausnutzbaren Leistung) ein Maximum wird, führt auf eine in etwa geometrische Stufung. In der Praxis weicht man davon ab und legt die unteren Zwischengänge mit einem größeren und die oberen Zwischengänge mit einem kleineren Übersetzungssprung voneinander aus (progressive Stufung). Dadurch ergibt sich im Bereich größerer Fahrgeschwindigkeiten eine bessere Ausnutzung der Motorleistung als Fahrleistung und ein günstigeres Beschleunigungsverhalten im gesamten Fahrbereich. Fahrzeuggetriebe mit hoher Gangzahl, die aus einem Hauptgetriebe und einer vor- oder nachgeschalteten Zahnradstufe bestehen und als Gruppengetriebe arbeiten, lassen sich nicht progressiv stufen, sondern erfordern eine nahezu geometrische Stufung, um beim Durchschalten aller Gänge nicht ungleichmäßig abwechselnd große und kleine Übersetzungssprünge zu erhalten.

2.1. Übersetzungsbereich und Getriebestufung

Der erforderliche Übersetzungsbereich eines Werkzeugmaschinengetriebes ist abhängig vom Durchmesserbereich der zu bearbeitenden Werkstücke und von den Grenzschnittgeschwindigkeiten als Funktion von Schnittkraft und Werkstoff. Der größte Übersetzungsbereich ergibt sich dann, wenn gleichzeitig großer Durchmesserbereich und großer Schnittgeschwindigkeitsbereich verlangt werden (z. B. Bohrwerke, Drehmaschinen). Die dafür erforderlichen Getriebe zeigen einen großen Bauaufwand. Bei kleinem Durchmesserbereich (z. B. Fräsmaschinen, Bohrmaschinen) oder kleinem Schnittgeschwindigkeitsbereich (z. B. Schnelldrehbänke) kommt man mit einfachen Getrieben kleiner Abmessungen aus.

Werkzeugmaschinengetriebe mit sehr hoher Stufenzahl entstehen durch Hintereinanderschaltung von Grundgetrieben. Die Gesamtstufenzahl ist gleich dem Produkt der Stufenzahlen der Grundgetriebe. Bei Wahl einer geometrischen Stufung der Grundgetriebe bildet auch die Gesamtstufung eine geometrische Reihe.

Die Zahl der Stufen, die in einem Übersetzungsbereich untergebracht werden können, hängt von der Größe der Übersetzungssprünge ab. Bei Werkzeugmaschinengetrieben erfolgt die Stufung nach Normzahlen und ergibt geeignete Drehzahlreihen unter Berücksichtigung des Elektromotorantriebes. Nach festgelegter Getriebestufung ergeben die einzelnen Übersetzungen immer nur einen optimalen Arbeitspunkt. Bei Bearbeitungsvorgängen, die durch das Getriebe an den optimalen Arbeitspunkt der Kraftmaschine nicht angepaßt werden können, ergibt sich keine volle Leistungsausnutzung und somit keine optimale Wirtschaftlichkeit der Werkzeugmaschine.

2.2. Getriebeaufbau

Schaltgetriebe können als Parallelwellengetriebe oder als Planetengetriebe ausgeführt werden. Einfache Ausführungsformen ergeben sich, wenn nur zwei Übersetzungen geschaltet werden müssen. In Parallelwellengetrieben erfolgt die Schaltung mit Hilfe von Kupplungen oder Schiebezahnrädern. In Planetengetrieben werden durch Festbremsen oder Lösen unterschiedlicher Getriebeglieder die gewünschten Übersetzungen erreicht. Mit steigender Gangzahl wächst die Vielzahl der Ausführungsformen und nimmt der Aufwand für die Schaltmittel in Abhängigkeit von der Schaltungsart zu.

Bei Fahrzeuggetrieben unterscheidet man von Hand geschaltete Getriebe und automatisch schaltende Getriebe. Von Hand geschaltete Personenwagen-Getriebe werden in Fahrzeugen mit Frontmotor und Heckantrieb in Standardbauweise als Vorgelegegetriebe mit koaxialer Lage von Antrieb und Abtrieb und direktem Gang ohne Zahneingriff, in Fahrzeugen mit Frontantrieb oder Heckmotor mit Heckantrieb in Blockbauweise als Zweiwellengetriebe mit achsversetzter Lage von Antrieb und Abtrieb und keinem Gang ohne Zahneingriff gebaut. Von Hand geschaltete Nutzfahrzeug-Getriebe werden generell in Vorgelegebauweise ausgeführt. Vorgelegegetriebe sind durch rückkehrenden Kraftfluß gekennzeichnet.

Die Mehrzahl der Personenwagen-Getriebe hat heute vier mit Schalthilfen versehene Vorwärtsgänge (siehe Kapitel 2.3. „Schaltungsarten") und einen über ein Schiebezahnrad geschalteten Rückwärtsgang mit $i_R \approx 0{,}9 \cdot i_1$. Bei Nutzfahrzeug-Getrieben gibt es in Abhängigkeit vom Einsatzzweck Getriebe mit sehr unterschiedlicher Gangzahl. Auch bei Nutzfahrzeug-Getrieben setzen sich Schalthilfen heute immer mehr durch.

Die Aufteilung der zweistufigen Gesamtübersetzung von Vorgelegegetrieben in die Einzelübersetzungen der Konstante und der Gangradpaare, die damit zusammenhängende Baugröße und die Wahl der Zähnezahlen erfolgt in Abhängigkeit von der zu übertragenden Leistung nach Gesichtspunkten einer optimalen Gewichts- und Verzahnungsauslegung.

Vorgelegegetriebe werden bis zu sechs Gängen als Eingruppengetriebe gebaut, in denen jedes Radpaar mit Ausnahme der Antriebskonstante nur in einem Gang benutzt wird. Bei jeder Schaltung ist nur eine Schaltmuffe zu verschieben. Bei Mehrgruppengetrieben ergibt sich durch die mehrfache Benutzung einzelner Radpaare eine Erhöhung der Gangzahl. Nutzfahrzeug-Getriebe mit hoher Gangzahl werden immer als Mehrgruppengetriebe ausgeführt. In der Praxis haben sich zwei Bauarten durchgesetzt:

- Vorschaltgruppe, die als sogenannter Splitter die Gangsprünge des Hauptgetriebes unterteilt. Damit ergibt sich eine enge Getriebestufung. Das Hauptgetriebe kann bei entsprechender Ausführung der Schaltbetätigung auch ohne Vorschaltgruppe gefahren werden.

2.2. Getriebeaufbau

- Nachschaltgruppe, die ein zweimaliges Durchfahren des Hauptgetriebes erlaubt und damit den Getriebebereich vergrößert und die Gangzahl verdoppelt. Durch den Einbau einer Nachschaltgruppe kann das Hauptgetriebe enger gestuft werden. Beim Gruppenwechsel ergeben sich allerdings große Schaltsprünge sowohl im Hauptgetriebe als auch in der Nachschaltgruppe. Anstelle der Nachschaltgruppe wird oft auch eine Zweigang-Schaltachse verwendet, um die Übersetzung des 1. Ganges zu erhöhen.

In automatischen Fahrzeuggetrieben (Getriebe mit vollautomatisch gesteuerter Schaltung der Gangwechsel unter Last) haben sich als Stufengetriebe Planetengetriebe durchgesetzt. Selbstverständlich ist es auch möglich, automatische Getriebe in Vorgelegebauweise zu entwerfen, indem man einfach die Synchronisierelemente durch Lamellenkupplungen zur Durchführung der kraftschlüssigen Schaltungen ersetzt. Während der Schaltung sind die Lamellenkupplungen aber einer starken Wärmebelastung ausgesetzt, die nur von ausreichend groß dimensionierten Kupplungen aufgenommen werden kann, was bei Vorgelegegetrieben mit ihrem relativ kleinen Achsabstand zwischen Haupt- und Vorgelegewelle oft nicht möglich ist. Bei Planetengetrieben ist man hier viel freier, da ihre günstige symmetrische Bauform eine konzentrische Anordnung der Schaltelemente ermöglicht. Weitere besondere Eigenschaften von Planetengetrieben sind: koaxiale Lage von An- und Abtrieb, kleine kompakte Bauweise, geringes Gewicht und günstige Raumleistung, gute Schaltbarkeit der einzelnen Getriebeglieder.

Der Aufwand und damit die Ausführungsformen von Werkzeugmaschinengetrieben werden bestimmt durch die beabsichtigte wirtschaftliche Verwendung der Maschinen. Universalmaschinen erfordern eine sehr weitgehende Entwicklung der Getriebe, Sondermaschinen dagegen haben meist nur eine Übersetzung ohne Verstellmöglichkeit (gelegentlich Möglichkeit der Übersetzungsänderung durch Umsteckräder). Die in Werkzeugmaschinen eingebauten Schaltgetriebe mit großer Stufenzahl ergeben sich durch Kombination mehrerer Grundgetriebe. Diese Grundgetriebe bestehen aus zwei oder mehreren in Reihe liegenden Räderpaaren (Stufen) zwischen zwei Wellen mit festem Achsabstand (Zweiwellengetriebe). Durch Hintereinanderschaltung mehrerer Grundgetriebe erhält man Mehrwellengetriebe mit hoher Stufenzahl durch Multiplikation der Einzelübersetzungen der Grundgetriebe. Die verschiedenen Ausführungsformen, die Schaltmöglichkeiten und die Übersetzungen sind aus Drehzahlschaubildern zu gewinnen. Mit steigender Stufenzahl wachsen die Kombinationsmöglichkeiten von Grundgetrieben schnell an und Hauptziel einer Getriebeauslegung wird die Anordnungsoptimierung sein, um den Aufwand und damit die Kosten für diese Vielganggetriebe so klein wie möglich zu machen.

Beim Bau von Drei- und Mehrwellengetrieben ergibt sich eine geringere Getriebebreite und ist eine Einsparung von Zahnrädern möglich, wenn man die Getriebe so ausführt, daß die auf den Zwischenwellen angeordneten Zahnräder mit mehreren Zahnrädern in Eingriff kommen können. Man erhält einfach gebundene Getriebe, wenn ein Zahnrad mit zwei anderen in Eingriff kommt, man erhält doppelt gebundene Getriebe, wenn zwei Zahnräder mit zwei anderen in Eingriff kommen. Drei oder mehrfach gebundene Getriebe sind nicht üblich, weil damit die genaue geometrische Stufung nicht eingehalten werden kann. Bei einfach gebundenen Getrieben wird ein Zahnrad, bei doppelt gebundenen Getrieben werden zwei Zahnräder eingespart.

Einzweckmaschinen können wegen seltener Drehzahländerungen mit einfachen und billigen Wechsel- oder Umsteckrädergetrieben ausgestattet werden. Die Umrüstzeiten sind dabei im Vergleich zu den Hauptzeiten meist bedeutungslos. Bei Wechselrädern werden immer dieselben Achsen und Wellen benutzt, so daß Räder nur paarweise gewechselt oder innerhalb eines Räderpaares getauscht werden können und die Summe der Zähnezahlen gleich bleibt. Bei Umsteckrädern können durch Verwendung von Hilfsachsen die Zahnräder verschiedener Paare ausgetauscht werden. Die Zähnezahlen sind immer für eine geometrische Drehzahlstufung zu berechnen. Sieht man bei Werkzeugmaschinen vor dem Hauptgetriebe noch ein Wechselrädergetriebe vor, dann wird damit die Verlegung des Arbeitsbereiches auf ein anderes Drehzahlniveau ermöglicht.

Beim Einsatz von Planetengetrieben in Werkzeugmaschinengetrieben ist wegen der Gleichachsigkeit von Antrieb und Abtrieb nur ein axiales Aneinanderreihen der Teilgetriebe sinnvoll. Antrieb und Abtrieb müssen immer an der innersten von mehreren konzentrischen Wellen liegen, denn nur so können an den anderen Wellen Kupplungen und Bremsen angreifen. Durch beide Bedingungen wird der Getriebeaufbau oft erheblich kompliziert.

2.3. Schaltungsarten

Schaltgetriebe können formschlüssig (Klauenkupplungen, Zahnkupplungen, Verschiebezahnräder u. a.) oder kraftschlüssig (Lamellenkupplungen, Lamellenbremsen u. a.) geschaltet werden. Während bei den kraftschlüssig geschalteten Getrieben eine Schaltung während des Betriebes unter Last möglich ist, macht die Schaltung bei formschlüssig geschalteten Getrieben, insbesondere bei größeren Leistungen, Schwierigkeiten und ist meist nur im Stillstand möglich.

Getriebe werden im Stillstand geschaltet, wenn der Aufwand für Schalthilfen möglichst klein sein soll, wenn von den Anforderungen her eine Schaltung im Leerlauf oder unter Last nicht erforderlich ist, wenn ein sehr einfaches und kostengünstiges Getriebe gewünscht wird, wenn die Schalthäufigkeit klein ist und wenn der Hochlauf der Anlage keine Schwierigkeiten bereitet. So werden z. B. Verzahnungsmaschinen mit Wechselrädergetrieben ausgerüstet, da die Umrüstzeiten im Vergleich zu den Hauptzeiten sehr klein sind und den Aufwand für ein teueres Schaltgetriebe nicht rechtfertigen.

Getriebe, die im Leerlauf geschaltet werden, benötigen eine Trennkupplung und haben Schalthilfen, wenn die miteinander zu verbindenden Getriebeteile hohe Differenzdrehzahlen haben können (z. B. Synchronisiereinrichtungen in Fahrzeuggetrieben). Unter Schalthilfen versteht man Einrichtungen, die den Schaltvorgang zeitsparender, kraftsparender und von der Geschicklichkeit des Bedienungsmannes unabhängiger gestalten. Erfolgt die Schaltung bei kleinen Differenzdrehzahlen der miteinander zu verbindenden Getriebeteile, dann kann auf Schalthilfen verzichtet werden. Werkzeugmaschinengetriebe z. B. werden im Auslauf ohne Schalthilfen geschaltet. Auf Schalthilfen kann auch dann verzichtet werden, wenn die Drehzahlangleichung im Leerlauf des Getriebes durch Drehzahländerung der Antriebsmaschine (z. B. Zwischengasgeben bei unsynchronisierten Fahrzeuggetrieben) möglich ist. Da diese Art der Schaltung sehr von der Geschicklichkeit des Fahrers abhängt, wird bei neu entwickelten Getrieben nicht mehr auf Schalthilfen verzichtet.

Beim Schalten von Fahrzeuggetrieben mit Hilfe einer Synchronisiereinrichtung müssen die Kupplungsscheibe und die Getrieberäder durch Kraftschluß über eine Reibeinrichtung so der augenblicklichen Drehzahl des Abtriebstranges angepaßt werden, daß der nachfolgende Formschluß´(Verbindung von Abtriebswelle und Gangrad mittels Schaltmuffe) geräuschlos und ohne großen Kraft- und Zeitaufwand möglich ist. Dabei werden die Getrieberäder und die Kupplungsscheibe entweder verzögert (Hochschaltung) oder beschleunigt (Rückschaltung). Die beim Synchronisiervorgang entstehende Wärme ist abhängig von der Lage der Synchronisierstelle, von den Drehmassen der zu synchronisierenden Teile und vom Drehzahlsprung.

Bei Getrieben, die unter Last geschaltet werden, bleibt die Drehmomentübertragung zwischen Kraftmaschine und Arbeitsmaschine während der Schaltung erhalten. Bei der Schaltung unter Last hat jede Getriebestufe ein eigenes Servoglied, so daß Drehmoment auch bei Schlupf übertragen werden kann. Die Anforderungen an eine Schaltung unter Last sind: die Drehzahlen sollen sich gleichmäßig und einsinnig ändern, das Drehmoment am Getriebeabtrieb soll sich möglichst gleichmäßig ändern, die Verlustleistung während der Schaltung soll möglichst gering sein und die Beschleunigungsänderung am Abtrieb soll möglichst klein sein. Beim Gangwechsel (Übersetzungsänderung) unter Last sind vier Phasen zu unterscheiden.

1. Die Arbeitsmaschine läuft im bisherigen Gang. Kraftmaschine und Arbeitsmaschine sind durch das im Getriebe eingestellte Drehzahlverhältnis einander zugeordnet. Die Kupplung des eingeschalteten Ganges ist geschlossen und ohne Differenzdrehzahl.

2. Die Schaltung wird eingeleitet. In dieser Phase wird die Kupplung des neuen Ganges schon teilweise zugeschaltet, aber die Kupplung des bisherigen Ganges bleibt auch noch geschaltet. Daher wird ein Teil des Antriebsmomentes über den bisherigen Gang, der andere Teil über den nächstfolgenden übertragen.

3. Die Kupplung des bisherigen Ganges ist ganz abgeschaltet, das ganze Antriebsmoment wird von der Kupplung des neuen Ganges übertragen, doch arbeitet sie noch mit Schlupf. Es besteht eine Differenzdrehzahl zwischen der treibenden und der getriebenen Kupplungshälfte.

4. Die Kupplung des neuen Ganges hat gefaßt und rutscht nicht mehr. Kraftmaschine und Arbeitsmaschine sind mit dem Drehzahlverhältnis des neuen Ganges einander zugeordnet.

2.3. Schaltungsarten

Für die Abstimmung der Schaltung unter Last gibt es im Prinzip drei Möglichkeiten:

1. Schaltung mit negativer Überschneidung, d. h. die Kupplung des vorhergehenden Ganges wird gelöst, bevor die Kupplung des zugeschalteten Ganges das volle Drehmoment überträgt.
2. Schaltung ohne Überschneidung, d. h. die Kupplung des vorhergehenden Ganges wird abgeschaltet, wenn die Kupplung des zugeschalteten Ganges das volle Antriebsdrehmoment übertragen kann.
3. Schaltung mit positiver Überschneidung, d. h. die Kupplung des vorherigen Ganges bleibt noch betätigt, obwohl die Kupplung des zugeschalteten Ganges bereits schlupfend das volle Antriebsmoment überträgt.

Die Wärmeentwicklung in den Schaltelementen ist bei einer Schaltung ohne Überschneidung am geringsten. Diese Art der Schaltung erfordert aber eine sehr genaue Schaltungsabstimmung der Servoglieder. Die während der Schaltung unter Last entstehende Wärme ist um so kleiner, je kleiner die Motordrehmasse, der Gangsprung, die Motorleistung und die Schaltzeit sind.

Neben der einfachen Schaltung unter Last, bei der beim Übersetzungswechsel nur ein Schaltelement gelöst und nur ein anderes zugeschaltet wird, gibt es noch die Schaltung unter Last mit Gruppenwechsel. Dabei werden in jeder Gruppe alle bei der Übersetzungsbildung des vorhergehenden Ganges betätigten Schaltelemente gelöst und andere Schaltelemente für den neuen Gang betätigt. Die Schaltung unter Last mit Gruppenwechsel erfordert eine sehr sorgfältige Abstimmung von Lösen und Zuschalten der einzelnen Schaltelemente, um eine erhöhte Wärmebelastung der Reibglieder zu vermeiden.

2.4. Schaltmittel

Beim Schalten werden Getriebeteile grundsätzlich entweder axial oder radial bewegt. Axial bewegte Getriebeteile sind z. B. Schieberäder Schaltmuffen, Ziehkeile, Zahn- oder Reibkupplungen. Radial bewegte Getriebeteile sind z. B. Räderschwingen oder Bandbremsen. Die Schaltung kann sowohl mechanisch, am häufigsten unmittelbar von Hand, als auch hydraulisch, pneumatisch oder elektrisch erfolgen. Während formschlüssige Schaltelemente nur synchronisiert, d. h. bei Gleichlauf oder im Stillstand geschaltet werden können, erlauben kraftschlüssige Schaltelemente auch eine Schaltung unter Last. Bei formschlüssig geschalteten Werkzeugmaschinengetrieben erfolgt die Schaltung im Auslauf, d. h. bei abnehmender Differenzdrehzahl der zu schaltenden Zahnräder, und erfordert eine gewisse Erfahrung und Geschicklichkeit, um Schaltgeräusche und Verschleiß an den Stirnseiten der Schubzahnräder zu vermeiden.

Aus **Bild 2.1** sind einige Schaltmittel für Fahrzeuggetriebe ersichtlich. Es finden Anwendung:

a) Schubzahnräder;
b) formschlüssige Kupplung, Schaltmuffe mit Klaue;
c) Stiftschaltung;
d) formschlüssige Kupplung mit Reibungsvorkupplung, sogenannte Synchronisierung;
e) Sperrsynchronisierung;
f) Servo-Sperrsynchronisierung;
g) kraftschlüssige Kupplung, Lamellenkupplung für die Schaltung unter Last;
h) kraftschlüssige Bremsen für die Schaltung unter Last von Planetengetrieben.

Bei automatisch schaltenden Fahrzeuggetrieben werden als Schaltelemente – in den einzelnen Getrieben unterschiedlich miteinander kombiniert – Lamellenkupplungen, Lamellenbremsen, Bandbremsen und Freiläufe verwendet. Die Lamellenkupplungen und Lamellenbremsen haben, damit die Getriebe nicht zu groß werden, begrenzte Durchmesser und eine große Zahl von Lamellen. Die Haltbarkeit der Lamellen hängt ab von der Flächenpressung, der spezifischen Wärmebelastung der Oberfläche und dem Temperaturanstieg während der Schaltung. Die Bremsbänder arbeiten mit dem bekannten Selbstverstärkereffekt. Sie bauen platzsparend und ermöglichen eine gute Wärmeabfuhr. Sie übertragen aber in Abhängigkeit von der Drehrichtung der Bremsbandtrommel unterschiedlich große Drehmomente und reagieren empfindlich auf Reibwertschwankungen. Für die größeren Abstützmomente im Rückwärtsgang werden teilweise doppelt umschlingende Bremsbänder verwendet.

2.4. Schaltmittel

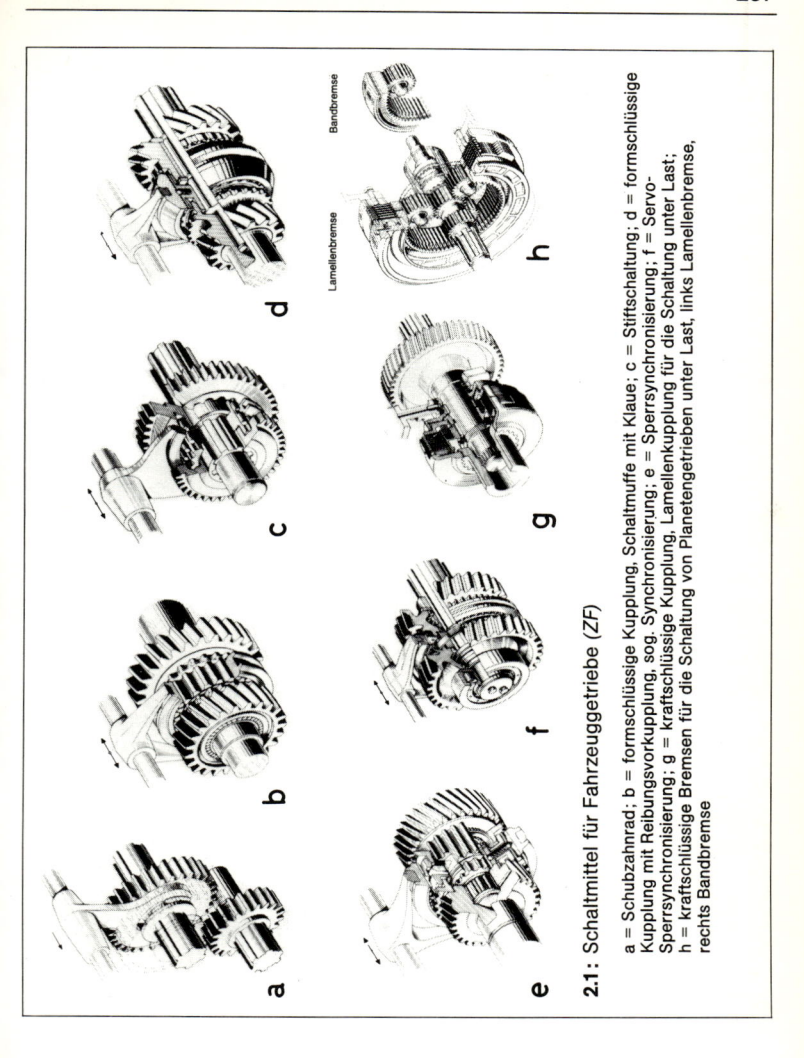

2.1: Schaltmittel für Fahrzeuggetriebe (ZF)

a = Schubzahnrad; b = formschlüssige Kupplung, Schaltmuffe mit Klaue; c = Stiftschaltung; d = formschlüssige Kupplung mit Reibungsvorkupplung, sog. Synchronisierung; e = Sperrsynchronisierung; f = Servo-Sperrsynchronisierung; g = kraftschlüssige Kupplung, Lamellenkupplung für die Schaltung unter Last; h = kraftschlüssige Bremsen für die Schaltung von Planetengetrieben unter Last, links Lamellenbremse, rechts Bandbremse

Die Betätigung der Reibelemente erfolgt im Prinzip so, daß Öldruck auf einen Kolben gegeben wird, der sich gegen die Wirkung von Rückdruckfedern so lange verschiebt, bis er die Lamellen zusammengepreßt bzw. das Bremsband an die Bremsbandtrommel angelegt hat. Die Höhe des zu übertragenden Drehmoments hängt von der Größe des Anpreßdruckkes ab, der in Abhängigkeit vom Motormoment gesteuert wird.

Der Einsatz von Freiläufen vereinfacht die Abstimmung der Schaltung unter Last (Zugkraftschaltung). Durch Zuschalten zusätzlich angeordneter Lamellenbremsen oder Bandbremsen ist beim Überrollen der Freiläufe im Schubbetrieb eine Fahrzeugabbremsung über den Motor möglich. Ohne diese Bremsen besteht zwischen den antreibenden Fahrzeugrädern und dem Motor über das Getriebe keine Verbindung, da bei Schubbetrieb die Freiläufe abheben.

Die Schaltung der einzelnen Gänge automatischer Getriebe erfolgt in Abhängigkeit vom Motorzustand (abgetastet im Ansaugsystem als Unterdruck oder erfaßt durch die Gaspedalstellung), von der Fahrgeschwindigkeit (erfaßt durch einen Sensor für die Drehzahl der Getriebeabtriebswelle) und vom Fahrer (Beeinflussung des Schaltprogramms über Gaspedalstellung, Kick-down und Wählhebelstellung).

In Werkzeugmaschinengetrieben finden als Schaltmittel Anwendung: Schiebegabeln, Schaltgabeln, Schalthebel mit Gleitbacken, Ziehkeile, Klauenkupplungen, Zahnkupplungen, Schieberäder, Räderschwingen, Exzenterhülsen, Fallschnecken und Gewindespindeln.

An die Schaltung werden folgende Anforderungen gestellt:

a) keine Rückwirkung der Drehmomentübertragung im Getriebe auf die Schalthebel;

b) Leichtgängigkeit und Geräuscharmut;

c) kurze Schaltzeiten und kurze Schaltwege;

d) einwandfreie Verrastung (kein Herausspringen des geschalteten Ganges);

e) einwandfreie Verriegelung (der gewünschte Gang soll auch tatsächlich geschaltet werden, Vermeidung von Doppelschaltungen)

Bei Lastschaltgetrieben müssen darüber hinaus Schaltzeit und Schaltgüte so aufeinander abgestimmt sein, daß einerseits die Schaltungen nicht zu hart (Komfortschaltungen in Fahrzeuggetrieben) und andererseits die Servoglieder nicht zu stark belastet werden (Schlupfwärme, Verschleiß).

2.5. Ausgeführte Getriebe

Die Ausführungsformen von Schaltgetrieben sind entsprechend den sehr unterschiedlichen Einsatzgebieten auch sehr vielfältig. Die folgenden Beispiele können daher nur eine kleine Auswahl darstellen, sie sollen aber gleichzeitig den kurzen allgemeinen Überblick noch im Detail etwas ergänzen, ohne einen Anspruch auf Vollständigkeit zu erheben.

Die ersten Bilder zeigen Schaltgetriebe in Parallelwellenbauweise, die im Stillstand geschaltet werden. In **Bild 2.2** ist ein zweistufiges Hubwerksgetriebe aus dem Kranbau dargestellt. Das Getriebe ist als Vierwellengetriebe ausgeführt und für ein Eingangsdrehmoment von etwa 800 Nm ausgelegt. Die Umschaltung erfolgt über eine Doppelzahnkupplung. Die beiden Übersetzungen sind $i_1 = 31,7$ und $i_2 = 88,2$. Das Getriebegehäuse und fast alle Zahnräder sind als Schweißkonstruktion ausgebildet. Die Doppelzahnkupplung ist auf der ersten Zwischenwelle angeordnet. Aus Geräuschgründen sind die Zahnräder schrägverzahnt.

Das in **Bild 2.3** gezeigte Hubwerksgetriebe ist ein Fünfwellengetriebe mit einer Kombinationsschaltung für vier Übersetzungen. Die auf der Antriebswelle angeordnete Doppelklauenkupplung liefert zwei Grundübersetzungen, die wiederum durch Schalten eines auf der Zwischenwelle angeordneten Zahnradpaares, das in Form eines Schieberades ausgebildet ist, verdoppelt werden. Die Schaltung erfolgt entweder von Hand oder elektrisch. Durch Wahl zwischen mehreren Übersetzungen und durch leichte Umschaltung ist es möglich, Hubwerke den zum Teil sehr wechselnden Arbeitsbedingungen so anzupassen, daß sich eine günstige Arbeitsleistung ergibt.

Bild 2.4 zeigt ein zweistufiges Getriebe für eine Aufwickelhaspel mit nur noch einer Zwischenwelle zwischen Antriebswelle und Abtriebswelle. Die Antriebsleistung beträgt 100 kW. Die Übersetzungen sind $i_1 = 9$ und $i_2 = 18$. Die Schaltung erfolgt mittels Zahnkupplungen von Hand. Das Getriebe hat Schrägverzahnung und ist in der Wellenebene geteilt. Das Getriebegehäuse ist als Schweißkonstruktion ausgeführt.

Das in **Bild 2.5** dargestellte vierstufige Zweiwellengetriebe dient zum Antrieb von Ladepumpen auf Tankern. Die Antriebsleistung beträgt 1250

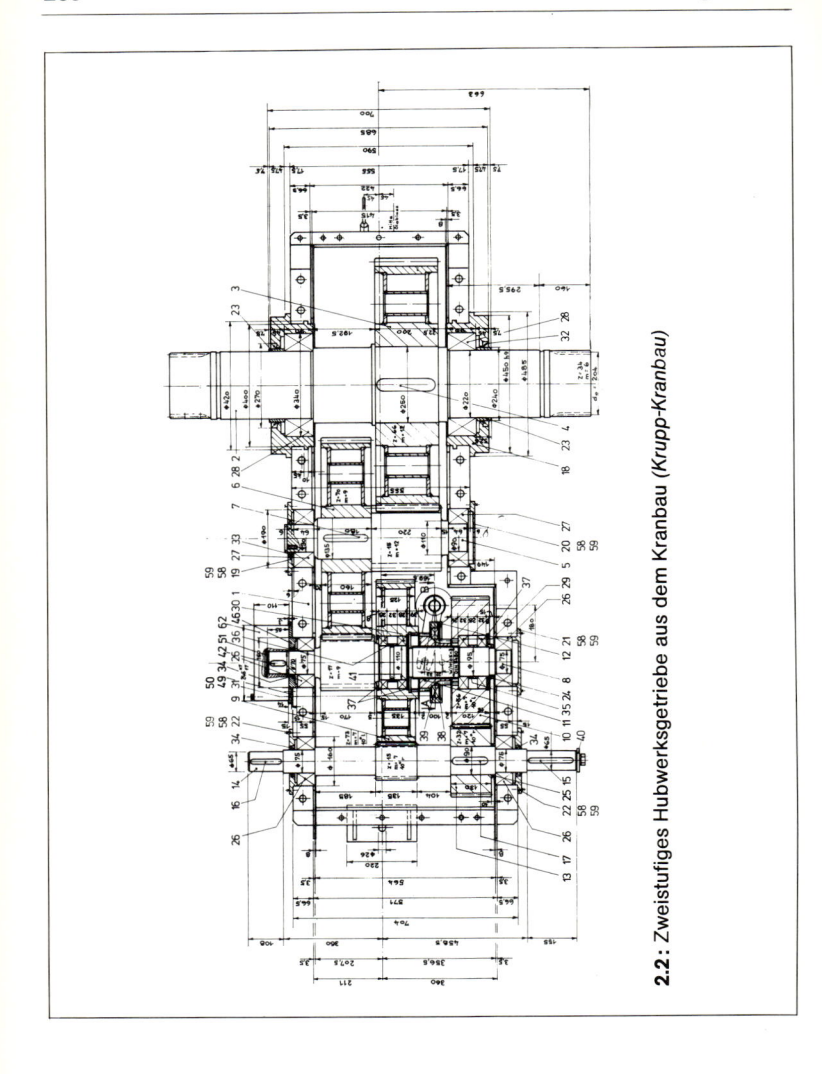

2.2: Zweistufiges Hubwerksgetriebe aus dem Kranbau *(Krupp-Kranbau)*

2.5. Ausgeführte Getriebe

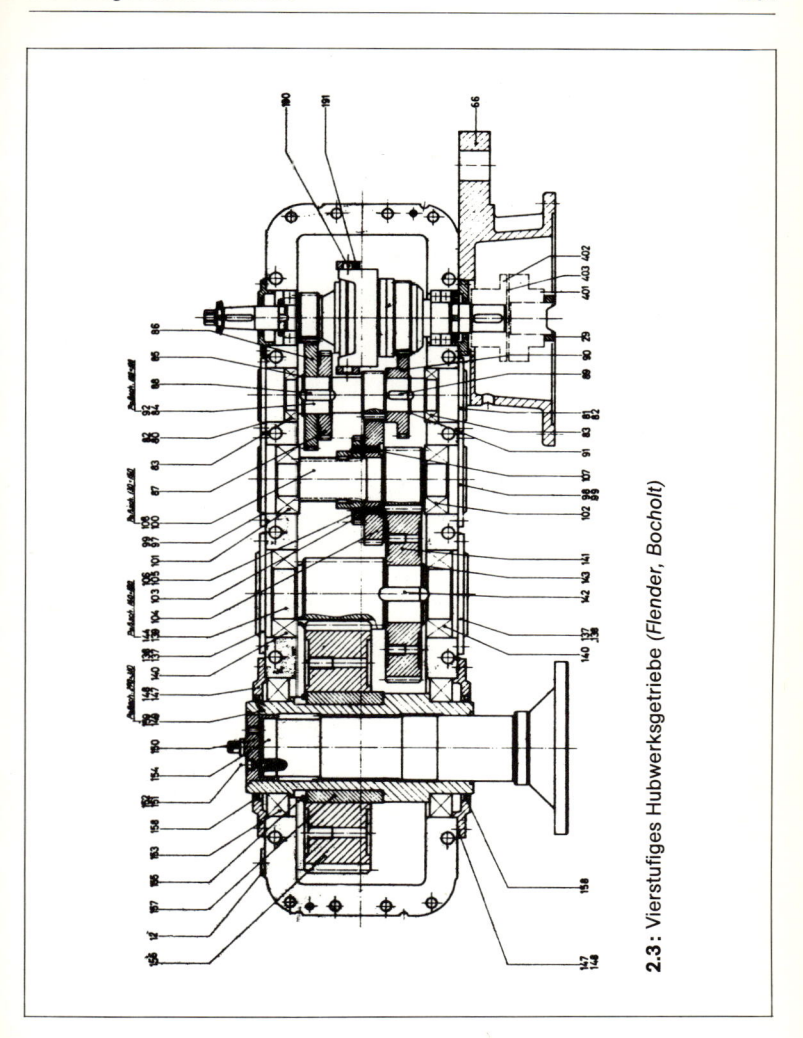

2.3: Vierstufiges Hubwerksgetriebe *(Flender, Bocholt)*

2.4: Zweistufiges Schaltgetriebe für eine
Aufwickelhaspel *(Tacke)*

kW bei einer Antriebsdrehzahl von 1480 1/min. Die Übersetzungen sind $i_1 = 1,24$, $i_2 = 1,50$, $i_3 = 1,96$ und $i_4 = 2,45$. Das Getriebe wird im Stillstand von Hand geschaltet. Die beiden Doppelzahnkupplungen, mittels Schalthebel und Schaltwelle betätigt, sind auf der Abtriebswelle angeordnet. Eine Ölpumpe sorgt für Dauerschmierung im Leerlauf und während des Betriebes. Durch eine hydraulische Steuerung wird die jeweils geschaltete Zahnradstufe während der Leistungsübertragung zusätzlich mit Kühlöl versorgt. Die auf dem Prüfstand ermittelten Wirkungsgrade der einzelnen Zahnradstufen sind bei maximaler Antriebsleistung $\eta_1 = 96,5\,\%$, $\eta_2 = \eta_3 = 97\,\%$ und $\eta_4 = 97,5\,\%$. Die Zahnräder sind aus Einsatzstahl, gehärtet und geschliffen.

Bild 2.6 zeigt ein von Hand geschaltetes Vierganggetriebe in Vorgelegebauweise mit Membranfederkupplung für Personenwagen. Die Übersetzungen sind $i_1 = 3,90$, $i_2 = 2,30$, $i_3 = 1,41$, $i_4 = 1,00$ und $i_R = -3,66$. Die vier Vorwärtsgänge sind sperrsynchronisiert, der Rückwärtsgang wird mit Hilfe eines Schiebezahnrades geschaltet. Die Schalteinrichtung ist seitlich in einem Getriebedeckel untergebracht. Um beim Synchronisieren der zu schaltenden Getriebeteile einen Sperreffekt zu erreichen, wird der Konusring gegenüber der Schaltmuffe um eine halbe Zahnteilung in Umfangsrichtung verschiebbar geführt, so daß, solange noch kein

2.5. Ausgeführte Getriebe

2.5: Vierstufiges Schaltgetriebe zum Antrieb von Ladepumpen auf Tankern
(Pekrun)

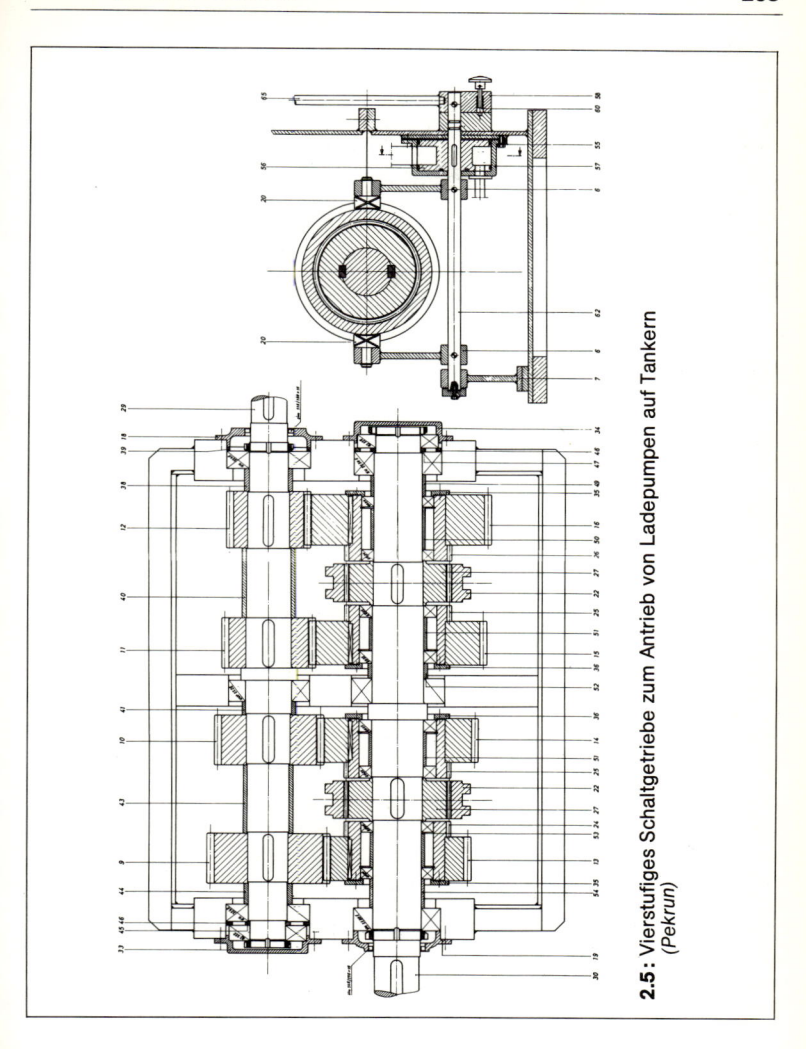

2. Schaltgetriebe

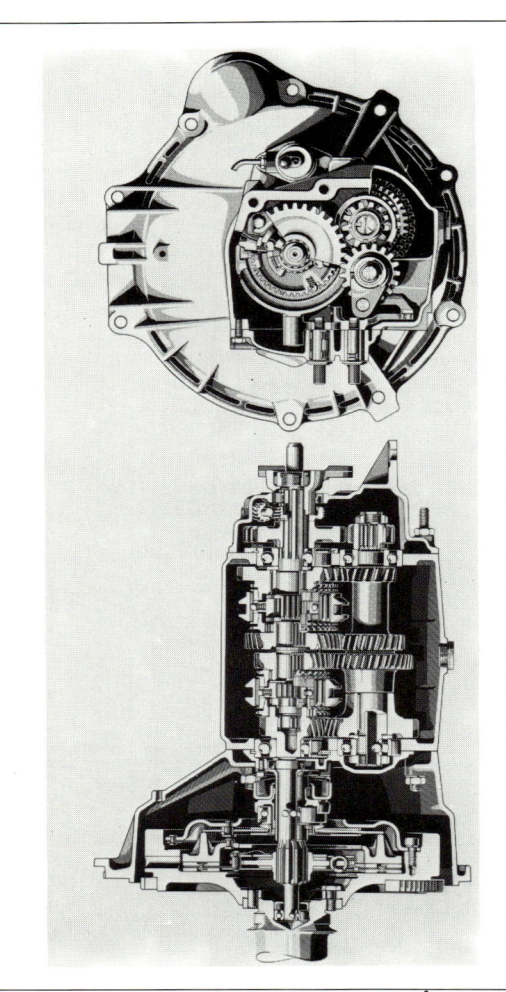

2.6: Viergang-Schaltgetriebe für Personenwagen *(Daimler-Benz)*

CYCLOieren Sie auch schon?

Oder haben Sie noch Antriebsprobleme?

CYCLO-Getriebe laufen seit über 40 Jahren in der Elektro- und Elektronik-Industrie, im Bergbau an Baumaschinen, im Sägewerk, an Dekantern, an Rührwerken der chemischen Industrie und an Förder-Anlagen

Wirkungsgrad: bis Faktor 0,98
Übersetzung: in einer Stufe bis 1:85

CYCLO-Kompaktantriebe für Kleinrührwerke

CYCLO
GETRIEBE

CYCLO—Getriebebau Lorenz Braren KG
8062 Markt Indersdorf, Tel: 0 81 36 / 4 16 · Telex: 05 - 26624

Ihr Partner in Antriebsfragen

Lastschaltgetriebe
mech. schaltbare Getriebe
Sondergetriebe

Auch zur Lösung Ihrer Antriebsfragen stehen wir gerne zur Verfügung

Fritz Philipps · Getriebebau KG
D 8970 Immenstadt · Sonthofener Str. 58¼

Postf. 69, Tel.: (0 83 23) 7 91, Telex: 054 449, Drahtanschr.: Philippsl'stadt

2.5. Ausgeführte Getriebe

Gleichlauf der zu schaltenden Getriebeteile erreicht ist, eine Sperrung der Schaltmuffe durch die verdrehten Sperrzähne des Konusringes eintritt. Dadurch kann auch bei großer Schaltkraft die Schaltung erst dann durchgeführt werden, wenn Gleichlauf erreicht ist; erst bei Gleichlauf legen sich die Sperrzähne des Konusringes in die Lücken der Schaltmuffenzähne und erlauben das Durchschalten der Schaltmuffenzähne in die Mitnahmeverzahnung des jeweiligen Gangrades.

Die Verriegelung und Verrastung der einzelnen Gänge ist aus **Bild 2.7** ersichtlich. Beide Funktionen sind kompakt in einem Bauteil zusammengefaßt. Die Verriegelung (Vermeidung von Fehlschaltungen) wird dadurch erreicht, daß die Bewegung der Kolben durch entsprechende Profilierung der Schaltrasten und durch Wirkung einer Verriegelungskugel begrenzt wird. Die Verrastung (eindeutige Fixierung des geschalteten Ganges) wird dadurch erreicht, daß die Kolben und die hinter der Verriegelungskugel liegende Verrastungskugel (aus Bild 2.7 nicht ersichtlich) federbelastet angeordnet sind.

Das in **Bild 2.8** dargestellte Getriebe ist ein Beispiel für ein Nutzfahrzeug-Schaltgetriebe und besteht aus einem Viergang-Getriebeteil mit Kriechgang und Rückwärtsgang und einer nachgeschalteten Gruppe in Planetenbauweise. Die Planetengruppe verdoppelt die Gänge des Viergangteiles, so daß mit dem Kriechgang zusammen neun Vorwärtsgänge nacheinander schaltbar zur Verfügung stehen. Die Übersetzungen sind: $i_1 = 13{,}10$, $i_2 = 8{,}67$, $i_3 = 6{,}37$, $i_4 = 4{,}65$, $i_5 = 3{,}43$, $i_6 = 2{,}53$, $i_7 = 1{,}86$, $i_8 = 1{,}36$, $i_9 = 1{,}00$ und $i_R = -16{,}2$. Die Übersetzung der Planetengruppe beträgt $i_P = 3{,}43$. Die Planetengruppe ist an der Übersetzungsbildung im 1. bis 5. Gang und im Rückwärtsgang beteiligt.

Die vier Vorwärtsgänge und die Nachschaltgruppe sind sperrsynchronisiert, der Kriechgang und der Rückwärtsgang werden klauengeschaltet. Das Hauptgetriebe kann entweder durch eine Drehwellenschaltung für Fernbedienung oder seitliche Knüppelschaltung betätigt werden. Die Umschaltung der Planetengruppe erfolgt pneumatisch. Der Planetensatz wird zusammen mit der Schalteinrichtung in einem separaten Gehäuse an das Grundgetriebe nach dem Baukastenprinzip angeflanscht. Um Fehlschaltungen, die eine Überbeanspruchung für Motor, Kupplung und Getriebe bedeuten, zu vermeiden, haben die Getriebe eine Rückschaltsicherung, die aus zwei voneinander unabhängigen Einzelsperren,

2.7: Schematische Darstellung der Verriegelung und Verrastung beim Mercedes-Benz Viergang-Schaltgetriebe nach Bild 2.6 *(Daimler-Benz)*

Rückwärtsgang

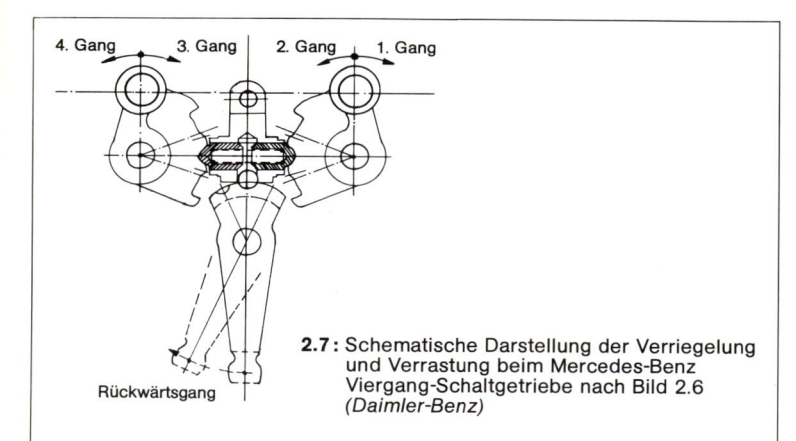

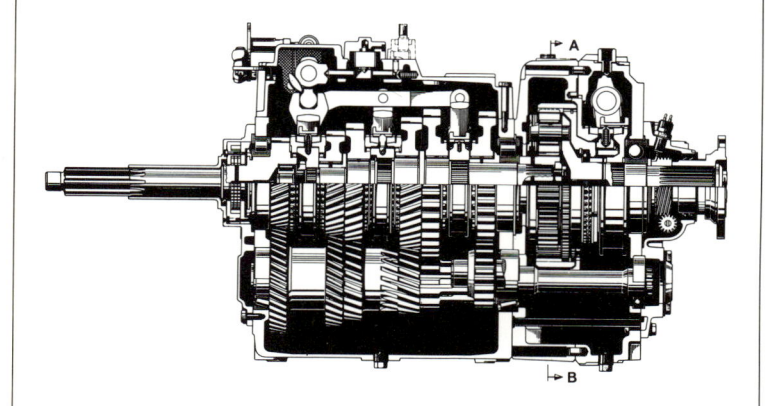

2.8: Synchroma-Getriebe 5 S – 110 GP, Fünfgang-Schaltgetriebe mit nachgeordneter Planetengruppe für Nutzfahrzeuge *(ZF)*

2.5. Ausgeführte Getriebe

einer Gassen- und einer Gruppensperre, besteht. Die beiden Einzelsperren arbeiten geschwindigkeitsabhängig.

Die beiden folgenden Bilder zeigen Werkzeugmaschinengetriebe, und zwar **Bild 2.9** ein Spindelkastengetriebe und **Bild 2.10** ein 24stufiges Zusatzgetriebe für einen Vorschubantrieb. Bei dem im Teilschnitt dargestellten Spindelkastengetriebe wird die Antriebsleistung des Elektromotors über eine Eingangszahnradstufe auf die erste Zwischenwelle übertragen, auf der zwei elektromagnetisch betätigte Lamellenkupplungen zum Schalten von Vorlauf und Rücklauf angeordnet sind. Diese beiden Kupplungen wirken beim Schalten der einzelnen Übersetzungen als Trennkupplungen zwischen Motor und Getriebe. Die auf der zweiten Zwischenwelle angeordneten Zahnräder sind teilweise als Doppelschieberäder ausgebildet und werden über Schaltklauen betätigt. Über die auf der dritten Zwischenwelle angeordnete Elektromagnetbremse kann das Spindelkastengetriebe bei geöffneten Eingangskupplungen stillgesetzt werden.

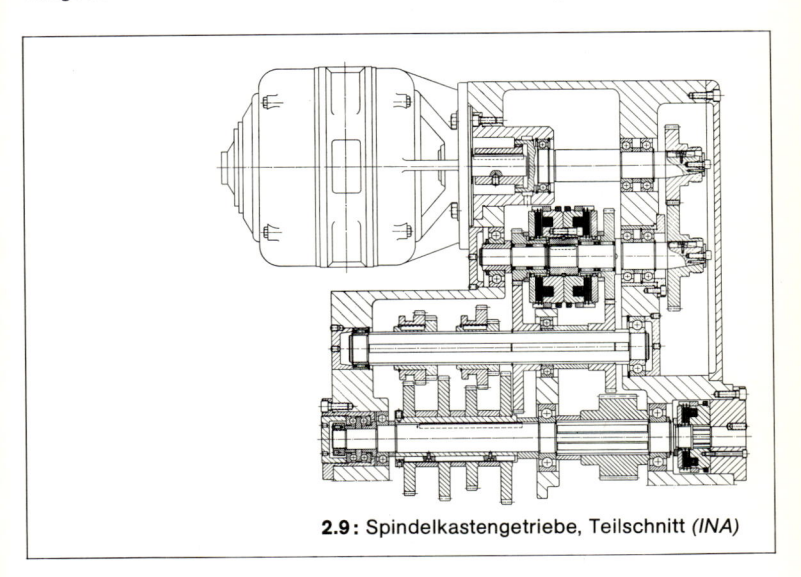

2.9: Spindelkastengetriebe, Teilschnitt *(INA)*

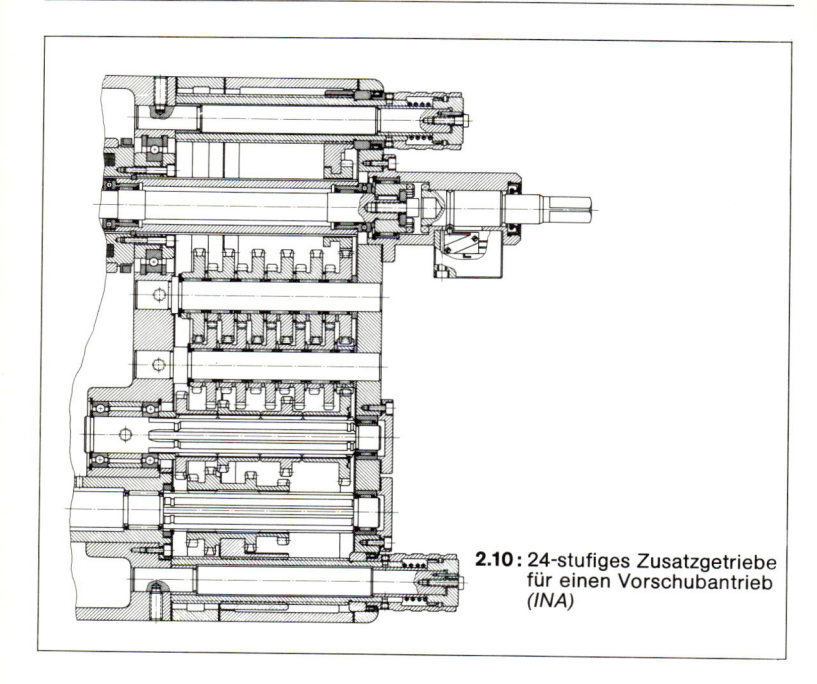

2.10: 24-stufiges Zusatzgetriebe für einen Vorschubantrieb (INA)

Das 24stufige Zusatzgetriebe für einen Vorschubantrieb ist ein Fünfwellengetriebe, bei dem nur die Zahnräder auf der Antriebswelle und Abtriebswelle verschiebbar angeordnet sind. Die Schiebezahnräder werden mit Hilfe von Schiebegabeln und Gewindespindeln betätigt. Das auf der Antriebswelle angeordnete Zahnrad ermöglicht sechs Teilübersetzungen, die durch das auf der Abtriebswelle angeordnete Vierfachschiebezahnrad auf 24 Übersetzungen erweitert werden. Die Zahnräder, die miteinander in Eingriff gebracht werden, sind an den Stirnseiten gut abgerundet, um ein leichtes, verschleißfreies und geräuscharmes Schalten zu ermöglichen. Der Antrieb des Zusatzgetriebes erfolgt über eine Klauenschaltkupplung. Die Antriebsleistung beträgt 0,8 kW bei einer Antriebsdrehzahl von 133 1/min.

2.5. Ausgeführte Getriebe

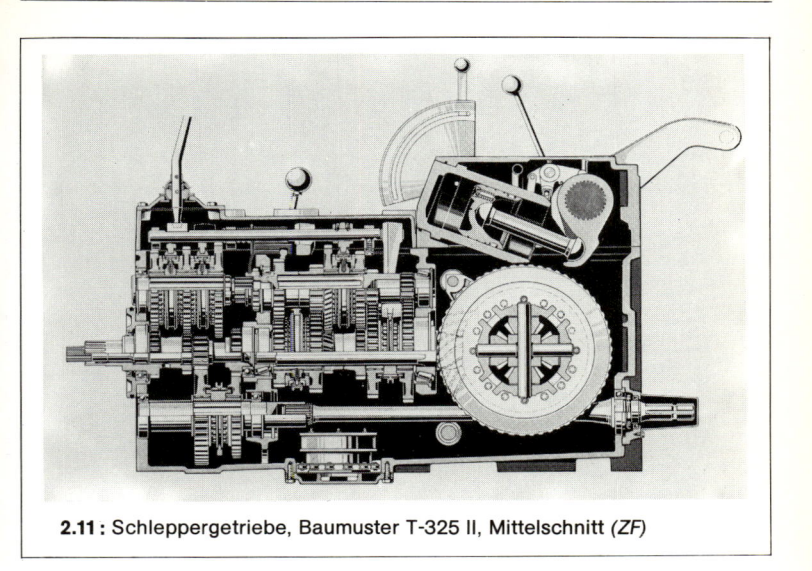

2.11: Schleppergetriebe, Baumuster T-325 II, Mittelschnitt *(ZF)*

Um Schlepper bei den sehr unterschiedlichen Betriebsbedingungen wie Straßenfahrt oder Ackereinsatz und in letzter Zeit zunehmend auch im Forst- und Baubetrieb oder im Kommunalbereich rationell einsetzen zu können, ist eine genügend hohe Zahl leicht schaltbarer Gänge notwendig. Das in **Bild 2.11** dargestellte Schleppertriebwerk bietet folgende Möglichkeiten der Gangauswahl: Vorwärtsfahrgruppe mit zwölf Gängen (sechs Normal- und sechs Zwischengänge), Rückwärtsfahrgruppe mit sechs Gängen und Kriechganggruppe auf Wunsch mit zwei mal zwei Vorwärts- und zwei Rückwärtsgängen. Der Kraftfluß in den einzelnen Gängen ist aus **Bild 2.12** ersichtlich. Das Schaltgetriebe wird mit einem Haupt- und einem Gruppenschalthebel bedient, die direkt in das Getriebe eingreifen. Für eine Lenkradbetätigung wird eine Drehwellenfernschaltung verwendet. Die Kriechgänge werden über einen getrennten Schalthebel bedient. Als Schalthilfen werden je nach Ausführung entweder mit Bolzen arbeitende Leichtgangschaltungen oder Sperrsynchronisierungen verwendet. Die Zwischengruppe ist auf Wunsch last-

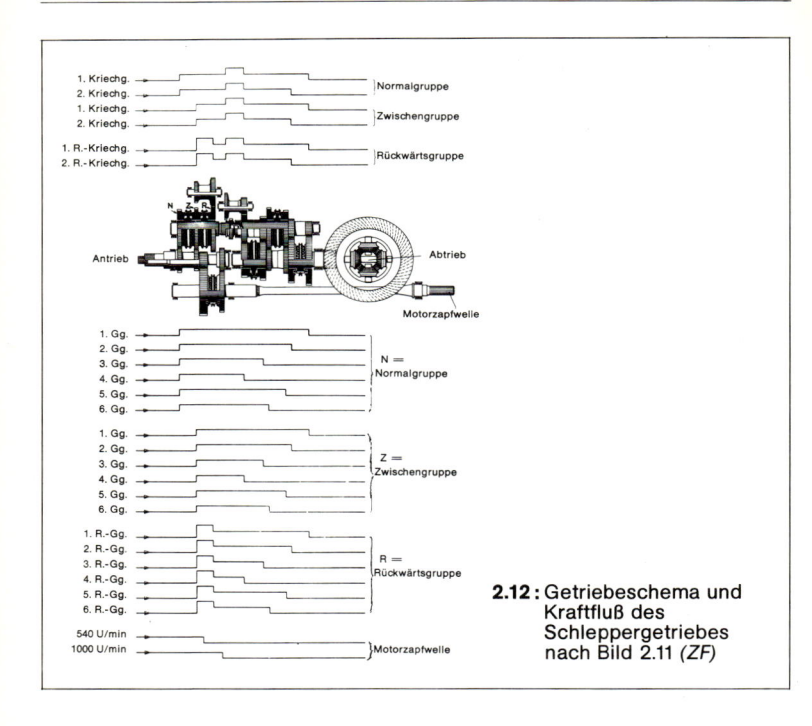

2.12: Getriebeschema und Kraftfluß des Schleppergetriebes nach Bild 2.11 *(ZF)*

schaltbar zu erhalten **(Bild 2.13)**. Diese ermöglicht bei wechselnden Zugwiderständen das einfache Umschalten zwischen Normal- und Zwischengruppe ohne Zugkraftunterbrechung. Das erforderliche Steuerventil der Lamellenkupplung für die Zwischengruppe wird mit dem Gruppenschalthebel betätigt. Durch Verwendung einer Sperrsynchronisierung für die Rückwärtsgruppe wird ein schnelles Reversieren erleichtert. Die Verwendung von Schalthilfen in Schleppergetrieben ermöglicht einen schnellen und mühelosen Gang- und Gruppenwechsel. Die Zahnräder sind ständig im Eingriff, so daß keine Schaltbeschädigungen eintreten können.

2.5. Ausgeführte Getriebe

2.13:

Lastschaltbare Zwischengruppe des Schleppergetriebes nach Bild 2.11 *(ZF)*

1 = Lamellenkupplung für Zwischengruppe;
2 = Sperrsynchronisierung für Rückwärtsgruppe;
3 = Drehwellenfernschaltung

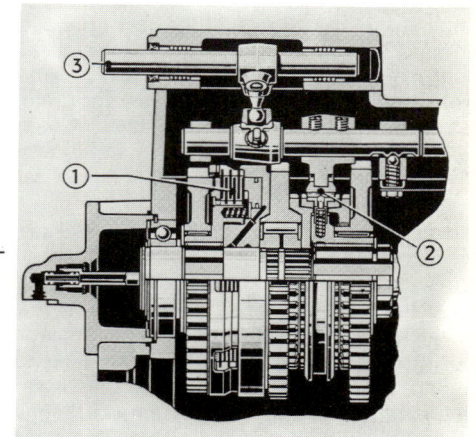

2.14: Dreistufiges Krangetriebe *(Ortlinghaus)*

Bild 2.14 zeigt ein dreistufiges Krangetriebe mit wartungsfreien, schleifringlosen elektromagnetisch betätigten Lamellenkupplungen, die eine Schaltung des Getriebes unter Last ermöglichen. Die drei Übersetzungen sind von einem Steuergerät aus mit automatischer Lastüberwachung schaltbar. Das Getriebe ist als Vierwellengetriebe ausgeführt. Zwei Lamellenkupplungen sind auf der ersten und die dritte Lamellenkupplung ist auf der zweiten Zwischenwelle angeordnet. Der Antrieb erfolgt über einen Elektromotor. Als Senkbremse ist eine feinfühlige Wirbelstrombremse mit einer Geschwindigkeitsregelung vorgesehen.

Beim Einsatz von Wendegetrieben in Wasserfahrzeugen bietet die Umsteuerung von Vorwärts- und Rückwärtsfahrt oft die einzige Möglichkeit zum Bremsen und Manövrieren. Das in **Bild 2.15** dargestellte Getriebe ist ein Schiffswendegetriebe mit koaxialer Lage von An- und Abtrieb. Durch Auswechseln der Radsätze sind verschiedene Übersetzungsverhältnisse in den Grenzen von $i = 1,5$ bis 5 möglich. Die Zahnräder sind gehärtet und geschliffen und aus Geräuschgründen schrägverzahnt. Als Wendekupplung findet eine druckölbetätigte Doppellamellenkupplung Anwendung, die über einen Drehschieber geschaltet wird. Das Drucköl wird den Lamellenkupplungen durch die hohlgebohrten Zwischenwellen zugeführt. Für die Ölversorgung und die Getriebeschmierung sorgt eine angeflanschte Zahnradpumpe. Das zweite auf der Vorwärtsgangkupplung angeordnete Zahnrad dient als Zwischenrad im Rückwärtsgang zur Drehrichtungsumkehr. Der Leistungsfluß durch das Getriebe ist in Bild 2.15 gekennzeichnet. Das Getriebe zeigt die Verwendung vieler Gleichteile wie Zahnräder, Lager, Wellen und Kupplungen im Vorwärtsgang und Rückwärtsgang. Die einzelnen Bauelemente sind so gestaltet, daß durch Austausch der Zahnräder die gewünschten veränderlichen Übersetzungsverhältnisse leicht verwirklicht werden können.

Bei Wendegetrieben werden, wenn keine andere Bremse vorhanden ist, die Drehmassen von der gegenlaufenden Lamellenkupplung erst auf die Drehzahl Null verzögert und dann wieder auf die Nenndrehzahl beschleunigt. Die Lamellenkupplung ist in einem Wendegetriebe schon bei unbelastetem Abtrieb durch diesen Umschaltvorgang einer vierfachen Wärmebelastung ausgesetzt im Vergleich zu einem einfachen Anlaufvorgang. Die bei einer Schaltung unter Last anfallende Schaltwärme belastet die Wendekupplung noch zusätzlich.

2.5. Ausgeführte Getriebe

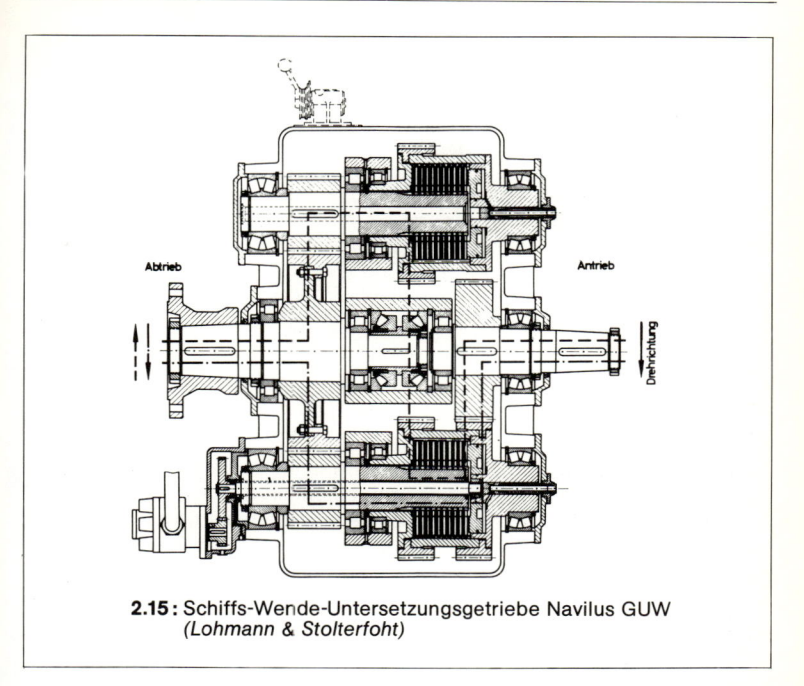

2.15: Schiffs-Wende-Untersetzungsgetriebe Navilus GUW
(Lohmann & Stolterfoht)

Es ist auch eine Lösung bekannt geworden, bei der im Rückwärtsgang anstelle des Zwischenzahnrades eine Hochleistungszahnkette zur Drehrichtungsumkehr vorgesehen ist. Diese Getriebe werden eingesetzt für Leistungen bis ca. 150 kW bei Motordrehzahlen von $n_{mot} = 2000$ 1/min.

Unter Last schaltbare Werkzeugmaschinengetriebe werden sowohl in Parallelwellenbauweise als auch in Planetenbauweise ausgeführt. Sie werden z. B. bei der Bearbeitung großer Planflächen eingesetzt, wenn die Umschaltung der Drehzahlen unter Last ohne Spanunterbrechung erfolgen soll. Bei der Durchführung einer solchen Lastschaltung sollte die Drehzahl des Werkstückes nicht um mehr als 8 bis 10 % abfallen.
Bild 2.16 zeigt ein achtstufiges Werkzeugmaschinengetriebe als Zweiwellengetriebe mit sechs elektromagnetisch betätigten Lamellenkupp-

2.16: 8stufiges Lastschaltgetriebe 8 E 20 für Werkzeugmaschinen in Parallelwellenbauweise *(ZF)*

lungen zur Durchführung der Schaltungen unter Last. Bei einem Stufensprung von $\varphi = 1{,}26$ bzw. $\varphi = 1{,}41$ ergibt sich ein Gesamtübersetzungsbereich von $I_{ges} = 5{,}04$ bzw. $I_{ges} = 11{,}2$. Die Antriebsleistung beträgt 22 kW bei einer Antriebsdrehzahl von $n = 1460$ 1/min. Der Getriebeaufbau und das Schaltschema der Kupplungen sind aus **Bild 2.17** ersichtlich. Die Gangwechsel werden durch bestimmte Schaltkombinationen der Kupplungen erreicht. Durch die Gruppenbauweise ist eine Brems- und Lösestellung bei durchlaufendem Motor gegeben. Das Getriebe ist für beide Drehrichtungen geeignet. Die Drehrichtungsumkehr erfolgt durch Umpolen des Motors.

Bild 2.18 zeigt ein achtstufiges Werkzeugmaschinengetriebe in Planetenbauweise mit zwei einfachen Planetensätzen und einem Planetensatz mit Stufenplaneten und zwei Sonnenrädern. Das Getriebe hat bei einem Stufensprung von 1,41 acht Abtriebsdrehzahlen im Bereich von 185 bis 2046 1/min. Das Getriebeschema und das Schaltschema zeigt **Bild 2.19**. Die einzelnen Übersetzungen werden mit Hilfe von drei Lamellenkupplungen und drei Lamellenbremsen, die elektromagnetisch betätigt werden, geschaltet. Neben den acht Übersetzungen sind eine Brems- und eine Leerlaufstellung bei durchlaufendem Motor vorhanden. Das Getriebe ist für beide Drehrichtungen geeignet, so daß eine Reversierung mit dem Motor möglich ist. Das Planetengetriebe arbeitet als

2.5. Ausgeführte Getriebe

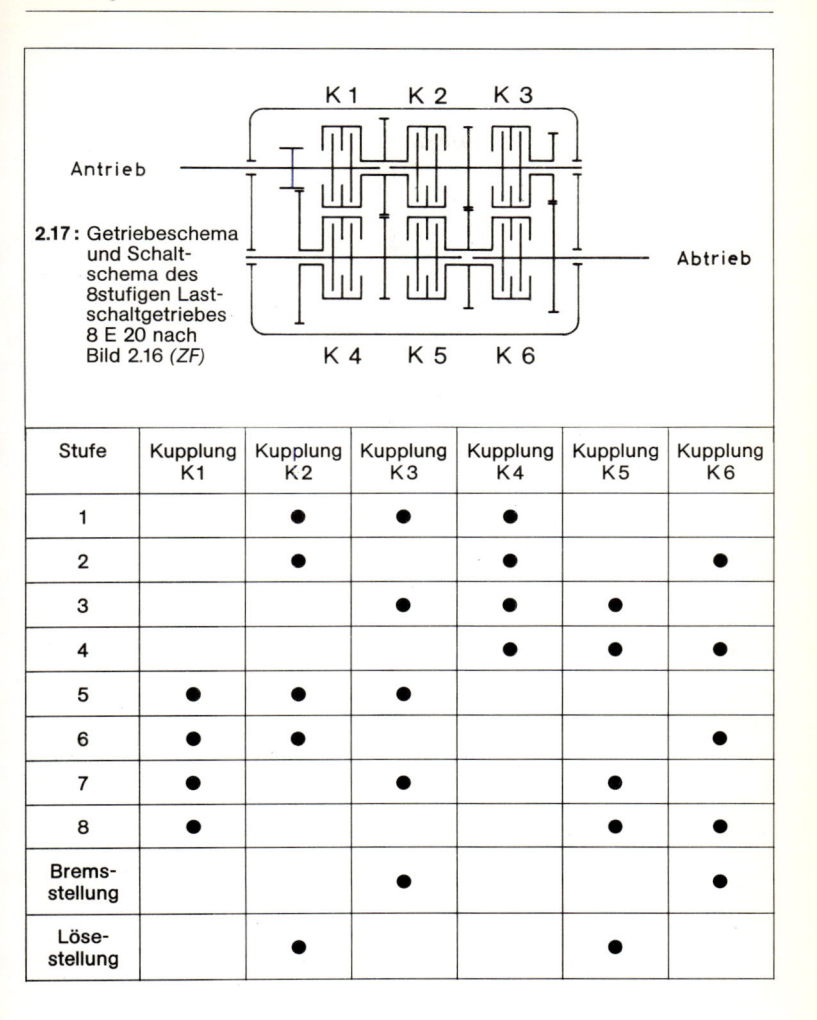

2.17: Getriebeschema und Schaltschema des 8stufigen Lastschaltgetriebes 8 E 20 nach Bild 2.16 *(ZF)*

Stufe	Kupplung K1	Kupplung K2	Kupplung K3	Kupplung K4	Kupplung K5	Kupplung K6
1		●	●	●		
2		●		●		●
3			●	●	●	
4				●	●	●
5	●	●	●			
6	●	●				●
7	●		●		●	
8	●				●	●
Bremsstellung			●			●
Lösestellung		●			●	

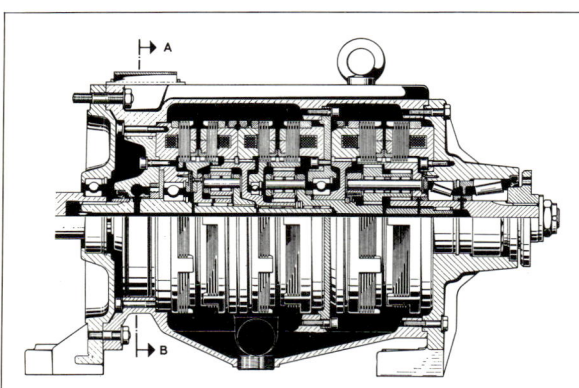

2.18: 8stufiges Lastschaltgetriebe 8 EP 12 für Werkzeugmaschinen in Planetenbauweise *(ZF)*

Gruppengetriebe, das heißt, man erhält die jeweilige Gesamtübersetzung durch Multiplikation von Einzelübersetzungen. Dazu benötigt jeder Planetensatz eine Lamellenbremse und eine Lamellenkupplung. Durch Zuschalten der Lamellenbremse arbeitet der einzelne Planetensatz als Übersetzungsgetriebe, durch Betätigen der Lamellenkupplung wird er überbrückt.

Die folgenden Bilder zeigen automatisch schaltende Fahrzeuggetriebe. Das in **Bild 2.20** dargestellte Wandler-Vierganggetriebe wird in Personenwagen mit Vierzylinder- und Sechszylinder-Reihenmotoren (maximales Drehmoment 250 Nm, maximale Leistung 135 kW) eingebaut; das in **Bild 2.21** dargestellte Wandler-Dreiganggetriebe kommt bei Personenwagen mit V8-Zylindermotoren (maximales Drehmoment 400 Nm, maximale Leistung 165 kW) zum Einsatz. Der Vergleich beider Getriebe zeigt die konsequente Anwendung des Baukastensystems. Um genügend hohe Fertigungsstückzahlen zu erreichen, werden in beiden Getrieben gleiches Hauptgetriebegehäuse, gleiches hinteres Getriebegehäuse, gleiche Verzahnungen, zum Teil gleiche Lamellen und Bremsbänder und gleiche Ventilplatten mit geringfügigen Änderungen verwendet. Vierganggetriebe und Dreiganggetriebe unterscheiden sich in

2.5. Ausgeführte Getriebe

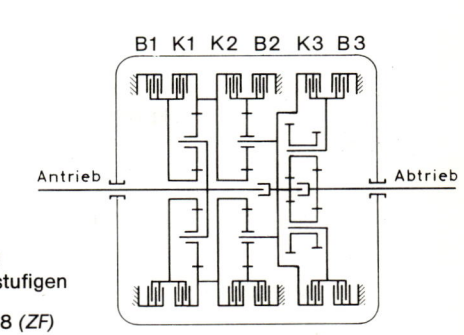

2.19: Getriebeschema und Schaltschema des 8stufigen Lastschaltgetriebes 8 EP 12 nach Bild 2.18 *(ZF)*

Stufe	Kupplung K1	Kupplung K2	Kupplung K3	Bremse B1	Bremse B2	Bremse B3
1	●				●	●
2				●	●	●
3	●		●		●	
4			●	●	●	
5	●	●				●
6		●		●		●
7	●	●	●			
8		●	●	●		
Brems-stellung			●			●
Löse-stellung		●			●	

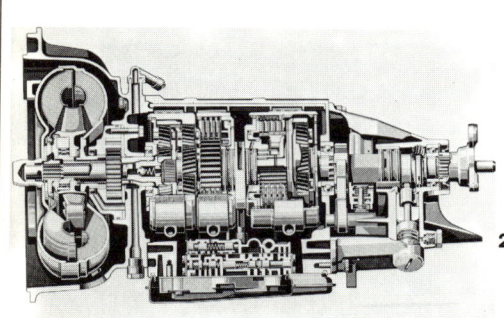

2.20: Wandler-Viergang-
getriebe für
Personenwagen
(Daimler-Benz)

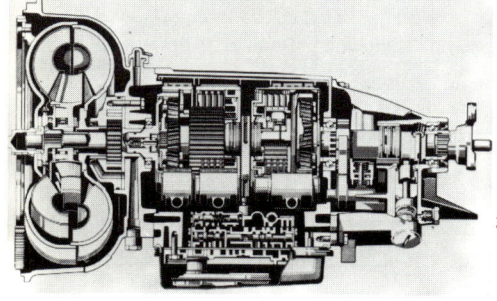

2.21: Wandler-Dreigang-
getriebe für
Personenwagen
(Daimler-Benz)

der Zahl der Planetensätze. Der durch Weglassen eines Planetensatzes für das Dreiganggetriebe freigewordene Raum wird dazu ausgenutzt, die Lamellenkupplung so zu verstärken, daß sie auch bei dem erhöhten Drehmoment der V 8-Zylindermotoren den Lebensdaueranforderungen entspricht.

Die **Bilder 2.22** und **2.23** zeigen das Getriebeschema, das Schaltschema und die Übersetzungen der beiden Wandlergetriebe. Die Schaltung der vier bzw. drei Vorwärtsgänge und des Rückwärtsganges erfolgt mit Hilfe von zwei Lamellenkupplungen, drei Bandbremsen und einem Freilauf.

2.5. Ausgeführte Getriebe

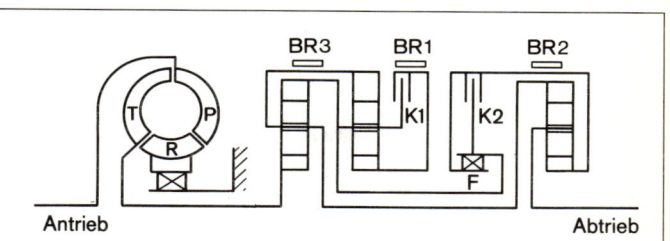

Gang	K1	K2	BR1	BR2	BR3	F	Übersetzung
I		●		●		●	3,98
II		●	●				2,39
III	●			●			1,46
IV	●	●					1,00
R		●			●		− 5,47

2.22: Getriebeschema, Schaltschema und Übersetzungen des Wandler-Vierganggetriebes nach Bild 2.20
(Daimler-Benz)

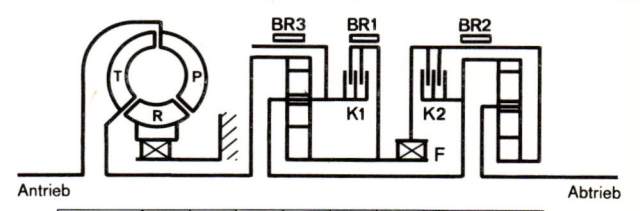

Gang	K1	K2	BR1	BR2	BR3	F	Übersetzung
I			●	●		●	2,31
II	●			●			1,46
III	●	●					1,00
R					●	●	−1,84

2.23: Getriebeschema, Schaltschema und Übersetzungen des Wandler-Dreiganggetriebes nach Bild 2.21
(Daimler-Benz)

Die Anordnung des Freilaufes ist in den beiden Getrieben unterschiedlich. Im Vierganggetriebe liegt der Freilauf zwischen der Koppelwelle, die das Hohlrad des vorderen Planetensatzes mit dem Planetenträger des mittleren Planetensatzes verbindet, und der Sonnenradwelle des hinteren Planetensatzes und ist mit Hilfe der Kupplung K2 überbrückbar. Der Freilauf ist so angeordnet, daß er im 4. Gang keine Relativdrehzahl hat. Beim Dreiganggetriebe liegt der Freilauf zwischen der Sonnenradwelle des vorderen Planetensatzes und der Sonnenradwelle des hinteren Planetensatzes. Der Aufbau als Zweigruppengetriebe ist deutlich an der kompakten Anordnung der Planetensätze und Schaltelemente zu erkennen. Im Vierganggetriebe sind die beiden Planetensätze der ersten Gruppe so raumsparend zusammengebaut, wie es ein Koppelgetriebe aus zwei Planetensätzen überhaupt nur erlaubt.

Bild 2.24 zeigt die Betätigung eines Bremsbandes bei einer Rückschaltung unter Gas. Die Schaltung erfolgt von der Kupplung K1 auf das Bremsband BR1 im Wandler-Vierganggetriebe (vergleiche Bild 2.22). Bei gelöstem Bremsband wird der Betätigungskolben von einer Feder in die Ausgangsstellung gedrückt und das Bremsbandwiderlager ist geöffnet. Das Bremsband wird für die Rückschaltung in Bereitschaft ge-

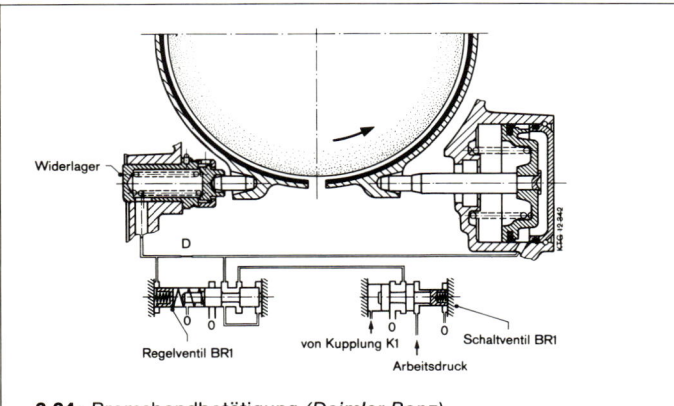

2.24: Bremsbandbetätigung *(Daimler-Benz)*

bracht, sobald der Druck von der Kupplung K1 abgeschaltet ist. Dadurch wird das Schaltventil BR1 nach links gedrückt und Arbeitsöl fließt über das Regelventil BR1 zum Zylinder BR1 und verschiebt den Betätigungskolben gegen die Federkraft nach rechts. Das Bremsband wird angelegt. Der Druck wird zunächst durch das Regelventil BR1 begrenzt. Solange die Anlegekraft des Kolbens kleiner bleibt als die Federkraft des Widerlagers – dieser Zustand besteht, wenn die Bremsbandtrommel vom Widerlagerkolben wegdreht (Pfeilrichtung) – kann das über die Drossel D zum Widerlager gelangende Arbeitsöl abfließen. Bei Drehrichtungsumkehr schließt das Widerlager, weil jetzt die am Widerlager angreifende Kraft bei gleicher Kolbenkraft aufgrund der nun positiv wirkenden Servokraft des Bremsbandes ($e^{\mu\alpha}$-Effekt) vervierfacht wird. Am Betätigungskolben BR1 wirkt nun der volle Arbeitsdruck, da der hinter der Drossel sich aufbauende Druck das Regelventil BR1 außer Wirkung bringt.

Bild 2.25 zeigt als Beispiel für ein automatisch schaltendes Nutzfahrzeuggetriebe ein Wandler-Dreiganggetriebe, das aus einem hydrodynamischen Zweiphasenwandler mit Überbrückungskupplung und einem nachgeordneten Simpson-Dreigang-Koppelgetriebe besteht und für den Einsatz in Stadtomnibussen und Nahverkehrsfahrzeugen mit einer maximalen Antriebsleistung von 184 kW und einem maximalen Motormoment von 800 Nm vorgesehen ist.

Im 1. Gang werden die Kupplung K1 und die Bremse BR2 betätigt. Vorderes Hohlrad = Antrieb, Koppelwelle vorderer Planetenträger und hinteres Hohlrad = Abtrieb, hinterer Planetenträger = Festglied, $i_1 = 2{,}12$.

Im 2. Gang werden die Kupplung K1 und die Bremse BR1 betätigt. Vorderes Hohlrad = Antrieb, Koppelwelle vorderer Planetenträger und hinteres Hohlrad = Abtrieb, gemeinsame Sonnenradwelle = Festglied, $i_2 = 1{,}35$. Der hintere Planetensatz läuft unbelastet mit.

Im 3. Gang werden die Kupplung K1 und die Kupplung K2 betätigt und das Planetengetriebe läuft verblockt um, $i_3 = 1{,}00$.

Im Rückwärtsgang werden die Kupplung K2 und die Bremse BR2 betätigt. Gemeinsame Sonnenradwelle = Antrieb, Koppelwelle vorderer Planetenträger und hinteres Hohlrad = Abtrieb, hinterer Planetenträger = Festglied, $i_R = -2{,}23$. Der vordere Planetensatz ist an der Übersetzungsbildung nicht beteiligt.

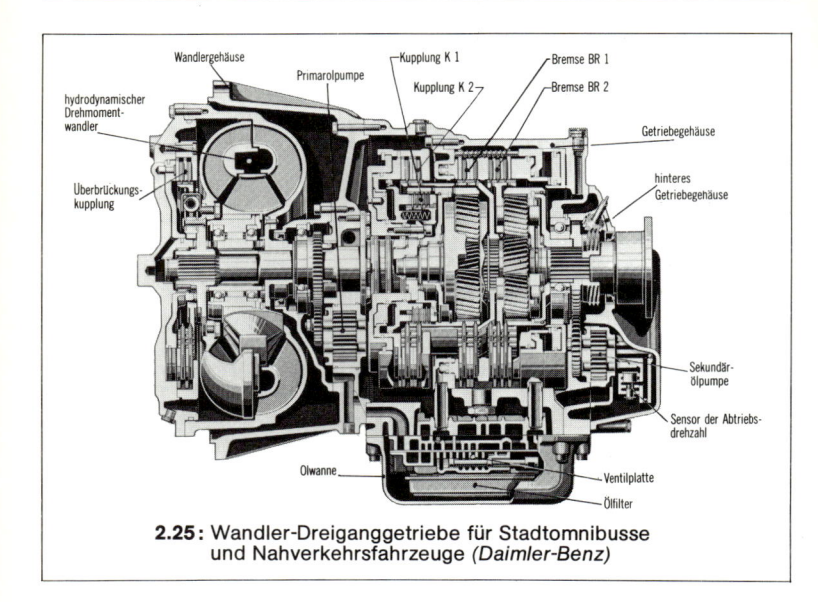

2.25: Wandler-Dreiganggetriebe für Stadtomnibusse und Nahverkehrsfahrzeuge *(Daimler-Benz)*

Zur Schaltung der Getriebegänge werden Lamellenreibelemente verwendet. Der Öldruck der in allen Vorwärtsgängen geschalteten Kupplung K1 wirkt auf die Rückseite des Betätigungskolbens der Kupplung K2. Dadurch wird ein Anlegen der Lamellen der Kupplung K2 in den untersetzten Vorwärtsgängen infolge Fliehkraftöldruck verhindert. Die Betätigungskolben der übrigen Schaltelemente werden durch innen- oder außenliegende Schraubenfedern in ihre Ruhelage gedrückt. Die Bremse BR2 wird über einen Doppelkolben betätigt. Im 1. Gang, in dem das Stützmoment kleiner ist als im Rückwärtsgang, wird nur der vordere Kolben mit Drucköl beaufschlagt. Im Rückwärtsgang wirken beide Kolben in Reihe und vergrößern die Betätigungskraft.

Die beiden Teilplanetensätze des Simpson-Planetengetriebes haben bei gleicher Hohlradzähnezahl unterschiedliche Zähnezahlen der Sonnenräder und der Planetenräder, um eine optimale Getriebestufung entsprechend dem Einsatzzweck zu ermöglichen.

2.5. Ausgeführte Getriebe

Literaturhinweise:

[1] *Förster:* Wandlungsbereich und Getriebestufung bei Fahrzeuggetrieben. Zeitschrift „Automobil-Industrie" 1963, Heft 25 F, und 1964, Heft 1
[2] *Pickard:* Auslegung und Konstruktion von Mehrgangplanetengetrieben in automatischen Fahrzeuggetrieben. VDI-Bericht Nr. 195, Getriebetagung 1973
[3] *Schwerd:* Spanende Werkzeugmaschinen. Springer-Verlag, Berlin, Göttingen, Heidelberg 1956
[4] *Rohs:* Die Verwendung von Stirnrad-Umlaufgetrieben als Stufengetriebe für Werkzeugmaschinen. Zeitschrift „Industrie-Anzeiger", Essen, Nr. 28, 5. April 1960, S. 17 ff.
[5] *Förster:* Die Schaltzeit bei synchronisierten Wechselgetrieben in Kraftfahrzeugen. Zeitschrift „ATZ", Jahrgang 51, 1949, S. 133 ff.
[6] *Förster:* Getriebeschaltung ohne Zugkraftunterbrechung. Zeitschrift „Automobil-Industrie" Nr. 21, September 1972
[7] *Maas:* Das dynamische Verhalten von Lastschaltgetrieben. Zeitschrift „Industrie-Anzeiger" Nr. 30, 14. April 1959, S. 22 ff.
[8] *Kraft:* Zugkraftschaltungen in automatischen Fahrzeuggetrieben. Dissertation 1972 Karlsruhe
[9] *Maier:* Kraftfahrzeuggetriebe. Herausgegeben von der Zahnradfabrik Friedrichshafen AG, Friedrichshafen
[10] *Irtenkauf/Schumacher:* Schaltmittel für mechanische Getriebe, insbesondere bei Werkzeugmaschinen. Zeitschrift „Werkstattstechnik und Maschinenbau", 41. Jahrgang 1951, Heft 8
[11] *Looman:* Zahnradgetriebe. Konstruktionsbücher Band 26, Springer-Verlag Berlin, Heidelberg, New York 1970
[12] *Pickard/Köpf:* Automatische Getriebe für Personenwagen und Nutzfahrzeuge. Zeitschrift „antriebstechnik" 1971, Heft 8 und 10
[13] *Scheid:* Schaltgetriebe-Einheiten für Werkzeugmaschinen. Zeitschrift „die maschine", Heft 2, Februar 1969
[14] *Scheid:* Fernbetätigte Reibungskupplungen in Förder- und Hebegeräten. Zeitschrift „deutsche hebe- und fördertechnik", Heft 7, Juli 1971

Getriebe mit stufenlos veränderlicher Übersetzung

3

Voith-Bausteine der Antriebstechnik

Voith baut Kraftübertragungselemente nicht nur einer Art. Voith ist zuhause in der Mechanik, in der Hydrodynamik und der Hydrostatik. Deshalb kann Voith in jedem Fall das zweckmäßigste Element vorschlagen. Nennen Sie uns bitte Ihre Aufgaben. Wir arbeiten mit.

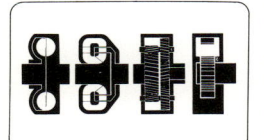

Voith baut für Antriebe:
Mechanische Getriebe

Hydrodynamische Getriebe und Kupplungen

Hydrodynamisch-mechanische Getriebe und Kupplungen

Hydrostatische Aggregate

Voith Getriebe KG
7920 Heidenheim, Postf. 1920
Telefon (07321) 3291

VOITH

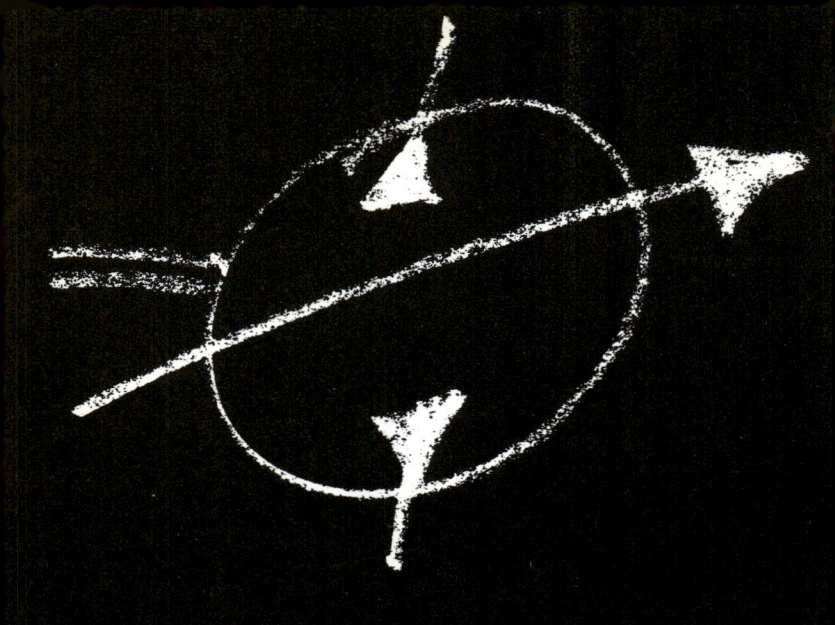

Konstrukteure!

Alle Hydropumpen und Hydromotore sehen in einer Systemzeichnung gleich aus.
In der Praxis jedoch, ergeben sich Unterschiede. Sie kennen den Markt?
Volvo Flygmotor bietet vier Hydropumpen/Motoren mit variabler
Fördermenge von 11,5–137 ccm/U., die Sie sich merken sollten.

Reyrolle A 70
Variable Hydropumpen/
Motoren. Axialkolbenmaschine
mit Schwenkscheibe. Max.
Fördermenge 11,5 ccm/U.
Dauer-Arbeitsdruck 280 bar.

Reyrolle A 200
Variable Hydropumpen/
Motoren. Axialkolbenmaschine
mit Schwenkscheibe. Max.
Fördermenge 33 ccm/U.
Dauer-Arbeitsdruck 280 bar.

Reyrolle A 560
Variable Hydropumpen/
Motoren. Axialkolbenmaschine
mit Schwenkscheibe. Max.
Fördermenge 92 ccm/U.
Dauer-Arbeitsdruck 280 bar.

Volvo Flygmotor V20 A-135
Variable Hydropumpen/
Motoren. Axialkolbenmaschine
mit Schwenktrommel, mit
sphärischen Kolben und ganzen
40° Verstellwinkel. Max.
Fördermenge 137 ccm/U.
Dauer-Arbeitsdruck 350 bar.

Diese vier variablen Hydromaschinen ergänzen unsere
Serie von acht konstanten
Hydropumpen/Motoren mit Fördermengen von 5 bis 150 ccm/U.

Wünschen Sie weitere Auskünfte

Bitte rufen Sie uns an oder
schreiben Sie ein paar Zeilen.
Wir senden Ihnen gern ausführliche technische Informationen über unsere variablen
Hydromaschinen. Oder, wenn
Sie wünschen, Auskünfte
über unser Angebot an konstanten Hydropumpen/Motoren.

VOLVO FLYGMOTOR DEUTSCHLAND GMBH
4300 Essen 1, Burggrafenstr. 8 · Tel. (02141) 23 65 77 · Fernschreiber 857 300 VOHYD

Niederlassung Nord
3000 Hannover Mühlenberg · Canarisweg 9 · Tel. (0511) 46 46 19

Niederlassung Süd
7530 Pforzheim · Kopernikusallee 60 · Tel. (07231) 624 44

3.1. Mechanisch-stufenlos einstellbare Getriebe
Dipl.-Ing. H. Berens

Stufenlos einstellbare Getriebe bestehen aus mindestens drei Gliedern. Ein Glied dient als Antrieb, ein anderes als Abtrieb. Das dritte Glied ist das Gestell, das das Differenzmoment zwischen An- und Abtrieb stützt und den Kraftfluß sichert. Alle mechanischen stufenlosen Getriebe gehen von dem Prinzip aus, das eingeleitete Drehmoment M_1 an einem stufenlos einstellbaren Wirkradius r_1 abzugreifen, es in das Produkt $M_1 = F_{u1} \cdot r_1$ umzuwandeln, so daß sich mit Änderung des Radius r_1 auch die Umfangskraft F_{u1} ändert (**Bild 3.1**). Diese veränderliche Umfangskraft erzeugt am Abtriebsglied mit konstantem oder variablem Wirkradius r_2 bei Vernachlässigung des Wirkungsgrades η das Abtriebsmoment

$$M_2 = F_{u1} \cdot r_2$$

Index 1 = antriebsseitig
Index 2 = abtriebsseitig

$$M_1 = F_{u1} \cdot r_1 \tag{1}$$

$$M_2 = F_{u1} \cdot r_2 \cdot \eta \tag{2}$$

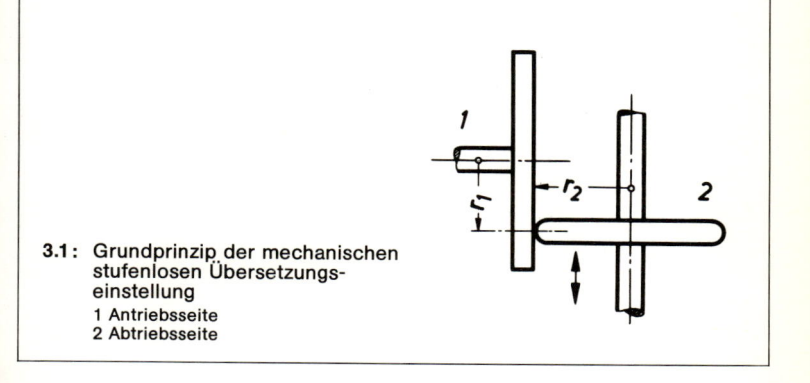

3.1: Grundprinzip der mechanischen stufenlosen Übersetzungseinstellung
1 Antriebsseite
2 Abtriebsseite

oder $$M_2 = \frac{M_1}{r_1} \cdot r_2 \cdot \eta \tag{3}$$

mit Berücksichtigung des Getriebewirkungsgrades.
Ferner ist:
$$\frac{r_1}{r_2} = ü \tag{4}$$

$ü$ = Übersetzungsverhältnis des Getriebes.

$$R = \frac{ü_{max}}{ü_{min}} \tag{5}$$

R = Stellbereich des Getriebes.
Weiter ist die Leistung an der Abtriebswelle:
$$P_2 = P_1 \cdot \eta \tag{6}$$

Leistung für die Bemessung des Getriebes:
$$P_B = P_N \cdot K_1 \cdot K_2 \cdot K_3 \ldots K_n \tag{7}$$

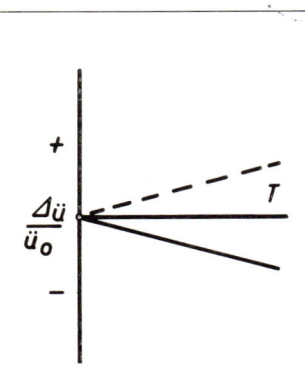

3.2: Übersetzungsänderung bei Belastung

3.1. Mechanisch-stufenlos einstellbare Getriebe

P_B = Bemessungsleistung

P_N = Katalogleistung, ohne Berücksichtigung von Sicherheits- oder Betriebsfaktoren

K = Betriebsfaktoren

Da die Kraftübertragung bei allen stufenlosen Getrieben durch Reibung erfolgt, wird sich das im Leerlauf eingestellte Übersetzungsverhältnis bei Belastung ändern **(Bild 3.2)**.

Die hierbei auftretende Drehzahländerung ist:

$$\Delta n_2 = n_{20} - n_2 \tag{8}$$

Δn_{20} = Abtriebsdrehzahl ohne Last
Δn_2 = Abtriebsdrehzahl unter Last

Δn_2 ist die Drehzahldifferenz zwischen unbelastetem und belastetem Getriebe infolge elastischer Verformung der Verstellorgane und des Gleitschlupfes zwischen den Reibscheiben und dem Übertragungsmittel. Während der Gleitschlupf dabei immer zu einer Minderung von n_2 führt, kann die elastische Verformung der Stellorgane auch eine Erhöhung der Abtriebsdrehzahl bewirken.

3.1.1. Zugmittelgetriebe

Zugmittelgetriebe verwenden mindestens zwei kegelige Scheiben, die zusammen auf einer Welle eine Keilrille bilden, welche durch axiales Verschieben der Scheiben geöffnet oder geschlossen werden kann, so daß für das in der Keilrille eingekeilte Zugmittel unterschiedliche Laufradien entstehen **(Bild 3.3)**.

Berechnung der Zugmittelgetriebe

Allgemein gilt:

$$M = Z_N \cdot r \tag{9}$$

mit Z_N = Nutzzug des Trums
 r = Laufradius

$$Z_N = Z_Z - Z_G = Z_1 - Z_2 \tag{10}$$

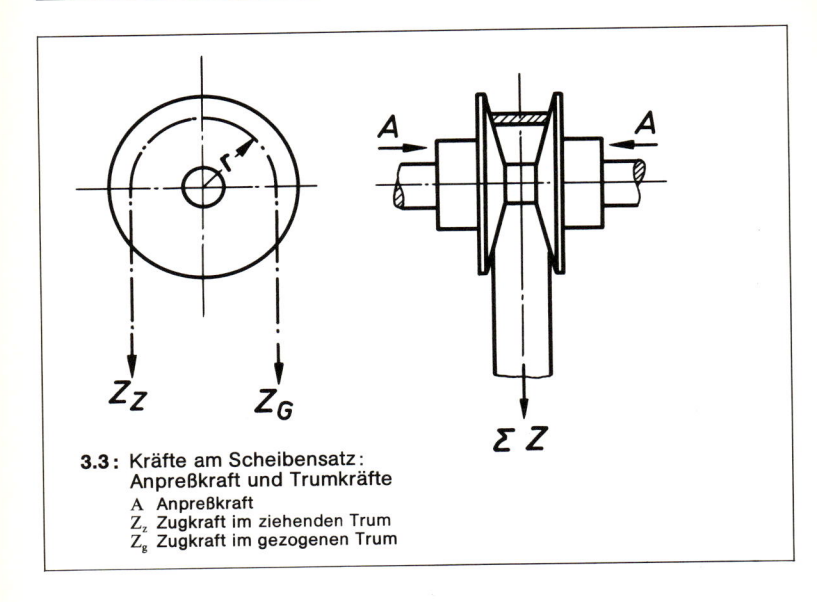

3.3: Kräfte am Scheibensatz:
Anpreßkraft und Trumkräfte
A Anpreßkraft
Z_z Zugkraft im ziehenden Trum
Z_g Zugkraft im gezogenen Trum

mit $\qquad Z_Z = Z_1 =$ Zugkraft im ziehenden Trum
$\qquad\qquad Z_G = Z_2 =$ Zugkraft im gezogenen Trum

Für Flachriementriebe hat die Eytelwein'sche Zahl die bekannte Größe:

$$\varepsilon = \frac{Z_1}{Z_2} = e^{\mu\alpha} \tag{11}$$

mit Berücksichtigung der Keilrille:

$$\varepsilon = \frac{Z_1}{Z_2} = e^{\frac{\mu\alpha}{\sin\gamma}} = \frac{\Sigma Z + Z_N}{\Sigma Z - Z_N} \tag{12}$$

$\alpha =$ Umschlingungswinkel im Bogenmaß
$\gamma =$ halber Keilrillenwinkel
$\mu =$ Reibwert

3.1. Mechanisch-stufenlos einstellbare Getriebe

Bei Zugmittelgetrieben kann eine Kraftübertragung zwischen Zugmittel und Scheiben nur erfolgen, wenn die Zugmittel gespannt sind, d. h., wenn sie als Folge dieser Spannung sich in die von den Scheiben gebildeten Rillen einkeilen. Es ist dabei gleichgültig, ob die zur Kraftübertragung notwendige Normalkraft zwischen Zugmittel und Scheiben dadurch erzeugt wird, daß man die Zugmittel unmittelbar spannt – etwa durch Spannrollen – oder dadurch, daß man die Scheiben axial zusammendrückt und auf diese Weise indirekt eine Spannung im Zugmittel erzeugt.

Triebkennwerte von Zugmittelgetrieben, wie sie die hier nicht näher behandelte „Theorie des Umschlingungstriebes" nach Dittrich liefert, sind in Bild 3.11 für den speziellen Fall des Keilrillenwinkels von 12° angegeben. Hierbei ist $\frac{A}{Z_N}$ das Verhältnis der Anpreßkraft A zum Kettennutzzug Z_N.

Zugmittelgetriebe zeichnen sich besonders durch Unempfindlichkeit gegenüber Überlastungen und Beschädigungen der Reibscheibenoberflächen aus.

Der Leistungsbereich geht bis etwa 150 kW bei vollem Stellbereich. Im Falle der Leistungsverzweigung kann ein Mehrfaches an Leistung, aber bei eingeschränktem Stellbereich, übertragen werden (siehe 3.1.4.).

3.1.1.1. Ganzstahlgetriebe

Ganzstahlgetriebe haben wegen ihrer hohen spezifischen Raumleistung, ihrem guten Wirkungsgrad und ihrer langen Lebensdauer, Bedeutung in allen Industriezweigen erlangt. Untersuchungen von Niemann an Rollkörpern haben ergeben, daß die Reibpaarung gehärteter Stahl/gehärteter Stahl, geschliffen und geschmiert, nur 1/30 so viel spezifischen, d. h. auf die Leistung bezogenen Verschleiß erzeugt wie Gummi gegen Stahl **(Tabelle 3.1)**.

Lamellenkettengetriebe

Mit besonders niedrigen Anpreßkräften kommen Lamellenkettengetriebe aus. Bei ihnen laufen die Zugmittel in verzahnten Keilrillen **(Bild 3.4)**. Durch die Verzahnung der Scheiben wird der Reibwert Kette/Reibscheibe wesentlich erhöht, weil zusätzlich zum Scheibenkeil eine wei-

3. Getriebe mit stufenlos veränderlicher Übersetzung

Paarung	Reib-wert	$\frac{\text{Anpreßkraft}}{\text{Umfangskraft}}$	Wälz-pressung kp/mm^2	Spez. Leistung = $\frac{\text{Umfangskraft}}{\text{Breite x Durchm.}}$ kp/cm^2	Spez. Verschleiß $\frac{mm^3}{PS\,h}$
Weicher Gummi gegen Stahl	0,9	1,7	0,01	0,7	15
Stahl gegen Stahl, gehärtet, geschliffen und geschmiert	0,06	24	2	8	0,5

Tabelle 3.1: Verschleißkennwerte nach Niemann

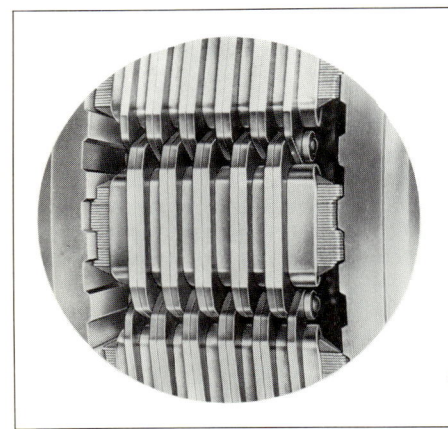

3.4: Verzahnte Reibscheibe mit Lamellenkette *(PIV)*

tere Einkeilung an den Zahnflanken wirksam wird. Hieraus resultiert der niedrige Anpreßkraftbedarf der Lamellenkette. Für die Anpressung genügt im allgemeinen ein federbelasteter Kettenspannschuh.

Getriebe dieser Bauart haben sich, wegen ihrer Robustheit und Drehzahltreue bei Lastschwankungen, seit Jahrzehnten bewährt. Durch eine automatische Ketten-Nachspanneinrichtung wird die Breitenabnutzung der Lamellenkette ausgeglichen, so daß diese Getriebe mit Ausnahme des Ölwechsels völlig wartungsfrei arbeiten. Trotzdem bietet eine dreh-

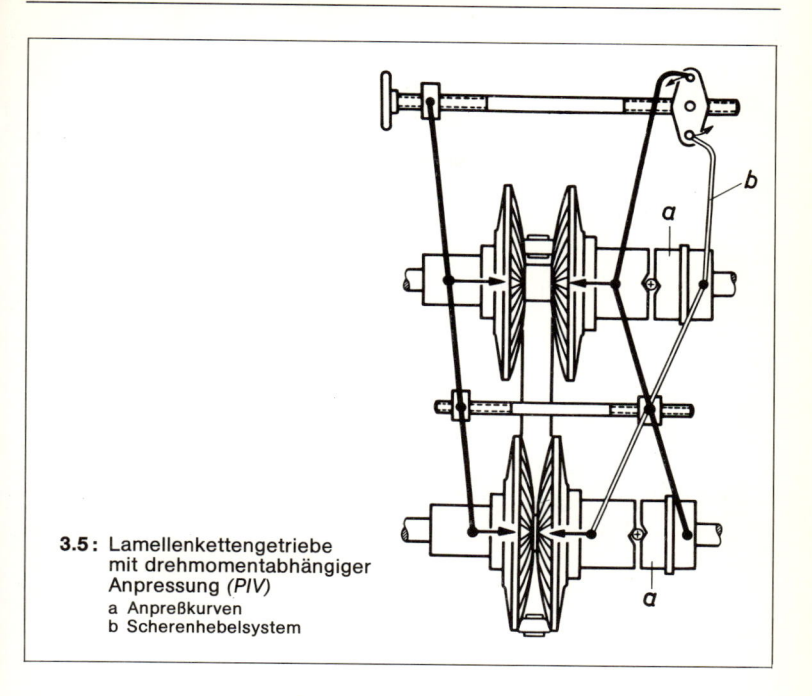

3.1. Mechanisch-stufenlos einstellbare Getriebe

3.5: Lamellenkettengetriebe
mit drehmomentabhängiger
Anpressung *(PIV)*
a Anpreßkurven
b Scherenhebelsystem

momentabhängige statt federbelastete Anpressung auch bei den Lamellenkettengetrieben erhebliche Vorteile. Bessere Ausnutzung, höherer Teillastwirkungsgrad, größere Lebensdauer durch Teillastschonung und Minderung der Geräuschentwicklung. Als Beispiel zeigt **Bild 3.5** ein drehmomentabhängig angepreßtes Getriebe mit Anpreßkurven und Scherenhebelsystem. Mit diesen Bauarten kann ein Leistungsbereich bis 15 kW abgedeckt werden. Der maximale Stellbereich liegt bei R = 6.

Rollenkettengetriebe

In Verbindung mit drehmomentabhängiger Anpressung wird der Bereich mittlerer Leistung von 10 bis 30 kW erschlossen. Damit wurde zunächst eine praktische Leistungsgrenze erreicht, die erst mit der Entwicklung

3.6: Rollenkettengetriebe in Zweistrang-Ausführung *(PIV)*
a Anpreßkurven
b Scherenhebelsystem

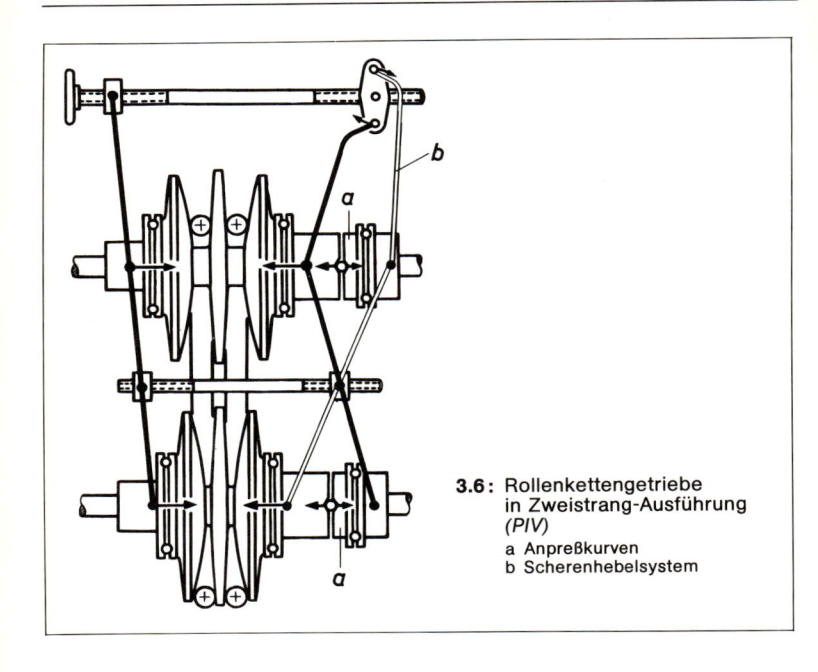

eines Zweistrangssystems überwunden werden konnte **(Bild 3.6)**. Die beiden durch eine Mittelreibscheibe getrennten Zugstränge beteiligen sich gleichmäßig an der Kraftübertragung, wobei die axial freibeweglichen Mittelscheiben eine Reglerfunktion ausüben. Mit dieser Bauart konnten Leistungen bis 80 kW und durch Verkettung zweier Grundgetriebe über ein Differential bis 150 kW verwirklicht werden.

Getriebe mit Servohydraulik und Wiegedruckstück-Ketten

Ein weiterer Entwicklungsschritt zum Hochleistungsgetriebe wurde durch den Austausch des Steuergestänges durch ein hydraulisches Steuersystem getan **(Bild 3.7)**.

An die Kegelscheiben sind umlaufende Druckzylinder unmittelbar angebaut. Die Übersetzung verstellt man dadurch, daß man einem der beiden

3.1. Mechanisch-stufenlos einstellbare Getriebe

Zylinder Drucköl durch die hohl gebohrte Welle zuführt, und gleichzeitig für den Zylinder am anderen Scheibensatz eine drucklose Verbindung zum Abfluß herstellt. Zum Steuern des Getriebes dient eine einfache hydraulische Lageregelung. Am Steuerschieber wird der Sollwert vorgegeben, über einen Gleitstein wird die Stellung des Antriebsscheibensatzes abgetastet, und nach Erreichen der Vorwahl wird der Steuerschieber wieder in die Mittellage zurückgeführt. Dadurch ist eine außerordentlich feinfühlige Einstellung der gewünschten Getriebeübersetzung mit kleinsten Stellkräften gewährleistet. Das Drucköl wird von einer

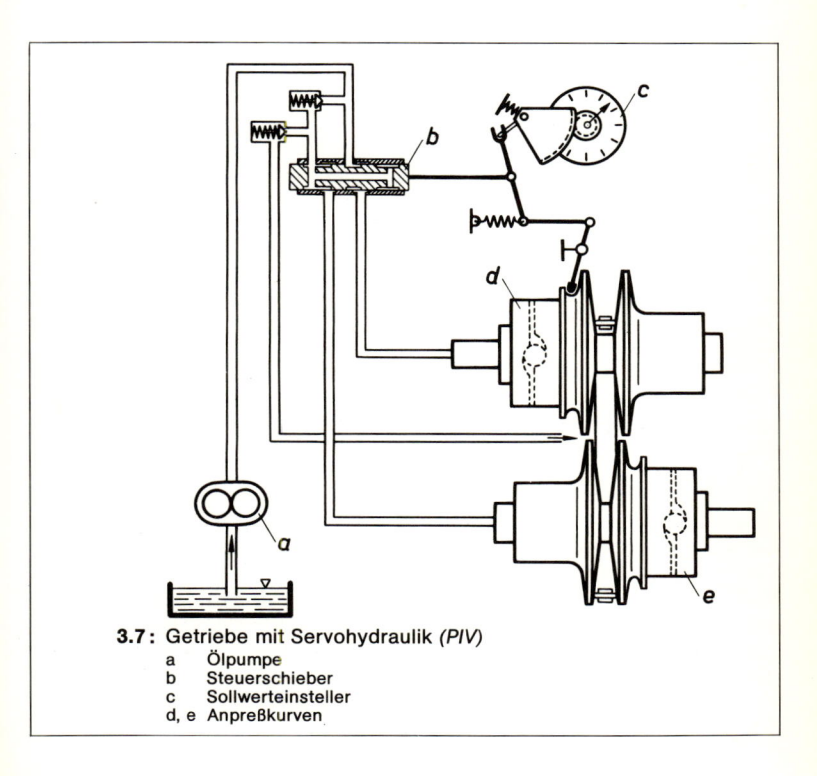

3.7: Getriebe mit Servohydraulik *(PIV)*
- a Ölpumpe
- b Steuerschieber
- c Sollwerteinsteller
- d, e Anpreßkurven

Ölpumpe geliefert, welche über zwei Schraubenräder vom konstant laufenden Scheibensatz oder direkt von einem Motor angetrieben wird. Das zurückfließende Öl wird zur Beölung der Anbauten benutzt.

Die Anpreßkraft wird übersetzungs- und drehmomentabhängig über Kurvenbahnen erzeugt und durch eine Rollenabstützung auf der Welle wieder abgestützt, so daß sich die Kräfte im umlaufenden Scheibensatz schließen, ohne Wirkung nach außen. Somit werden keine Axiallager mehr benötigt. Der Umschlag der Kurven beim Wechsel der Drehmomentrichtung wird hydraulisch gedämpft. Die Kombination von Hydraulik und Mechanik hat zu einer optimalen Lösung geführt und umfaßt heute einen Leistungsbereich bis 150 kW bei einem Stellbereich von $R = 6$.

3.1.1.1.1. Zugmittel

Hohe Zugstrangfestigkeit und lange Lebensdauer charakterisieren die Stahlketten. Voraussetzung für deren Einsatz ist der Lauf im Ölbad.

Lamellenketten **(Bild 3.8)**

Die einzelnen Kettenglieder enthalten axial verschiebbare Lamellen, welche beim Einlauf in eine verzahnte Kegelscheibe Zähne bilden. Dadurch wird eine quasi formschlüssige Kraftübertragung erreicht. Die Kettenglieder sind durch Bolzengelenke verbunden. Im Laufe der Betriebszeit muß mit einer geringen Längung der Kette und mit Breitenverschleiß der Lamellen gerechnet werden. Lamellenketten sollten höchstens mit einer Geschwindigkeit von $v = 10$ m/s gefahren werden. Sie werden vor allem für kleine und mittlere Leistungen bis etwa 15 kW angewendet.

Rollenketten **(Bild 3.9)**

Jedes Kettenglied der Zylinderrollenkette enthält zwei drehbare Rollen, die sich gegeneinander abstützen. Beim Ein- und Auslauf drehen sich die Rollen, so daß unendlich viele Kontaktzonen zur Verfügung stehen. Dadurch wird eine lokale Anflachung vermieden. Diese Ketten erfahren lediglich eine geringe Längung im Laufe der Betriebszeit. Da glatte Kegelscheiben-Oberflächen verwendet werden, sind Kettengeschwindigkeiten von über $v = 20$ m/s zulässig. Ein besonderer Vorteil dieser Konstruktion liegt in der Möglichkeit der Stillstandverstellung. Anwendungsbereich für mittlere Leistungen bis 20 kW.

3.1. Mechanisch-stufenlos einstellbare Getriebe

3.8: Lamellenkette *(PIV)*

3.9 a, b: Rollenketten *(PIV)*

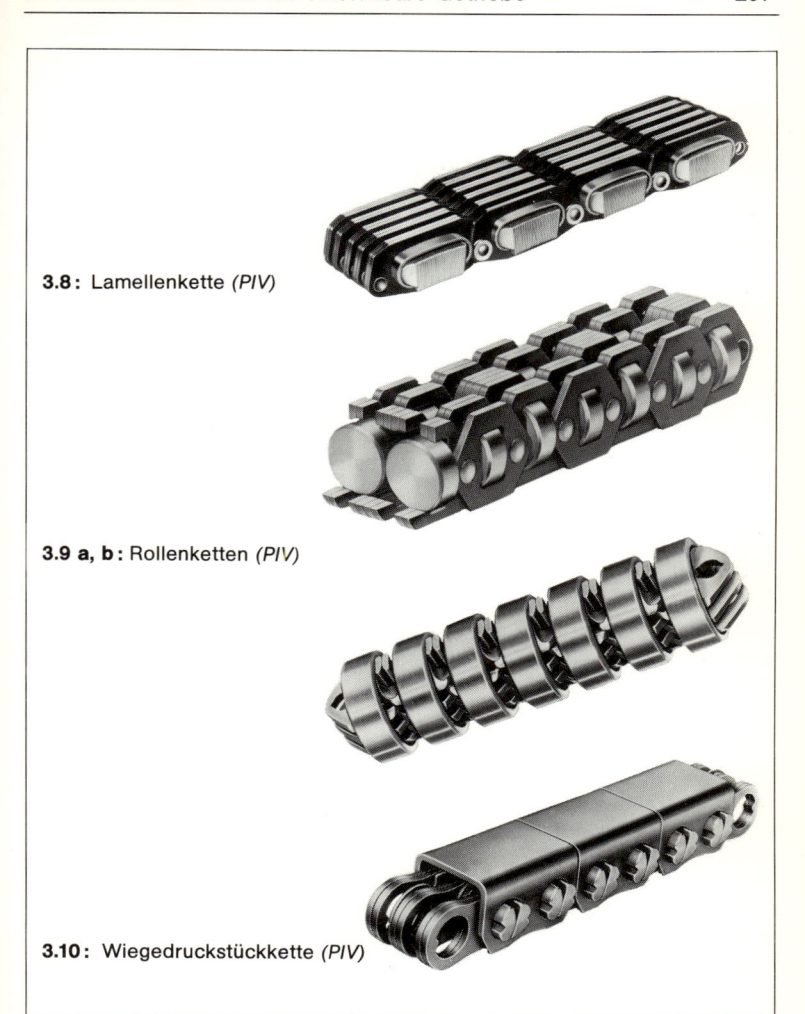

3.10: Wiegedruckstückkette *(PIV)*

Der Zugstrang der Ringrollenkette besteht aus massiven Stahlgliedern, die durch Wiegegelenke miteinander verbunden sind. Über den massiven Zugstrang sind leicht drehbare Ringrollen gesteckt. Infolge der Wiegegelenke, welche Evolventenwölbung haben, entsteht beim Einlauf in den Umschlingungsbogen eine Wälzbewegung ohne Gleitreibung. Diese Ringrollenkette längt sich deshalb kaum. Auch der Breitenverschleiß ist unerheblich. Sie eignet sich für Hochleistungsgetriebe mit Kettengeschwindigkeiten bis $v = 25$ m/s bei extrem hoher Zugstrangfestigkeit.

Wiegedruckstückketten **(Bild 3.10)**
Auch bei dieser Kette sind die Glieder durch Wiegegelenke verbunden, die jedoch gleichzeitig Kontaktzonen für die Kraftübertragung darstellen. Dadurch wird eine außerordentlich feingliedrige Kettenkonstruktion ermöglicht, die außerdem sehr leicht ist und deshalb Kettengeschwindigkeiten bis $v = 30$ m/s gestattet. Diese Kette eignet sich für Hochleistungsgetriebe bei äußerst kompakter Bauweise.

3.1.1.1.2. Anpreßsysteme

Für die Nutzung eines Zugmittel-Getriebes ist es notwendig, die Anpressung des Zugmittels an die Keilscheibe für alle Antriebsbedingungen und Getriebeübersetzungen optimal zu bestimmen **(Bild 3.11)**. Ohne Anpressung des Umschlingungsorgans keine Leistungsübertragung. Es gilt: $Z_N = \mu \cdot A \cdot 2$

mit $\qquad A = \dfrac{Z_N}{2 \cdot \mu}$ als erforderliche Anpreßkraft. $\qquad$ (13)

Für die Erzeugung der Anpreßkraft ist es gleichgültig, ob die notwendige Normalkraft zwischen Zugmittel und Reibscheibe dadurch erzeugt wird, daß man das Zugmittel unmittelbar etwa durch eine Spannrolle spannt, oder daß man die Scheiben axial zusammendrückt.

Gewichts- oder federbelastete Anpreßeinrichtungen geben für die jeweilige Übersetzungsstellung eine konstante Normalkraft ohne Rücksicht auf die Höhe der durchgesetzten Leistung. Da die Anpreßkraft nach der Maximal-Leistung festgelegt wird, ist im Teillastgebiet die Anpressung dann zu hoch, während bei Überlast das Zugmittel durchrutschen

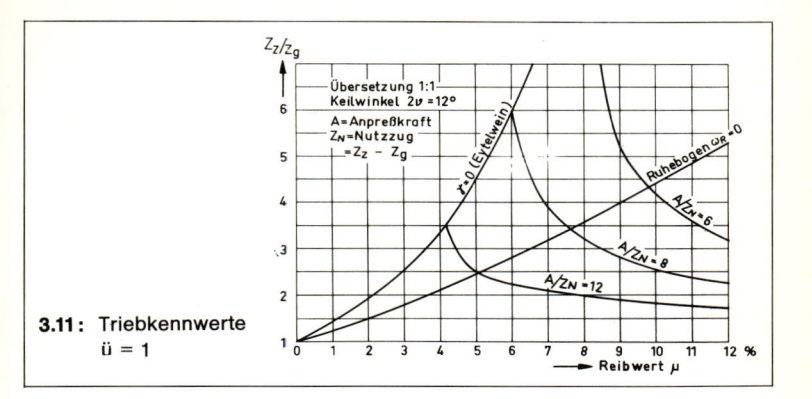

3.1. Mechanisch-stufenlos einstellbare Getriebe

3.11: Triebkennwerte
ü = 1

kann. Da der Anpreßbedarf auch von der Übersetzung abhängig ist, sollten Hochleistungs-Getriebe nicht mit derart einfachen Anpreßeinrichtungen ausgerüstet werden.

Bei der drehmomentabhängigen Anpreßeinrichtung wird das Drehmoment an der Getriebewelle dazu benutzt, eine drehmomentabhängige Anpreßkraft zu erzeugen. Dieses geschieht dadurch, daß die drehfeste Verbindung zwischen Welle und Scheiben aufgetrennt und durch eine Verbindung von Schrägflächen (für jede Drehrichtung eine) ersetzt wird. Zwischen den Schrägflächen von Welle und Scheibe werden Kugeln oder Rollen angeordnet. Der Flankenwinkel der Anpreßkurven bestimmt Größe und Axialkraft durch die Beziehung:

$$A = \frac{M}{r_K \cdot \text{tg} \cdot \delta} \tag{14}$$

wobei M das in die Welle eingeleitete Drehmoment,
          r_K der Abstand von Wellenmitte bis Wälzkörper-Laufkreis

und δ der Winkel der Schrägflächen bedeutet.

Zur Beeinflussung der Anpreßkraft in Abhängigkeit von der Übersetzung werden verschiedene Verfahren angewandt. Drei bewährte Ausführungen sind:

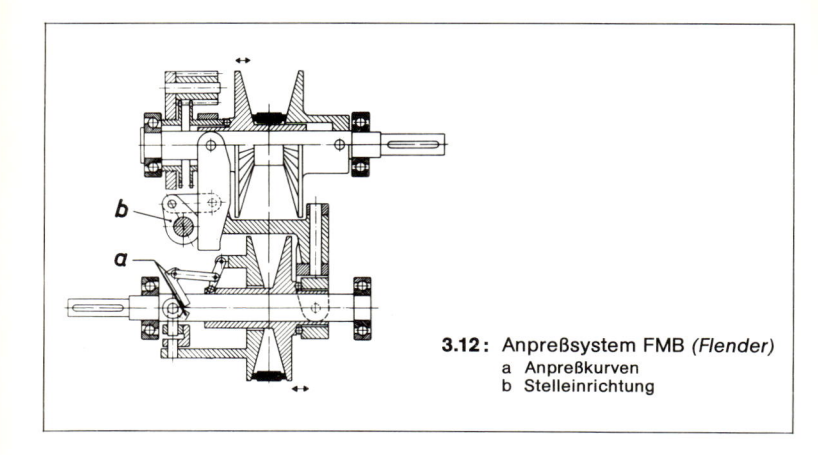

3.12: Anpreßsystem FMB *(Flender)*
a Anpreßkurven
b Stelleinrichtung

1. Änderung des Winkels der V-förmigen Anpreßkurve **(Bild 3.12)** über ein mechanisches Klappensystem an der Kurve selbst. Die Winkeländerung ist vom Scheibenweg abhängig, sie wird über ein Hebelsystem und über drehbare Stützflächen erreicht. Dieses System ist umschlagspielfrei. Angewendet bei *FMB*.
2. Ein System von Steuerhebeln, mit je einer Anpreßkurve konstanter Steigung pro Scheibensatz, das die Reaktionskräfte des wellenseitigen Teiles der Anpreßkurve auf den anderen Scheibensatz aufschaltet **(Bild 3.13)**. Das System ist umschlagspielfrei. Angewendet bei *P.I.V.* Bauart RS und AS.
3. Anpreßkurven mit variabler Steigung, die so angeordnet werden, daß jeder Übersetzungsstellung ein anderer Punkt der Kurve zugeordnet ist. Ein Teil der Kurve ist mit der Welle fest verbunden, so daß die auftretenden axialwirkenden Scheibenkräfte über die Welle kurzgeschlossen werden **(Bild 3.14)**. Es entfallen damit die hochbelasteten Wälzlager zur Abstützung der Scheibenkräfte. Einfachstes aller Systeme, bei Hochleistungsgetrieben angewendet. Nicht umschlagspielfrei. Anwendungen: *P.I.V.* Bauart RH und *LOMO*-Keilriemengetriebe.

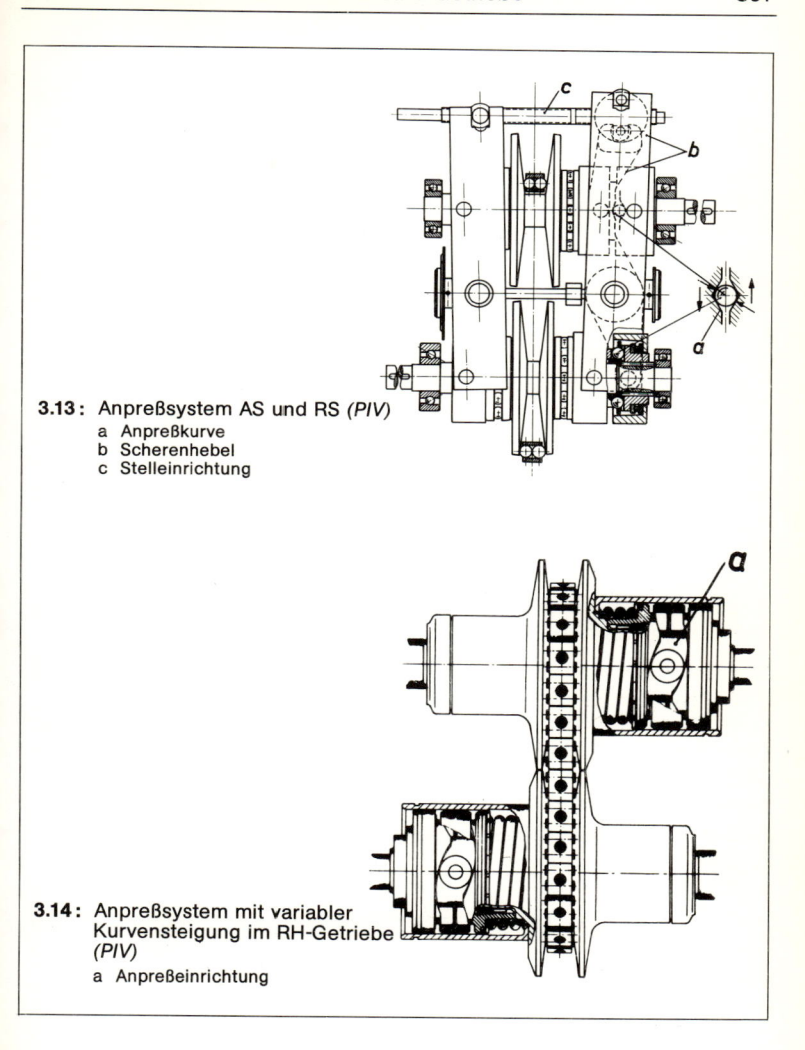

3.1. Mechanisch-stufenlos einstellbare Getriebe

3.13: Anpreßsystem AS und RS *(PIV)*
 a Anpreßkurve
 b Scherenhebel
 c Stelleinrichtung

3.14: Anpreßsystem mit variabler Kurvensteigung im RH-Getriebe *(PIV)*
 a Anpreßeinrichtung

3.1.1.2. Keilriemenverstellgetriebe

Bei geringeren Ansprüchen an Überlastfähigkeit, Drehzahltreue über der Betriebszeit und Lebensdauer der Zugmittel, sind Keilriemenverstellgetriebe einsetzbar. Diese zeichnen sich insbesondere dann als wirtschaftliche Antriebseinheiten aus, wenn die Umweltbedingungen ihren Einsatz als Regelscheiben ohne Gehäuse zulassen. Bei guten Konstruktionen tritt die früher gefürchtete Passungsrostbildung zwischen Kegelscheibe und Nabe nicht mehr auf. Die Getriebe sind bis auf den Wechsel des Keilriemens wartungsfrei. Ein besonderer Vorteil liegt bei den Regelscheiben in der Möglichkeit, den Abstand der An- und Abtriebswelle in weiten Grenzen zu wählen. Die Antriebe zeichnen sich durch eine relative Geräuscharmut aus. Leistungsbereich bis ca. 60 kW.

3.1.1.2.1. Zugmittel

Der Keilriemen ist seiner Querschnittform der Keilrille des Scheibenkeils angepaßt. Seine Breite wird durch die Keilrillenbreite bei minimalem und maximalem Laufkreis bestimmt. Er muß teilweise gegensätzliche Forderungen erfüllen, nämlich

bei hoher Bruchlast, geringe Dehnung aufweisen,
bei hoher Biegewilligkeit, große Quersteifigkeit besitzen,
bei hoher Griffigkeit, abriebfest sein.

Außerdem soll er beständig gegen Feuchtigkeit, Wärme, Öl und Staub und in explosionsgefährdeten Räumen elektrisch leitfähig sein.

Hohe Bruchlast und geringe Dehnung werden durch Einlagen von Polyester-Kord-Zugsträngen in der biegeneutralen Querschnittszone erreicht. Sie sollen an der sie umgebenden weichen Gummi- oder Polymerschicht gut haften.

Biegewilligkeit wird verbessert durch gezahnte Riemen.

Quersteifigkeit wird durch Gewebeeinlagen in den Grundwerkstoff erzielt

Griffigkeit, geringer Abrieb und Beständigkeit gegen Umwelteinflüsse werden durch das Material bestimmt. Abriebfestigkeit erzielt man auch durch Ummanteln mit Hüllgewebe aus Polyamid 6 und 66.

Die Verformung des Keilriemenquerschnitts ist umso größer,

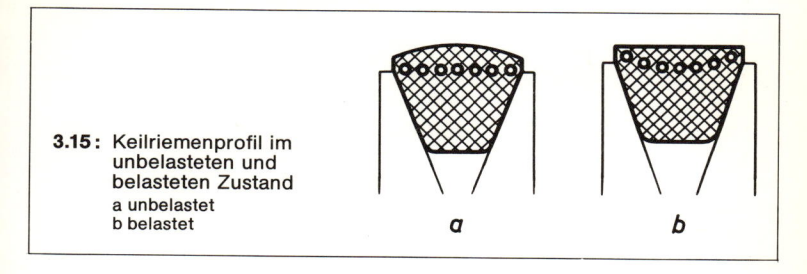

3.1. Mechanisch-stufenlos einstellbare Getriebe

3.15: Keilriemenprofil im unbelasteten und belasteten Zustand
a unbelastet
b belastet

je größer die Vorspannung, d. h. die in Richtung der Keilflanke wirkende Kraft ist,
je größer das Verhältnis Breite zu Höhe ist und
je kleiner der Laufradius, also je größer die Biegespannung ist.

Bild 3.15 gibt darüber Aufschluß, welche Wirkung die Verformung des Riemenquerschnittes im Inneren des Keilriemens auf den eigentlichen Zugstrang auslöst. Die ursprünglich im unbelasteten Zustand waagerecht liegenden Kordfäden werden sich beim Bogenlauf um die Scheiben des Antriebes etwa in der Weise verlagern, daß sie in einer Parallelen zur Biegelinie der Keilriemenbreitseite liegen. Aus diesem Vorgang kann gefolgert werden, daß die dem Keilriemen aufgezwungene Belastung vorwiegend von den äußeren, den Riemenflanken am nächsten liegenden Kordfäden übertragen wird.

Für den Einsatz in stufenlos einstellbaren Getrieben wird bei hochwertigen Antrieben schwingungsfreier Lauf und Geräuscharmut gefordert. In diesen Fällen haben geschnittene, flankenoffene Riemen gegenüber den ummantelten Vorteile, weil sie in der Querschnittsform genauer hergestellt werden können. Es fehlt bei ihnen der Überlappungsstoß des Hüllgewebes.

Der Keilriemen nutzt sich dadurch ab, daß er wiederholten Belastungsspitzen beim Umlauf ausgesetzt ist. Dabei treten vier verschiedene Spannungen auf, und zwar:

Die Spannungen im ziehenden und gezogenen Trum, die Biegespannung und die durch Zentrifugalkräfte erzeugte Spannung **(Bild 3.16)**. Die Überlagerung der Spannungen zu verschiedenen Zeitpunkten während

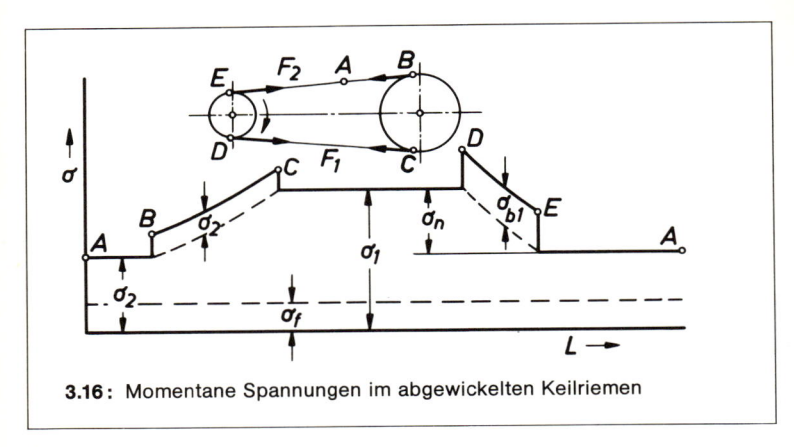

3.16: Momentane Spannungen im abgewickelten Keilriemen

des Umlaufs erzeugt Spannungsspitzen, die schließlich das Ausfallen des Riemens infolge Ermüdungserscheinungen und Zerrüttung des Werkstoffes verursachen.

Eine wesentliche Verminderung der Lebensdauer ergibt sich bei Temperaturen von mehr als 70° C im Inneren des Riemens. Da der Wärmeanfall mit der Lastspielfrequenz steigt, sind schnellaufende Riemen, insbesondere auf kleinen Laufkreisen, von der Temperatur her hoch beansprucht. In gleicher Weise wirkt Riemenschlupf infolge ungenügender Vorspannung.

3.1.1.2.2. Anpreßsysteme

Bei den Keilriemenverstellgetrieben findet man neben den unter 3.1.1.1.2. beschriebenen Anpreßeinrichtungen vorwiegend die preiswerteren federbelasteten Systeme. Diese sind wegen des hohen Reibwertes zwischen Riemen- und Reibscheibe in den meisten Fällen ausreichend.

Verwendet werden Schrauben- oder Tellerfedern, mit denen sich ein günstigerer Kraftverlauf erzielen läßt. Für Anwendungen, die vom Keilriemenverstellgetriebe nur ein konstantes Abtriebsmoment über den Stellbereich erfordern, sind federbelastete Systeme ausreichend. Sofern bei kleinen Abtriebsdrehzahlen höhere Abtriebsmomente gefordert

3.1. Mechanisch-stufenlos einstellbare Getriebe

werden, sind drehmomentabhängige Anpreßsysteme vorzuziehen, ebenfalls dann, wenn mit kurzzeitigen Überlastspitzen zu rechnen ist.

3.1.2. Wälzgetriebe

Zur Gruppe der reibschlüssigen Wälzgetriebe werden diejenigen stufenlos einstellbaren Getriebe gerechnet, deren Übertragungselemente aus Wälzkörpern bestehen. Reibschlüssig ist ein kraftschlüssiges Elementenpaar dann, wenn Kräfte und Leistungen an den Berührstellen der Wälzkörper nur durch Reibung übertragen werden. Zur Erzielung gleichförmiger Übersetzung und Drehbewegung haben diese Wälzkörper rotationssymmetrische Formen, z. B. Kugel, Kegel, Rolle, Scheibe, Ring und Zylinder. Die Kombination dieser Wälzkörper miteinander hat zu einer Vielzahl von Getriebesystemen geführt. Im Prinzip läßt sich deren Aufbau aber wie folgt charakterisieren: Reibschlüssige Wälzgetriebe enthalten außer dem Gestell als charakteristische weitere Glieder mindestens zwei, das reibschlüssige Elementenpaar bildende Wälzkörper.

Wenn nur zwei Wälzkörper vorhanden sind, wird ein solches System mit *Wälzgetriebe ohne Zwischenglied* bezeichnet. Daneben gibt es auch *Wälzgetriebe mit Zwischengliedern*.

Die Wälzbewegung der Reibkörper setzt sich im allgemeinen aus Abrollen und Bohren zusammen. Letzteres ist bei geringem Anteil des Abrollens wegen der dabei auftretenden mangelhaften Schmierung und Wärmeabfuhr kritisch und kann zu schnellem Verschleiß der Reibfläche und zum Ausfall des Antriebes führen, vor allem, wenn sich in der Reibfläche Freßspuren oder Aufschweißungen gebildet haben. Charakteristisch für alle reibschlüssigen Getriebe ist der mit steigender Momentenübertragung in etwa proportional ansteigende Schlupf an der Reibstelle. Geringer Schlupf ist zunächst ungefährlich. Bei Überlastspitzen nimmt er jedoch größere Werte an und kann die Reibflächen beschädigen. Geeignetes Öl kann diese Erscheinung mildern.

Die zur Kraft- und Leistungsübertragung benötigten Reibkräfte werden durch Aufeinanderpressen der Reibelemente an deren Berührungsstelle ermöglicht. Hierbei ist die Normalkraft N auf die Reibfläche so groß zu wählen, daß die erforderliche Reibkraft

$$F_R < \mu \cdot N \quad \text{ist.} \tag{15}$$

Die Reibkräfte sind der Anpressung und dem Reibwert proportional. Weiche Reibstoffe ergeben hohe Reibwerte ($\mu > 0,3$ bis $0,4$) und niedrige zulässige Pressungen an der Reibstelle. Harte Stoffe, z. B. Stahl/Guß oder Stahl/Stahl gehärtet, ermöglichen hohe Pressungen (bis $P_H = 2000$ N/mm^2), haben aber kleine Reibwerte ($\mu \approx 0,06$). Für den Verschleiß gilt das im Abschnitt 3.1.1.1. Gesagte. Zur Erhöhung der Übertragungsfähigkeit werden in vielen Konstruktionen mehrere Zwischenglieder eingesetzt, um die Hertz'sche Pressung in Grenzen zu halten.

Wälzgetriebe zeichnen sich durch einfachen Aufbau bei geringem Achsabstand, durch geräusch- und schwingungsarmen Lauf bei verhältnismäßig hohem Wirkungsgrad aus. Der Leistungsbereich erstreckt sich bis etwa 90 kW bei Wälzgetrieben mit mehreren parallel geschalteten Zwischengliedern.

3.1.2.1. Wälzgetriebe ohne Zwischenglied

Wälzgetriebe ohne Zwischenglied sind einfach aufgebaut. Verwendet werden vorwiegend die Elementenpaare Konus – Scheibe oder Kegelscheibe – Ring, wie in folgenden Prinzipbildern dargestellt. Als Reibpaarung wird für diese Typen hauptsächlich Stahl/Werkstoff, wie Kunststoff, Gummi oder Leder mit Reibwerten $> 0,3$ angewendet. Stellbereich und Leistung sind begrenzt, weil der Bohrreibungsanteil namentlich in den extremen Übersetzungsstellungen hoch ist. Getriebe dieser Art eignen sich für Anwendungsfälle mit geringeren Anforderungen.

Bild 3.17 a bis **d** zeigt vier Wälzgetriebesysteme, bei denen die Übersetzungsänderung durch Veränderung der Reibradien r_1 vorgenommen wird, unter Beibehaltung der abtriebsseitigen Reibradien r_2. Bei Vernachlässigung des Schlupfes ist die Abtriebsdrehzahl n_2 dem Stellweg s proportional. Theoretisch können diese Systeme bis auf $n_2 = 0$ heruntergestellt werden. In der Praxis geht man über $R = 5$ wegen der Bohrreibung in den Extremstellungen nicht hinaus.

Als Reibbeläge werden hauptsächlich weiche Reibstoffe verwendet, weil diese gegenüber harten höhere Reibwerte besitzen und deshalb geringere Anpreßkräfte (Lagerkräfte) benötigen.

Hiervon ist das aus mehreren Reibelementen bestehende Getriebe (Bild 3.17 d) ausgenommen. Bei diesem unter dem Namen *Beier*-Ge-

VARIDUCER®
stufenlos einstellbar

$R = \infty$

Alle Vorteile in einem System

- ● Von null an einstellbar ▶ $R = \infty$
- ● Auch im Stillstand verstellbar
- ● Lineare Verstellcharakteristik
- ● Serienmäßig mit Feinverstellung
- ● Öldicht gekapselt — Einbaulage beliebig
- ● Wellenanordnung koaxial
- ● Sehr ruhiger Lauf
- ● Kein Einlaufen — lange Lebensdauer
- ● Abtriebsdrehzahl gut reproduzierbar

VARIDUCER®
stufenlos einstellbar

8 Baugrößen für den Bereich **0,036** bis **7,5 kW.** Leistungsstarkes Ganzstahlgetriebe mit bis zu 12 Übertragungskugeln, die planetenartig umlaufen.
Abtriebsdrehzahl = **0** bis **0,4-fache** Antriebsdrehzahl.

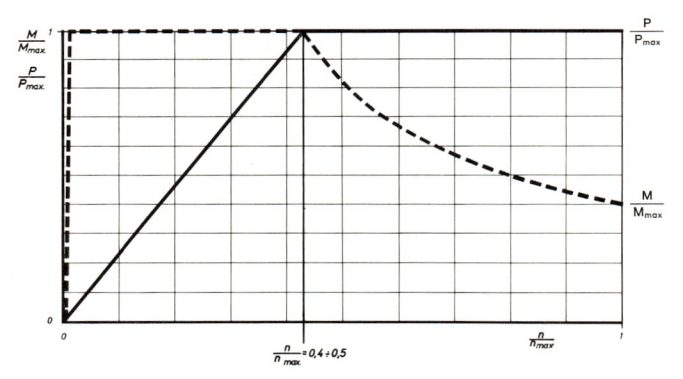

LEISTUNGSCHARAKTERISTIK

[Diagramm: M/M_{max}, P/P_{max} über n/n_{max}; Knickpunkt bei $n/n_{max} = 0,4 \div 0,5$]

An- und Abtriebsdrehrichtung gleichsinnig. Auch in Sonderschutzart **(Ex)e** und **(Ex)d**. Kombination mit einer Vielzahl 1- bis 6-stufiger Stirnradgetriebe sowie Schneckengetriebe. Wandlungsfähiges System, das dem Einsatzfall angepaßt werden kann.
Mechanische, elektrische und hydraulische Fernverstellungen sowie Drehzahl-Fernmeßanlagen.
NEUWEG-Elektronik: Nachlauf-, Summen- und Proportionalregelungen.

NEUWEG Fertigung GmbH
D 7932 MUNDERKINGEN

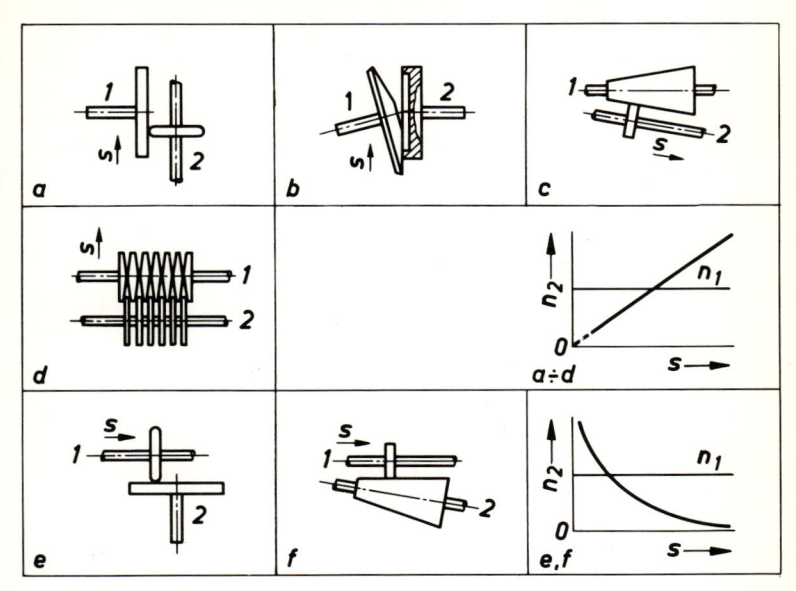

3.1. Mechanisch-stufenlos einstellbare Getriebe

3.17: Wälzgetriebe ohne Zwischenglied
1 Antrieb 2 Abtrieb S Stellrichtung

triebe bekannten System bestehen alle Reibelemente aus gehärtetem Stahl. Durch die Parallelschaltung der Elemente können die aufzuwendenden Anpreßkräfte im Verhältnis zur übertragbaren Leistung klein gehalten werden.

Die im Bild 3.17 e und f dargestellten Getriebe sind lediglich eine Umkehrung des Prinzips a und c. Das Drehzahlverhalten ist dementsprechend hyperbolisch.

Leistungsmäßig gehören alle Getriebesysteme mit Ausnahme von d in den Bereich bis 5 bis höchstens 10 kW. Nur das Beier-Getriebe (d) wurde für Leistungen bis 300 kW gebaut.

3.1.2.2. Wälzgetriebe mit Zwischenglied

Wälzgetriebe mit Zwischenglied sind durch das Vorhandensein eines rotationssymmetrischen Reibkörpers zwischen dem An- und Abtriebsteil charakterisiert. Dabei sind An- und Abtriebswelle mit Reibkörpern bestückt, die ebenso wie die Zwischenglieder drehbar gelagert sind.

Die Zwischenglieder und die Reibkörper an der An- und Abtriebswelle stehen unter Reibschluß. Die Anpreßkraft ist häufig konstant, z. B. durch Einsatz einer Feder, oder sie ist dem durchgesetzten Drehmoment proportional. Das Parallelschalten mehrerer Zwischenglieder dient der Leistungserhöhung.

Eine Stellbereichserweiterung wird durch Hintereinanderschalten von Getrieben erreicht. Gleichgültig, ob es sich um Wälzgetriebe mit oder ohne Zwischenglied handelt.

Bauarten mit r_1 und r_2 variabel, r_{Zw} constant

Systeme nach **Bild 3.18 a** bis **f** haben gemeinsam, daß durch geradliniges Verschieben des Zwischengliedes die Getriebeübersetzung durch gleichzeitiges Ändern der an- und abtriebsseitigen Reibradien verändert wird. Die Abtriebsdrehzahl

$$n_2 = \frac{n_1 \cdot r_1}{r_2} \tag{16}$$

hat dementsprechend einen hyperbolischen Verlauf. Verstellung bis Null ist wegen der auf kleinem Raum wirkenden Bohrreibung praktisch nicht möglich. Die Systeme gestatten Stellbereiche von $R = 5$ bis 10.

Während die Funktion der Systeme a bis f einfach vorstellbar ist, muß die Funktion des Kugelscheibengetriebes g näher erläutert werden. Es vereinigt die Eigenschaften der stufenlosen Verstellung mit einer Kraftübertragung, die bis zum Stillstand der Abtriebswelle voll funktionsfähig ist. Bei diesem Getriebe ist zwischen zwei planen achsversetzten Scheiben ein drehbarer Kugelkäfig mit 10 großen Kugeln angeordnet. Durch Verschieben des Kugelkäfigs sind Antriebsdrehzahlen von Null bis zur 1,2fachen Eingangsdrehzahl einstellbar.

Wenn man sich alle Kugeln als Einzelkugel in der Mitte des drehbaren Kugelkäfigs wirkend vorstellt, ergeben sich folgende Beziehungen:

$$n_2 = n_1 \left(\frac{a}{e-a}\right) = n_1 \left(\frac{a}{b}\right) \tag{17}$$

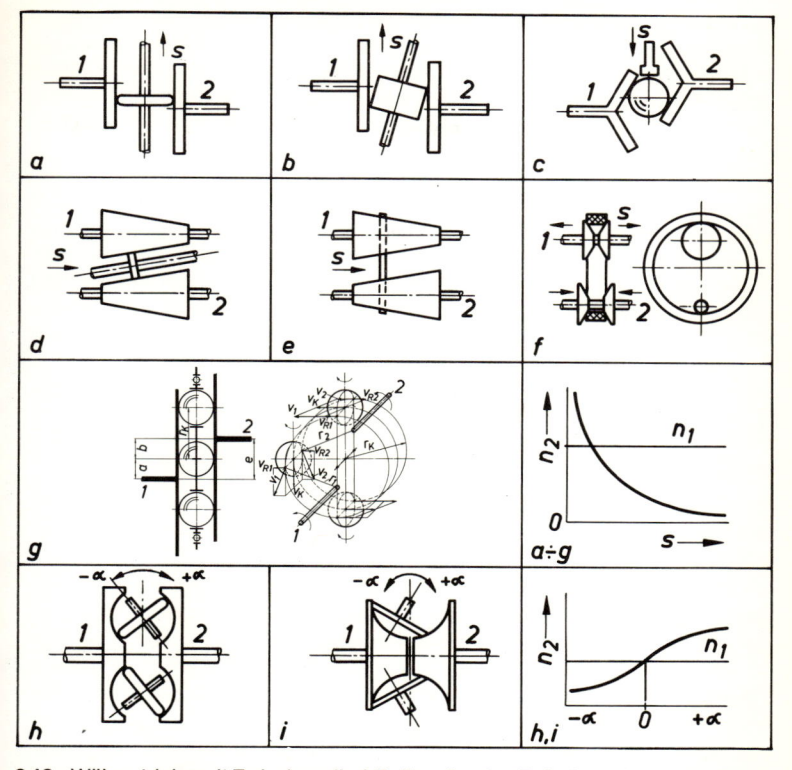

3.1. Mechanisch-stufenlos einstellbare Getriebe

3.18: Wälzgetriebe mit Zwischenglied, Reibradius des Zwischengliedes konstant
1 Antrieb; 2 Abtrieb; S Stellrichtung; α Stellwinkel

$$M_1 = F \cdot \mu \cdot a \tag{18}$$

$$M_2 = F \cdot \mu \cdot (e - a) = F \cdot \mu \cdot b \tag{19}$$

Um aus der Stellung $n_2 = 0$ die Abtriebswelle auf positive Drehzahlen zu bringen, wird der Kugelkäfig aus seiner symmetrischen Lage zu Welle 1 **(Bild 3.18g)** nach oben verschoben.

An allen Kontaktpunkten herrschen jetzt ungleiche Geschwindigkeiten in ungleichen Richtungen. Nur die in dem Kugelkäfig geführten Kugelmitten müssen die gleiche Geschwindigkeit v_K aufweisen, damit Abrollen ohne kinematischen Schlupf möglich ist. Für jede einzelne Kugel in beliebiger Lage gelten bezüglich der Berührungspunkte mit den Scheiben die Formeln:

$$v_1 = \omega_1 \cdot r_1 \qquad (20)$$
$$v_2 = \omega_1 \cdot r_2 \cdot \ddot{u} \qquad (21)$$

Die graphische Zerlegung, bezogen auf die Kugelmitten, zeigt, daß die Kugelmitten trotz ungleicher Kontaktpunktgeschwindigkeiten mit gleichen Geschwindigkeiten v_k umlaufen, d. h. Kugelkäfig und Kugeln laufen bei Leerlauf zwangfrei um. Der zwangfreie Kugelumlauf ist mit der graphischen Methode leicht bei jeder beliebigen Übersetzung $\ddot{u}$ zwischen $\ddot{u}_{min}$ und $\ddot{u}_{max}$ nachweisbar.

Wenn die Formeln (18) und (19) für das Moment stimmen sollen, müßte die Kraft
$$F \cdot \mu = \Sigma F_{Kugel} \cdot \mu \qquad (22)$$
waagerecht wirksam sein.

Bei Getriebe in Stellung 1:1 wurde ermittelt, daß die Drehachsen aller Kugeln senkrecht stehen, d. h., daß die Geschwindigkeitsvektoren v_{R1} und v_{R2} an den Kugeln waagerecht wirken.

In **Bild 3.18 h** und **i** sind die markanten Vertreter der Wälzgetriebe dargestellt, bei denen die Drehachsen des Zwischengliedes beim Verstellen der Getriebeübersetzung Schwenkbewegungen ausführen. Die Getriebe sind insofern interessant, weil bei ihnen die bereits erwähnte Bohrreibung, die bei allen Wälzgetrieben auftritt, auf ein Minimum reduziert werden konnte.

Reines Abrollen, wie im Fall eines Kegeltriebes, ist nur möglich, wenn die Drehachsen der Reibräder sich in einem Punkte treffen. Dieses ist bei den beschriebenen Systemen weitgehend gelungen. Da hier die Bohrreibung im wesentlichen fehlt, haben diese Getriebesysteme gute Laufeigenschaften. Sie werden grundsätzlich nur in Ganzstahlausführung hergestellt. Ihr Leistungsbereich reicht bis 5,5 kW.

Bauarten mit r_1 und r_2 constant, r_{Zw} variabel.

Die in **Bild 3.19a** bis **d** dargestellten Bauarten sind durch die Veränderlichkeit der Reibradien der Zwischenglieder gekennzeichnet. Hierbei

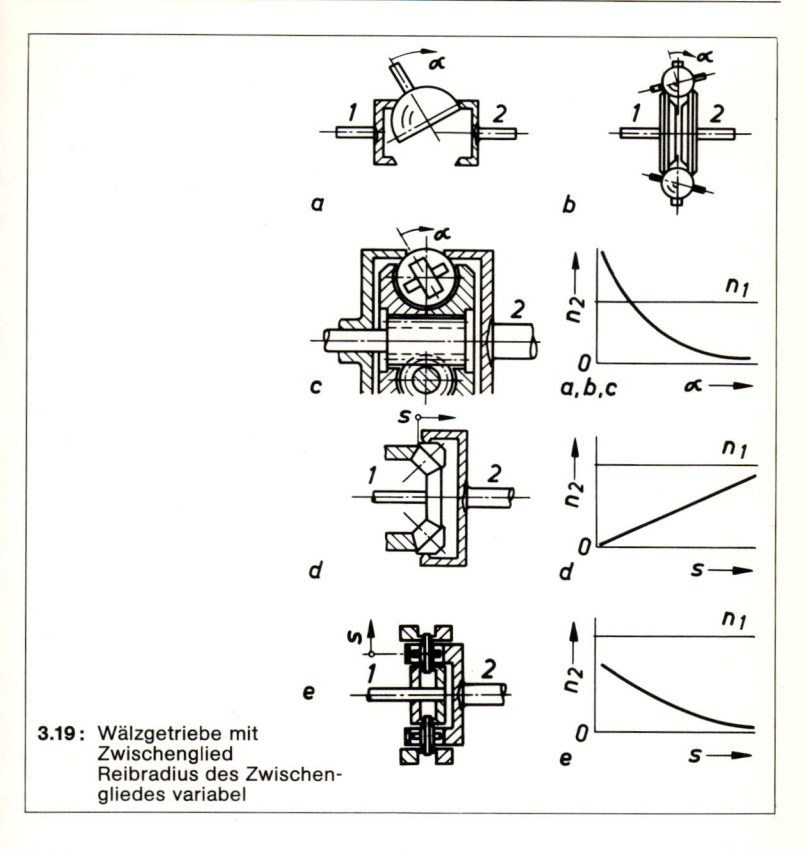

3.1. Mechanisch-stufenlos einstellbare Getriebe

3.19: Wälzgetriebe mit Zwischenglied Reibradius des Zwischengliedes variabel

sind die Reibradien r_1 und r_2 constant. Bei der unter a dargestellten Bauart des *Technica*-Getriebes ist das Übersetzungsverhältnis zwischen der treibenden und der getriebenen Scheibe durch Schwenken einer sich um eine feste Achse drehenden Halbkugel stufenlos veränderlich. In der Mittelstellung, d. h. beim Schwenkwinkel $\alpha = 0$ ist das Übersetzungsverhältnis 1:1. Maximaler Stellbereich $R \approx 5$.

Unter b ist der *Kopp*-Tourator dargestellt, der aus je einer an- und abtriebsseitigen Kegelscheibe besteht, die mit über den Umfang verteilten Kugeln in Kontakt stehen. Die Drehachsen der Kugeln sind schwenkbar angeordnet. Ihre Achsen laufen nicht um. Die Getriebeübersetzung wird durch Schwenken der Drehachsen stufenlos veränderlich. Maximaler Stellbereich $R = 9$.

Das in Bild 3.19c dargestellte *Contraves*-Getriebe besteht an- und abtriebsseitig aus kegeligen Reibringkörpern. Die Kraftübertragung geschieht durch Kugeln, die durch Rollen geführt und abgestützt werden. Durch Ändern der Achslage der Führungsrollen ändern sich entsprechend die Drehachsen der Kugeln. Dadurch werden die Laufradien der Reibringkörper so verändert, daß eine stufenlos einstellbare Übersetzung erzielt wird.

Die wesentlichen Elemente des in Bild 3.19d dargestellten *Rollax*-Getriebes sind der Kegelverband sowie das Abtriebsrad (2). Über die Antriebswelle (1) wird die Kraft in das Getriebe eingeleitet und über die Kegelscheibe durch Reibung auf die Kegel übertragen. Letztere drehen sich sowohl um ihre eigene Achse, als auch planetarisch im Verband. Drehzahländerung geschieht durch Verschieben des Abtriebsrades in Axialrichtung.

Bei dem unter e abgebildeten *Disco*-System sind die Reibradien der Zwischenräder variabel. Die Zwischenräder laufen als Planeten in einer feststehenden Rille ab. Über die Planetenlagerung im Steg wird der Leistungsfluß nach außen geführt. Beim Verstellen wird die feststehende Rille gespreizt, so daß sich die Planetenräder nach außen bewegen können. Gleichzeitig rücken die Antriebsräder näher zusammen. Maximaler Stellbereich $R = 6$.

3.1.2.3. Anpreßsysteme

Einwandfreie Kraftübertragung ist nur möglich, wenn die Anpreßkräfte mindestens in der notwendigen Höhe vorhanden sind. Um einen guten Getriebewirkungsgrad zu bekommen, dürfen die Kräfte aber wiederum nur in der erforderlichen Höhe auftreten. Die erforderlichen Anpreßkräfte sind deshalb von der Höhe der Leistungsübertragung abhängig. Außerdem wird die Anpreßkraft von der Übersetzungsstellung her bestimmt, weil der Reibwert auch von ihr abhängig ist. Letzteres hat seinen Grund darin, daß die Wälzkörper keine reine Abwälzbewegung ausfüh-

3.1. Mechanisch-stufenlos einstellbare Getriebe

ren, sondern besonders in den Extremübersetzungsstellungen Bohrreibungsanteile auftreten.

Die einfachste aller Anpreßeinrichtungen besteht lediglich aus einer Anpreßfeder mit im allgemeinen konstanter Druckkraft. Anpreßeinrichtungen dieser Art eignen sich für die Übertragung konstanten Abtriebsdrehmomentes. Getriebe, die mit einer solchen Einrichtung ausgestattet sind, besitzen praktisch eine eingebaute Drehmomentbegrenzungskupplung. Sie rutschen bei Überschreitung des zulässigen Drehmomentes durch. Nachgeschaltete Übersetzungsgetriebe sind also gegen Überlastungen geschützt. Bei Teillast aber ist mit schlechterem Wirkungsgrad zu rechnen, weil die Auslegung der Federkraft für Maximalleistung bei der Übersetzungsstellung im Schnellen vorgenommen werden muß. Infolge konstanter Federbelastung fahren solche Antriebe bezüglich der Wälzkörperpressung ständig mit Vollast.

Eine weitere Anpreßvariante nutzt die Fliehkraft der Reibkörper aus (Graham). Infolge der quadratischen Abhängigkeit der Anpreßkraft von der Drehzahl dürfen solche Systeme nur mit der vom Hersteller angegebenen Antriebsdrehzahl gefahren werden.

Außerdem gibt es Anpreßeinrichtungen einfacher Art, bei denen die Reibelemente Anpreßkräfte in Abhängigkeit vom Drehmoment erzeugen (Heynau), oder aber es werden Anpreßkräfte durch Differenzmomente aus schwingend gelagerten Zahnradgetrieben gewonnen.

Das weitaus verbreitetste Anpreßsystem arbeitet drehmomentabhängig, entweder in Form von Gewinden, Kurven oder Kugelkupplungen. Bei Überlast, z. B. durch Lastspitzen beim Anfahren, besteht bei drehmomentabhängig angepreßten Getrieben die Gefahr der Überschreitung der ertragbaren Hertz'schen Pressung. Hier ist das Vor- und Nachschalten von Rutschkupplungen empfehlenswert, denn im Gegensatz zum Zugmittelgetriebe wirkt sich beim hochwertigen Ganzmetall-Wälzgetriebe eine Beschädigung der Reibfläche durch Freßspuren oder Pittings zerstörend aus. Getriebe auf der Basis Stahl-Reibbelag sind dagegen unempfindlich gegen kurzzeitiges Rutschen.

3.1.3. Schaltwerkgetriebe

Bei Schaltwerksgetrieben wird die gleichförmige Drehbewegung der Antriebswelle in eine schwingende der Zwischenwelle umgeformt, wobei die Schwingbewegung der Zwischenwelle durch form- oder kraftschlüssige Schalter für die veränderliche Drehbewegung der Abtriebswelle ausgenutzt wird. Das Übersetzungsverhältnis läßt sich durch Radienänderung an der Antriebswelle und damit Änderung der Schwingausschläge der Zwischenwelle variieren. Um nach Möglichkeit gleichförmige Winkelgeschwindigkeit an der Abtriebswelle zu erhalten, läßt man mehrere Schaltwerkssysteme mit Phasenverschiebung gemeinsam auf die gleiche Abtriebswelle arbeiten.

Bei dem im Prinzip dargestellten System handelt es sich um ein Koppelgetriebe, dessen kinematische Grundform nachstehend gezeigt wird **(Bild 3.20)**.

Die Kurbel mit dem stufenlos einstellbaren Radius r läuft mit konstanter Winkelgeschwindigkeit um ihren Drehpunkt A. Über eine mit Kurbelarm und Schwinghebel gelenkig verbundene Schubstange wird der Schwinghebel um den Winkel α um Punkt B ausgeschwenkt. Die Größe des Winkelausschlages α ist durch Längenänderung des Kurbelradius einstellbar.

Die folgende Abbildung zeigt die Kinematik des zuvor beschriebenen Koppel-Getriebes **(Bild 3.21)**.

Anstelle des Kurbeltriebs ist auf der Antriebswelle eine radial verstellbare Scheibe a angeordnet, die die gleichförmige Drehbewegung der Antriebswelle 1 in eine schwingende Bewegung des Hebels b umwandelt. Letzterer greift über die Rolle c in eine kreisförmige Nut der Scheibe a ein. Hebel b überträgt die ihm aufgezwungene Bewegung auf eine Freilaufkupplung, deren Außenring als Zahnrad ausgebildet ist und mit einem auf der Abtriebswelle 2 sitzenden Zahnrad kämmt. Wegen der Verwendung von Freilaufkupplungen, auch Schaltwerke genannt, werden derartige Getriebe als Schaltwerksgetriebe bezeichnet.

Wird nun die an der Antriebswelle befindliche Scheibe a zentrisch zur Antriebswelle eingestellt, dann läuft die Scheibe mit der gleichen Winkelgeschwindigkeit um wie die Antriebswelle. Das Getriebesystem befindet sich damit in der Null-Stellung.

Verstellt man die Scheibe radial, dann erhält diese eine zu- oder abnehmende Exzentrizität, die veränderliche Schwingbewegungen über Rolle, Schwinghebel und Hilfswelle produziert. Die Freilaufkupplung vermittelt dann nur die hieraus resultierenden Schubbewegungen im Sinne gleich-

3.1. Mechanisch-stufenlos einstellbare Getriebe

3.20: Grundprinzip eines Schaltwerksgetriebes
- A } ortsfeste
- B } Drehpunkte
- r stufenlos einstellbarer Wirkradius an der Antriebswelle
- α Ausschlag des Schwinghebels

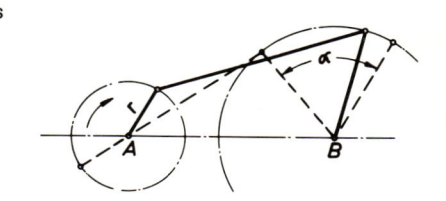

3.21: Schaltwerksystem Bauart Jahnel
- a Exzenterscheibe
- b Schwinghebel
- c Rolle
- d Freilauf
- 1 Antrieb
- 2 Abtrieb

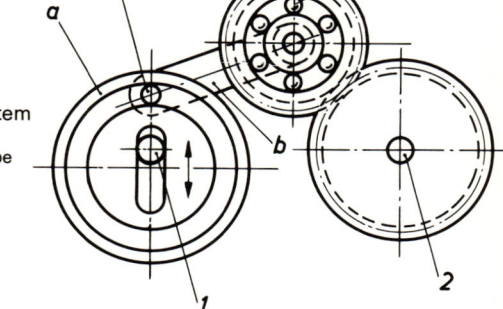

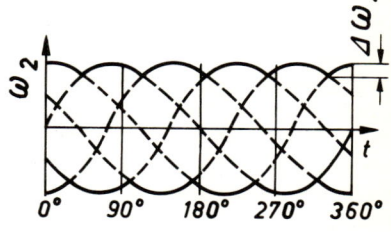

3.22: Typischer Verlauf der Winkelgeschwindigkeit an der Abtriebswelle von Schaltwerksgetrieben

gerichteter Drehimpulse über das Zahnrad an die Abtriebswelle weiter, so daß diese damit eine pulsierende Drehbewegung erhält.

Die Schwinggeschwindigkeiten am freien Ende des Schwinghebels ergeben eine sinusförmige Kurve. Werden mehrere Übertragungssysteme versetzt angeordnet, z. B. fünf Schaltwerke, die am Umfang zu je 72° versetzt angeordnet sind, dann ergibt sich nachstehende Charakteristik (**Bild 3.22**).

Infolge der Phasenverschiebung entsteht ein Geschwindigkeitsabfall $\Delta \omega_2$, der umso kleiner wird, je mehr Schaltwerke angeordnet werden. Es ist aber nicht möglich, die Abtriebswelle mit konstanter Winkelgeschwindigkeit drehen zu lassen. Der Verlauf der sinusförmigen Geschwindigkeitskurven kann durch geschickte Auslegung so gestaltet werden, daß $\Delta \omega_2$ auf 7 % der größten Umfangsgeschwindigkeit verringert wird.

Werden große umlaufende Massen angetrieben, wirkt die Massenträgheit kompensierend. Der Mangel an Gleichförmigkeit der Winkelgeschwindigkeit der abtreibenden Welle fällt dann nicht mehr so sehr ins Gewicht.

Ein weiteres interessantes Getriebesystem wird nachfolgend beschrieben:

Die wichtigsten Getriebeteile sind nach **Bild 3.23** Antriebswelle 1 als Kurbelwelle ausgeführt, Schubstange 2, Führung 3 mit Schwinghebelaufnahme 4 und Kreuzkopf 5, Gelenkbolzen 7 mit Schaltwerkhebel 6 und Schaltwerk 8, der Freilaufkupplung auf der Abtriebswelle, dazu eine Gewindespindel 9 mit Handrad 10 und Drehzahlanzeige 12.

Auch hier handelt es sich um einen Kurbelmechanismus mit veränderlichem Hub, der zusammen mit der Freilaufkupplung den stufenlosen Teil des Getriebes umfaßt.

Betrachtet man dieses Schaltwerksystem in der Bewegung, so ergibt sich folgendes:

Die Antriebswelle bewegt mittels der Kurbel mit konstantem Radius die Schubstange im Sinne eines Kurbeltriebes. Die Schubstange gleitet dabei in der Führung − letztere ist drehbar in der Schwinghebelaufnahme gelagert − und folgt sinngemäß den durch den Kurbeltrieb bedingten Schwingbewegungen.

Wird der Kreuzkopf mit der Schwinghebelaufnahme mittels der Gewindespindel in Richtung Schaltwerk (Freilaufkupplung) verschoben

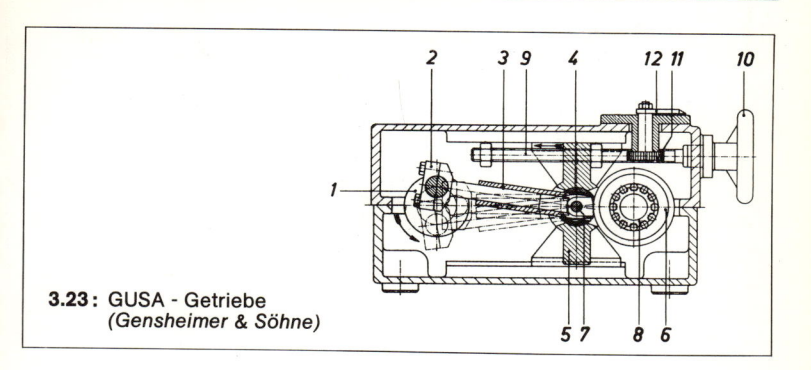

3.1. Mechanisch-stufenlos einstellbare Getriebe 317

3.23: GUSA - Getriebe
(Gensheimer & Söhne)

und zwar derart, daß das Zentrum der Schwinghebelaufnahme mit dem Mittelpunkt des Gelenkbolzens zusammenfällt, so erhält man die Nullstellung. In dieser Stellung wird die Führung zu einem einarmigen Hebel, dessen Drehpunkt im Zentrum der geometrischen Mittelpunkte der Schwinghebelaufnahme und des Gelenkbolzens liegt. Dem Schaltwerkhebel werden somit keine Hubbewegungen erteilt – der zu einem einarmigen Hebel gewordene Teil der Führung schwingt frei im Sinne des Kurbeltriebes.

Verschiebt man nun den Kreuzkopf mittels der Gewindespindel in Richtung Kurbelwelle (Antriebswelle), so werden die Mittelpunkte der Schwinghebelaufnahme und des Gelenkbolzens verlagert, der Drehpunkt der Führung liegt jetzt nur noch im Zentrum der Schwinghebelaufnahme. Durch diese Verlagerung wird die Führung zu einem zweiarmigen Hebel, dessen größte, vom Kurbeltrieb vermittelte Schwingbewegung in der Extremstellung erreicht wird.

Die Schwingbewegungen der Führung werden über den Gelenkbolzen dem Schaltwerkhebel als Hubbewegung vermittelt.

Das Schaltwerk, im Prinzip eine Freilaufkupplung, ist so eingerichtet, daß Hubbewegungen nur in einer Richtung als Drehbewegung an die Abtriebswelle weitergeleitet werden, während in umgekehrter Richtung die Freilaufkupplung gelöst ist. Das Schaltwerk versetzt auch bei kleinen Winkelausschlägen des Schaltwerkhebels die Schaltwerkwelle in Drehung.

Mit diesem Schaltwerkssystem werden 200° bis 215° Kurbelwinkel für den Arbeitshub ausgenutzt, während des restlichen Winkels von 160° bis 145° läuft das Schaltwerk frei zurück, was einen Leerweg bedeutet.

Im *GUSA*-Getriebe werden jedoch drei Schaltwerkssysteme angeordnet, die von einer Kurbelwelle mit 120° versetzten Kurbelzapfen angetrieben werden. Eine Drehbewegung mit konstanter Winkelgeschwindigkeit an der Abtriebswelle ist damit nicht erreichbar. Mit den drei Kurbeltrieben erreicht man jedoch einen guten Massenausgleich, der die Laufruhe des Getriebes günstig beeinflußt.

Den Vorzügen der Schaltwerksgetriebe, nämlich Laufruhe, großer Stellbereich bis Null und Stillstandsverstellung stehen die typischen Eigenschaften, wie nicht umkehrbare Drehrichtung, Unmöglichkeit mit dem Getriebe zu bremsen und oberwellenbehaftete Abtriebsdrehzahl gegenüber.

Der Leistungsbereich erstreckt sich bis 11 kW.

3.1.4. Leistungsteilungsgetriebe

Leistungsteilung besagt, daß ein Teil der Gesamtleistung über das stufenlose Getriebe geführt wird, während der restliche Leistungsanteil über Zahnräder fließt. Das Verzweigen oder Zusammenführen der Leistungsanteile wird durch Hintereinanderschalten von Planeten- und stufenlosem Getriebe ermöglicht. Dieses sei an einer häufig gebauten Getriebekombination erläutert:

Die Getriebekombination verwendet als Planetengetriebe ein rückkehrendes, koaxiales Umlaufrädergetriebe, wobei die Stegwelle die An- oder Abtriebswelle ist und das Sonnenrad und Hohlrad mit den beiden Wellen des stufenlos einstellbaren Getriebes über Zahnräder verbunden werden.

Grundsätzlich werden zwei Anordnungen ausgeführt **(Bild 3.24 a** und **b)**.

Anordnung a: Hier findet im Planetengetriebe eine Leistungsteilung statt. Durch entsprechende Festlegung der Übersetzungen zwischen dem Planeten und dem stufenlosen Getriebe ist zu erreichen, daß der größere Anteil der eingeleiteten Leistung direkt zur Abtriebswelle hinfließt. Diese Anordnung wird dann angewendet, wenn der Stellbereich der Getriebekombination kleiner sein soll als der des stufenlos einstellbaren Getriebes.

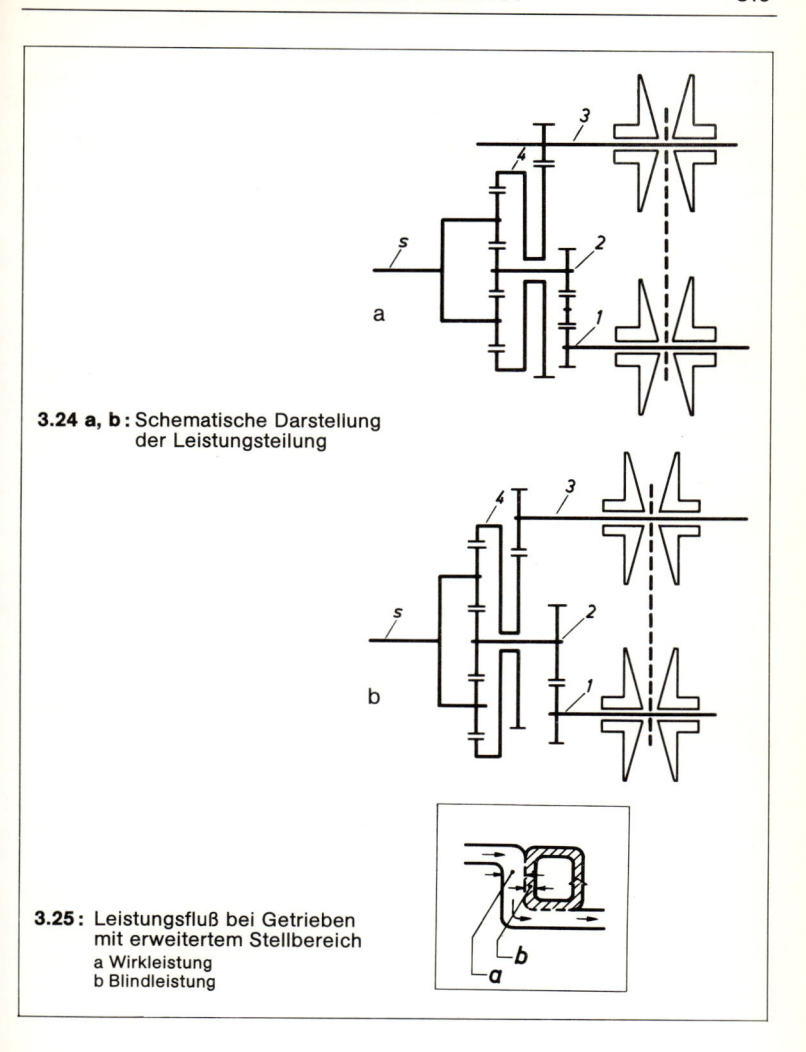

3.1. Mechanisch-stufenlos einstellbare Getriebe

3.24 a, b: Schematische Darstellung der Leistungsteilung

3.25: Leistungsfluß bei Getrieben mit erweitertem Stellbereich
a Wirkleistung
b Blindleistung

Anordnung b: Mit dieser Anordnung kann wie bei Anordnung a eine Verkleinerung, außerdem aber auch eine Vergrößerung des Stellbereiches des stufenlos einstellbaren Getriebes erzielt werden. Weiterhin ist ein Nulldurchgang der Abtriebsdrehzahl möglich (± Getriebe). Im Gegensatz zur Anordnung a entsteht hier die Abtriebsdrehzahl aus der Differenz zweier Teildrehzahlen. Im System wird eine das stufenlose Getriebe belastende Blindleistung umgewälzt, um die die an der Abtriebswelle der Getriebekombination zur Verfügung stehende Leistung vermindert wird **(Bild 3.25)**.

3.1.4.1. Getriebe mit eingeschränktem Stellbereich

In der Antriebstechnik stellt sich häufig die Aufgabe, eine Drehzahl in einem kleinen Bereich stufenlos verändern zu können. Ausgehend von der mittleren Drehzahl braucht die Drehzahländerung oft nur wenige % zu betragen. Die Forderung hierbei ist, daß die Drehzahl sich mit großer Genauigkeit einstellen läßt und bei Lastschwankungen sich nur innerhalb eng gesetzter Grenzen ändert.

Solche Bedingungen sind beim Antrieb von Druckmaschinen, Papierverarbeitungsmaschinen, Frequenzumformern usw. gegeben. Die Einstellgenauigkeit der Getriebekombination wird wesentlich erhöht, dabei verkleinert sich jedoch der Stellbereich entsprechend.

Drehzahlen

Der Zusammenhang der Drehzahlen der drei Wellen eines Planetengetriebes ist

$$-n_s (i + 1) + n_2 + n_4 \cdot i = 0 \tag{23}$$

Darin bedeuten

n_s = Drehzahl des Steges,
n_2 = Drehzahl des inneren Sonnenrades
n_4 = Drehzahl des äußeren Sonnenrades (Hohlrad)
i = Standübersetzung des Planetengetriebes

Bei dem als Beispiel ausgeführten Anordnungsschema nach **Bild 3.24a** von Planetengetriebe und stufenlosem Getriebe ist die Antriebsdrehzahl:

$$n_3 = n_{ab} = -\frac{n_s (i + 1)}{i_{21} \cdot \dfrac{1}{\ddot{u}} + i_{43} \cdot i} \tag{24}$$

3.1. Mechanisch-stufenlos einstellbare Getriebe

Das Minuszeichen weist auf den entgegengesetzten Drehsinn von An- und Abtriebswelle hin.

$$i_{21} = -\frac{n_2}{n_1} = \frac{z_1}{z_2} \tag{25}$$

$$i_{43} = -\frac{n_4}{n_3} = \frac{z_3}{z_4} \tag{26}$$

$$\ddot{u} = \frac{n_3}{n_1} \tag{27}$$

Im folgenden wird die Ausführung stufenlos einstellbarer Getriebe betrachtet, bei denen die Extremübersetzungen sich ausdrücken lassen durch $\ddot{u}_{max} = \sqrt{R}$ und $\ddot{u}_{min} = 1/\sqrt{R}$, wenn mit R der Stellbereich bezeichnet wird.

Diese Verhältnisse liegen bei sämtlichen Umschlingungstrieben vor, wenn die Scheiben auf den beiden Scheibensätzen gleich große, aber entgegengesetzt gerichtete Wege ausführen.

Somit ist für:

$$\ddot{u}_{max}: n_{ab} = -\frac{n_s\,(i+1)}{i_{21}\dfrac{1}{\sqrt{R}} + i_{43} \cdot i} = n_{ab\,max} \tag{28}$$

$$\ddot{u}_{min}: n_{ab} = -\frac{n_s\,(i+1)}{i_{21} \cdot \sqrt{R} + i_{43} \cdot i} = n_{ab\,min} \tag{29}$$

Grundsätzlich setzt sich die Stegdrehzahl aus zwei Anteilen zusammen:

$$n_s = \frac{n_2}{i+1} + \frac{n_4 \cdot i}{i+1} = n_{s2} + n_{s4} \tag{30}$$

Unter Verwendung von Gleichung (24, 25 und 26)

$$n_s = \left|\frac{n_1}{i+1} \cdot i_{21} \cdot \frac{1}{\ddot{u}}\right| + \left|\frac{n_3}{i+1} \cdot i_{43} \cdot i\right| \tag{31}$$

Falls i_{21} und i_{43} mit Zwischenrädern ausgeführt werden, haben n_s und n_3 gleiche Drehrichtung; in diesem Zusammenhang interessieren nur die Beträge. Allgemein ist:

$$n_s = a \cdot n_1 + b \cdot n_3 = a \cdot \frac{1}{\ddot{u}} \cdot n_3 + b \cdot n_3 \tag{32}$$

Mit den Gleichungen (28) und (29) ist:

$$n_s = n_{3\,\mathrm{max}} \cdot (a \cdot \frac{1}{\ddot{u}_{\mathrm{max}}} + b) = n_{3\,\mathrm{max}} (a \cdot \frac{1}{\sqrt{R}} + b)$$

$$n_s = n_{3\,\mathrm{min}} \cdot (a \cdot \frac{1}{\ddot{u}_{\mathrm{min}}} + b) = n_{3\,\mathrm{min}} (a \cdot \sqrt{R} + b)$$

Daraus berechnet sich a zu:

$$a = n_s \cdot \frac{\sqrt{R}}{R-1} \cdot \left(\frac{1}{n_{3\,\mathrm{min}}} - \frac{1}{n_{3\,\mathrm{max}}}\right) \tag{33}$$

In gleicher Weise läßt sich auch b ausdrücken:

$$b = \frac{n_s}{n_{3\,\mathrm{min}}} - n_s \frac{R}{R-1} \cdot \left(\frac{1}{n_{3\,\mathrm{min}}} - \frac{1}{n_{3\,\mathrm{max}}}\right) \tag{34}$$

oder

$$b = \frac{n_s}{n_{3\,\mathrm{max}}} - \frac{n_s}{R-1} \cdot \left(\frac{1}{n_{3\,\mathrm{min}}} - \frac{1}{n_{3\,\mathrm{max}}}\right) \tag{35}$$

Eingesetzt in Gleichung (32)

$$n_3 = \frac{n_{3\,\mathrm{max}} \cdot n_{3\,\mathrm{min}} (R-1)}{n_{3\,\mathrm{max}} (\sqrt{R} \cdot \frac{1}{\ddot{u}} - 1) + n_{3\,\mathrm{min}} (R - \frac{1}{\ddot{u}} \cdot \sqrt{R})} \tag{36}$$

Die hier wiedergegebene Beziehung für n_3 ist nur abhängig von den Enddrehzahlen, dem Stellbereich R und der Übersetzung des stufenlos einstellbaren Getriebes, nicht aber von der Konstruktion des Planetengetriebes.

Leistungen

In einem Planetengetriebe nach **Bild 3.24a** verzweigt sich die eingeleitete Leistung in einen Anteil, der direkt der Abtriebswelle zugeführt wird, und in einen zweiten, das stufenlose Getriebe belastenden Anteil. Dieser zweite Anteil soll nun berechnet werden.

3.1. Mechanisch-stufenlos einstellbare Getriebe

Es gilt allgemein:
Summe der in das Planetengetriebe hineinfließenden und aus ihm herausgeführten Leistungen ist Null; oder mit den eingeführten Bezeichnungen:

$$P_s + P_1 + P_3 = 0 \tag{37}$$

$$M_s \cdot n_s + M_1 \cdot n_1 + M_3 \cdot n_3 = 0 \tag{38}$$

Die durch das stufenlose Getriebe fließende Leistung ist P_1. Wird dieser Anteil in Beziehung gesetzt zur Eingangsleistung P_s, so ist:

$$\frac{P_s}{P_1} = \frac{M_s \cdot n_s}{M_1 \cdot n_1} = -\left(1 + \frac{M_3 \cdot n_3}{M_1 \cdot n_1}\right) \tag{39}$$

für ein Standgetriebe ist:

$$M_1 \cdot n_1 = -M_3 \cdot n_3$$

$$\frac{M_3}{M_1} = -\frac{n_1}{n_3} \tag{40}$$

mit Gleichung (32)

$$n_s = n_{s2} + n_{s4} = a \cdot n_1 + b \cdot n_3$$

ist für $n_s = 0$

$$a \cdot n_1 = -b \cdot n_3$$

$$\frac{n_1}{n_3} = -\frac{b}{a}$$

Somit ist:

$$\frac{M_3}{M_1} = \frac{b}{a}$$

und mit

$$\frac{n_1}{n_3} = \frac{1}{ü} \text{ ist}$$

$$\frac{P_s}{P_1} = 1 + \frac{b}{a} \cdot ü \tag{41}$$

Hier ist die Betragsgleichung angeschrieben, da die am Planetengetriebe zur Verfügung stehende Leistung positiv angesetzt wurde.

Mit den bereits errechneten Ausdrücken für a und b läßt sich nun schreiben:

$$\frac{b \cdot \ddot{u}}{a} = \frac{\dfrac{n_s}{n_{3\,min}} - n_s \dfrac{R}{R-1} \cdot \left(\dfrac{1}{n_{3\,min}} - \dfrac{1}{n_{3\,max}}\right)}{n_s \cdot \dfrac{\sqrt{R}}{R-1} \cdot \left(\dfrac{1}{n_{3\,min}} - \dfrac{1}{n_{3\,max}} \cdot \dfrac{1}{\ddot{u}}\right)}$$

und nach einigen Umformungen

$$\frac{P_s}{P_1} = \frac{n_{3\,max} (\sqrt{R} \cdot \dfrac{1}{\ddot{u}} - 1) + n_{3\,min} (R - \dfrac{1}{\ddot{u}} \cdot \sqrt{R})}{\sqrt{R}\,(n_{3\,max} - n_{3\,min})} \cdot \ddot{u}$$

mit $\quad n_{3\,max}/n_{3\,min} = G$

$$\frac{P_s}{P_1} = 1 + \frac{\ddot{u} \cdot (R - G)}{\sqrt{R} \cdot (G - 1)} \tag{42}$$

Setzt man die beiden Grenzwerte der Übersetzung des stufenlosen Getriebes ein, so ist für: $\ddot{u}_{max} = \sqrt{R}$

$$\frac{P_s}{P_1} = \frac{R-1}{G-1} \tag{43}$$

und für: $\quad \ddot{u}_{min} = \dfrac{1}{\sqrt{R}}$

$$\frac{P_s}{P_1} = \frac{G\,(R-1)}{R\,(G-1)} \tag{44}$$

Formel (42) gilt für ein verlustfreies Getriebe. Berücksichtigt man den Wirkungsgrad, so vermindert sich die an der Abtriebswelle zur Verfügung stehende Leistung entsprechend dem Wirkungsgrad des Planetengetriebes, des stufenlosen Getriebes und der als Verbindungsglieder auftretenden Zahnräder. Abhängig von der Bauart und dem Auslastungsgrad des stufenlosen Getriebes, sind in dem Bereich Halblast/Vollast bis etwa 92 % erreichbar, so daß für das gesamte Getriebe bei kleinen Stellbereichen ohne weiteres Wirkungsgrade von ca. 97 % zu erreichen sind.

Die Formel besagt, daß mit zunehmender Verkleinerung des Gesamtstellbereiches G die relative Belastung des stufenlosen Getriebes auch umso kleiner wird.

Festlegung der Übersetzungen zwischen Planetengetrieben und stufenlosem Getriebe.

Ein bestimmter Stellbereich kann durch eine Vielzahl von Übersetzungsstufen erreicht werden. Die einzelnen Ausführungen unterscheiden sich nur durch das Drehzahlniveau der Getriebekombination. Wird Gleichung (24) als Beispiel für die Berechnung der Abtriebsdrehzahl verwendet, so ist

$$n_{ab} = - \frac{n_s (i + 1)}{i_{21} \cdot \frac{1}{\ddot{u}} + i_{43} \cdot i}$$

Man errechnet

$n_{ab\,max}$ mit $\frac{1}{\ddot{u}_{max}}$ und

$n_{ab\,min}$ mit $\frac{1}{\ddot{u}_{min}}$ zu

$$\frac{n_{ab\,max}}{n_{ab\,min}} = \frac{i_{21} \cdot \frac{1}{\ddot{u}_{min}} + i_{43} \cdot i}{i_{21} \cdot \frac{1}{\ddot{u}_{max}} + i_{43} \cdot i} \tag{45}$$

3.1.4.2. Getriebe mit erweitertem Stellbereich

Die Antriebswelle 3 des stufenlosen Getriebes liefert den konstanten Drehzahlanteil, die Welle 1 den variablen. Beide Anteile werden über Zwischenradübersetzungen in das Planetengetriebe geleitet und überlagern sich dort zur variablen Getriebeabtriebsdrehzahl n_{ab}.

Vergrößerung des Drehzahlbereiches sei an folgendem Beispiel erläutert:

konstante Drehzahl: $n_{konst} = 100 \text{ min}^{-1}$

variable Drehzahl: $n_{var} = \begin{matrix} 600 \text{ min}^{-1} \\ 100 \text{ min}^{-1} \end{matrix}$

Haben die beiden Drehzahlanteile verschiedene Drehrichtungen, dann wird durch die Überlagerung

$$n_{ab} = \begin{matrix} +600 - 100 = +500 \text{ min}^{-1} \\ +100 - 100 = +0 \text{ min}^{-1} \end{matrix}$$

und damit der Stellbereich

$$R = \frac{500}{0} = \infty$$

Die Überlagerung des konstanten und variablen Drehzahlanteiles bewirkt das Planetengetriebe **(Bild 3.24b)**.

Es ist: $\quad -n_s(i+1) + n_2 + n_4 \cdot i = 0 \quad$ (23)

Diese Gleichung gibt Aufschluß über die gesamten Drehzahlverhältnisse am Planetengetriebe. Jede der drei Drehzahlen kann sowohl Antriebs- als auch Abtriebsdrehzahl sein. Bei zwei gegebenen Antriebsdrehzahlen läßt sich mit Gleichung (23) stets die Abtriebsdrehzahl eindeutig bestimmen. Das Planetenübersetzungsverhältnis i_{24} wird weiterhin mit i bezeichnet und ist folgendermaßen festgelegt:

$$i_{24} = \frac{n_2}{n_4} = \frac{Z_4}{Z_2} = i \quad (46)$$

i in Gleichung (23) eingesetzt und nach n_s aufgelöst, ergibt:

$$n_s = \frac{n_2 + n_4 \cdot i}{i+1} \quad (47)$$

Nun ist: $\quad n_2 = +i_{21} \cdot n_1$

$n_4 = -i_{43} \cdot n_3$

$R = \dfrac{n_{3\,max}}{n_{3\,min}}$

$n_{3\,max} = n_1 \cdot \sqrt{R}$

3.1. Mechanisch-stufenlos einstellbare Getriebe

$$n_{3\min} = n_1 \cdot \frac{1}{\sqrt{R}}$$

mit $\quad n_1$ als Antriebsdrehzahl

Für eine beliebige Einstellung kann man setzen:

$$\frac{n_3}{n_1} = \ddot{u} \text{ bzw. } n_3 = \ddot{u}\, n_1$$

Diese Beziehung in die Gleichung (47) eingesetzt, ergibt die Gleichung für die Abtriebsdrehzahl

$$n_s = \frac{n_{an} \cdot (i_{21} - i \cdot i_{43} \cdot \ddot{u})}{i + 1} \tag{48}$$

Leistungsberechnung

Bei der Leistungsberechnung wird von der zulässigen Leistung des stufenlosen Getriebes ausgegangen, die nach Katalogangaben bekannt ist. Mit der Drehzahlberechnung liegen auch alle im Getriebe vorkommenden Übersetzungen vor. Damit kann man das bekannte Drehmoment des stufenlosen Getriebes für alle Übersetzungen des Getriebes umrechnen.

Im Planetenteil gelten folgende Beziehungen für die Aufteilung der Drehmomente:

$$M_4 = F_{u4} \cdot r_4 \tag{49}$$

$$M_2 = F_{u2} \cdot r_2 \tag{50}$$

$$F_{u2} = F_{u4} \tag{51}$$

Damit wird das Verhältnis:

$$\frac{M_4}{M_2} = \frac{F_{u4} \cdot r_4}{F_{u2} \cdot r_2} = \frac{r_4}{r_2} = i \tag{52}$$

$$M_2 = M_4 \cdot \frac{1}{i}$$

$$F_{us} = F_{u2} + F_{u4}$$

$$M_s = F_{us} \cdot r_s = (F_{us} + F_{u4}) \cdot \frac{r_2 + r_4}{2} = M_4 \left(\frac{r_2}{r_4} + 1\right)$$

$$M_s = M_4 \left(\frac{1}{i} + 1\right)$$

Mit Hilfe dieser Gleichungen ist es möglich, vom bekannten Drehmoment ausgehend für jede Stelle des Getriebes das Drehmoment zu ermitteln. Die Drehzahlen sind ebenfalls bekannt, so daß die Leistungen bei jeder Einstellung des stufenlosen Getriebes ermittelt werden können.

Für die extremen Drehzahlen $n_{ab\,max}$ und $n_{ab\,min}$ ergeben sich folgende Beziehungen zwischen der Leistung des stufenlosen Getriebes und der Getriebeabtriebsleistung:

R = Stellbereich des stufenlosen Getriebes
G = Stellbereich der Getriebekombination mit Planetenteil

$$P_s = P_1 \cdot \frac{G(R-1)}{R(G-1)} \text{ bei } n_{ab\,max} \tag{53}$$

$$P_s = P_1 \cdot \frac{R-1}{G-1} \qquad \text{bei } n_{ab\,min} \tag{54}$$

3.1.5. Stellgeräte

Stufenlos einstellbare Getriebe besitzen in der Regel eine Stellspindel zur Einstellung der Getriebeübersetzung. Für die manuelle Betätigung erhält die Stellspindel ein Handrad. Feststell- oder Bremseinrichtungen sorgen dafür, daß eine einmal eingestellte Übersetzung während des Betriebes durch Erschütterungen nicht verändert wird.

Vom Standort des Getriebes wird das Bedienungspersonal unabhängig, wenn man anstelle des Handrades ein Stellgerät einsetzt. Dieses kann je nach Bauart elektrisch, hydraulisch oder pneumatisch betätigt werden; letztere Betätigungsarten hauptsächlich bei Vorliegen besonderer Betriebsbedingungen, wie Explosionsgefahr usw.

Am häufigsten findet man in der Praxis elektrische Stelleinrichtungen. Als Antrieb wird im allgemeinen ein robuster Kurzschlußläufermotor verwendet. Dem Motor nachgeschaltet ist ein mechanisches Reduktionsgetriebe, das mit der Stellspindel gekuppelt wird. Eine zwischengeschaltete Rutschkupplung verhindert das Überfahren der Stellbereichsgrenze. Der Stellmotor erhält im allgemeinen seine Stellimpulse über Druckknopfschalter, die deshalb eine Fernbetätigung gestatten. Im Falle der Fernbetätigung wird eine Drehzahlfernanzeigeeinrichtung notwendig. Hierzu bedient man sich des Wechselspannungsgebers mit Anzeiger oder auch des Rückmeldepotentiometers, welches mit der Stellspindel gekuppelt ist und somit die Übersetzungsstellung anzeigt. Daneben gibt es noch elektrische Anzeigegeräte, die im Kapitel 3.1.6. behandelt werden.

Durch Änderung der Getriebeübersetzung des Stellgerätes hat man es in der Hand, die Stellzeit in weiten Grenzen zu verändern. In der Praxis werden Stellzeiten von einigen Sekunden bis zu einigen Minuten für das Durchfahren des gesamten Stellbereichs benötigt.

Bei Einsatz des Stellmotors im Regelkreis muß dieser in der Lage sein, seine Nenndrehzahl in kürzester Zeit nach dem Einschalten zu erreichen. Ebenso muß er nach dem Abschalten schnell wieder zum Stillstand kommen. Hierfür eignen sich insbesondere Kurzschlußläufermotoren mit eingebauter Magnetbremse.

3.1.6. Anwendungen

Stufenlos einstellbare Antriebe haben seit vielen Jahren in der Industrie große Bedeutung für die optimale Ausnutzung von Maschinen und Anlagen erlangt. Die Kombination von Antriebsmotor, stufenlosem Getriebe- und Übersetzungsstufen zu einem anschlußfertigen Aggregat vereinfacht den Aufbau von Maschinen-Antrieben dieser Art und gestattet die Verwendung der robusten und bewährten Drehstromkurzschlußläufermotoren. Dabei ist die Wartung auf ein Minimum beschränkt.

Gründe für den Einsatz stufenloser Antriebe:

- Ausnutzung der vollen Motorleistung durch Drehmomentwandlung über den gesamten Stellbereich.
- Anpassen der Arbeitsgeschwindigkeit an wechselnde Rohstoffeigenschaften.
- Unterschiedliche Geschwindigkeiten zum Erzielen von Effekten an dem zu verarbeitenden Material.

- Abstimmung der Geschwindigkeiten oder Drehmomente mehrerer Maschinen aufeinander.

3.1.6.1. Regelungen

Mit der Wahl der stufenlosen Antriebe als Stellglied in einem Regelkreis lassen sich Arbeitsprozesse automatisieren.

Regelkreis

In **Bild 3.26** ist die Regelgröße x die Ausgangsgröße der Regelstrecke. Sie soll durch die Regeleinrichtung so beeinflußt werden, daß ihr Wert einer von außen eingeführten Führungsgröße w entspricht. Der Sollwert ist der Wert, den eine Größe im betrachteten Zeitpunkt unter festgelegten Bedingungen haben soll. Er wird der Führungsgröße zugeordnet. Der Regler bildet aus der Führungsgröße w und der Regelgröße x die Regeldifferenz x_d.

$$x_d = w - x = -x_w \tag{55}$$

In der Meßtechnik benutzt man vorzugsweise die Bezeichnung Regelabweichung x_w, sie ist der negative Wert der Regeldifferenz x_d.

Regler

Die Art des Stellantriebes macht es möglich, als Regler einen Dreipunkt-Schrittregler zu verwenden. Entsprechend der drei Betriebsarten des Stellmotors – Rechtslauf, Stillstand, Linkslauf – besteht der Reglerverstärker aus einem elektronischen Dreipunktschaltverstärker mit Hysteresis. Die erforderlichen regelungstechnischen Eigenschaften erhält der Regler durch eine elektronisch verzögerte Rückführung, so daß sich in Verbindung mit dem Stellantrieb ein PI-ähnliches Verhalten ergibt. Verstärkung und Nachstellzeit des Reglers werden durch die Eigenschaften der Rückführung bestimmt und sind in weiten Grenzen einstellbar.

Regelstrecke

Die Regelstrecke ist der Teil einer Anlage, der entsprechend der Aufgabenstellung durch eine Regeleinrichtung beeinflußt werden soll. Im Vordergrund jeder Projektierung steht die Kenntnis über das System der Regelstrecke. Sie ist die Grundlage für die weitere Detailarbeit, die Auslegung der Meß- und Regelgeräte.

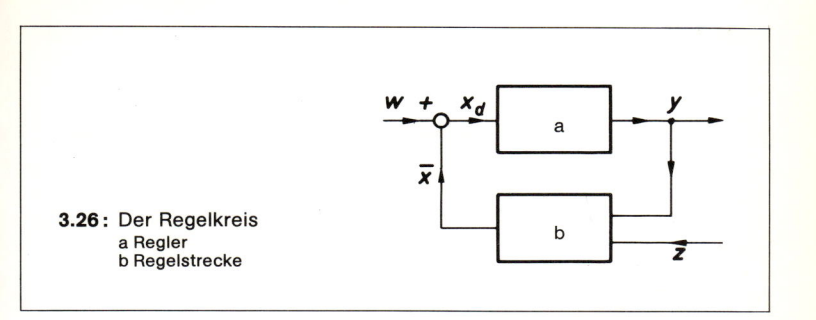

3.1. Mechanisch-stufenlos einstellbare Getriebe

3.26: Der Regelkreis
a Regler
b Regelstrecke

Sollwerteinsteller

Je nach den Erfordernissen der zu regelnden Anlage kann der Sollwert eine während der Regelung unveränderte Größe darstellen (Festwertregelung), die, einmal eingestellt, nicht mehr verändert werden muß.

Meßeinrichtungen

Die Problematik vieler Regelungen liegt in der Wahl eines geeigneten Meßumformers und seines Meßortes in der Anlage. Je nach der physikalischen Einheit der zu messenden Größe kommen die unterschiedlichsten Meßgeräte zur Anwendung. Aus dieser Vielfalt werden im folgenden die wichtigsten genannt.

Potentiometer

Der einfachste Meßumformer ist das Potentiometer. Mit ihm können alle Größen gemessen werden, die sich in Form einer Winkelstellung darstellen lassen. Sie finden Anwendung als: Sollwerteinsteller, Drehzahlrückmeldeeinrichtung an der Stelleinrichtung des stufenlos einstellbaren Getriebes, Meßglied für die Erfassung eines Durchmessers zur Geschwindigkeitsregelung z. B. beim Wickeln, Meßglied zur Erfassung der Tänzerwalzenstellung bei einer Durchhangregelung und vieles mehr.

Drehzahlmeßgeräte

Je nach der Art des Meßsignales können drei Drehzahlmeßgeräte unterschieden werden. Für genaue und schnelle Drehzahlregelungen verwendet man vorteilhaft eine Gleichspannungstachomaschine. Da ihr

Ausgangssignal bereits eine Gleichspannung darstellt, genügt eine einfache Anpaßschaltung zwischen Regler-Schaltverstärker und Tachomaschine.

Eine weitere Möglichkeit, die Drehzahl meßtechnisch zu erfassen, besteht darin, die Frequenz der umdrehenden Welle zu messen und mit einem Frequenz-Spannungsumsetzer in eine drehzahlproportionale Gleichspannung umzuwandeln. Die Frequenz wird gemessen mit einem Näherungsinitiator oder einer magnetinduktiven Meßsonde, die z. B. an einem Zahnrad angebracht, von jedem Zahn einen Impuls erzeugt.

Drehmelder

Der häufigste Anwendungsfall ist die Winkelgleichlaufregelung. Hierbei sollen zwei oder mehrere mechanisch unabhängige Antriebe so geregelt werden, daß ihre Abtriebswellen sich stets in der gleichen Winkelstellung zueinander bewegen. Soll z. B. eine Förderkette an mehreren Stellen angetrieben werden, muß diese Forderung erfüllt sein. Aber auch zur verschleißfreien Abtastung eines Tänzerarmes an einer Durchhangregelung kann dieses Meßprinzip Anwendung finden.

Optische Meßgeräte

Soll z. B. eine Warenbahn zugspannungsfrei von einer Maschine zur anderen transportiert werden, bedient man sich der Durchhangregelung mit optischer Abtastung des Warendurchganges. Die Ware hängt frei zwischen einem Lichtsender und Lichtempfänger und verdeckt je nach Durchhanghöhe mehr oder weniger stark einen Teil des auf den Empfänger treffenden Lichtes. Je nach Durchhang ergibt sich auch hierbei eine von der Durchhanghöhe unterschiedliche Lichtintensität, die in einem Umsetzer in eine proportionale Gleichspannung umgeformt wird.

Digitale Meßeinrichtungen

Wenn die Einhaltung der Regelgröße mit höchster Genauigkeit erforderlich ist, reichen die analogen Meßverfahren meist nicht mehr aus. In diesem Falle wird die Regelgröße digital erfaßt und kann je nach Aufwand und Stellenzahl der digitalen Meßgeräte mit großer Auflösung gemessen werden. Der Sollwert wird ebenfalls digital eingegeben und mit dem Istwert verglichen. Der Einsatz dieser Meß- und Regelgeräte ist nur dann sinnvoll, wenn alle anderen im Regelkreis befindlichen Funktionseinheiten mindestens mit der gleichen Genauigkeit arbeiten.

3.1. Mechanisch-stufenlos einstellbare Getriebe

Ausgeführte Regelungen

Drehzahlregelungen

Die einfachste Art der Drehzahlregelung ist die mit einer Potentiometerrückführung. Ein Potentiometer, das mit der Stelleinrichtung gekoppelt ist und vom Regler gespeist wird, stellt den Istwertgeber dar. An seinem Schleifer wird eine Spannung abgegriffen, die bei entsprechender Wahl der Potentiometerkennlinie sich proportional zur Übersetzung des Getriebes verhält. Da in diesem Fall die Regelstrecke lediglich aus Stellantrieb und Rückmeldepotentiometer besteht, kann ein einfacher Regler mit Wechselspannungsverstärker eingesetzt werden.

Für höhere Genauigkeitsansprüche ist es erforderlich, die zu regelnde Drehzahl direkt zu erfassen, z. B. mit einer Gleich- oder Wechselspannungstachomaschine oder mit einem Impulsgeber.

Geschwindigkeitsregelung

Eine Variante der Drehzahlregelung stellt die Geschwindigkeitsregelung dar **(Bild 3.27)**. Sie findet z. B. Anwendung beim Plandrehen mit konstanter Schnittgeschwindigkeit oder beim Abwickeln von Warenbahnen, Drähten oder ähnlichem. Bei diesen Einrichtungen besteht die Forderung, das Produkt aus Drehzahl und Wickeldurchmesser konstant zu halten. Einfache Geschwindigkeitsregelungen werden mit Potentiometern aufgebaut. Ein Potentiometer an der Stelleinrichtung des Getriebes meldet die Drehzahl und auf einem anderen Potentiometer wird mit Hilfe eines Tastarmes der Wickeldurchmesser erfaßt. Durch eine entsprechende Beschaltung wird das Produkt aus beiden Größen gebildet und an den Reglereingang geleitet. Der Vergleich mit dem einstellbaren Wert für die Geschwindigkeit ergibt die Regeldifferenz, so daß je nach Größe und Vorzeichen der Stellmotor das Getriebe nachstellen kann.

3.27: Geschwindigkeitsregelung
 a Sollwert-Einsteller
 b Dreipunktregler
 c Durchmesser-Rückmelde-Einrichtung
 d Drehzahl-Rückmelde-Einrichtung
 e Wendeschütz
 f Stellantrieb
 g Antriebsmotor
 h stufenloses Getriebe

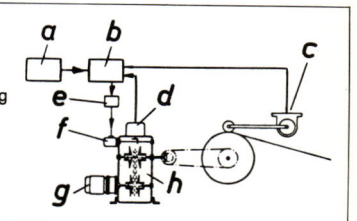

Folgeregelungen

In größeren Anlagen, in denen mehrere drehzahlgeregelte Einzelantriebe vorhanden sind, besteht die Notwendigkeit, daß alle Einzelantriebe entweder mit gleicher Drehzahl oder mit konstantem oder einstellbarem Drehzahlverhältnis zueinander laufen sollen. Durch geeignete Drehzahlfolgeregelungen lassen sich in solchen Maschinenstraßen die unterschiedlichsten Maschinenverkettungen realisieren.

Je nach Art der Verkettung kann unterschieden werden zwischen Parallel- und Kaskadenbetrieb. Bei Parallelbetrieb werden mehrere Einzelantriebe abhängig von einem Hauptantrieb geregelt. Die Drehzahlverhältnisse der Einzelantriebe zum Hauptantrieb sind an einem Verhältnissteller einstellbar, so daß Drehzahlgleichlauf oder ein bestimmtes Drehzahlverhältnis gewählt werden kann. Im Kaskadenbetrieb stellen die Einzelantriebe, nur mit einer Regelung verbunden, eine Funktionskette dar, so daß die Drehzahl des vorgeschalteten Antriebes bestimmend für die Drehzahl des folgenden Antriebes ist. Auch hierbei kann Drehzahlgleichlauf oder ein bestimmtes Drehzahlverhältnis eingestellt werden. Darüber hinaus sind auch Kombinationen aus Parallel- und Kaskadenbetrieb durchführbar.

Durchhangregelungen

Soll eine empfindliche Ware zugspannungsfrei oder mit konstanter einstellbarer Zugspannung transportiert werden, ist es vorteilhaft, die

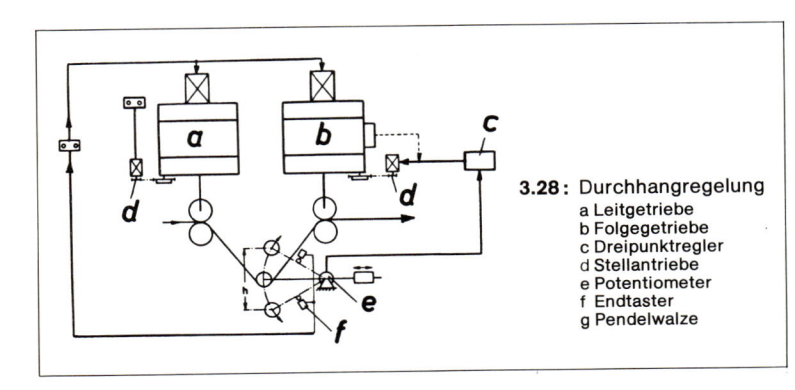

3.28: Durchhangregelung
a Leitgetriebe
b Folgegetriebe
c Dreipunktregler
d Stellantriebe
e Potentiometer
f Endtaster
g Pendelwalze

3.1. Mechanisch-stufenlos einstellbare Getriebe

Warenbahn zwischen zwei Antriebswalzen eine Schlaufe bilden zu lassen, wie **Bild 3.28** zeigt. Eine Meßeinrichtung, die auch berührungsfrei arbeiten kann, tastet die Höhe des Durchhanges ab und leitet dieses Signal an den Regler. Dieser stellt den Folgeantrieb so ein, daß der Durchhang in einer durch den Sollwert festgelegten Lage bleibt. Der Leitantrieb kann ein drehzahlgeregelter Antrieb sein, der ebenso durch einen Regler eingestellt wird, der die Lage eines vorgeschalteten Durchhanges abtastet. Auf diese Weise lassen sich vorteilhaft mehrere mechanisch voneinander unabhängige Antriebe verbinden. Die Ware kann somit direkt von einer Maschine zur anderen geführt werden, ohne daß durch Zwischenspeichern, z. B. durch Auf- und wieder Abwickeln, zusätzliche Arbeit und Produktionszeiten entstehen.

3.1.7. Allgemeine Hinweise für Inbetriebnahme und Einsatz

Vor Inbetriebnahme sind die vom Hersteller den Antrieben beigegebenen Anweisungen genau zu beachten. Besonderer Wert ist auf die Verwendung der vorgeschriebenen Schmiermittel zu legen, weil nur sie die Funktion der Antriebe auf Dauer gewährleisten. Antriebe für kleine Leistungen werden im allgemeinen ohne Umlaufschmierung ausgeführt. Bei ihnen ist besonders die exakte Einhaltung des vorgeschriebenen Ölstandes notwendig. Die richtige Eintauchtiefe der umlaufenden Teile im Öl ist bei Tauchschmierung von großer Bedeutung. Zu tiefes Eintauchen erhöht die Temperatur infolge von Planschverlusten. Zu geringes Eintauchen vermindert die Spritzwirkung und gefährdet daher die Schmierung. Mangelschmierung kann auch durch reduzierte Antriebsdrehzahlen erzeugt werden. Es ist deshalb wichtig, dem Hersteller die Drehzahlen zu nennen, mit denen das Getriebe effektiv betrieben werden soll, nicht die Katalogdrehzahlen.

Beim Anfahren stufenloser Antriebe sollte man daran denken, daß viele Bauarten nicht so überlastet werden dürfen wie Zahnradgetriebe, denen eine kurzzeitige mehrfache Überlastung nichts ausmacht. Es empfiehlt sich in jedem Fall, die beim Anfahren von Schwungmassen auftretenden Spitzenmomente – die das 7- bis 10fache der Motornennmomente betragen können – durch Drehmomentbegrenzungs-Kupplungen abzubauen. Nach Untersuchungen von Dittrich ergeben sich, wie **Tabelle 3.2.** zeigt, für die verschiedensten Drehmomentübertrager folgende Momenten-Verhältnisse:

Nr.	Art der Verbindung	Drehelastizität °/10 kpm	Eigenfrequenz gemessen Hz	Eigenfrequenz gerechnet Hz	Anfahrzeit s	Spitzenmoment M_{Sp} kpm	Spitzenmoment M_{Sp}/M_N	mittl. Anfahrmoment M_A	mittl. Anfahrmoment M_A/M_N	M_{Sp}/M_A
	drehstarr									
1	Kreuzgelenkwelle	1,3	42,8	40,8	1,21	65	12,8	12	2,36	5,4
2	Zahnkupplung mit Kunststoffhülse	1,2	43,3	42,8	1,28	55	10,8	11	2,16	5
3	Duplexkettentrieb 1:1 5/8 x 3/8 Zoll	1,8	40		1,18	52,7	10,4	11,1	2,18	4,8
	elastisch									
4	Kupplung mit Gummielementen (auf Druck bel.)	3	25	26,6	1,12	46	9,1	11	2,16	4,2
5	Normalkeilriementrieb (1:1) 4 x 13	2,7	25	26,7	1,31	20	3,9	11,5	2,26	1,75
6	Flachriementrieb (1:1) Mehrschicht 110 mm breit		33,3		1,26	15,7	3,1	11,1	1,99	1,4
7	Schmalkeilriementrieb (1:1) 3 x SPA 12	4,3	21,8	21,2	1,28	14	2,8	11,5	2,24	1,22
	Anfahrkupplungen									
8	Drehmomentbegrenzungskupplung (6,2 kpm)		125		2,38	14,4	2,8	6	1,2	2,4
9	Fliehkraftkupplung		115		1,59	14,2	2,8	10,6	2,08	1,34
10	Fliehkraftkupplung kombiniert mit Gummielementen				1,45	11	2,2	10,6	2,08	1,04
11	hydrodynamische Kupplung				1,74	11	2,2	–	–	–

Tabelle 3.2: Wirkung der Kupplung beim Anfahren mit Elektromotor

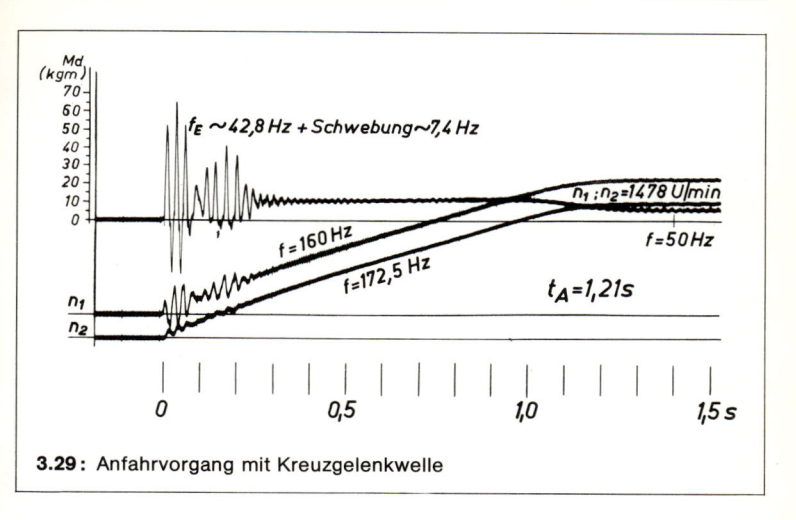

3.1. Mechanisch-stufenlos einstellbare Getriebe

3.29: Anfahrvorgang mit Kreuzgelenkwelle

Unter den drehstarren Verbindungen entsteht bei der Kreuzgelenkwelle die höchste Drehmomentspitze mit dem 12,8fachen des Motornennmomentes und dem 5,4fachen des mittleren Anzugmoments dieses Motors. Die beiden anderen drehstarren Verbindungen, Zahnkupplung mit Kunststoffhülse und Duplex-Kettentrieb, bringen fast ebenso hohe Spitzenmomente. Auch die Anfahroszillogramme dieser drei Verbindungselemente sind einander ziemlich ähnlich. Die durch das plötzlich einsetzende Drehmoment des Motors stark angeregte Eigenfrequenz führt zu heftigen Drehmomentschwingungen mit Nulldurchgängen. Frequenzlage und Maximalamplituden sind ebenfalls vergleichbar. Das Drehzahlsignal des Motors n zeigt deutlich Schwingungen in der Anfangsphase, d. h. der Rotor kommt schüttelnd auf Drehzahl **(Bild 3.29)**. An diesen Meßergebnissen erkennt man, daß es nicht ausreicht, mit dem Anzugsmoment oder Kippmoment des Elektromotors als höchster Beanspruchung zu rechnen, sondern daß es bei diesen Verbindungselementen richtig ist, mit dem Fünffachen dieses Momentes zu rechnen.

Wegen der in Abhängigkeit von der Drehzahl quadratischen Massenwirkung empfiehlt es sich, die durch die stufenlosen Antriebe gegebene

Möglichkeit auszunutzen, schwere Massen in der Einstellung „Langsam" anzufahren und erst dann, wenn der Anfahrvorgang beendet ist, die Verstellung der Übersetzung auf den gewünschten Wert vorzunehmen. Hiermit wird der Überlastung des Getriebes oder der vorgeschalteten Drehmomentbegrenzungskupplung vorgebeugt.

Die Einstellung der Übersetzung darf bei den meisten Systemen nur im Lauf vorgenommen werden. Systeme, die auch eine Stillstandsverstellung gestatten, z. B. Wälz- und Zugmittelgetriebe mit glatten Reibscheiben, letztere in Verbindung mit Doppelrollenketten, werden vom Hersteller besonders gekennzeichnet.

Stellgeschwindigkeiten liegen in der Größenordnung von einigen Sekunden für das Durchfahren des gesamten Stellbereichs, sofern die Antriebe mit normaler – d. h. Katalog-Drehzahl gefahren werden. Im Falle einer Reduzierung der Antriebsdrehzahl müssen die Stellzeiten bei den Getrieben verlängert werden, die für die Stillstandsverstellung ungeeignet sind. Als Überschlagsrechnung kann etwa angenommen werden, daß das Produkt aus Katalog-Drehzahl multipliziert mit der hierbei kürzest zulässigen Stellzeit konstant ist.

$$n_1 \cdot t_v = \text{konstant} \tag{56}$$

Stufenlos einstellbare Antriebe sind im allgemeinen so ausgelegt, daß die Ölsumpftemperatur den Wert $\tau = 90°$ nicht überschreitet, wenn sie mit der Katalogleistung betrieben werden. Steigt die Temperatur über diesen Wert an, so reduziert eine Temperaturerhöhung von je 10° C die Lebensdauer des Schmiermittels jeweils auf die Hälfte. Es empfiehlt sich daher, Zusatzkühlung vorzusehen, wenn die Ölsumpftemperatur längere Zeit 90° C überschreiten würde. In den meisten Fällen ist eine intensive Belüftung des Getriebegehäuses ausreichend. Der Wärmeübergang wird hierdurch wesentlich verbessert. Er beträgt etwa

$$W = \alpha \cdot A \cdot (T_{\text{Wand}} - T_{\text{Raum}}) \quad [\text{W}] \tag{57}$$

mit $\quad \alpha = 17 \left[\dfrac{\text{W}}{\text{K m}^2}\right]$ bei reiner Konvektion.

A = Oberfläche des Getriebes in m^2

Der Wert α, der Wärmeübergangskoeffizient, kann durch gute Luftkühlung verdoppelt werden.

3.1. Mechanisch-stufenlos einstellbare Getriebe

Mechanische stufenlose Getriebe sind so einfach und robust aufgebaut, daß sie in vielen Fällen auch vom Kunden instandgesetzt werden können. Dabei ist es unerläßlich, vorher die Instandsetzungsanweisung des Herstellers zu beachten. Geschieht dies nicht, so besteht bei Demontage von Getrieben mit vorgespannten Federsätzen Unfallgefahr.

Die Wartungsintervalle werden vom Hersteller festgelegt. Es empfiehlt sich, den ersten Ölwechsel nach der Inbetriebnahme von Ganzstahl-Getrieben schon nach 250 Stunden vorzunehmen. Für die folgenden Ölwechselzeiten werden etwa 2000 bis 4000 Stunden – je nach Fabrikat und Bauart – vorgeschrieben.

Literaturhinweise:

1. *Dittrich, O.:* Theorie des Umschlingungsgetriebes mit keilförmigen Reibscheibenflanken, Diss. TH Karlsruhe, 1953
2. *Dittrich, O.:* Konstruktion stufenlos verstellbarer Umschlingungsgetriebe, Masch.-Markt 67 (1961) Nr. 60, S. 19/23
3. *Dittrich, O.:* Ein stufenlos verstellbarer Umschlingungstrieb mit neuartiger Reibungskette, Schriftenreihe „Antriebstechn." Getriebe, Kupplungen-Antriebselemente, Verlag Friedr. Vieweg & Sohn, Braunschweig (1957) Band 18
4. *Dittrich, O.:* Ein stufenloses Hochleistungsgetriebe mit „Stahlriemen", VDI-Z. 108 (1966) Nr. 6, S. 22/32.
5. *Eytelwein, J. A.:* Handbuch der Statik fester Körper, Berlin 1808, Bd. 2. S. 21–23
6. *Niemann, G.:* Reibradgetriebe, „Konstruktion" 5/53 Nr. 2
7. *Ernst, H.:* Stufenlos einstellbare mechanische Getriebe als Bausteine zur Automatisierung, Klepzig Fachbericht 69/3
8. *Oldenburg, W.:* Wickeln und Spulen mit mechanisch stufenlosen Getrieben und elektron. Regelungen, Klepzig Fachberichte 71/6
9. *Hettler, R.:* Mechanische Differentialgetriebe in Kombination mit stufenlos einstellbaren Getrieben, TZ f. prakt. Metallbearb. 64. Jahrg. 1970, Heft 7
10. *Schlums, K. D.:* Elemente der stufenlos verstellbaren Wälzgetriebe, „antriebstechn." 5 (1966) Nr. 3, S. 86/89
11. *Schlums, K. D.:* Stufenlos einstellbare Wälzgetriebe, „antriebstechn." 3 (1964) Nr. 10, S. 387/90
12. *Simonis, F. W.:* Stufenlos verstellbare mechanische Getriebe, 2. Aufl. Berlin, Göttingen, Heidelberg: Springer 1959
13. *Ernst, H.:* Stufenlos einstellbare Umschlingungsgetriebe, Industrie-Anzeiger, 90/1972
14. *Lorenz, G.-G.:* Antriebe und Regelungen in der textilverarbeitenden Industrie, Textil-Praxis, 11/1970
15. *Steuer, H.:* Ein neues stufenloses Übertragungssystem, VDI-Nachrichten, 33/1972

16. *Oldenburg, W.:* Wickeln und Spulen mit mechanisch stufenlosen Getrieben und elektronischen Regelungen, Klepzig Fachberichte 6/1971
17. *VDI-Richtlinie 2127:* Getriebetechnische Grundlagen – Begriffsbestimmungen der Getriebe, Juli 1962
18. *VDI-Richtlinie 2155 (Entwurf):* Gleichförmig übersetzende Reibschlußgetriebe, Bauarten und Kennzeichen
19. *Thomas, W.:* Reibscheiben-Regelgetriebe, Braunschweig: Vieweg 1954
20. *Weiß, L.:* Mechanisch stufenlose Getriebe in Verbindung mit einem Planetengetriebe (TZ für praktische Metallbearbeitung, Heft 11/1966)
21. *Wernitz, W.:* Reibung in stufenlos einstellbaren Wälzgetrieben, VDI-Z. 108 (1966) Nr. 6, S. 233/240
22. *Dittrich, O.:* Wirkung der Kupplung beim Anfahren mit Elektromotoren, „antriebstechnik" 12 (1973) Heft 4, S. 85–89
23. *Stellbrink, H.:* Automatisierung in der Antriebstechnik, „Messen + Prüfen" Nr. 2/73
24. *Kwami, O.:* Berechnungsgrundlagen und Formelsammlung Antriebselemente, Krausskopf 1969

3.2. Hydraulisch-stufenlos veränderliche Getriebe

3.2.1. Hydrostatische Getriebe

Dr.-Ing. J. Krudewig

3.2.1.1. Aufbau

In hydrostatischen Getrieben übertragen Verdrängermaschinen mit einer Druckflüssigkeit Energie. Sie bestehen aus mindestens einer Hydropumpe und mindestens einem Hydromotor. Die Hydropumpe erzeugt einen Druckflüssigkeitsstrom, der den Hydromotor speist.

Man unterscheidet offenen und geschlossenen Kreislauf. Beim offenen Kreislauf saugt die Pumpe die Druckflüssigkeit vorwiegend aus einem Behälter an, in den sie nach Energieabgabe im Hydromotor zurückströmt. Beim geschlossenen Kreislauf wird die entspannte Druckflüssigkeit im wesentlichen vom Motor in die Pumpe zurückgefördert. Man unterscheidet noch zwischen Ferngetrieben, bei denen die Hydropumpe und der Hydromotor durch Rohrleitungen miteinander verbunden sind, und Kompaktgetrieben, bei denen die beiden Verdrängermaschinen in einem Gehäuse vereinigt sind, das meistens als Ölbehälter ausgebildet ist und gleichzeitig die erforderlichen Ventile aufnimmt.

Hier werden nur die stufenlos einstellbaren Hydrokompaktgetriebe behandelt, die im allgemeinen Maschinenbau zur Drehzahlanpassung und Drehmomentwandlung verwendet werden. Über die Ferngetriebe, die als Anwendung von Hydromotoren zu verstehen sind, wird im Kapitel 2. Hydromotoren des 1. Bandes berichtet.

3.2.1.2. Bauarten

Hydrokompaktgetriebe bestehen meistens aus einer Pumpe und einem Motor gleicher Bauart. Besondere Bedeutung haben dabei Verdrängermaschinen, die in Mehrzellenbauart z. B. mit Flügelzellen, Axialkolben oder Radialkolben arbeiten. Zur stufenlosen Einstellung der Übersetzung vom Stillstand aus in beiden Drehrichtungen ist das Fördervolumen der Pumpe und häufig auch das Schluckvolumen des Hydromotors veränderlich.

3.2.1.3. Wirkungsweise

Bei dem Getriebe nach den **Bildern 3.30** und **3.31** sind eine Axialkolbenpumpe mit schwenkbarer Wippe und ein Axialkolbenmotor, bei dem die Schräglage der Wippe fest ist, zu einem geschlossenen Kreislauf zusammengebaut. Der Schwenkwinkel der Pumpenwippe ist z. B. mit einem Hebel einstellbar. Bei gleichbleibender Antriebsdrehzahl ergibt sich die Abtriebsdrehzahl aus der Schräglage der Pumpenwippe. Steht diese senkrecht zur Pumpenachse, so ist der Hub der Kolben Null. Die Pumpe fördert keine Druckflüssigkeit. Die Abtriebswelle steht still. Wird die Wippe aus dieser Stellung in eine Schräglage gebracht, so fördert die Pumpe Druckflüssigkeit in den Hydromotor. Dadurch wird eine Hub-

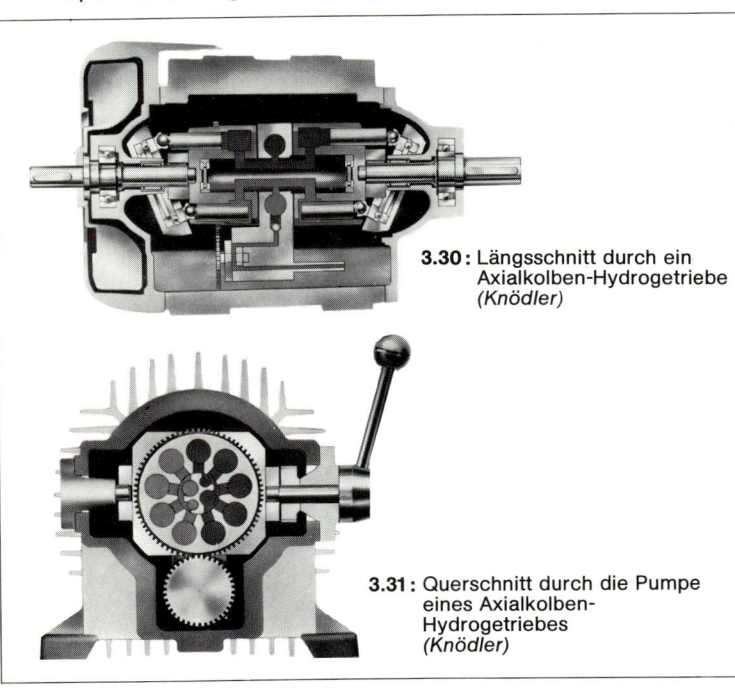

3.30: Längsschnitt durch ein Axialkolben-Hydrogetriebe *(Knödler)*

3.31: Querschnitt durch die Pumpe eines Axialkolben-Hydrogetriebes *(Knödler)*

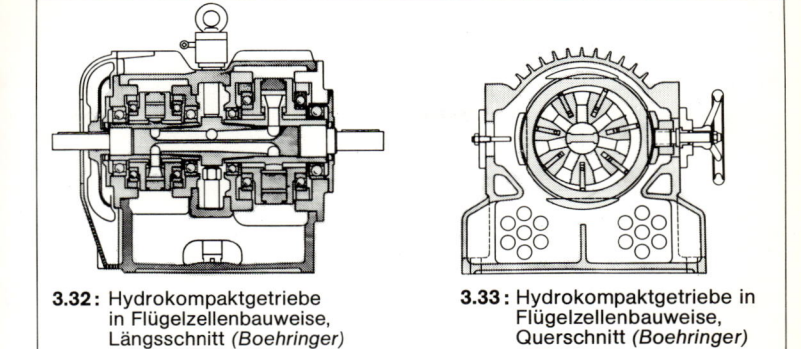

3.2. Hydraulisch-stufenlos veränderliche Getriebe 343

3.32: Hydrokompaktgetriebe in Flügelzellenbauweise, Längsschnitt *(Boehringer)*

3.33: Hydrokompaktgetriebe in Flügelzellenbauweise, Querschnitt *(Boehringer)*

bewegung der Motorkolben bewirkt, die über die Schräglage der Motorwippe den Umlauf des Hydromotors ergibt. Die Abtriebsdrehzahl steigt mit wachsendem Schwenkwinkel der Pumpenwippe, da der Förderstrom der Pumpe, der den Hydromotor speist, entsprechend dem größeren Kolbenhub zunimmt. Eine Ladepumpe, die von der Axialkolbenpumpe angetrieben wird, hält den erforderlichen Mindestdruck im Kreislauf aufrecht. Überdruckventile schützen das Getriebe und die anzutreibende Maschine vor den Folgen von Überlastung.

Ein Kompaktgetriebe, bei dem sowohl die Pumpe als auch der Hydromotor verstellbar sind, zeigen die **Bilder 3.32** und **3.33**. Eine von innen selbst ansaugende Flügelzellenpumpe und ein gleichartiger Hydromotor sind mittels zweier durch eine feststehende Leitachse führende Kanäle zu einem geschlossenen Kreislauf verbunden. Sie sind beide verstellbar und in einem gemeinsamen Gehäuse gelagert, das als Ölbehälter und Ölkühler dient.

Die Wirkungsweise sowie die Bestimmung von Drehzahl, Leistung und Drehmoment ergeben sich aus dem Schema **Bild 3.34**. Die mit gleichbleibender Drehzahl n_1 angetriebene Pumpe erzeugt, sobald sie aus der Grundstellung 0 durch Verschiebung des mitlaufenden Gehäuses quer zur Achse zum Beispiel in die Stellung 1 gebracht wird, einen Druckölstrom Q, der durch den unteren Kanal den Hydromotor speist und in Drehung versetzt. Fördervolumen V_1 der Pumpe (Primärseite) und

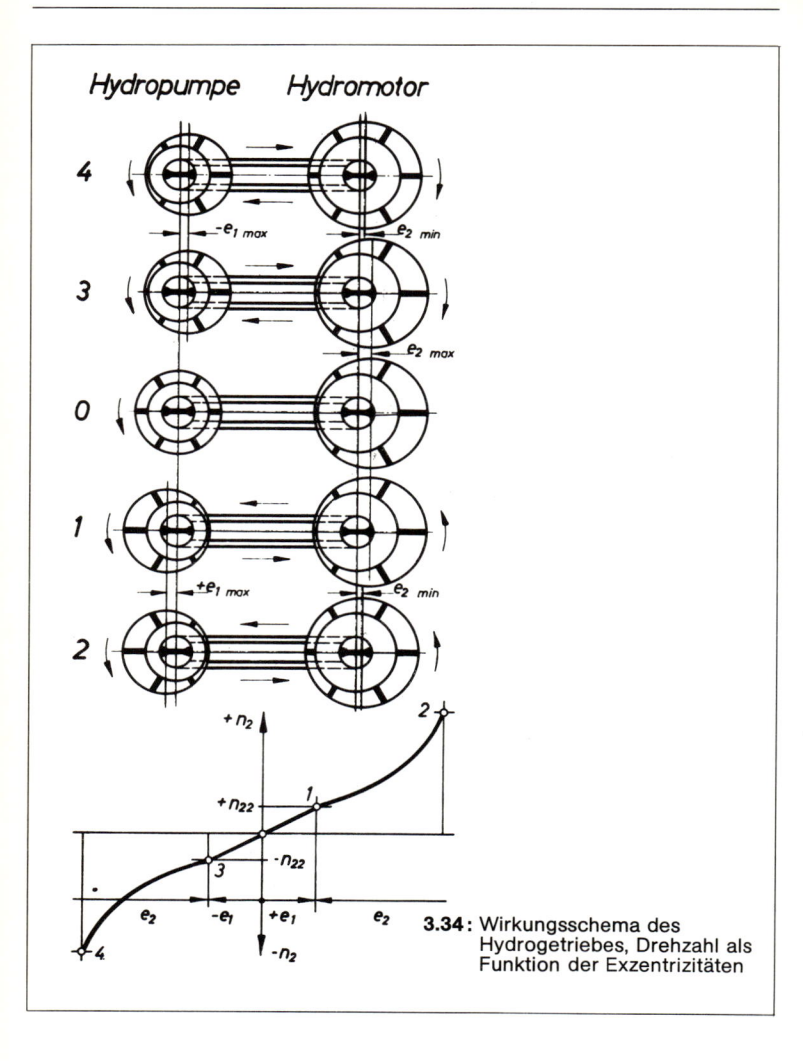

3.34: Wirkungsschema des Hydrogetriebes, Drehzahl als Funktion der Exzentrizitäten

3.2. Hydraulisch-stufenlos veränderliche Getriebe

Schluckvolumen V_2 des Hydromotors (Sekundärseite) hängen von den konstruktiven Abmessungen C und den jeweiligen Exzentrizitäten e ab. Zwischen der Antriebsdrehzahl n_1 und der Abtriebsdrehzahl n_2 besteht bei verlustfreier Übertragung die Beziehung:

$$n_1 \cdot e_1 \cdot C_1 = n_1 \cdot V_1 = Q = n_2 \cdot V_2 = n_2 \cdot e_2 \cdot C_2$$

Damit ergibt sich der Drehzahlverlauf nach Bild 3.34, wobei die Eckdrehzahl n_{22} der größten Exzentrizität, also dem größten Volumen von Hydropumpe und Hydromotor zugeordnet ist.

$$n_{22} = n_1 \cdot \frac{V_{1\,max}}{V_{2\,max}}$$

Das Drehmoment M_2, das am Hydromotor bei der Drehgeschwindigkeit $\omega_2 = 2\pi n_2$ abgenommen wird, bestimmt den Druck p des Kreislaufes und die übertragene Leistung P, die die Pumpe aufbringen muß.

$$2\pi \cdot n_2 \cdot M_2 = \omega_2 \cdot M_2 = P = Q \cdot p = \omega_1 \cdot M_1 = 2\pi \cdot n_1 \cdot M_1$$

Bei der betrachteten verlustfreien Übertragung ergeben sich demnach in jeder Drehrichtung die Leistung und das Drehmoment in Abhängigkeit von der Abtriebsdrehzahl n_2 nach **Bild 3.35** für eine feste Antriebsdrehzahl n_1 und gleichbleibenden Druck p.

Durch einige Ergänzungen wird der beschriebene einfachste Kreislauf zu einem anwendbaren Getriebe erweitert, wobei besonders die hydraulischen und mechanischen Verluste zu berücksichtigen sind. Um die Spaltverluste (Lecköl), die in der Pumpe, dem Hydromotor und der Übertragung auftreten, zu ersetzen, sind Saugventile und in manchen Fällen eine Speisepumpe erforderlich. Der Ölaustausch zwischen Kreislauf und Behälter dient gleichzeitig der Wärmeabfuhr über den Behälter und Kühler. Der zulässige Druck im Kreislauf wird durch ein Ventil begrenzt.

Bei der Anwendung der stufenlos einstellbaren Getriebe wird häufig ein großer Drehzahlbereich bei möglichst konstanter Leistung gewünscht. Nach Bild 3.35 wird dazu die Verstellung des Hydromotors benutzt. Sein Schluckvolumen kann aber nicht beliebig verkleinert werden. Bei zu kleinem Schluckvolumen werden die Drehzahlen unbrauchbar hoch und der Hydromotor schließlich selbsthemmend. Der Bereich gleichbleibender Leistung kann jedoch nach niedrigen Drehzahlen hin erweitert werden, wenn für diese ein höherer Druck zulässig ist. Dadurch steht dann zum Anfahren und Abbremsen ein erhöhtes Drehmoment zur Verfügung, wie **Bild 3.36** zu entnehmen ist, das für verlustlose Übertragung gilt. Dort werden gleichzeitig die vielfältigen Möglichkeiten deutlich, die das hydrostatische Getriebe durch Drehrichtungsumkehr und Drehmomentumkehr bietet.

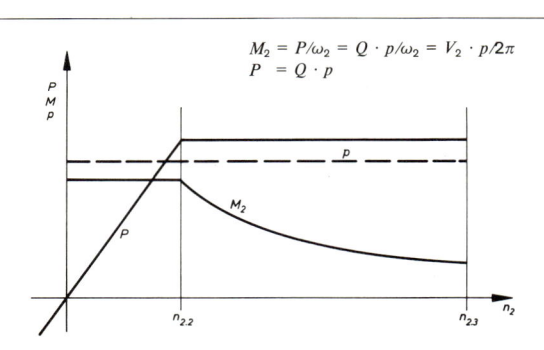

$$M_2 = P/\omega_2 = Q \cdot p/\omega_2 = V_2 \cdot p/2\pi$$
$$P = Q \cdot p$$

3.35: Verlauf von Leistung und Drehmoment über der Abtriebsdrehzahl

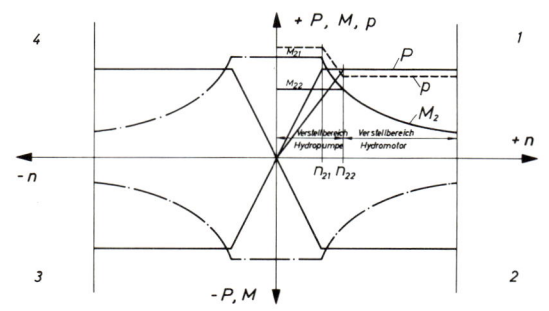

3.36: Kennlinien des Hydrokompaktgetriebes in allen vier Quadranten

3.2. Hydraulisch-stufenlos veränderliche Getriebe

Für den normalen Vorlaufantrieb z. B. eines Förderbandes ist in Bild 3.36 im Quadrant 1 zusätzlich der Druckverlauf dargestellt und neben der Volumeneckdrehzahl n_{22} die Leistungseckdrehzahl n_{21} eingetragen. Die volle Leistung wird also bereits bei nicht ganz ausgesteuerter Pumpe erreicht.

Für den normalen Umkehrantrieb mit Vor- und Rücklauf, bei dem mit der Drehrichtung auch die Momentrichtung wechselt, gelten die Quadranten 1 und 3. Bei einem Hebezeug wechselt zwar die Drehrichtung vom Heben zum Senken der Last, die Momentrichtung bleibt dagegen gleich. Hierfür gelten also die Quadranten 1 und 4. Das Getriebe wirkt beim Senken als Bremse. Der Hydromotor wird von der Last angetrieben. Er arbeitet dabei als Pumpe, und die Energie der Last wird über die Pumpe, die jetzt als Hydromotor arbeitet, in den Antriebsmotor bzw. das Energienetz zurückübertragen.

Ist eine Zentrifuge oder eine ähnliche schwere Masse anzutreiben und abzubremsen, so gelten die Quadranten 1 und 2, weil hierbei die Drehrichtung gleichbleibt aber die Momentrichtung umkehrt, je nach dem, ob die Masse aus dem Stillstand heraus zu beschleunigen oder zum Stillstand hin abzubremsen ist.

Besonders interessant ist der Umkehrantrieb mit Vor- und Rücklauf, bei dem eine schwere Masse in beiden Richtungen zu beschleunigen und abzubremsen ist, z. B. das Fahrwerk einer Blockbandsäge. Hierbei werden gewissermaßen die Quadranten in der Reihenfolge 1, 2, 3, 4 durchfahren.

Ein anderer Verlauf der Leistung und des Drehmomentes ergibt sich bei den Getrieben mit Leistungsteilung. Auf die Besonderheiten dieser Umlaufgetriebe kann jedoch hier nicht eingegangen werden.

3.2.1.4. Stelleinrichtungen

Für die Anwendung stufenlos einstellbarer Getriebe sind natürlich die Stelleinrichtungen besonders wichtig. Sie sollen die Einstellung der Abtriebsdrehzahl mit der Hand, durch eine Steuerung oder in einem Regelkreis ermöglichen. Hierzu wurden mechanische, hydraulische und elektrische Stelleinrichtungen entwickelt.

Am einfachsten erfolgt bei einem Hydrogetriebe die Verstellung der Pumpe oder des Hydromotors von Hand z. B. über Hebel, Gewindespindel, Exzenter, Kurvenscheibe. Sie gestatten eine willkürliche Einstellung. Will man die Energieübertragung des Getriebes voll ausnutzen, so muß man (siehe Bild 3.36) zunächst die Pumpe bis zur Volumeneckdrehzahl voll aussteuern und dann das Schluckvolumen des Hydromotors verringern, um bei voller Leistung höhere Drehzahlen zu erreichen. Um falsche Einstellungen zu vermeiden, verwendet man häufig sogenannte Zentralverstellungen, bei denen mit einem Verstellorgan z. B. über Kurven oder Exzenter Pumpe und Hydromotor in der richtigen Reihenfolge eingestellt werden. Bei der Verstellung über Kurven nach **Bild 3.37** lassen sich Drehmoment und Leistung des Getriebes am besten ausnutzen. Durch Gestaltung der Kurven kann man den Antrieb unter Berücksichtigung der Verluste bei wechselnder Drehzahl aber auch der Leistungscharakteristik der anzutreibenden Maschine anpassen. Bei der Zentralverstellung über 2 um etwa 90° gegeneinander versetzte Exzenter nach **Bild 3.38** werden Pumpe und Hydromotor stets gleichzeitig verstellt. Dadurch kann das Leistungs- bzw. Drehmoment-Diagramm nicht voll ausgefahren werden.

An die Stelle der von Hand oder einer Steuerung betätigten mechanischen Verstellglieder können hydraulisch oder elektrisch betriebene

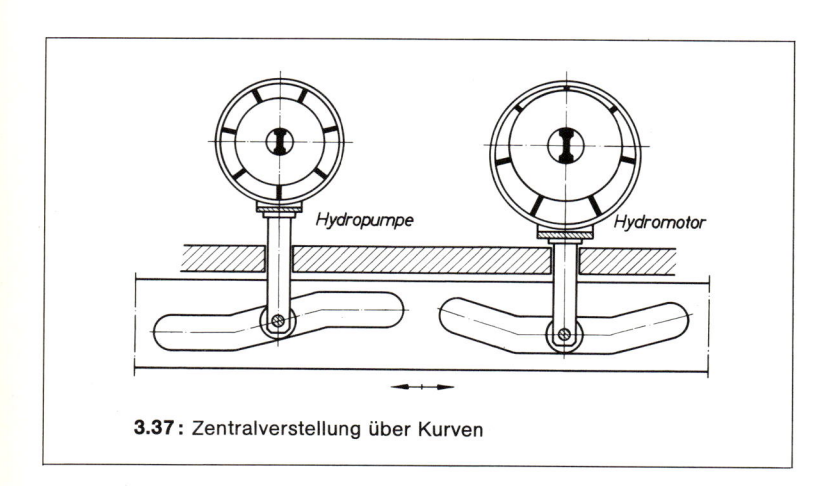

3.37: Zentralverstellung über Kurven

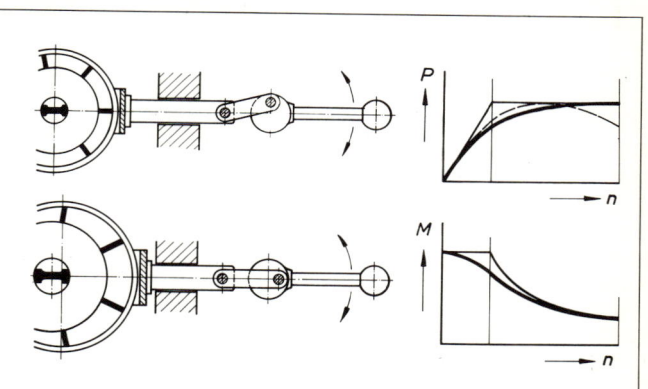

3.2. Hydraulisch-stufenlos veränderliche Getriebe

3.38: Zentralverstellung über Exzenter

3.39: Elektrische Fernverstellgeräte an einem Hydrokompaktgetriebe *(Werkbild Boehringer)*

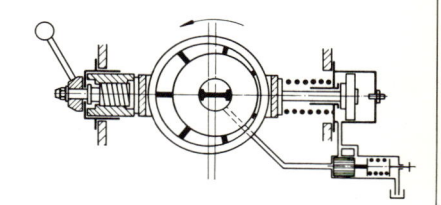

3.40: Nullhubverstellung einfach wirkend

Stelleinrichtungen treten, z. B. Hydrozylinder oder Hydromotoren, Magnete oder Elektromotoren. Häufig werden elektrische Fernverstellgeräte nach **Bild 3.39** verwendet. Je ein Elektromotor betätigt über ein Vorgelege die Verstellspindeln von Pumpe und Hydromotor, deren Einstellung über Endschalter kontrolliert und begrenzt werden kann, z. B. bei Programmschaltungen oder wegabhängigen Geschwindigkeitssteuerungen.

Zur Verstellung der Getriebe werden auch Regler benutzt, z. B. die häufig vorkommende Nullhubeinrichtung nach **Bild 3.40**. Sie regelt die Pumpe des Getriebes selbsttätig so ein, daß im Kreislauf ein einstellbarer Druck p gehalten und nicht überschritten wird. Solange der Hydromotor nicht verstellt wird, bleibt also das Abtriebsdrehmoment des Getriebes gleich. Die Pumpe wird durch eine Feder auf das Fördervolumen gebracht, das an der Verstellspindel eingestellt wurde. Überschreitet der Druck im Kreislauf den am Vorsteuerventil eingestellten Wert, so gelangt Druckflüssigkeit in den Verstellzylinder, dessen Kolben die Pumpe so weit auf kleineres Fördervolumen bringt, bis der Solldruck wieder erreich ist, dadurch daß die Abtriebsdrehzahl verringert wird, wenn nötig bis zum Stillstand.

Die Nullhubeinrichtung kann, wie in **Bild 3.41** gezeigt ist, auf beide Förderrichtungen der Pumpe, d. h. für beide Abtriebsdrehrichtungen des Getriebes erweitert werden.

Gleichartige druckabhängige Verstelleinrichtungen können auch am Hydromotor eingesetzt werden, sofern dieser verstellbar ist. Sie haben dort z. B. die Aufgabe, den Antrieb auf gleichbleibende Leistung zu regeln, indem sie nach **Bild 3.42** bei steigendem Druck im Kreislauf das Schluckvolumen des Hydromotors vergrößern, so daß die Abtriebsdrehzahl sinkt und das Drehmoment erhöht wird.

Die beschriebenen Druckregler wirken natürlich gleichzeitig als Überlastungsschutz für den Antrieb und die anzutreibende Maschine. Im allgemeinen sind die Getriebe mit einem Druckbegrenzungsventil ausgerüstet, um Überlastungen abzubauen. Bei geschlossenem Kreislauf ist dieses Ventil zweckmäßig als Überströmventil zwischen Druck und Saugkanal ausgebildet. Um zu hohe Erwärmung des Kreislaufs zu vermeiden, darf es dann nur kurzzeitig ansprechen. Bei länger andauernder Überlastung ergibt dagegen die Nullhubeinrichtung eine verlustarme Zurückführung der Belastung.

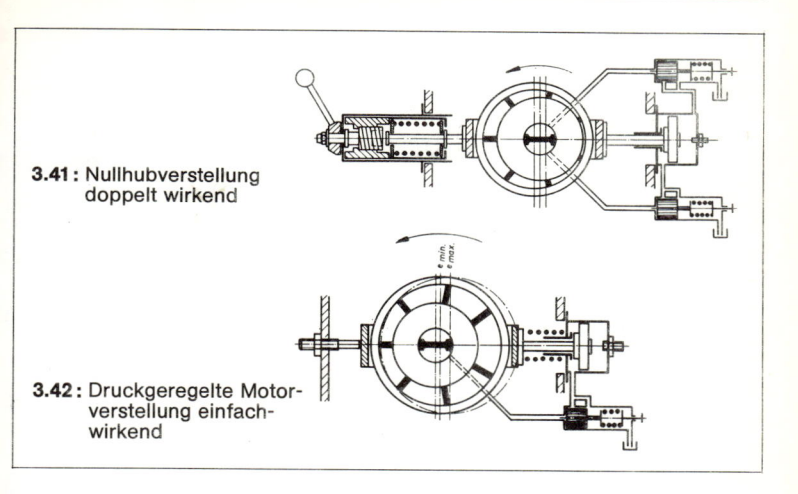

3.2. Hydraulisch-stufenlos veränderliche Getriebe

3.41: Nullhubverstellung doppelt wirkend

3.42: Druckgeregelte Motorverstellung einfachwirkend

3.2.1.5. Auslegung

Mit hydrostatischen Kompaktgetrieben können vielfältige Antriebsaufgaben zweckmäßig erfüllt werden. Voraussetzung für die Auswahl des am besten geeigneten Getriebes, seiner Stelleinrichtung und des sonstigen Zubehörs ist, daß die Antriebsaufgabe genau und ausführlich analysiert wird. Folgende Merkmale des Antriebes sollen bei der Auslegung des Getriebes berücksichtigt werden:

- Art der anzutreibenden Maschine
- Ablauf eines Arbeitsspieles
- der Leistungsbedarf bzw. das erforderliche Drehmoment im Vorlauf und im Rücklauf in Abhängigkeit von der Drehzahl
- das Drehmoment beim Anfahren aus der Ruhestellung und vorübergehende Spitzenbelastungen beim Beschleunigen oder Abbremsen
- die zu beschleunigende bzw. abzubremsende Masse oder deren Trägheitsmoment auf die Antriebswelle bezogen
- die Verstellzeit zum Durchfahren des ganzen Drehzahlbereiches

in einer Drehrichtung, sowie davon abweichende Beschleunigungs- und Bremszeiten
- Art der Stelleinrichtung zum Beispiel von Hand unmittelbar am Getriebe oder Fernverstellung. Sofern das Getriebe von der anzutreibenden Maschine her verstellt wird oder mit einer Regeleinrichtung zusammenarbeitet, die Wirkungsweise dieser Einrichtung
- die Einbauverhältnisse, aus denen sich zum Beispiel die Lage der Stelleinrichtung ergibt und die Temperatur am Aufstellungsort
- Art, Häufigkeit und Dauer von Überlastungen
- besondere Arbeitsbedingungen.

3.2.1.6. Anfahren, Bremsen, Umsteuern

Mit einem hydrostatischen Hydrokompaktgetriebe kann die anzutreibende Maschine vom Stillstand aus in beiden Drehrichtungen bis zur gewünschten Geschwindigkeit stufenlos angefahren und wieder abgebremst werden. Bei der Auslegung eines solchen Antriebes sind deshalb die Anfahr- und Abschaltverhältnisse besonders zu berücksichtigen. Hierauf weisen die folgenden grundsätzlichen Beispiele hin.

In einer Mischtrommel sollen verschiedene Erzeugnisse hergestellt werden. Dazu sind Drehzahlen von

$$n_{A1} \ldots n_{A2} = 5 \times n_{A1}$$

erforderlich. Bei den höheren Drehzahlen sind die Drehmomente M_A kleiner als bei den niederen, derart, daß die Leistung P_A im gesamten Drehzahlbereich ungefähr gleich bleibt. Die Trommel wird im Rücklauf bei geringer Drehzahl n_{A3} entleert. Es wird verlangt, daß die Trommel in der Zeit t_2 aus dem Stillstand auf die Drehzahl n_{A2} beschleunigt und in der Zeit t_4 bis zum Stillstand abgebremst werden kann.

Als Antrieb der Mischtrommel wird ein Hydrogetriebe vorgesehen, bei dem die Pumpe und der Hydromotor verstellbar sind. Es ist zweckmäßig mit einer Zentralverstellung über Kurven ausgerüstet, damit zwangsläufig beim Anfahren das größte Drehmoment zur Verfügung steht.

Zunächst wird überschlägig die Getriebegröße bestimmt. Dabei wird angenommen, daß die Beschleunigung der Mischtrommel gleichmäßig er-

3.2. Hydraulisch-stufenlos veränderliche Getriebe

folgt, obwohl beim Anfahren wegen des hohen Drehmomentes schneller beschleunigt werden könnte. Die Leistung des Getriebes muß ausreichen, um die Trommel in der Zeit t_2 auf die Drehzahl n_{A2} bzw. die Winkelgeschwindigkeit ω_{A2} zu beschleunigen, und die von der Trommel verbrauchte Verlust- und Arbeitsleistung P_A zu decken. Hat das Getriebe den erforderlichen Drehzahlbereich gleichbleibender Leistung 1:5, so ist die Drehzahl n_{A1} an der Trommel der Leistungseckdrehzahl n_{21} des Getriebes und die Drehzahl n_{A2} der höchsten Drehzahl des Getriebes zuzuordnen. Das Trägheitsmoment der Trommel einschließlich Füllung bezogen auf die Antriebswelle der Trommel sei J_A. Dann ergibt sich aus der während der Beschleunigung zu leistenden Arbeit

$$P_{G\,\text{erf.}} = J_A \cdot \frac{\omega_{A2}^2}{2 \cdot 0{,}9\ t_2} + 0{,}5\ P_A$$

Man wählt das Getriebe aus, dessen Leistung etwas größer ist als $P_{G\,\text{erf.}}$ mindestens aber größer ist als P_A. Zeigt sich dabei, daß die Leistungseckdrehzahl n_{21} des Getriebes wesentlich von der Drehzahl n_{A1} der Trommel abweicht, so ist zwischen Mischtrommel und Hydrogetriebe eine Übersetzung $n_{21} : n_{A1} = i$ erforderlich. Unter Berücksichtigung des Wirkungsgrades η der Übertragung zwischen Hydrogetriebe und Mischtrommel und des Trägheitsmomentes J_U der Übertragung bezogen auf die Antriebswelle der Trommel, wobei gegebenenfalls das Trägheitsmoment des Hydromotors zu beachten ist, ergibt sich folgende Nachrechnung der Beschleunigungszeit. Während der Verstellung der Pumpe des Getriebes bei konstantem Moment $M_{G\,\text{max}}$:

$$t_{2M} = (J_A + J_U) \cdot \frac{\omega_{A1}}{i \cdot \eta \cdot M_{G\,\text{max}} - M_{A2}}$$

und während der Verstellung des Getriebes bei gleichbleibender Leistung P_G:

$$t_{2P} = (J_A + J_U) \cdot \frac{\omega_{A2}^2 - \omega_{A1}^2}{2 \cdot \eta \cdot P_G - (P_A + M_{A2} \cdot \omega_{A1})}$$

Die Summe von t_{2M} und t_{2P} darf nicht größer sein als t_2, sonst reicht das Getriebe nicht aus, um die Trommel in der verlangten Zeit zu beschleunigen.

Das Verzögern der Mischtrommel zum Stillsetzen wird durch das Arbeitsmoment und die Verluste in der Übertragung unterstützt. Zunächst wird der Hydromotor zurückverstellt. Hierbei gilt

$$t_{4P} = (J_A + J_U) \cdot \frac{\omega_{A2}^2 - \omega_{A1}^2}{2 \cdot \frac{P_G}{\eta} + (P_A + M_{A2} \cdot \omega_{A1})}$$

Für die anschließende Zurückverstellung der Pumpe bei konstantem Moment ist

$$t_{4M} = (J_A + J_U) \cdot \frac{\omega_{A1}}{i \cdot \frac{M_{G\max}}{\eta} + M_{A2}}$$

Die verlangte Bremszeit t_4 muß größer oder mindestens gleich $t_{4P} + t_{4M}$ sein.

Sofern für das Entleeren der Trommel im Rücklauf kein höheres Drehmoment als bei der Arbeitsdrehzahl n_{A1} im Vorlauf gebraucht wird, und sofern n_{A3} kleiner ist als n_{A1}, braucht der Rücklauf nicht untersucht zu werden.

Wird die Mischtrommel von Hand gesteuert, so besteht die Gefahr, daß der Bedienende zu schnell schaltet, wodurch die Anlage überlastet würde. Um dies zu vermeiden, kann zum Beispiel auf die Verstellwelle des Getriebes ein hydraulischer Stellmotor einwirken, der über je ein Vorsteuerventil an beide Kanäle des Getriebekreislaufes angeschlossen ist. Steigt der Druck im Getriebe durch zu schnelles Schalten unzulässig an, so überwindet der Stellmotor die Kraft des Bedienenden und bringt die Verstellung zurück bzw. verhindert eine weitere Verstellung, bis der zulässige Öldruck wieder unterschritten ist.

Der Wagen einer Blockbandsäge, mit dem Holzstämme gegen das Sägeblatt vorgeschoben werden, ist anzutreiben. Der Wagen muß aus dem Stillstand zunächst auf Eilgang beschleunigt werden können. Kurz bevor der zu sägende Stamm das Sägeblatt erreicht, wird dann auf die Vorschubgeschwindigkeit verzögert. Während des Sägens läuft der Wagen mit gleichbleibender Geschwindigkeit, die der Holzart und den sonstigen Betriebsbedingungen entspricht. Sobald der Stamm die Säge verlassen hat, wird der Wagen umgesteuert und mit hoher Rücklaufge-

3.2. Hydraulisch-stufenlos veränderliche Getriebe

schwindigkeit zurückgefahren. Ist der Stamm an der Säge vorbei, wird er für das nächste Brett zugestellt und der Wagen wieder auf Vorlauf umgesteuert.

Der Antrieb des Wagens erfolgt über ein umlaufendes Seil oder über Zahnstange und Zahnrad. Die Arbeitsbedingungen können sehr unterschiedlich sein. Je nach Holzart und Erzeugnis sind verschiedene Vorschubgeschwindigkeiten erforderlich. Die Rücklaufgeschwindigkeit soll möglichst hoch sein, und das Umsteuern soll auf kurzem Weg erfolgen. Bei einfacher Bedienung soll eine hohe Ausbringung mit wirtschaftlich vertretbarem Aufwand erreicht werden.

Die Masse des beladenen Wagens sei m, der Vorschubdruck am Sägeblatt F_1, der Reibungswiderstand des Wagens F_2, die Vorschubgeschwindigkeit während des Sägens v_1, die Eilganggeschwindigkeit im Vorlauf v_2, die Rücklaufgeschwindigkeit v_3. Der Antrieb erfolgt über eine Seiltrommel vom Halbmesser R.

Da die Rücklaufgeschwindigkeit v_3 die höchste Geschwindigkeit ist, ist sie der höchsten Drehzahl $n_{G\,max}$ bzw. der Winkelgeschwindigkeit $\omega_{G\,max}$ des Getriebes zuzuordnen. Daraus ergibt sich die erforderliche Übersetzung i zwischen Getriebe und Seiltrommel:

$$v_3 = 2 \cdot \pi \cdot R \cdot \frac{1}{i} \cdot \omega_{G\,max}$$

Das an der Seiltrommel erforderliche Drehmoment einschließlich der Verluste des Seiltriebes M_T bzw. der Leistungsbedarf des Wagens wird aufgrund von Erfahrungen geschätzt. Während der gleichmäßigen Fahrt des Wagens gilt für die Leistung P_G am Getriebe:

Eilgang $\eta \cdot P_{GVE} = M_{TVE} \cdot \omega_{T2} = F_2 \cdot v_2$

Sägen $\eta \cdot P_{GVS} = M_{TVS} \cdot \omega_{T1} = (F_1 + F_2)\, v_1$

Rücklauf $\eta \cdot P_{GR} = M_{TR} \cdot \omega_{T3} = F_2 \cdot v_3$

Dabei ist η der Wirkungsgrad der Übertragung zwischen Hydrogetriebe und Wagen.

Wird am Getriebe nur die Pumpe verstellt, so ist das übertragbare Drehmoment M_G im gesamten Drehzahlbereich von 0 bis $n_{G\,max}$ konstant. Die größte Beanspruchung tritt im allgemeinen beim Umsteuern von Vorlauf

auf Rücklauf auf. Für die Umsteuerzeit t_U gilt bei gleichmäßiger Beschleunigung:

$$t_U = \frac{m \cdot v_2}{\dfrac{i}{\eta} \cdot \dfrac{M_G}{R} + F_2} + \frac{m \cdot v_3}{\eta \cdot i \cdot \dfrac{M_G}{R} - F_2}$$

Die Wagenbewegung wird durchweg von Hand geschaltet. Der Bedienende wird versuchen, durch schnelles Schalten die Umsteuerzeit möglichst klein zu halten. Um Überlastungen zu vermeiden, erhält die Pumpe deshalb eine Doppelnullhubeinrichtung. Damit wird unabhängig von der Schaltgeschwindigkeit der Wagen nur mit dem zulässigen Getriebedrehmoment beschleunigt. Der Bedienende kann die Umsteuerzeit nicht verkürzen. Allerdings sind natürlich auch der Auslauf- und der Anfahrweg nicht in seiner Hand.

Um hohe Beschleunigungen zu erzielen, kann ein Getriebe mit verstellbarem Hydromotor eingesetzt werden, das mit einer Zentralsteuerung über Kurven ausgerüstet ist. Die Rücklaufgeschwindigkeit wird der größten Getriebedrehzahl zugeordnet. Wenn die höchste Vorlaufgeschwindigkeit v_2 im Verstellbereich des Hydromotors liegt, ergibt sich für die Umsteuerzeit

$$t_U = \frac{m \cdot v_2^2 - m \cdot \left(\dfrac{R}{i} \omega_{22}\right)^2}{2 \left(\dfrac{P_G}{\eta} + F_2 \cdot \dfrac{v_2}{2}\right)} + \frac{m \cdot \dfrac{R}{i} \cdot \omega_{22}}{\dfrac{i}{\eta} \cdot \dfrac{M_G}{R} + F_2} +$$

$$+ \frac{m \cdot \dfrac{R}{i} \cdot \omega_{22}}{\eta \cdot i \cdot \dfrac{M_G}{R} - F_2} + \frac{m \cdot v_3 - m \left(\dfrac{R}{i} \omega_{22}\right)^2}{2 \left(\dfrac{P_G}{\eta} - F_2 \cdot \dfrac{v_2}{2}\right)}$$

Dabei ist vorausgesetzt, daß durch entsprechende Ausführung der Verstellkurven die Beschleunigung auch während der Verstellung des Hydromotors gleichmäßig erfolgt. Als Überlastungsschutz kann ein hydraulischer Stellmotor auf die Verstellwelle gesetzt werden, der über Vorsteuerventile an den Kreislauf des Getriebes angeschlossen ist.

Die kürzeste Umsteuerzeit läßt sich erreichen, wenn Pumpe und Hydromotor mit druckabhängigen Verstelleinrichtungen ausgerüstet werden.

3.2. Hydraulisch-stufenlos veränderliche Getriebe

Der Schalthebel kann dann beliebig schnell betätigt werden, ohne daß die zulässige Belastung des Antriebes überschritten wird. Zum Anfahren oder Stillsetzen steht das größte Drehmoment des Getriebes zur Verfügung und die Beschleunigung oder die Bremsung erfolgt immer mit dem bei der augenblicklichen Geschwindigkeit noch zulässigen Moment.

3.2.1.7. Steuerung und Regelung

Zum Wickeln von Stoffbahnen z. B. Metall, Kunststoff, Textil, Papier, Holz werden häufig Hydrogetriebe verwendet, um die Wickelgeschwindigkeit oder den Zug in der Stoffbahn einstellbar konstant zu halten. Zu beachten sind auch hierbei die Anfahr- und Bremsvorgänge, z. B. wenn bei fast vollem Wickel und hoher Arbeitsgeschwindigkeit die Bahn reißt.

Aus einem Speicher soll ein Materialband mit konstanter Geschwindigkeit v abgezogen und aufgewickelt werden. Es läuft dabei über Umlenk- und Bearbeitungswalzen, wozu die Zugkraft F erforderlich ist. Der Halbmesser der Wickelwalze ist R_2, der des fertigen Wickel R_1. Die erforderliche Leistung P_G des Getriebes ist:

$$P_G = \frac{F \cdot v}{\eta}$$

η ist der Wirkungsgrad der Wickeleinrichtung und der Übertragung zwischen Getriebe und dieser. Wenn das zu wickelnde Material steif ist, muß noch ein Zuschlag für die Biegearbeit gemacht werden.

Bei konstanter Bandgeschwindigkeit muß sich die Drehzahl der Wickelwelle umgekehrt proportional zum Wickeldurchmesser ändern. Da auch die Zugkraft gleichbleiben soll, ist das erforderliche Drehmoment dem Wickeldurchmesser proportional. Bei dem Getriebe nach Bild 3.34 muß also die Exzentrizität des Hydromotors proportional zum Wickeldurchmesser eingestellt werden, d. h. daß dem Halbmesser R_1 die Volumeneckdrehzahl n_{22} am Getriebe und dem Halbmesser R_2 die Getriebedrehzahl

$$n_{G2} = n_{22} \cdot \frac{R_1}{R_2}$$

zuzuordnen ist.

Zur Regelung der Drehzahl kann z. B. der Wickeldurchmesser nach **Bild 3.43** abgefühlt werden. Dann steht zum Anfahren und Abbremsen am Getriebe nur das Drehmoment zur Verfügung, das sich bei der Drehzahl ergibt, die von der Fühlerwalze eingestellt wurde. Zur Begrenzung der Zugkraft ist die Pumpe des Getriebes mit einer Nullhubeinrichtung ausgestattet.

Die beiden hauptsächlichen Bedingungen, die an den Antrieb von Wicklern gestellt werden, sind wählbare Zugkraft im Band und wählbare Bandgeschwindigkeit. Drehmoment und Drehzahl müssen also dem Material und dem Wickeldurchmesser angepaßt werden. Ferner werden stoßfreie Beschleunigung und Verzögerung, Umkehr der Laufrichtung, Kriechgeschwindigkeit zum Einrichten, sowie Eingriffs- und Korrekturmöglichkeiten sowohl für die Zugkraft wie für die Bandgeschwindigkeit verlangt. Hydrokompaktgetriebe sind deshalb für den Antrieb von Wickeleinrichtungen auch bei Verkettung mit anderen Maschinen in Fertigungsstraßen hervorragend geeignet.

Häufig wird das Materialband dem Wickler aber mit einer einstellbaren Geschwindigkeit zugeliefert, die während des Anfahrens oder auch während des Arbeitsprozesses veränderlich ist. Mit Hilfe einer Tänzerwalze nach **Bild 3.44** können also alle Geschwindigkeitsänderungen erfaßt und z. B. auf eine Zentralverstellung eines Hydrokompaktgetriebes übertragen werden, so daß dessen Drehzahl der vorgegebenen Geschwindigkeit und dem Wickeldurchmesser entspricht. Gleichzeitig wird die Zugkraft durch das Gewicht der Tänzerwalze bestimmt. Dehnungen oder Schrumpfungen des Bandes, die durch den Arbeitsprozeß bedingt sind, werden automatisch ausgeglichen.

Derartige Regelungen über Tänzerwalzen sind in Fertigungsstraßen sehr nützlich. Eine Textilbahn wird z. B. in eine Appretiermaschine von einem Wickel aus abgezogen. Nach der Appretiermaschine durchläuft sie einen Trockner. Am Auslauf des Trockners wird sie wieder aufgewickelt. Die Bandgeschwindigkeit wird an einem Hydrokompaktgetriebe, das den Trockner antreibt, z. B. über elektrische Fernverstellgeräte von mehreren Stellen der Anlage aus geschaltet. Ein Feuchtigkeitsmesser korrigiert die Bandgeschwindigkeit im Trockner über die elektrische Fernverstellung, sofern dies erforderlich ist. Vor und hinter dem Trockner ist je eine Tänzerwalze eingefügt. Die Tänzerwalzen wirken auf die Zentralverstellung von je einem Hydrokompaktgetriebe zum Antrieb der

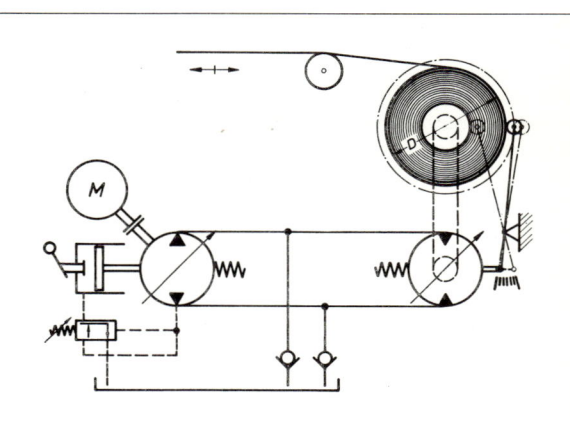

3.2. Hydraulisch-stufenlos veränderliche Getriebe

3.43: Zugkraftregelung über Nullhubpumpe

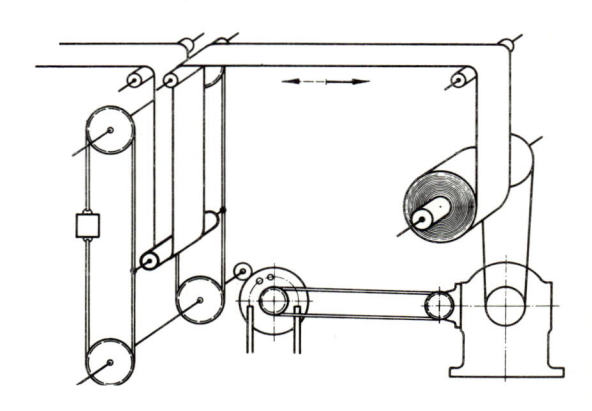

3.44: Regelung über Tänzerwalze

Appretiermaschine und des Aufwicklers. Beim Einschalten des Trocknerantriebes werden die Antriebsmotoren dieser beiden Getriebe mit eingeschaltet. Die Getriebe befinden sich zunächst im Stillstand. Erst wenn der Trockner und damit das Band anläuft, werden sie über die Tänzerwalzen eingeschaltet und der zunehmenden Bandgeschwindigkeit entsprechend hochgefahren. Zu beachten ist, daß die Tänzerwege nicht zu klein gewählt werden, weil die Beschleunigung sonst zu groß wird, insbesondere dann, wenn z. B. beim Anfahren die Geschwindigkeit am Trockner schnell verändert wird. Außerdem wirken sich bei großen Tänzerwegen Elastizitäten in der Übertragung weniger aus. Insbesondere bei sehr großem Wickelverhältnis kann es vorteilhaft sein, zusätzlich den Wickeldurchmesser abzutasten und in die Übertragung von der Tänzerwalze zur Verstellung des Getriebes einzuführen.

Wenn das Materialband, das auf- oder abzuwickeln ist, nicht über Tänzerwalzen oder ähnliche Einrichtungen geführt werden darf, kann man z. B. die Wickeltrommel in Richtung des Materialzuges beweglich machen und die Bewegung genau wie den Tänzerweg zur Verstellung des Getriebes benutzen. Verträgt das zu wickelnde Material nur geringe Spannung, so muß zur Verstellung des Getriebes eine Hilfskraft eingesetzt werden, weil die Materialspannung bei direkter Verstellung durch das Meßglied wegen der zur Verstellung des Getriebes erforderlichen Kraft unzulässig beeinflußt wird. Hinzu kommt, daß beim Aufwickeln häufig ein besonders fester Kern des Wickels verlangt wird. Beim Wickeln von Material mit verhältnismäßig großer Steifigkeit, z. B. Blech, muß man außerdem die inneren Lagen des Wickels mit größerem Zug wickeln, um die Verformungsarbeit aufzubringen. Für derartige Aufgaben haben sich druckabhängige Verstelleinrichtungen bewährt.

Die aus einem Walzwerk auslaufenden Stahlbänder unterschiedlicher Breite sollen mit einem Durchmesserverhältnis 1:6 aufgewickelt werden. Der Haspelantrieb soll folgende Bedingungen erfüllen: Der Bandzug muß auf die Materialart, die Bandbreite und den Wickeldurchmesser einstellbar sein. Er ist in einem großen Bereich während einer Aufwicklung konstant zu halten. Die Drehzahlanpassung während des Aufwickelns muß ohne Fühler – oder sonstige Meßwalze – erfolgen.

Die Aufgabe wird mit einem Hydrokompaktgetriebe gelöst, bei dem Pumpe und Hydromotor mit druckabhängigen Verstelleinrichtungen ausgerüstet sind (Bilder 3.40–42). Es arbeitet in seinem ganzen Drehzahlbereich mit einstellbarem gleichbleibendem Druck. Ist der Druck und damit das Drehmoment, das das Getriebe abgeben kann, eingestellt, so wird der Bandanfang an dem Haspel angehängt und der Antriebsmotor des Haspelgetriebes eingeschaltet. Das Getriebe läuft mit einer einstellbaren Kriechdrehzahl an. Sobald das Band richtig befestigt ist, wird die Pumpe des Getriebes für volle Drehzahl eingeschaltet. Dabei wird die Pumpe durch einen druckbeaufschlagten Kolben gegen eine Druckfeder in der Stellung gehalten, die nur den Druck aufrecht erhält, so daß der Hydromotor, der durch eine Druckfeder auf kleinstes Schluckvolumen gebracht ist, das dem Anfangsdurchmesser des Wikkels entsprechende kleine Drehmoment auf das Band ausübt. Während das Walzwerk anläuft und gleichmäßig beschleunigt wird, regelt sich das Getriebe selbsttätig auf die erforderliche Drehzahl ein. Zunächst schaltet eine Druckfeder die Pumpe gegen den jetzt entlasteten Verstellkolben auf volle Förderung. Mit wachsendem Wickeldurchmesser wird durch einen druckbeaufschlagten Verstellkolben der Hydromotor gegen die bereits erwähnte Druckfeder auf größeres Schluckvolumen also kleinere Drehzahl gebracht. Das Drehmoment steigt dabei hyperbolisch an, d. h. der Bandzug bleibt konstant bis der Hydromotor sein größtes Drehmoment erreicht hat. Dann wird durch den jetzt druckbelasteten Verstellkolben der Pumpe diese auf kleineren Förderstrom zurückgeschaltet. Bei gleichbleibender Bandgeschwindigkeit und konstantem Drehmoment nimmt die Zugkraft mit weiter wachsendem Wickeldurchmesser nach einer Hyperbel ab. Die Zugkraft kann, sofern dies erforderlich ist, während des Arbeitsablaufes durch Änderung der Druckeinstellung an einem Ventil beeinflußt werden. Eine weitere Bedienung des Wickelantriebes ist nicht erforderlich. Auch wenn das Walzwerk z. B. für eine Kontrolle abgeschaltet werden muß, wird bei Wiedereinschalten die Aufwicklung selbsttätig richtig fortgesetzt.

3.2.1.8. Anwendungsbeispiele

Weitere Beispiele zeigen, wie die Hydrokompaktgetriebe den Antriebsaufgaben angepaßt werden können. Eine vollständige Darstellung ist wegen der großen Vielfalt nicht möglich.

Holzbearbeitung

Die Vorschubketten von Doppelendprofilern zur Holzbearbeitung werden durch Hydrokompaktgetriebe angetrieben. Damit kann für jede der vielseitigen Verwendungen dieser Maschinenart die Vorschubgeschwindigkeit immer am günstigsten eingestellt werden. Vor dem Einsetzen empfindlicher Werkzeuge oder ehe das Werkzeug aus dem Arbeitsstück austritt, wobei die Gefahr besteht, daß das Holz ausreißt, kann die Geschwindigkeit beliebig vermindert werden. Der Vorschub wird z. B. von Hand durch Verstellung der Pumpe des Getriebes gewählt. Der Handverstellung kann eine automatische Steuerung für den Arbeitsablauf von der Maschine aus überlagert werden. Der Hydromotor bleibt im allgemeinen fest eingestellt. Nur für besonders schwere Arbeiten wird er gelegentlich auf niedrige Drehzahl und hohes Drehmoment zurückverstellt.

An einer Gattersäge muß der Vorschub des Stammes nach der Holzart und dem Erzeugnis gewählt werden. Hierzu werden die Vorschubwalzen mit einem Hydrokompaktgetriebe angetrieben. Da für den Vorschub gleichbleibendes Drehmoment bei verschiedenen Geschwindigkeiten ausreicht, wird nur die Pumpe des Getriebes verstellt. Der Vorschubantrieb ist unabhängig von dem Kurbeltrieb für die Hauptbewegung. Der Vorschub kann also beliebig unterbrochen und, wenn dies erforderlich ist, Rücklauf eingeschaltet werden. Die Sägeblätter sollen nur beim Abwärtsgang des Kurbeltriebes schneiden. Der Vorschub wird deshalb während der Aufwärtsbewegung unterbrochen, dadurch, daß über ein vom Kurbeltrieb abgeleitetes Gestänge ein Ventil in dem Kreislauf des Getriebes Saug- und Druckseite kurzschließt.

Drehbank

Zur stufenlosen Einstellung der Drehzahl an einer Drehbank dient ein Hydrokompaktgetriebe. Es treibt auf ein einfaches Hauptspindelgetriebe, an dem neun Drehzahlbereiche eingestellt werden können. An dem Hydrokompaktgetriebe ist sowohl die Pumpe wie auch der Hydromotor verstellbar. Die Pumpe wird wahlweise durch Handhebel, die am Spindelkasten und am Schloßkasten sitzen, für die Vor- oder die Rücklaufdrehrichtung eingeschaltet. Anschließend wird durch Betätigung eines weiteren Hebels am Spindelkasten – innerhalb der vorher gewählten Drehzahlbereiches – durch Verstellung des Hydromotors die gewünschte Drehzahl der Hauptspindel erreicht.

Die Maschine soll ohne Fehlschaltung möglichst schnell und sicher angefahren und abgebremst werden. Beim Wiedereinschalten an dem

3.2. Hydraulisch-stufenlos veränderliche Getriebe

Verstellhebel der Pumpe soll die vorher gewählte Enddrehzahl ohne besondere Maßnahmen erreicht werden. Zu diesem Zweck ist in die Verstellung des Hydromotors ein Hydrozylinder eingefügt, der über ein von der Pumpenverstellung beeinflußtes Ventil von der Druckflüssigkeit des Getriebes gespeist wird. Er arbeitet ähnlich wie ein Kraftverstärker. Solange die Pumpe nicht voll eingeschaltet ist, wirkt über das Ventil der Druck des Getriebekreislaufes auf den Kolben des Zylinders so ein, daß der Hydromotor auf kleinster Drehzahl bzw. größtem Moment gehalten oder z. B. beim Zurückschalten der Pumpe in diese Stellung zurückgebracht wird. Nur wenn die Pumpe voll eingeschaltet ist, wird der Kolben entlastet, so daß eine Gegenfeder den Hydromotor bis zu der am Schalthebel gewählten Drehzahl verstellen kann. Die Maschine fährt also bei Betätigung des Hebels an der Schloßplatte mit dem größten Drehmoment an. Erst wenn der Hebel ganz ausgelegt, also die Pumpe voll eingeschaltet ist, wird automatisch die Hauptspindel auf die vorher gewählte Drehzahl hochgefahren.

Wird die Verstellung des Hydromotors mit dem Unterschieber des Bettschlittens der Drehbank gekuppelt, der den Planvorschub erzeugt, so kann die Schnittgeschwindigkeit beim Plandrehen selbsttätig konstant gehalten werden. Wird z. B. von außen nach innen gearbeitet, so muß mit abnehmendem Durchmesser die Drehzahl so steigen, daß das Produkt aus Drehzahl und Durchmesser gleich bleibt. Nach Bild 3.34 ist das Produkt aus Drehzahl und Exzentrizität des Hydromotors konstant, d. h. die Exzentrizität des Hydromotors muß dem Drehdurchmesser proportional eingestellt werden.

Wenn auf der Drehbank keine Arbeiten auszuführen sind, bei denen der Vorschub zwangsläufig mit der Drehung der Hauptspindel verbunden sein muß, so kann auch der Vorschub über ein Hydrokompaktgetriebe erfolgen. Wird das Vorschubgetriebe unmittelbar vom Elektromotor angetrieben, und ist der Unterschied zwischen Eilgang oder Rücklauf und dem Vorschub groß, so wird der Eilgang bzw. Rücklauf zweckmäßig unter Umgehung des Vorschubgetriebes vom Elektromotor abgenommen.

Transportband

Durch ein endloses Balkentransportband sind die aus einer Presse auslaufenden Aluminiumprofile abzuführen. Die Geschwindigkeit des

Transportbandes muß der Arbeitsgeschwindigkeit der Presse entsprechen. Sie wird an einem Hydrokompaktgetriebe von einem Schaltpult aus über ein elektrisches Fernverstellgerät durch Verstellen der Pumpe gesteuert. Das Transportband wird angefahren, läuft einige Zeit mit der eingestellten Geschwindigkeit, wird dann auf eine Kriechgeschwindigkeit zurückgeschaltet und schließlich stillgesetzt. Der Arbeitstakt richtet sich nach der Größe und Art der gepreßten Profile. Zur Vereinfachung der Bedienung wird die Transportgeschwindigkeit an einem Nachlaufsteuergerät eingestellt. Mit einem Potentiometer wird am Schaltpult die Geschwindigkeit bzw. Drehzahl des Getriebes gewählt. Das Getriebe wird dann bei Betätigung eines Drucktasters durch das elektrische Fernverstellgerät hochgefahren. Dieses wird über ein zweites Potentiometer an der Verstellspindel der Pumpe des Getriebes und das Nachlaufsteuergerät wieder abgeschaltet, wenn die geforderte Geschwindigkeit erreicht ist.

Transportwagen

Mit einem von einem Seil gezogenen, auf Schienen fahrenden Wagen sind Holzstämme zu verfahren. Sie werden abgelängt und an bestimmten Stellen abgeworfen. Nach dem Aufladen des Holzes muß dieses ausgerichtet werden. Hierzu fährt der Wagen mit sehr geringer Geschwindigkeit an. Er wird zum Ablängen an der Säge angehalten und danach auf volle Geschwindigkeit beschleunigt. Mit dieser fährt er bis kurz vor die gewünschte Abwurfstelle. Die Geschwindigkeit wird stark herabgesetzt, das Holz abgeworfen und der Wagen auf höchste Rücklaufgeschwindigkeit gebracht. Kurz vor der Ausgangsstellung wird die Geschwindigkeit wieder stark verringert, um den Wagen genau in der Ausgangslage anhalten zu können. Gewählt wurde für den Antrieb ein Hydrokompaktgetriebe mit angeflanschtem Stirnradgetriebe. Der Hydromotor ist auf die erforderliche höchste Drehzahl fest eingestellt. Das Geschwindigkeitsprogramm wird durch Verstellung der Pumpe des Getriebes mit einem elektrischen Fernverstellgerät erreicht, das über ein Nockenschaltwerk, Drucktaster und Steuerschalter an der Fahrbahn des Wagens gesteuert wird. Der Verstellmotor ist polumschaltbar, damit die niedrigen Geschwindigkeiten genügend genau mit kleiner Verstellgeschwindigkeit eingestellt werden können. Als Überlastungsschutz dienen ein Druckventil und ein Druckwächter, der über die elektrische Fernverstellung bei Überlastung, z. B. durch Blockierung des Wagens,

3.2. Hydraulisch-stufenlos veränderliche Getriebe

die Pumpe des Getriebes zurückverstellen kann. Damit während des Ablängens mit Sicherheit kein Druck auf das Sägeblatt, d. h. vom Antrieb kein Drehmoment bzw. Seilzug auf den Wagen ausgeübt wird, hat das Getriebe ein magnetbetätigtes Kurzschlußventil, das während des Stillstandes des Wagens Druck- und Saugkanal des Getriebe-Kreislaufes miteinander verbindet.

Kreisförderer

Um bei Kreisförderketten den Kettenzug zu unterteilen bzw. zu verringern, wird die Kette an mehreren Stellen durch je ein Hydrokompaktgetriebe angetrieben, die verstellbare Pumpen und Hydromotore haben. An einem Getriebe wird die Geschwindigkeit der Kette durch Verstellen der Pumpe geschaltet. Diese Pumpe ist mit einer Nullhubeinrichtung als Überlastungsschutz ausgerüstet. An den anderen Getrieben wird die gleiche Geschwindigkeit durch Verstellen der Pumpen mit Hydrozylindern erreicht. Eine Kolbenseite dieser Hydrozylinder ist mit dem Druckkanal des jeweiligen Getriebes verbunden, während die andere vom Druckkanal des Führungsgetriebes gespeist wird. Damit werden die Getriebe selbsttätig so eingestellt, daß in allen der gleiche Druck, also gleiche Belastung herrscht. Das Drehmoment, das die Getriebe dabei an die Kette abgeben, kann durch Verstellung des Hydromotors jedes Getriebes den Betriebsbedingungen der Kette, z. B. Steigungen, angepaßt werden.

Winde

Bei einer Ladewinde lassen sich die Vorteile eines in beiden Drehrichtungen vom Stillstand aus stufenlos einstellbaren Hydrokompaktgetriebes gut ausnutzen, weil die Last ruckfrei angehoben und abgesetzt werden soll, und weil unter Ausnutzung der installierten Leistung leichtere Lasten schneller als schwere Lasten bewegt werden können. Der Bedienende soll die Lastbewegung über einen Hebel oder ein Handrad so steuern können, daß ohne besondere Maßnahmen immer der Last die günstigste Geschwindigkeit zugeordnet ist, d. h., daß die Leistungsfähigkeit der Winde voll ausgenutzt wird.

Das Hydrokompaktgetriebe erhält dazu eine Zentralverstellung über Kurven, so daß beim Anfahren der Hydromotor auf größtes Schluckvolumen eingestellt ist, also sein größtes Drehmoment abgeben kann. Beim

Einschalten wird zunächst nur die Pumpe verstellt, erst wenn diese ausgesteuert ist, wird das Schluckvolumen des Hydromotors verringert, bis die der Last zugeordnete Drehzahl erreicht ist. Durch die Last bzw. die Seilkraft wird über eine Lastmeßeinrichtung ein Anschlag für die Getriebesteuerung eingestellt, derart, daß diese nur bei kleinen Lasten voll ausgelegt werden kann, bei größeren Lasten jedoch nur teilweise und bei Höchstlast nur bis zur vollen Verstellung der Pumpe, so daß der Hydromotor dann noch auf größtem Drehmoment bleibt. Um Überlastungen zu vermeiden, ist die Pumpe mit einer Nullhubeinrichtung versehen. Zu große Lasten können also nicht angehoben werden. Besonders zu beachten ist die Beschleunigung der Last sowohl beim Heben wie insbesondere beim Senken. Beim Anheben ergibt sich durch die erforderliche Beschleunigung eine Erhöhung der Seilkraft, die von der Lastmeßeinrichtung erfaßt und in die Getriebeverstellung eingebracht wird. Beim Senken der Last kehrt sich der Energiefluß um. Durch die Abwärtsbeschleunigung der Last wird die Seilkraft kleiner. Die Lastmeßeinrichtung gestattet also eine höhere Senkgeschwindigkeit als der Last zuzuordnen ist. Bei schneller Verstellung, d. h. großer Beschleunigung der Last, könnte auch die größte Last bis zur höchsten Geschwindigkeit beschleunigt werden. Ist diese erreicht, so hört die Beschleunigung auf, die Seilkraft entspricht wieder der vollen Last, die nicht mehr abgefangen werden kann, weil der jetzt als Bremse arbeitende, auf kleinstes Moment eingestellte Antrieb überlastet ist. Die zu rasche Beschleunigung bzw. das Einschalten zu großer Senkgeschwindigkeiten wird durch eine Sperre verhindert, die den Anschlag festhält, der durch die Lastmeßeinrichtung beim Heben eingestellt wurde.

Schär- und Bäummaschinen

Schär- und Bäummaschinen dienen in der Textilindustrie zur Herstellung von Webketten. Der Antrieb muß die Schärtrommel ruckfrei anfahren, schnell auf eine vorher der Garnart entsprechend gewählte Schärgeschwindigkeit beschleunigen und bei Fadenbruch in kürzester Zeit stillsetzen. Diese Bedingungen werden mit einem Hydrokompaktgetriebe und einer zusätzlichen Bremse erfüllt. Mit Hilfe einer Umschaltkupplung dient das Getriebe nicht nur zum Schären, sondern auch zum Bäumen.

Pumpe und Hydromotor sind mit druckabhängigen Verstelleinrichtungen sowie Exzenterverstellungen ausgerüstet. Am Hydromotor wird

3.2. Hydraulisch-stufenlos veränderliche Getriebe

die Schär- oder Bäumgeschwindigkeit eingestellt. Über einen Fußhebel wird beim Schären die Bremse der Trommel gelüftet und das Getriebe durch Verstellung der Pumpe eingeschaltet. Durch den Getriebedruck wird der Hydromotor zunächst in der Stellung für großes Drehmoment und niedrige Drehzahl gehalten. Gleichzeitig verhindert die Nullhubeinrichtung der Pumpe Überlastungen, die bei zu schnellem Schalten entstehen könnten. Ist am Getriebe die Volumeneckdrehzahl erreicht, d. h. die Pumpe voll eingeschaltet, so wird der Hydromotor selbsttätig bis auf die gewählte Drehzahl bzw. Schärgeschwindigkeit hochgefahren. Wird die Maschine durch Fadenbruch automatisch oder über den Fußhebel stillgesetzt, so fällt die Bremse ein und das Getriebe wird in die Ausgangsstellung zurückgeschaltet. Dabei unterstützt es die Abbremsung entsprechend seinem zulässigen Drehmoment. Danach wird auf Rücklauf geschaltet und das Fadenband zurückgeholt.

Beim Bäumen wird mit einer Tastwalze der Kettbaumdurchmesser abgetastet und durch Verstellung des Hydromotors die Abzugsgeschwindigkeit konstant gehalten, indem mit wachsendem Kettbaumdurchmesser dessen Drehzahl abnimmt. Die größte Zugkraft kann sowohl für das Schären wie auch für das Bäumen an der Nullhubeinrichtung eingestellt werden.

3.2.2. Hydrodynamische Getriebe
Dipl.-Ing. R. Keller

3.2.2.1. Einführung

Die heute bekannten Bauformen von hydrodynamischen Getrieben im weitesten Sinne, d. h. Drehmomentwandler wie auch Kupplungen und Bremsen, die von diesen abgeleitet wurden, gehen auf das Deutsche Reichspatent 221 422, das Professor *Föttinger* im Jahre 1905 erteilt wurde, zurück.

Dieses beschreibt nach heutiger Ausdrucksweise ein Getriebe als Kombination einer Kreiselpumpe mit einer Turbine und einem Leitrad in dicht aufeinanderfolgender Anordnung innerhalb eines in sich geschlossenen Strömungskreislaufes **(Bild 3.45)**.

Die von einer Kraftmaschine eingeleitete mechanische Energie wird in der Pumpe in Strömungsenergie und diese anschließend in der Turbine wieder in mechanische Energie zum Antrieb einer Arbeitsmaschine umgewandelt. Da der Energieaustausch zwischen Pumpe und Turbine auf kürzestem Wege ohne die sonst bei diesen Maschinen erforderlichen Spiralen, Rohrleitungen usw. stattfinden kann, entfallen auch die jeweiligen Verluste. Der Erfinder konnte daher schon vor der praktischen Erprobung eines solchen *Föttinger-Transformators* einen Wirkungsgrad von über 0,8 voraussagen und in der Praxis mit 0,85 übertreffen. Das Verdienst Föttingers liegt besonders in der klaren Erkenntnis dieser physikalischen Zusammenhänge bei Strömungsmaschinen und in deren konsequenter technischer Anwendung.

Die Föttinger-Transformatoren wurden anfangs ausschließlich im Schiffsbau als Untersetzungsgetriebe zwischen einer raschlaufenden Dampfturbine und einem langsamlaufenden Schiffspropeller eingesetzt. Innerhalb weniger als eines Jahrzehntes wurde dabei die Leistung von 100 PS auf 35000 PS gesteigert. Diese Schiffsgetriebe bestanden im allgemeinen und schon von Anfang an aus einem Drehmomentwandler für die Drehrichtung der Vorausfahrt und einem zweiten koaxial angeschlossenen für die umgekehrte Abtriebsdrehrichtung für Rückwärtsfahrt. Die einzelnen Wandler konnten bei Bedarf durch Füllen mit Betriebsflüssigkeit eingeschaltet und ebenso durch Entleeren abgeschal-

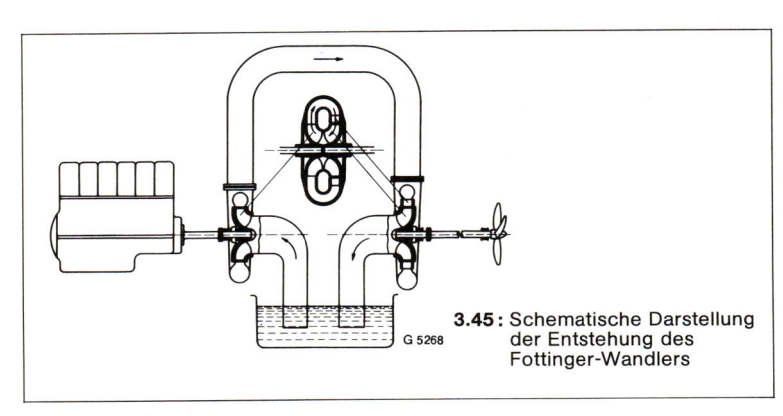

3.45: Schematische Darstellung der Entstehung des Fottinger-Wandlers

tet werden. Der nicht benützte Wandler rotierte dabei ohne Flüssigkeitsfüllung mit.

Damit zeigte schon das erste hydrodynamische Getriebe sämtliche wesentlichen Merkmale eines vollhydraulischen Getriebes, das dadurch gekennzeichnet ist, daß sämtliche Schaltvorgänge ohne mechanische Schaltelemente nur durch Füllen und Entleeren von hydrodynamischen Kreisläufen vollzogen werden.

3.2.2.2. Theoretische Grundlagen
3.2.2.2.1. Vergleich zwischen hydrodynamischen und mechanischen Getrieben

Bei mechanischen Getrieben, die Leistung von einer Kraftmaschine auf eine Arbeitsmaschine zu übertragen haben, verhalten sich die Drehmomente auf der Eingangs- und Ausgangsseite M_1 und M_2, wenn man von dem geringen und im wesentlichen konstanten Verlust absieht, umgekehrt wie die betreffenden Drehzahlen n_1 und n_2.

Es gilt nach DIN 3960 für die Übersetzung

$$i = \frac{n_1}{n_2}. \tag{1}$$

Also ist nach der obigen Festlegung und Einschränkung

$$i = \frac{n_1}{n_2} = \approx \frac{M_2}{M_1}. \tag{2}$$

Es gelten also bei mechanischen Getrieben letzten Endes die Hebelgesetze, und die Drehmomentbelastung der Kraftmaschine wird durch die angeschlossene Arbeitsmaschine direkt entsprechend dieser Übersetzung bestimmt.

Hydrodynamische Getriebe unterscheiden sich von mechanischen Getrieben wie auch hydrostatischen Getrieben grundsätzlich dadurch, daß ein aufgebürdetes Lastmoment M_2 neben der stufenlosen Übersetzung $i = \frac{n_1}{n_2}$ auch die Belastung M_1 der Kraftmaschine nach ganz bestimmten, dem hydrodynamischen Getriebe eigenen Kennlinien beeinflußt.

Dieses Verhalten wird Charakteristik genannt und bedeutet, daß sich eine Last nur indirekt auf die Kraftmaschine auswirkt. Darin liegt bei richtiger Anwendung ein wesentlicher Vorzug der hydrodynamischen Getriebe.

Hydrodynamische Getriebe sind weder den mechanischen noch den elektrischen Getrieben zuzurechnen sondern gehören mit den hydrostatischen Getrieben zu der Gruppe der hydraulischen Getriebe. Mit diesen haben sie aber nur gemeinsam, daß eine Flüssigkeit als Energieträger dient. Die eingesetzten Maschinenelemente sind dagegen völlig verschieden, ebenso die Verhaltensweise und Charakteristik. Hydrodynamische Getriebe sind Strömungsmaschinen und unterliegen den hierfür gültigen physikalischen Gesetzen.

Hydrodynamische Getriebe gehören zu den gleichförmigen, kraftschlüssigen, aber nicht den reibschlüssigen Getrieben. Ihre Übersetzung ist lastabhängig stufenlos, ohne daß dabei eine Steuerung oder Regelung eingreifen muß. Verglichen mit stufenlosen elektrischen, mechanischen oder hydrostatischen Getrieben sind sie daher einfacher im Aufbau oder im technischen Aufwand.

Hydrodynamische Getriebe können zusätzlich durch einen einfachen Mechanismus stufenlos einstellbar gemacht werden. Es wäre aber falsch, hydrodynamische Getriebe grundsätzlich als stufenlos einstellbare Getriebe zu bezeichnen.

3.2.2.2.2. Definitionen, Formeln und Kennwerte

Mit der Definition für den Wirkungsgrad

$$\eta = \frac{P_2}{P_1} = \frac{P_1 - P_V}{P_1} \tag{3}$$

worin P_V die Verlustleistung ist, ergibt sich

$$\eta = \frac{M_2 \cdot n_2}{M_1 \cdot n_1} = \frac{M_2}{M_1} \cdot \frac{n_2}{n_1} \tag{4}$$

oder $\qquad\qquad\eta = \mu \cdot \nu \tag{5}$

3.2. Hydraulisch-stufenlos veränderliche Getriebe

Nach der VDI-Richtlinie 2153 wird die Drehmomentwandlung eines hydrodynamischen Wandlers mit μ und das Drehzahlverhältnis $\frac{n_2}{n_1} = \frac{1}{i}$ mit ν bezeichnet.

Durch Umwandlung läßt sich schreiben $\mu = \frac{\eta}{\nu} = \eta \cdot i$ \hfill (6)

Die Drehmomentwandlung hängt also nicht nur von der Übersetzung i sondern wesentlich von dem Wirkungsgradverlauf η ab.

Bei hydrodynamischen Kupplungen mit $\mu = 1 =$ const wird $\eta = \nu$. Bei hydrodynamischen Bremsen ist $\mu = 1$ und $\eta = 0$.

Mit den dimensionslosen charakteristischen Werten von η, μ und ν läßt sich ein charakteristisches Wandlerdiagramm

$$\eta, \mu = (f) \nu \qquad (7)$$

aufstellen.

Zur vollständigen Darstellung der Charakteristik fehlt dann noch eine dimensionslose Form für die Übertragungsleistung P_1. Hierzu können die für alle Strömungsmaschinen geltenden Ähnlichkeitsgesetze angewendet werden. Diese lauten unter der Voraussetzung, daß $P_1 = P_P$, d. h. auch $n_1 = n_P$ ist:

Drehmoment, Leistung $M_1, P_1 = \mathrm{f}(\rho)$ \hfill (8)

Die Dichte ρ des Fluids übt einen linearen Einfluß aus.

Volumenstrom $\dot{V} = \mathrm{f}(n_1)$ \hfill (9)

Der Volumenstrom $\dot{V}$ ist linear abhängig von der Drehzahl.

Druck $p = \mathrm{f}(n_1)^2$ \hfill (10)

Der Druck als Fliehkraftwirkung folgt dem Quadrat der Drehzahl.

Leistung $P_1 = \mathrm{f}(n_1)^3$ \hfill (11)

Die Leistung P_1 als Produkt von Volumenstrom und Druck ändert sich mit der 3. Potenz von n_1. Entsprechend ändert sich das Moment M_1 quadratisch mit n_1.

Die Größe D (worunter im allgemeinen der äußerste Strömungsdurchmesser verstanden wird) beeinflußt mehrfach die Leistung P_1.

Es gilt:
Geschwindigkeiten $c, u = \mathrm{f}\ (D)$ (12)

Die Geschwindigkeiten folgen linear D.

Fläche $F = \mathrm{f}\,(D)^2$. (13)

Wie bei allen Maschinen verändern sich Flächen quadratisch mit dem Maßstab.

Volumenstrom $\dot{V} = \mathrm{f}(D)^3$. (14)

Der Volumenstrom $\dot{V}$ als Produkt aus Meridiangeschwindigkeit und Strömungsquerschnitt verändert sich mit der 3. Potenz von D.

Druck $p = \mathrm{f}(D)^2$. (15)

Da sich die Geschwindigkeiten linear ändern, ändert sich der Druck quadratisch mit D.

Leistung $P_1 = \mathrm{f}\,(D)^2 \cdot (D)^3 = \mathrm{f}\,(D)^5$. (16)

Die Leistung P_1 als Produkt von Volumenstrom und Druck steigt also mit der 5. Potenz des Durchmessers.

Mit diesen Zusammenhängen ergibt sich für die dimensionslose Leistungszahl λ mit $\omega_1 = \dfrac{\pi \cdot n_1}{30}$

$$\lambda = \frac{P_1}{\rho \cdot D^5 \cdot \omega_1^{\,3}} \qquad (17)$$

Für die Ausrechnung sind die einzelnen Ausdrücke in kohärenten Dimensionen einzusetzen, damit sie sich in der dimensionslosen Formel gegenseitig aufheben.

An dieser Stelle seien die beiden untereinander verschiedenen K-Werte für die spezifische Leistung, die in der deutschen bzw. englischsprachigen Literaur zu finden sind, erwähnt. Diese K-Werte sind weder kohärent noch dimensionslos, weil die Dichte des Fluids stillschweigend als unveränderlicher Wert vorausgesetzt wurde. Näheres siehe VDI 2153.

Kennlinien
Kennlinien sind die graphische Darstellung der Charakteristik eines bestimmten hydrodynamischen Getriebes in dimensionsloser Form oder,

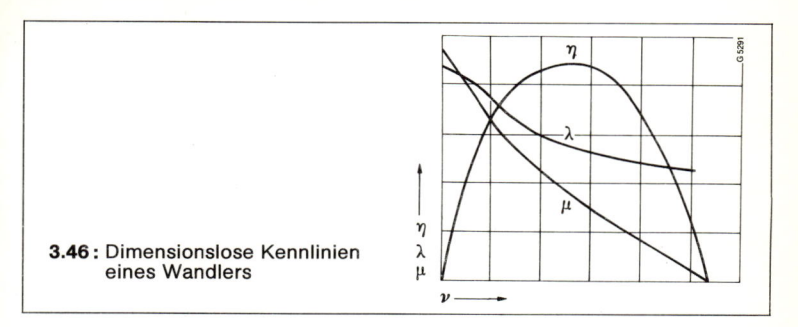

3.2. Hydraulisch-stufenlos veränderliche Getriebe

3.46: Dimensionslose Kennlinien eines Wandlers

wenn die Absolutwerte für Größe D des Kreislaufes und Dichte ρ des Fluids sowie die Antriebsdrehzahl n_1 bekannt sind, in dimensionsbehafteter Form. Für die Dichte der gebräuchlichen Kraftübertragungsöle kann bei Betriebstemperatur 820 $\frac{\text{kg}}{\text{m}^3}$ eingesetzt werden.

Für die praktische Anwendung der Antriebstechnik kommen hauptsächlich dimensionsbehaftete Kennlinien in Betracht entsprechend dem Angebot an Bauformen und Baugrößen hydrodynamischer Getriebe. Für eine vergleichende Darstellung und Betrachtung sind dagegen dimensionslose Kennlinien übersichtlicher.

Die Darstellung der Kennlinien beschränkt sich im allgemeinen auf den sogenannten Hauptbetriebsbereich, in dem die Turbine Leistung abgeben kann, d. h. $\eta > 0$. **Bild 3.46** zeigt als Beispiel einen Wandler mit fallendem $\lambda = \text{f}(\nu)$. Der Wirkungsgrad verläuft wie bei anderen Turbinen parabolisch und hat zwei Nulldurchgänge, die den Hauptbetriebsbereich begrenzen. Für alle Betriebspunkte zwischen diesen zwei Grenzpunkten gelten die Beziehungen $\eta = \mu \cdot \nu$ oder $\mu = \frac{\eta}{\nu}$.

Ist die Antriebsdrehzahl n_1 bekannt und identisch mit der Pumpendrehzahl n_P und ist ferner D und ρ gegeben, läßt sich auch ein dimensionsbehaftetes Diagramm mit M_P, M_T, $\eta = \text{f}(n_\text{T})$ aufzeichnen. Ein solches charakteristisches absolutes Wandlerdiagramm ist aber nur gültig auf der Basis $n_\text{P} = \text{const}$.

Die Kennlinien von verschiedenartigen Wandlern, von Kupplungen und Bremsen werden innerhalb der betreffenden Abschnitte geschildert.

Kennfelder

Da der als Beispiel gewählte Wandler als Charakteristik einen ganz bestimmten Verlauf von $\lambda = \mathrm{f}(\nu)$ besitzt, kann auf Grund der Ähnlichkeitsgesetze ein Pumpenkennfeld

$$M_\mathrm{P} = \mathrm{f}(n_\mathrm{P})$$

für verschiedene Parameter von ν aufgestellt werden. Je nach der Konstanz des λ-Verlaufes $= \mathrm{f}(\nu)$ ergibt sich ein mehr oder minder gespreizter Fächer von M_P-Parabeln über n_P **(Bild 3.47)**.

Sinngemäß gilt dies auch für hydrodynamische Kupplungen.

Dieses Pumpenkennfeld kann mit einem Motorkennfeld $M_\mathrm{Mot} = \mathrm{f}(n_\mathrm{P})$ zu einem sogenannten Primärkennfeld übereinandergezeichnet werden **(Bild 3.48)**, woraus sich die Zusammenarbeit dieses Wandlers mit diesem Motor als Schnittpunkte der einzelnen Wandlerparabeln mit der Motorkennlinie ablesen läßt.

Aus dem Primärkennfeld ist vor allem ersichtlich, ob die Wahl des eingesetzten Wandlers nach Charakteristik und Größe für die Möglichkeiten wie auch Einschränkungen des eingesetzten Motors optimal war oder durch eine günstigere Variante zu ersetzen ist. Liegt zwischen dem Motor und der Pumpe eine Zahnradübersetzung, so ist das Motorkennfeld umzubilden.

Durch Multiplikation der so ermittelten Pumpendrehzahlen n_P für die einzelnen Schnittpunkte mit dem jeweiligen Drehzahlverhältnis der betreffenden Parabel sowie durch Multiplikation der ermittelten Motormomente M_Mot mit der entsprechenden Wandlung μ der einzelnen Parabeln kann die Abtriebskurve $M_\mathrm{T} = \mathrm{f}(n_\mathrm{T})$ erstellt werden **(Bild 3.49)**.

Der Verlauf der Turbinenkennlinie $\dot{M}_\mathrm{T} = \mathrm{f}(n_\mathrm{T})$ läßt einen abschließenden Vergleich mit der gestellten Aufgabe, nämlich dem Antrieb einer bestimmten Arbeitsmaschine, zu und zeigt, ob

a) die gewählte Leistung ausreichend ist,

b) das Drehzahlniveau mit den Sollwerten übereinstimmt oder durch eine zusätzliche mechanische Übersetzung angepaßt werden muß,

c) die Charakteristik des Wandlers in allen Betriebspunkten ausreicht oder durch zusätzliche Mittel erweitert werden muß.

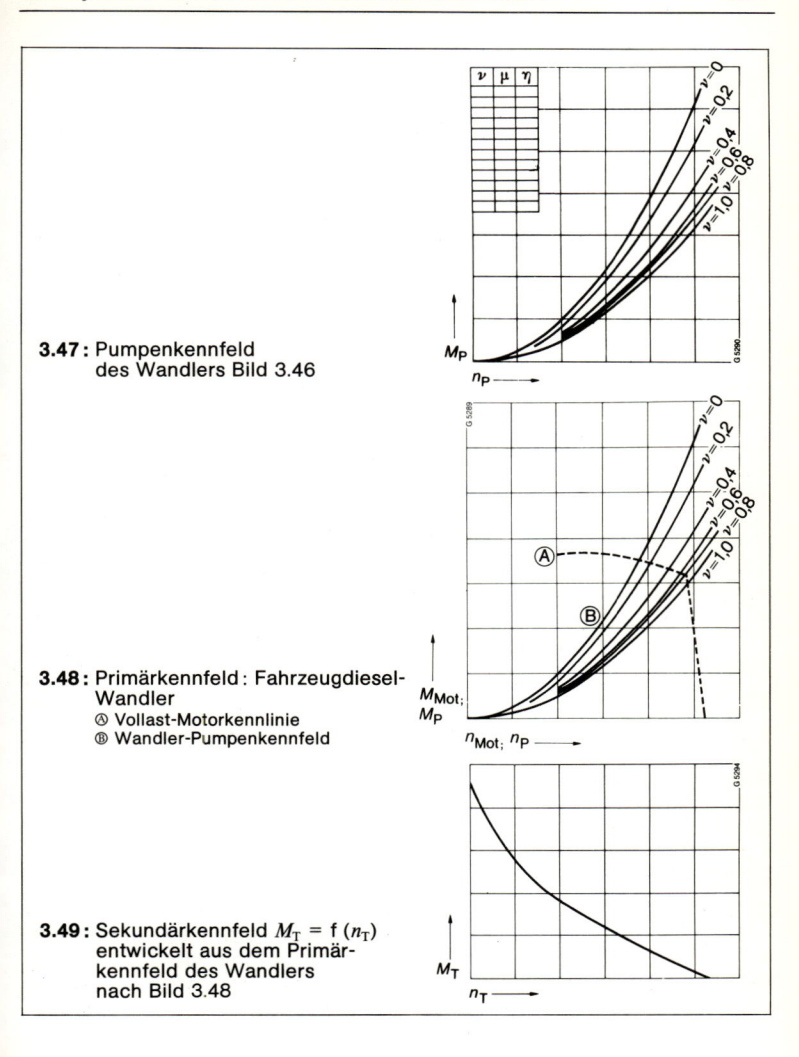

3.2. Hydraulisch-stufenlos veränderliche Getriebe

3.47: Pumpenkennfeld des Wandlers Bild 3.46

3.48: Primärkennfeld: Fahrzeugdiesel-Wandler
 Ⓐ Vollast-Motorkennlinie
 Ⓑ Wandler-Pumpenkennfeld

3.49: Sekundärkennfeld $M_T = f(n_T)$ entwickelt aus dem Primärkennfeld des Wandlers nach Bild 3.48

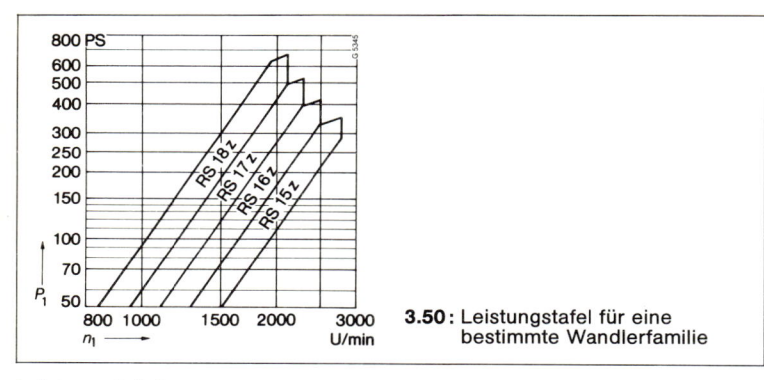

3.50: Leistungstafel für eine bestimmte Wandlerfamilie

Leistungstafeln

Hydrodynamische Getriebe einer bestimmten Bauart werden oft in verschiedenen Größen angeboten, um ein breites Feld $P_1 = f(n_1)$ bedienen zu können. Nach den Ähnlichkeitsgesetzen ist jeder Größe und Drehzahl eine bestimmte Leistung zugeordnet. Die Leistung P_1 einer bestimmten Getriebegröße hängt von der 3. Potenz der Drehzahl n_1 ab. Dies ergibt in einem doppelt logarithmischen Diagramm eine Gerade und mit einer gewissen Toleranz in den Auslegungsdaten ein abgegrenztes Feld. Die Obergrenzen von P_1 und n_1 für jede Größe sind durch die zulässige Drehmoment- und Fliehkraftbeanspruchung bedingt **(Bild 3.50)**.

Aus einer solchen Leistungstafel kann ein in der Größe passendes Getriebe für gegebene Motordaten P_1 und n_1 gefunden werden. Mit den dimensionsbehafteten Kennlinien dieser Größe und Antriebsdrehzahl sind dann die weiteren Berechnungen durchzuführen. Ein in der Größe nicht passendes Getriebe ergibt keine optimale Auslastung oder sogar eine unzulässige Belastung des Motors.

3.2.2.3. Hydrodynamische Drehmomentwandler

Ein *Föttinger*-Wandler als Kombination von einer Pumpe und einer Turbine enthält alle Variationsmöglichkeiten dieser Einzelelemente, die für die jeweiligen Einsatzbedingungen, d. h. Förderhöhe oder Gefälle und Volumenstrom, in verschiedenen entsprechenden Bauformen schon zu Zeiten der Erfindung Föttingers entwickelt waren.

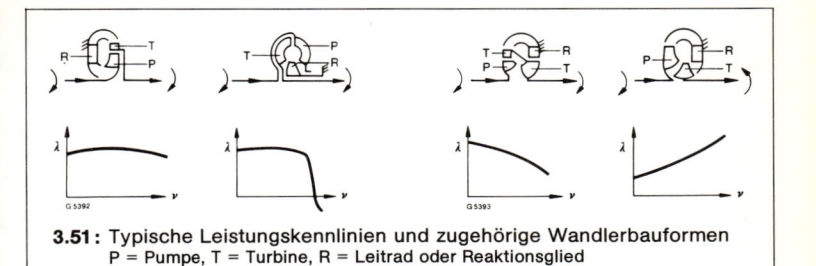

3.2. Hydraulisch-stufenlos veränderliche Getriebe

3.51: Typische Leistungskennlinien und zugehörige Wandlerbauformen
P = Pumpe, T = Turbine, R = Leitrad oder Reaktionsglied

Darüber hinaus ergeben sich zusätzliche Variationsmöglichkeiten der Anordnung dieser Elemente in einem geschlossenen Kreislauf **(Bild 3.51)**. Außerdem können Schaufelräder in einem Wandler auch zeitweise ihre Rolle ändern (siehe unter Mehrphasige Wandler). Durch einen sogenannten Überlagerungsdruck in einem Föttinger-Wandler können Einschränkungen wegen Kavitationsgefahr, wie sie bei den Einzelelementen Pumpe und Turbine vorliegen, aufgehoben werden.

Ein Wandler kann Leistung nur in einer Drehrichtung der Pumpe übertragen. Leistungsaufnahme und Wirkungsgrad im verkehrten Drehsinn der Pumpe sind unbrauchbar.

Auch die Kraftrichtung wirkt nur von der Pumpe auf die Turbine und nicht rückwärts. Die Beeinflussung der Pumpe durch die Turbine ist dagegen durch die Leistungszahl λ ausgedrückt.

Mit Ausnahme einer einzigen Wandlerbauart ist der Drehsinn der Turbine im Hauptbetriebsbereich bei $\eta > 0$ gleich demjenigen der Pumpe. Wird dagegen die Turbine von der Abtriebsseite her gegen ihren normalen Drehsinn durchgedreht (Gegenbremsbereich), übt sie ein Bremsmoment aus, das teilweise zum dynamischen Bremsen eingesetzt wird (Turbowendegetriebe).

Das Ziel bei der Entwicklung verschiedener Wandlerbauformen ist in erster Linie der Verlauf der Leistungszahl und in zweiter Linie die Höhe der Übersetzung, d. h. die Lage des besten Wirkungsgrades über dem Drehzahlverhältnis. Es gibt keine allgemeingültige optimale Wandlerbauform sondern nur eine für die jeweilige Anwendung günstigste Bauform. Für die Anwendung der Antriebstechnik dürfte daher die

Einordnung der verschiedenen Wandler in ein gewisses Schema nach diesen Gesichtspunkten zweckdienlicher sein als eine systematische Ordnung nach den Baumerkmalen, die auch anderen Literaturquellen entnommen werden kann.

Wir unterscheiden daher die hydrodynamischen Wandler nach der Charakteristik und dem Anwendungszweck.

3.2.2.3.1. Verlauf der Leistungszahl $\lambda = \text{f}(v)$

Die erste Voraussetzung für die Anwendung eines bestimmten Wandlers ist dessen Eignung für den vorgesehenen Motor nach einer Überprüfung der Kennlinien im Primärkennfeld. Der Verlauf der Leistungslinie λ entsprechend Bild 3.51 ist für die Wahl eines Wandlers meist wichtiger als seine Übersetzung, weil häufig im Rahmen der Arbeitsmaschine noch ein mechanisches Getriebe vorgesehen ist, dessen Übersetzung den Möglichkeiten des Drehmomentwandlers angepaßt werden kann.

Wandler mit nahezu konstantem $\lambda = \text{f}(v)$-Verlauf

Wandler dieser Charakteristik sind zu wählen, wenn die Kraftmaschine nicht überlastbar ist, d. h. das volle Moment M_1 nicht bei verminderter Drehzahl n_1 abgegeben werden kann.

Dies gilt vor allem für hochaufgeladene Dieselmotoren, aber zumeist auch für Elektromotoren, wenn deren Stromaufnahme nicht wesentlich über den Nennstrom ansteigen darf.

Die Konstanz der Leistungsaufnahme solcher Wandler ist bis auf eine geringe Toleranz im Hauptbetriebsbereich, zumindest in den Drehzahlgrenzen hohen Wirkungsgrades erreicht. Teilweise fällt auch die Leistungszahl λ zum Festbremspunkt $n_T = 0$ leicht ab **(Bild 3.52)**.

Wandler mit konstantem λ ergeben die höchste Leistungsausbeute unter Vollast. Unter Teillastbedingungen bei verminderter Antriebsdrehzahl n_1 ergeben sich ähnliche Kurven, die über die Ähnlichkeitsgesetze ermittelt werden können.

Wandler dieser Bauform haben ein optimales Drehzahlverhältnis v_M zwischen 0,4 und 1,0, wobei die Wandler mit dem höheren optimalen Drehzahlverhältnis auch die höheren Leistungszahlen λ zeigen **(Bild 3.53)**. Das bedeutet, daß Wandler mit hoher Übersetzung oder kleinem

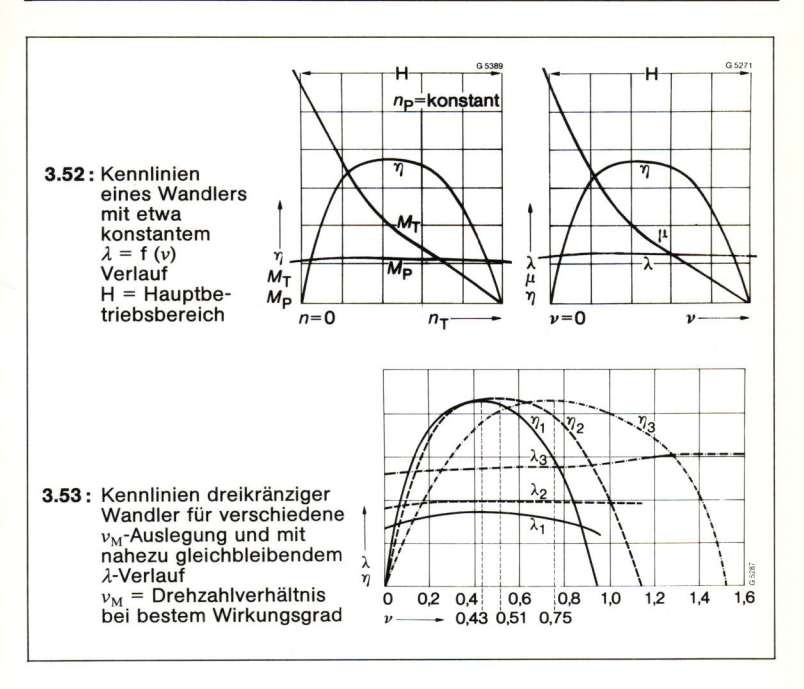

3.2. Hydraulisch-stufenlos veränderliche Getriebe

3.52: Kennlinien eines Wandlers mit etwa konstantem $\lambda = f(v)$ Verlauf
H = Hauptbetriebsbereich

3.53: Kennlinien dreikränziger Wandler für verschiedene v_M-Auslegung und mit nahezu gleichbleibendem λ-Verlauf
v_M = Drehzahlverhältnis bei bestem Wirkungsgrad

v_M infolge ihrer geringeren Leistungszahl für eine gegebene Leistung und Antriebsdrehzahl mit größerem Durchmesser gebaut werden müssen als Wandler mit kleiner Übersetzung. Aus den Kombinationen von zwei sich hydraulisch in der Übersetzung zu einem besseren Gesamtwirkungsgrad ergänzenden Wandlern ist dieser Größenunterschied deutlich ersichtlich.

Wandler mit fallendem $\lambda = f(v)$-Verlauf

Wandler dieser Charakteristik sind für überlastbare Motoren, besonders Vergasermotoren und Dieselmotoren für Straßenfahrzeuge, unter Umständen für Gasturbinen und wohl selten für überlastbare Elektromotoren einzusetzen.

Die Übertragungsleistung P_1 eines solchen Wandlers ist nicht so eindeutig bestimmt wie bei einem in engen Grenzen tolerierten konstanten λ-Verlauf. Infolge des zumeist stetig fallenden λ-Verlaufes (siehe Bild 3.46) ist das Drehzahlverhältnis oder der Wirkungsgrad zu bestimmen, für welchen die Leistungszahl λ als Auslegungswert gültig sein soll. Im allgemeinen wird hierfür ein Drehzahlverhältnis gewählt, bei dem der Wirkungsgrad nach dem Optimum schon wieder stärker abzufallen beginnt, z. B. $\eta = 0,7$. Der Motor wäre dann durch den Wandler im größten Teil des Betriebsbereiches mehr oder minder überlastet, d. h. in seiner Drehzahl n_1 gedrückt.

Aus dem Primärkennfeld ist dann zu erkennen, wie der Wandlerfächer für die verschiedenen λ- bzw. M_P-Parabeln zur Motorkennlinie liegt und ob die Grenze für die zulässige Motordrückung eingehalten werden konnte. Bei übermäßiger Motordrückung müßte auf den nächstkleineren Wandlerdurchmesser übergegangen werden.

Oberhalb des Auslegungspunktes ergeben sich Betriebsverhältnisse, bei denen der Motor nicht mehr voll ausgelastet ist und im Falle eines Dieselmotors die Leistung durch Brennstoffzufuhr abregeln würde. Ein Vergasermotor würde dagegen in Drehzahl und Leistung noch ansteigen.

Wandler mit fallendem λ-Verlauf ergeben im allgemeinen keine maximale Ausnützung der Kraftmaschine; sie sind aber dort gefragt, wo die gegebene Elastizität der Kraftmaschine aus Gründen des Brennstoffverbrauchs, der Geräuschentwicklung oder der Wärmeentwicklung innerhalb des Wandlers in das Gesamtergebnis einbezogen werden soll.

Da sich bei Motordrehzahldrückung die Leistungsabgabe des Motors vermindert und außerdem infolge der Ähnlichkeitsgesetze Punkte gleicher Wandlerwirkungsgrade sich in Richtung des Koordinatenursprunges des Diagrammes verschieben, ergibt sich bei einem solchen Wandler eine geringere Wärmeentwicklung als bei einem Wandler mit konstantem λ-Verlauf. Oberhalb des Auslegungspunktes ergibt sich ebenfalls durch Verminderung der durchgesetzten Leistung eine Verminderung der Wärmeentwicklung im Wandler und in gewissem Ausmaß auch eine Begrenzung der maximalen Turbinendrehzahl unter der Belastung durch die Arbeitsmaschine **(Bild 3.54)**.

Dies sind die Vorteile eines Wandlers mit fallendem λ-Verlauf, gegenüber dem Nachteil einer nicht vollständigen Leistungsausbeute.

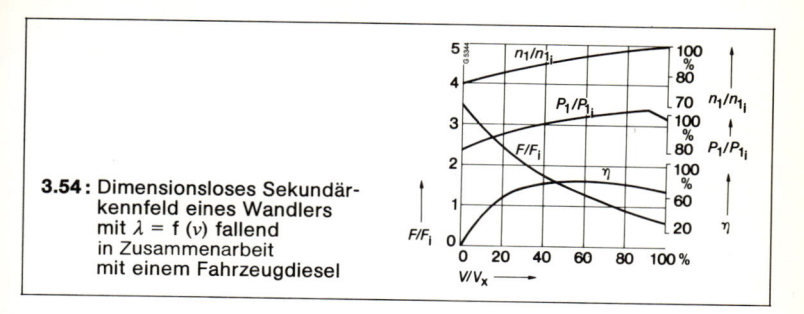

3.2. Hydraulisch-stufenlos veränderliche Getriebe

3.54: Dimensionsloses Sekundärkennfeld eines Wandlers mit $\lambda = f(v)$ fallend in Zusammenarbeit mit einem Fahrzeugdiesel

Die optimale Übersetzung von solchen Wandlern liegt an der oberen Grenze von Wandlern mit konstantem λ-Verlauf, d. h. v_M liegt zwischen 0,4 und 0,6, in Einzelfällen auch darüber.

Wandler mit steigendem $\lambda = f(v)$-Verlauf

Wandler dieser Charakteristik bilden die Ausnahme und werden heute nur dort eingesetzt, wo die entgegengesetzte Wirkung eines Leistungsteilungsgetriebes zwischen Kraftmaschine und Wandler etwas ausgeglichen werden soll (Differentialwandler-Getriebe).

Solche Wandler sind besonders schnelläufig, d. h. v_M liegt weit über 1. Trotzdem haben sie eine hierzu verhältnismäßig günstige Drehmomentwandlung im Festbremspunkt, weil die geringe Leistungszahl λ aus hydraulischen Gründen hierfür günstig ist.

Wandler mit flachem, aber oberhalb eines bestimmten Drehzahlverhältnisses v stark abfallendem $\lambda = f(v)$-*Verlauf*

Wandler mit dieser Charakteristik werden für besondere Anwendungszwecke gewählt, wenn die Drehzahl der Arbeitsmaschine ein bestimmtes Maß nicht überschreiten soll.

Da die Turbinendrehzahl n_T lastabhängig immer ein Maximum anstrebt, würde ein Wandler mit $\lambda = f(v)$ ungefähr constant die volle Leistung aufnehmen, selbst wenn die Turbine völlig entlastet ist. Dies ergäbe einen hohen und nutzlosen Wärmeanfall.

Um dies zu verhindern, kann eine Wandlercharakteristik gewählt werden, bei der λ zum Durchgangspunkt $M_T = 0$ hin stark abfällt, so daß

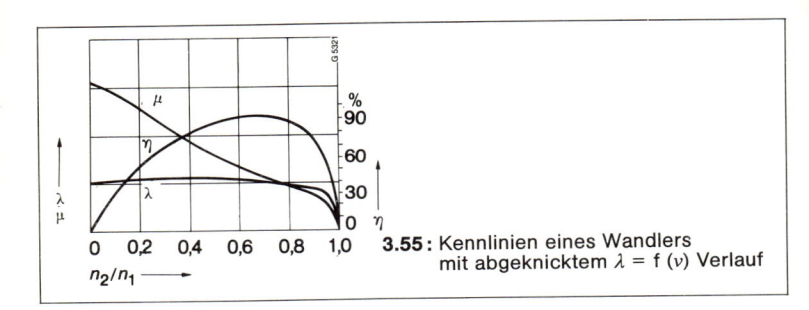

3.55: Kennlinien eines Wandlers mit abgeknicktem $\lambda = f(\nu)$ Verlauf

bei geringer Belastung durch die Arbeitsmaschine nur eine geringe Leistung im Wandler in Wärme umgesetzt wird **(Bild 3.55)**.

3.2.2.3.2. Stellwandler

Stellwandler werden dort eingesetzt, wo eine Veränderung der Übertragungsleistung durch Veränderung der Antriebsdrehzahl n_1 nicht möglich ist, also z. B. bei Antrieb durch Asynchronmotoren.

Sämtliche bisher geschilderten Wandler hatten der Anzahl, Form und Anordnung nach unterschiedliche, aber jeweils fest gefügte Schaufelräder, deren Zusammenwirken im gesamten Flüssigkeitskreislauf die Charakteristik bestimmt.

Bei Stellwandlern werden durch *verstellbare* Schaufeln eines Schaufelrades oder durch Ringschieber die Kennlinien, d. h. die Leistungszahl λ und die Wandlung $\mu = f(\nu)$ von außen beeinflußt **(Bilder 3.56, 3.57 und 3.58)**. Im allgemeinen wird damit eine Verminderung der Leistungszahl beabsichtigt. In gewissen Grenzen kann bei verstellbaren Schaufeln aber auch eine Leistungssteigerung erzielt werden. So kann auch bei konstanter Pumpendrehzahl n_P die Ausgangsdrehzahl bei gegebener Last einer Arbeitsmaschine in weiten Grenzen verstellt werden. Die geringste Leistungsaufnahme entsprechend λ_{min} ist etwa 0,1 λ_{max}.

Es sind Stellwandler mit fallendem $\lambda = f(\nu)$-Verlauf und Stellwandler mit im wesentlichen konstantem λ-Verlauf bekannt. Die letzteren eignen sich besonders für den Antrieb durch Elektromotoren und unterscheiden sich wiederum in Typen, die bei verschiedener Höhe der Leistungsübertragung noch die gleiche höchste Abtriebsdrehzahl erreichen und

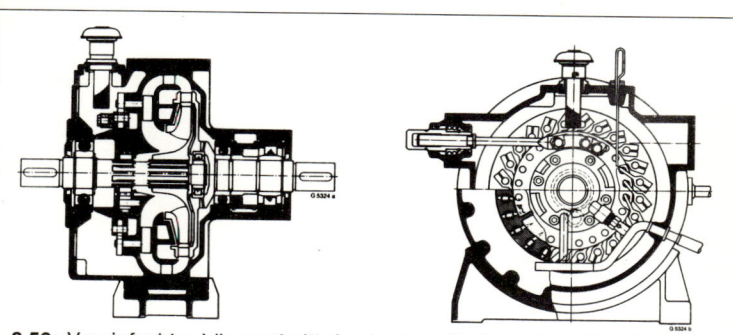

3.2. Hydraulisch-stufenlos veränderliche Getriebe

3.56: Vereinfachter Längsschnitt durch einen Stellwandler mit stehendem Gehäuse: Die Leitschaufelverstellung kann mit Handrad oder über einen elektrischen oder einen pneumatischen Verstellmotor (Fernsteuerung) betätigt werden

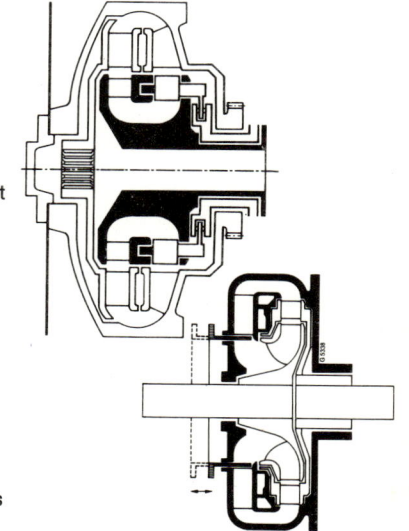

3.57: Vereinfachter Längsschnitt durch einen Stellwandler mit rotierendem Gehäuse *(Voith)*

3.58: Prinzip eines Stellwandlers mit Ringschieber *(Voith)*

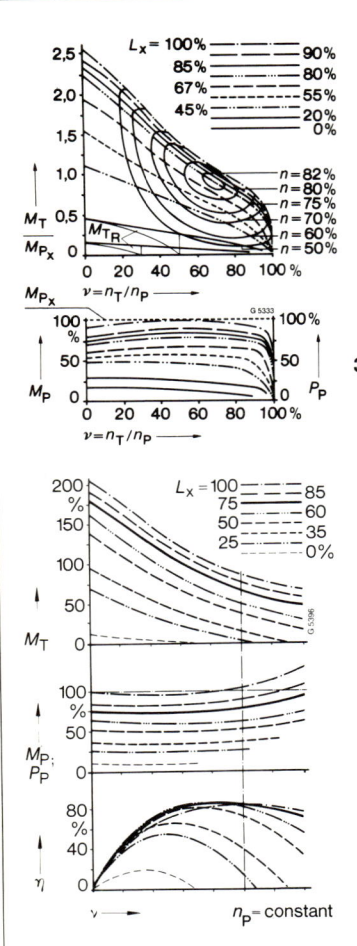

3.59: Kennlinien eines Stellwandlers nach Bild 3.57

L_x = maximale Leitschaufelstellung
M_{TR} = Restmoment

3.60: Kennlinien eines Stellwandlers nach Bild 3.56

L_x = maximale Leitschaufelstellung

3.2. Hydraulisch-stufenlos veränderliche Getriebe

die rotierende Gehäuse haben **(Bild 3.59)**, und andere mit feststehenden Gehäusen, bei denen dies nicht der Fall ist **(Bild 3.60)**.

Die übrigen Kennlinien η und $\mu = f(v)$ werden von der Verstellung anfangs in geringerem Maße, bei erheblicher Leistungsminderung stärker betroffen. Bei verringerter Leistungsübertragung ist aber auch ein verminderter Wirkungsgrad tragbar und kühltechnisch zu beherrschen, weil die absolute Wärmeentwicklung begrenzt bleibt.

Der Stellmechanismus kann von Hand oder über Servomotoren bedient oder auch in einem Regelkreis so eingeschlossen werden, daß sich eine echte Regelung der Drehzahl der angeschlossenen Arbeitsmaschine auf einen gewählten Konstantwert ergibt.

3.2.2.3.3. Schaltwandler

Wenn nur die Aufgabe vorliegt, die Leistung bei durchlaufender Antriebsdrehzahl n_1 zu- und abzuschalten, ist die einfachere Ausführung der Schaltwandler ausreichend.

Die einfachste Form des Schaltwandlers ist der entleerbare Wandler. Da sich die Leistung mit der Dichte des Volumenstromes $\dot{V}$ ändert, überträgt ein entleerter und nur mit warmer Luft gefüllter Wandler etwa 1‰ der Nennleistung bei Füllung mit Mineralöl. Andere Bauformen besitzen Schieber oder ausrückbare Schaufelräder.

Schaltwandler werden vor allem in hydrodynamischen Getrieben eingesetzt, die aus mehreren sich hydraulisch in ihrer Übersetzung ergänzenden Wandlern (eventuell auch einer Kupplung) bestehen. Bei solchen Getrieben mit mehreren Kreisläufen wird der Schaltvorgang des Übersetzungswechsels entsprechend dem ersten Föttinger-Getriebe durch Füllen und Entleeren vorgenommen.

Dieser Vorgang kann durch Überschneidung der Übertragungsfähigkeit so gesteuert werden, daß auf der Antriebs- wie auf der Abtriebsseite des Getriebes nur eine geringfügige Drehmomentschwankung während der Schaltung eintritt **(Bild 3.61)**.

Oft ist mit solchen Getrieben ein mechanisches Wendegetriebe kombiniert, das nur im Stillstand und ohne Last betätigt werden kann. Die Entleerung der Kreisläufe ist hierfür eine wirkungsvolle und vor allem verschleißfreie Schalthilfe.

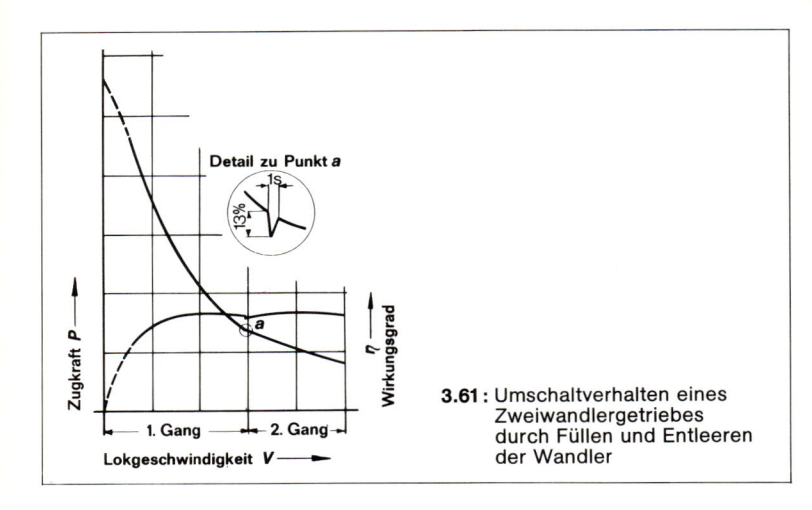

3.61: Umschaltverhalten eines Zweiwandlergetriebes durch Füllen und Entleeren der Wandler

Wird dagegen ein einzelner, dauernd gefüllter Wandler mit einem solchen Wendegetriebe kombiniert, so genügt ein Schaltwandler mit Ringschieber, um bei Leerlaufdrehzahl des Verbrennungsmotors eine genügende Entlastung herbeizuführen.

3.2.2.3.4. Mehrphasige Wandler

Mehrphasige Wandler haben mehrere Betriebsbereiche (Phasen) innerhalb des Hauptbetriebsbereiches. Diese Bereiche bilden sich ohne einen Eingriff von außen selbständig allein durch den Einfluß der Strömungsrichtung in Abhängigkeit vom Drehzahlverhältnis v. Sobald sich die Kraftwirkung eines Schaufelrades infolge der Strömungskräfte ab einem gewissen Drehzahlverhältnis umkehrt, löst oder kuppelt sich dieses Schaufelrad über einen Freilauf gegenüber dem Gehäuse oder einem anderen Schaufelrad. Auf diese Weise geht die Charakteristik des vorher wirksamen Wandlers in diejenige eines anderen oder auch einer Kupplung über und es ergibt sich eine Erweiterung des gesamten Betriebsbereiches **(Bild 3.62)**.

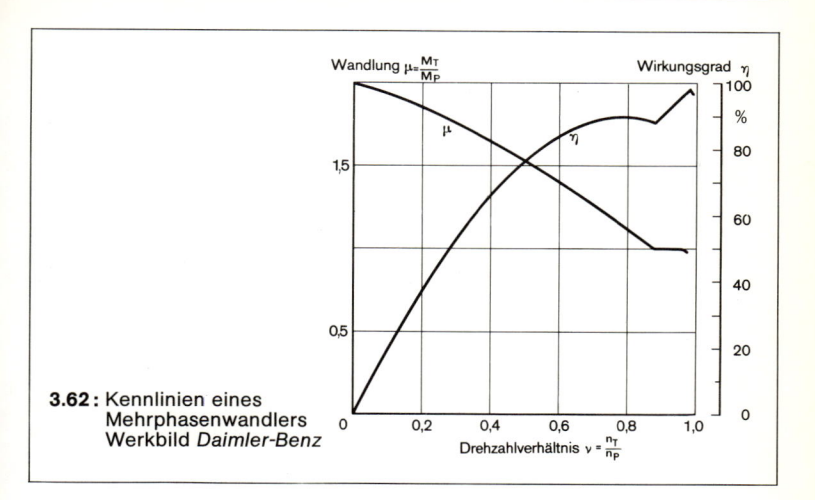

3.2. Hydraulisch-stufenlos veränderliche Getriebe

3.62: Kennlinien eines Mehrphasenwandlers
Werkbild *Daimler-Benz*

Der Kupplungscharakter in der zweiten Betriebsphase des Wandlers bringt vier Vorteile:

a) Der fallende Wirkungsgradast des Wandlers wird durch einen erheblich günstigeren Wirkungsgradverlauf der Kupplung ersetzt, auch wenn dieser nicht dem idealen Verlauf einer reinen Kupplung entspricht;

b) begrenzte Höchstdrehzahl n_T;

c) keine Leistungsübertragung, d. h. auch keine Wärmeentwicklung bei Höchstdrehzahl n_T;

d) Möglichkeit einer Kraftumkehr (Turbine auf Pumpe), um den Motor wie bei einem mechanischen Getriebe zum Bremsen heranzuziehen.

Die bekannteste Bauform ist der sogenannte *Trilokwandler,* bei dem das Leitrad sich über einen Freilauf bei demjenigen Drehzahlverhältnis v vom Gehäuse löst, bei dem die Wandlung $\mu < 1$ oder $M_T < M_P$ wird. Oberhalb dieses sogenannten Kupplungspunktes verwandelt sich der Wandler in eine Kupplung, weil sein Leitrad kein Differenzmoment mehr am Gehäuse abstützen kann **(Bild 3.63)**.

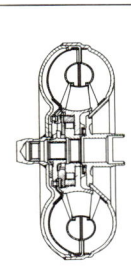

3.63: Längsschnitt eines mehrphasigen Wandlers
Werkbild *Daimler-Benz*

Solche Wandler haben einen mehr oder minder fallenden $\lambda = f(\nu)$-Verlauf in der Wandlerphase. Sie werden vor allem in Pkw-Getrieben so eingesetzt, daß der Motor in der Wandlerphase im Primärkennfeld noch gedrückt bleibt und erst in der Kupplungsphase seine volle Drehzahl und Leistung erreicht. Die hohe Elastizität von Vergasermotoren wird damit am besten ausgenützt **(Bild 3.64)**.

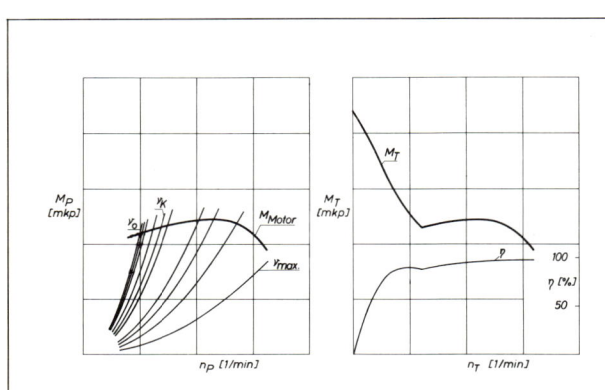

3.64: Primärkennfeld und Sekundärkennfeld eines Mehrphasenwandlers in Zusammenarbeit mit einem Benzinmotor

Getriebe-schmierung 4

Schrifttumsauswertung
Schmierungstechnik
Technische Berichte

erscheinen: 2-mal monatlich

bieten: kritische Besprechung ausländischer Originalaufsätze nach Fachgebieten geordnete Literaturumschau, Patentumschau

behandeln: Reibung, Verschleiß und Schmierung
Schmierstoffe und ihre Prüfung
Schmierung von Maschinen
Schmierung bei der Metallbearbeitung

Informationen und Probehefte

Arbeitskreis Schrifttumsauswertung Schmierungstechnik, Dr.-Ing. Wilfried J. Bartz, 3001 Arnum, Dresdener Weg 16

SCHMIERSTOFFE
wie sie sein sollen

ECUBSOL UK

Hochleistungs
HD Motorenoele
für alle Otto-, Diesel-
und Wankelmotoren
Getriebeoele, Hydraulikoele
Mehrzweckfette, In-
dustrieoele, Kühler-
frostschutz

WENZEL & WEIDMANN GMBH

MINERALOELWERK   ESCHWEILER

4.1. Schmierung von Zahnradgetrieben

Um die an Getriebeöle zu stellenden Anforderungen erfassen oder gar spezifizieren zu können, ist eine Analyse aller Faktoren unerläßlich, die den Schmierungsvorgang und damit den Schmierstoff in irgendeiner Weise beeinflussen. Dies wird verständlich, berücksichtigt man einmal die zahlreichen Bauarten, Größen und Typen von Getrieben und wird sich der oft erheblich unterschiedlichen Berührungs-, Eingriffs-, Belastungs- und Geschwindigkeitsverhältnisse bewußt. Vergleicht man die von verschiedenen Getrieben an den Schmierstoff gestellten Anforderungen, so müssen folgende Einflußfaktoren berücksichtigt werden:

Auslegung und Konstruktion:
Übertragene Leistung, Drehzahl, Verhältnis von Gleitgeschwindigkeit zu Umfangsgeschwindigkeit, Übersetzungsverhältnis, Ritzelversetzung, Werkstoff, Homogenität des Werkstoffs usw.

Fertigung:
Herstellgenauigkeit der Verzahnung, Rauheit der Zahnflanken, Härte der Zahnflanken (Oberflächenhärte, Tiefe der Einsatzhärtung), Wärmebehandlung usw.

Getriebegehäuse:
Steifigkeit unter Last, Wärmeverzug durch Temperaturerhöhung, Veränderung der Ritzelvorlast aufgrund von Gehäusedehnungen usw.

Betriebsbedingungen:
Belastung, Stoßbeanspruchung, Lastwechsel, Drehzahl, Temperatur, Fremderwärmung usw.

Hinzu kommt noch, daß der Getriebeschmierstoff nicht nur hinsichtlich des Zahneingriffs auszuwählen ist. Oft kommt er mit sehr unterschiedlichen Werkstoffen in Berührung wie Stahl, Buntmetallen, Leichtmetallen, Kunststoffen, Farbanstrichen usw., die er nicht angreifen darf.

Darüber hinaus soll der Schmierstoff nicht nur die miteinander kämmenden Zahnräder schmieren. In der Regel müssen im gleichen Gehäuse vom gleichen Schmierstoff noch andere Maschinenelemente wie Gleitlager, Wälzlager, Dichtungen oder auch Strömungskupplungen und -wandler versorgt werden. Somit ist der Getriebeschmierstoff auf eine Vielzahl oft gegensätzlicher Anforderungen abzustimmen.

4.1.1. Schmierungsvorgang und Tragfilmaufbau

Die Schmierung zweier miteinander kämmender Zahnräder erfolgt grundsätzlich anders als im Gleitlager. Bei gleichbleibender Drehrichtung und unveränderter Lastrichtung bleibt im Spalt eines richtig ausgelegten und konstruierten Gleitlagers stets ein trennender und tragender Ölfilm erhalten. Hier kann also von einer kontinuierlichen Schmierung gesprochen werden. Selbst in instationär belasteten Gleitlagern reißt der Tragfilm gewöhnlich nicht völlig ab. Demgegenüber muß bei Zahnradpaarungen bei jedem Zahneingriff der Tragfilm neu aufgebaut werden. Diesen Vorgang kann man als diskontinuierliche Schmierung kennzeichnen. Bei sehr schnell laufenden Getrieben steht oft nur eine kurze Zeit für den Aufbau eines die Flanken trennenden Tragfilmes zur Verfügung, wobei die Druckentwicklung durch die geometrischen Verhältnisse auch nicht gerade begünstigt wird. Trotzdem kann sich ein unter Druck stehender Ölfilm aufbauen, der zumindest einen Teil der Belastung überträgt.

Bild 4.1 zeigt den mit der Drehzahl zunehmenden und mit der Belastung abnehmenden hydrodynamischen, besser elastohydrodynamischen

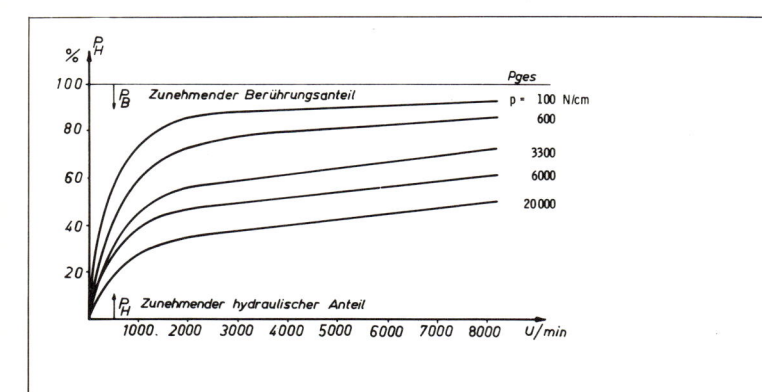

4.1: Elastohydrodynamischer Traganteil zwischen zwei Zahnflanken (nach *Niemann/Rettig* [1])

4.1. Schmierung von Zahnradgetrieben

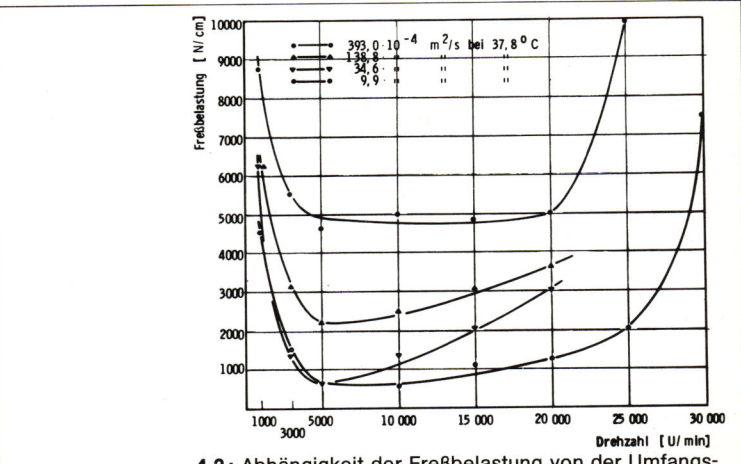

4.2: Abhängigkeit der Freßbelastung von der Umfangsgeschwindigkeit für Getriebeöle unterschiedlicher Viskosität (nach *Borsoff* [2])

Druckaufbau für ein Versuchsgetriebe [1]. Die Filmdicke läßt sich nach der klassischen hydrodynamischen Schmierungstheorie nicht berechnen. Erst die Berücksichtigung von Druckviskosität des Öles und Elastizität der Zahnflanken erlaubt eine Abschätzung der Tragfilmdicke (elastohydrodynamische Schmierung). Dies geht auch aus **Bild 4.2** nach *Borsoff* hervor [2], in der die Abhängigkeit der Freßbelastung eines Getriebes von der Geschwindigkeit für Öle unterschiedlicher Viskosität gezeigt wird. Daraus lassen sich mehrere Schlüsse ableiten.

Durch eine höhere Viskosität und durch verstärkte EP- (Extreme-Pressure-) Eigenschaften eines Getriebeöles lassen sich höhere Belastungen übertragen, ehe sich Fresser auf den Zahnflanken bilden. Nach Überschreiten einer bestimmten Geschwindigkeit wird für ein gegebenes Öl die Freßbelastung mit steigender Geschwindigkeit wieder größer. Dieses Verhalten deutet auf hydrodynamische, besser elastohydrodynamische Effekte hin, d. h. im aufsteigenden Kurvenast dominiert die Viskosität über den EP-Eigenschaften des Getriebeöles.

Zum Aufbau eines Tragfilmes ist neben einer ausreichenden Viskosität, einer Spaltverengung in Bewegungsrichtung – diese ist beim Zahnradeingriff nicht optimal – noch eine Relativgeschwindigkeit erforderlich. Es müssen zwei grundsätzlich andersartige Bewegungstypen unterschieden werden, nämlich Wälzen und Gleiten. Gleitlager werden mit guter Schmiegung ausgeführt, und die Flächenpressungen sind relativ klein. Allerdings ist die Reibungszahl bei Gleitreibung vor allem bei niedrigen Geschwindigkeiten ziemlich hoch, ein Nachteil, der in gewisser Weise durch Wahl einer optimalen Werkstoffpaarung mit guten Gleiteigenschaften ausgeglichen werden kann. Demgegenüber ist bei Wälzlagern die Schmiegung zwischen den Wälzkörpern und den Laufbahnen schlecht, so daß die Flächenpressungen hoch sind. Doch ist die Reibungszahl bei Wälzreibung gewöhnlich niedriger als bei Gleitreibung. Bei Verzahnungen überlagern sich die beiden Bewegungsarten, und es herrscht kombiniertes Gleiten und Wälzen vor. Die Flächenpressungen sind in der Regel hoch, und die schlechte Schmiegung unterstützt auch nicht gerade den Aufbau eines Tragfilmes. Aus Gründen der Festigkeit kann in vielen Fällen trotzdem keine den Gleitvorgang begünstigende Werkstoffpaarung verwendet werden. Aus diesen Zusammenhängen läßt sich die Bedeutung ableiten, die bei der Getriebeschmierung der Wahl eines geeigneten Schmierstoffes zukommt.

4.1.2. Beanspruchungsverhältnisse

Für die Beanspruchung des Getriebeöles sind die Bewegungs- und Belastungsverhältnisse auf den Zahnflanken sowie die Temperaturen der Zahnräder und der Ölfüllung maßgebend. Die Kombination dieser Einzelbeanspruchungen hängt in gewisser Weise vom Getriebetyp ab. Eine Einteilung der Getriebe ist nach der Verzahnung (Profilform), der Form der Zahnflanke (Flankenlinie) oder der Zahnform usw. möglich. Als für die Schmierung besonders geeignet hat sich die Unterscheidung nach der Lage der Wellenachsen erwiesen. Bei parallelen Achsen handelt es sich um Stirnradgetriebe, bei sich schneidenden um normale Kegelradgetriebe. Beide Getriebetypen lassen sich als Wälzgetriebe zusammenfassen. Kreuzen sich die Achsen wie bei den achsversetzten Kegelradgetrieben, den Schnecken- und den Schraubradgetrieben, so spricht man von Wälzschraubgetrieben.

4.1.2.1. Geschwindigkeitsverhältnisse

Rollt oder wälzt eine Kugel auf einer Platte ab, so befindet sich in jedem Augenblick eine andere Stelle von Kugel und Platte im Eingriff. Dieser Bewegungsvorgang wird als Wälzbewegung (siehe Wälzlager) bezeichnet. Dreht sich hingegen die Kugel auf der Stelle, so wird jeweils der gleiche Bereich auf der Platte beansprucht, und man spricht von Gleitbewegung (siehe Gleitlager). Es ist leicht einzusehen, daß die spezifische Beanspruchung des Systems Kugel/Platte bei Gleitbewegung größer ist. Beim Kämmen zweier Zahnräder hat man es mit einer kombinierten Gleit- und Wälzbewegung zu tun. Dabei ist das Verhältnis von Gleit- zu Wälzgeschwindigkeit entscheidend für die Beanspruchung des Schmierstoffes. Anhand von **Bild 4.3** sollen die für Wälzgetriebe und Wälzschraubgetriebe unterschiedlichen Geschwindigkeitsverhältnisse erläutert werden. Man erkennt, daß bei Wälzgetrieben (siehe b) nur eine Komponente der Gleitgeschwindigkeit in Höhenrichtung auftritt. Sie ist im Wälzpunkt gleich Null und nimmt in Fuß- und Kopfrichtung zu. Demgegenüber ist bei Wälzschraubgetrieben (siehe a) noch eine Komponente der Gleitgeschwindigkeit in Flankenrichtung vorhanden, so daß auch im Wälzpunkt ein Gleitgeschwindigkeitsanteil gegeben ist.

Aus diesem Grunde ist in Schneckengetrieben und in achsversetzten Kegelradgetrieben (Hypoidgetrieben) das Verhältnis von Gleitgeschwin-

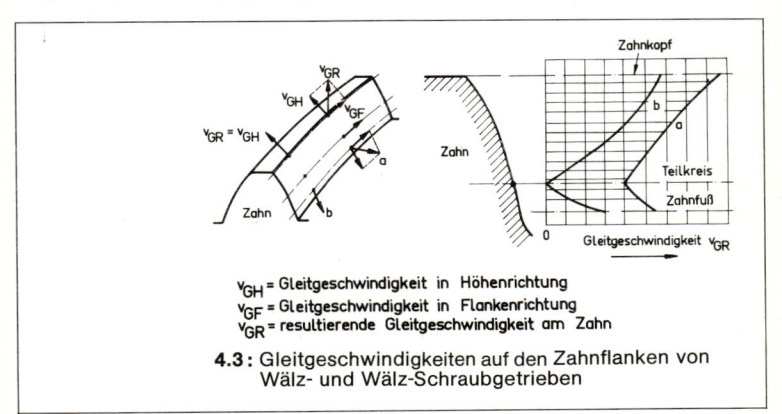

v_{GH} = Gleitgeschwindigkeit in Höhenrichtung
v_{GF} = Gleitgeschwindigkeit in Flankenrichtung
v_{GR} = resultierende Gleitgeschwindigkeit am Zahn

4.3: Gleitgeschwindigkeiten auf den Zahnflanken von Wälz- und Wälz-Schraubgetrieben

digkeit zu Wälzgeschwindigkeit relativ groß. Dabei ist die Richtung der Gleitgeschwindigkeit nicht konstant, sondern ändert sich in Höhenrichtung der Zahnflanke. Durch diese „wischende" Bewegung wird der Aufbau eines unter Druck stehenden Ölfilms erheblich behindert. Der Auswahl des Schmierstoffs für Industrie-Schneckengetriebe muß daher eine besondere Aufmerksamkeit geschenkt werden. Werden die Getriebe darüber hinaus noch, gemessen an ihrer Größe, übermäßig hoch belastet, wie es bei den Schneckengetrieben und den Hypoidgetrieben (achsversetzten Kegelradgetrieben) für Kraftfahrzeug-Achsantriebe der Fall ist, so erfordern die hohen Beanspruchungen eine ganz spezielle Getriebeöl-Entwicklung. Hinsichtlich der mittleren Richtwerte kann angenommen werden, daß bei Wälzgetrieben das Verhältnis von Gleitgeschwindigkeit zu Wälzgeschwindigkeit in der Regel kleiner als 0,7 ist, während es bei Wälzschraubgetrieben meistens über 1 liegt und Werte von 6 und darüber erreichen kann.

4.1.2.2. Belastungsverhältnisse

Selbst bei bestmöglicher Fertigung läßt sich vor allem bei Großgetrieben keine so hervorragende Zahnflankengenauigkeit einhalten, daß die Zähne gleichmäßig über die gesamte Breite belastet werden. Bedingt durch Fehler in der Achsparallelität, durch Schrägungsfehler, durch Verformungen unter Last usw. muß die effektive Zahnbreite kleiner angesetzt werden, als die tatsächliche Breite des Zahns beträgt. Außerdem ist die auf einen Zahn wirkende Gesamtkraft im allgemeinen höher als der aus der übertragenen Leistung errechnete Wert. Durch Verzahnungsfehler, durch Verformungen, aber auch durch Verschleiß der Flanken werden Laständerungen und Stöße verursacht, die mit der Umfangsgeschwindigkeit des Zahnrads größer werden. Hinzu kommen noch andere dynamische Kräfte, welche durch Unwuchten und durch Drehmomentschwankungen auf der Antriebs- und Abriebsseite im Getriebe auftreten. Zur Auslegung eines Getriebes sowie zur Bewertung des Schmierstoffes muß daher eine Betriebsleistung als das Produkt aus Nennleistung und einem Stoßfaktor zugrunde gelegt werden.

Für diese Betrachtungen ist es sinnvoll, das am Antriebsrad herrschende Drehmoment heranzuziehen. Auch hier ergibt sich bei Fahrzeuggetrieben eine Besonderheit, die für eine außerordentlich starke Belastung der Zahnräder und damit auch des Schmierstoffes verantwortlich ist.

4.1. Schmierung von Zahnradgetrieben

Beim Übergang vom Leerlauf (Schub) auf Last (Zug) entstehen hohe Drehmomentspitzen. Es handelt sich hierbei um Einschwingvorgänge, wobei die maximalen Drehmomente Werte annehmen können, die 50—150 % über den Zugdrehmomenten liegen [3], [4]. Zahlreiche Flankenschäden müssen sicherlich auf diese Drehmomentspitzen zurückgeführt werden.

4.1.2.3. Flankenbeanspruchung

Bild 4.4 zeigt die durch Spannungen und Gleitungen bedingte Beanspruchung der Zahnflanken zweier miteinander kämmender Zahnräder in schematischer Darstellung nach *Dudley/Winter* [5]. Diese Beanspruchung gilt für den Bereich der Berührungsstelle, der sich unter Einwirkung der übertragenen Kräfte elastisch zu einer Fläche abplattet. In der Mitte der Abplattungsfläche ist die Flächenpressung am größten. Unmittelbar unterhalb dieses Punktes — im Abstand von etwa einem Drittel der Breite der Abplattungsfläche — entsteht auch die größte Schubspannung. Die Gleitreibungsanteile führen zu weiteren Oberflächenspannungen, wobei sich kurz vor der Berührungszone Druckspannungen und kurz dahinter Zugspannungen aufbauen. Die Zahnflanke ist also in diesem Bereich bei jedem Eingriff einer Wechselspannung ausgesetzt, die

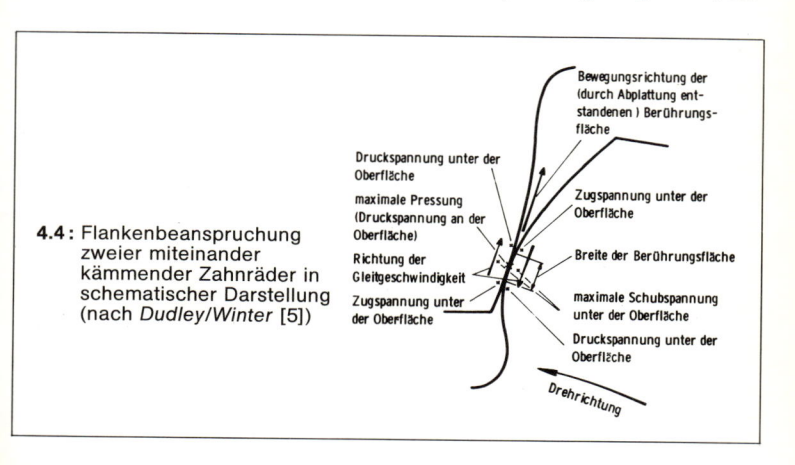

4.4: Flankenbeanspruchung zweier miteinander kämmender Zahnräder in schematischer Darstellung (nach *Dudley/Winter* [5])

zu Oberflächenrissen und zu plastischen Deformationen beitragen kann. Demgegenüber verursachen die inneren Schubspannungen Anrisse unter der Oberfläche. Wenn schon infolge ungünstiger Bewegungsverhältnisse kein Tragfilm aufgebaut werden kann, so fällt dem Schmierstoff immer noch die Aufgabe zu, die durch Gleitbewegungen erzeugten Spannungen zu verringern, indem der Bewegungsablauf begünstigt wird.

4.1.2.4. Temperaturbeanspruchung

Alle Einflüsse von Geschwindigkeit und Belastung wirken sich auf die Zahnflankentemperaturen aus. *Lechner* hat nachgewiesen [6], daß die sogenannte Zahnflankendauertemperatur (mit hinreichender Genauigkeit gleich der mittleren Radkörpertemperatur) für das Fressen der Zahnflanken verantwortlich ist. Er gibt eine Beziehung an, mit der sich diese Temperatur als Funktion von Geschwindigkeit und Belastung berechnen läßt. **Bild 4.5** zeigt diese Temperatur für eine gehärtete Stirnradverzahnung bei zwei Umfangsgeschwindigkeiten (Drehzahlen) als Funktion der Zahnnormalkraft. Der Einfluß der Getriebeöltemperatur und damit auch der Viskosität ist offensichtlich.

4.1.3. Verfügbare Schmierstoffe für die Getriebeschmierung

Die bisher erläuterten Zusammenhänge lassen erkennen, daß dem Getriebeschmierstoff vor allem die Aufgabe zufällt, die Gleitbewegungen zu begünstigen, um den Verschleiß herabzusetzen, die Freßgefahr zu verringern und gleichzeitig eine übermäßige Erwärmung zu unterbinden.

4.1.3.1. Erforderliche Eigenschaften von Getriebeschmierstoffen

Sehr vereinfachend lassen sich die Eigenschaften von Getriebeschmierstoffen in Auswahl- und Gütewerte unterteilen. Wie **Tabelle 4.1** zeigt, gehört zu den Auswahlwerten z. B. die Viskosität, die nichts mit der Qualität eines Öles zu tun hat. Sie beeinflußt die von dem unter Druck stehenden Tragfilm zwischen den Zahnflanken zu übertragenden Kräfte (elastohydrodynamische Schmierung) sowie die Betriebstemperatur.

4.1. Schmierung von Zahnradgetrieben

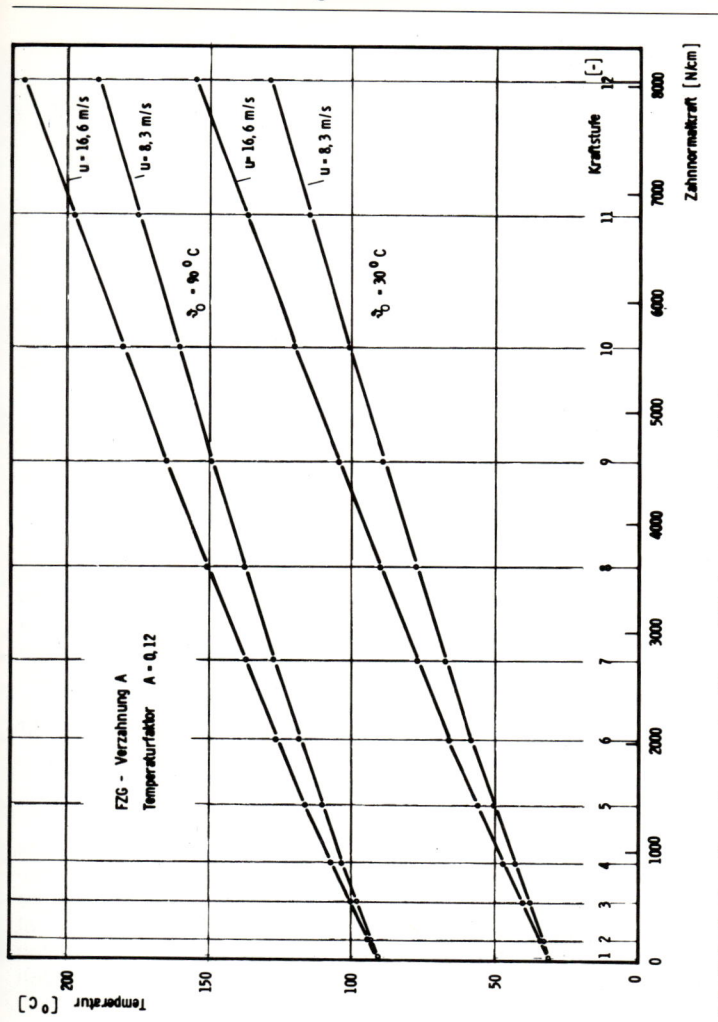

4.5: Zahnflanken-Dauertemperatur für zwei Umfangsgeschwindigkeiten als Funktion der Zahnnormalkraft

Auswahlwerte	Gütewerte	
	Sekundäreigenschaften	Primäreigenschaften
z. B. Viskosität Stockpunkt Flammpunkt Konsistenz	z. B. Viskosität (Temp.-Verhalten chem. Verhalten (Korrosion, Angriff auf NE-Metalle) Beständigkeit (therm., gegen Oxidation) Schaumverhalten Hochtemperaturverhalten Tieftemperaturverhalten Kälteverhalten Verträglichkeit mit Dichtungselementen	z. B. Reibungsverhalten Verschleißverhalten Freßverhalten Einlaufverhalten

Tabelle 4.1: Auswahl- und Gütewerte von Getriebeschmierstoffen

Die Unterscheidung zwischen Primär- und Sekundäreigenschaften soll keine Qualitätsrangfolge im absoluten Maßstab darstellen. Vielmehr sollen unter den Primäreigenschaften in erster Linie die spezifischen vom Getriebe an den Schmierstoff gestellten Anforderungen verstanden werden, wie etwa das Verschleiß- und Freßverhalten. Als Sekundäreigenschaften werden die darüber hinaus noch interessierenden allgemeinen Eigenschaften gekennzeichnet. So wird z. B. von einem Getriebeöl verlangt, daß das Grundöl oder die Wirkstoffe das Material der Dichtungen nicht angreifen.

4.1.3.2. Getriebeschmierstoffe

Die Einteilung der Getriebeschmierstoffe ist einmal nach ihrer Funktion und dem Einsatzfall, zum anderen nach ihren EP-Eigenschaften möglich. Sinnvoller als die grobe Unterteilung der Getriebeschmierstoffe nach Schmierstoffen für stationäre Getriebe und Fahrzeuggetriebe ist es, die Schmierstoffe bestimmten Getriebetypen zuzuordnen. So stellen bei den Fahrzeuggetrieben die Schaltgetriebe andere Anforderungen an das Getriebeöl als die Hinterachsgetriebe (Hypoid- oder Kegelrad-

4.1. Schmierung von Zahnradgetrieben

getriebe) und die Lenkgetriebe. Die Getriebeöle oder besser die Betriebsflüssigkeiten für automatische Getriebe sind wieder anders beschaffen. Bei den Schmierstoffen für Industriegetriebe ist manchmal zwischen solchen für Klein- und Großgetriebe zu unterscheiden. Schneckengetriebe müssen mit anderen Schmierstoffen als Stirnrad- und Kegelradgetriebe versorgt werden. Die Getriebeöle für Untersetzungsgetriebe für Turbinen müssen zum Teil wieder andere Eigenschaften besitzen. Eine Sonderstellung nehmen die Einlaufgetriebeöle ein, die nur während der ersten Betriebsstunden eingefüllt werden, um durch einen zulässigen höheren Anfangsverschleiß eine gute Glättung der Zahnflanken zu erreichen.

In kleineren Getrieben, vor allem, wenn keine aufwendigen Maßnahmen zur einwandfreien Abdichtung getroffen werden können oder sollen, setzt man Schmierfette ein, die in der Regel eine sehr niedrige Konsistenz aufweisen und dann als Getriebeschmierfette bezeichnet werden. Langsam laufende, offene Zahnradgetriebe werden häufig mit sogenannten Haftschmierstoffen geschmiert, die mit Pinsel und Spachtel oder durch Versprühen aufgetragen werden können. Den weitaus größten Teil der Getriebeschmierstoffe stellen jedoch die Mineralöle ohne und mit entsprechenden Zusätzen dar. Mit den unlegierten Ölen läßt sich nur durch eine höhere Viskosität eine größere Freßtragfähigkeit der Zahnradpaarungen erreichen. Zur Verbesserung der Gleiteigenschaften können dem reinen Mineralöl organische Fettöle oder Fettsäuren zugesetzt werden. Dadurch erreicht man eine bessere Haftung des Öles an den Flankenoberflächen.

Solche gefetteten Öle werden gern in Schneckengetrieben eingesetzt. Für höhere Anforderungen werden dem Grundöl Additive auf der Basis von Schwefel-, Chlor- und Phosphorverbindungen beigemischt, die unter Druck- und Temperaturbeanspruchung auf den Zahnflanken schützende Reaktionsschichten bilden. Die Hochdruckgetriebeöle, auch als mild wirkende Extreme-Pressure- (EP) Öle bezeichnet, können in hochbelasteten Industriegetrieben und müssen in Kraftfahrzeuggetrieben, z. B. in Schaltgetrieben, verwendet werden. Werden die genannten Wirkstoffe oder ähnliche Zusätze, z. B. auf der Basis von Bleinaphthenaten usw., in größeren Mengen dem Grundöl zugesetzt, so erhält man sehr stark wirkende EP-Öle, die gewöhnlich als Hypoidgetriebeöle bezeichnet werden. Diese Öle können aggressiv reagieren und sich u. U.

nachteilig auf die Dichtungswerkstoffe auswirken, so daß ihr Einsatz auf Getriebe mit höchsten Beanspruchungen beschränkt bleiben muß. Somit werden sie in Industriegetrieben nicht verwendet, hingegen haben sie die Betriebssicherheit von achsversetzten Kegelradgetrieben (Hypoidgetrieben) als Hinterachsgetriebe für Kraftfahrzeuge überhaupt erst ermöglicht.

Die Tendenz geht heute dahin, Getriebeöle mit wirklich ausgewogenen Wirkstoffkombinationen zu entwickeln, die einen weiten Anwendungsbereich überdecken und keine schädlichen Nebeneinflüsse ausüben. Diese sogenannten Mehrzweckgetriebeöle sollen einen ausreichenden Verschleißschutz und eine genügende Freßsicherheit in Hypoidgetrieben gewährleisten und auch in niedriger belasteten Getrieben verwendet werden können.

Die folgenden Ausführungen sollen sich nur auf unlegierte und legierte Mineralöle beziehen. Die Getriebeschmierfette und die Haftschmierstoffe werden zusammen mit den Einsatzbereichen im Abschnitt 4.1.4. besprochen.

4.1.3.3. Viskositätseinteilung von Getriebeölen

Es ist einleuchtend, daß ein Getriebeöl der gewünschten Qualität oder des gewünschten Typs nicht in jeder Viskosität verfügbar sein wird, die man unter Berücksichtigung von Getriebetyp, Betriebsbedingungen und sonstigen Auswahlkriterien (siehe Abschnitt 4.1.4.) für optimal erachtet. Vielmehr wurden verschiedene Viskositätsklassen und -bereiche geschaffen, die es ermöglichen, ein Getriebeöl mit einer Viskosität auszuwählen, die der gewünschten Viskosität am nächsten kommt.

4.1.3.3.1. Viskositätsstufen nach DIN 51 502

Die **Tabelle 4.2** zeigt die Viskositätsabstufungen nach DIN 51502 [7], wobei außer der Bezugstemperatur die Viskosität in mPa · s bzw. cP und das Viskositäts-Dichte-Verhältnis in mm^2/s bzw. cSt angegeben sind. Für die Umrechnung zwischen Viskosität und Viskositäts-Dichte-Verhältnis wurden mittlere Werte für die Dichte zugrunde gelegt. Für die meisten Anwendungsfälle kommen nur die für eine Bezugstemperatur von 50° C angegebenen Viskositätsstufen für die Getriebeschmierung in Frage.

4.1. Schmierung von Zahnradgetrieben

Bezugstemperatur	Viskosität [mPa · s (cP)]	Viskosität-Dichte-Verhältnis [mm^2/s (cSt)]
20 °C	unter 7	unter 8
	11	13 ± 4
	22	25 ± 4
50° C	14	16 ± 4
	22	25 ± 4
	32	36 ± 4
	44	49 ± 5
	62	68 ± 6
	84	92 ± 7
	104	114 ± 8
	132	144 ± 4
	152	169 ± 13
	207	225 ± 25
	308	324 ± 35

Tabelle 4.2: Viskositätsabstufungen nach DIN 51502

4.1.3.3.2. Viskositätsstufen nach AGMA

Die **Tabelle 4.3** enthält die Viskositätsstufen der von der *American Gear Manufacturer Association (AGMA)* in den USA in der *AGMA*-Norm 250.02 klassifizierten Getriebeöle [8], die auch bei uns eine gewisse Bedeutung erlangt haben, und zwar vor allem bei stark exportorientierten Getriebeherstellern.

4.1.3.3.3. Viskositätsstufen nach SAE

Zur Viskositätseinteilung von Kraftfahrzeuggetriebeölen hat sich weitgehend die *SAE*-Klassifizierung *(Society of Automotive Engineers)* durchgesetzt, die auch von DIN übernommen wurde [9]. Wie **Tabelle 4.4** zeigt, werden die Öle fünf Viskositätsklassen zugeordnet, die jeweils Viskositätsbereiche darstellen. Da unter bestimmten Voraussetzungen auch Motorenöle zur Getriebeschmierung eingesetzt werden können, sei auf Tabelle 5.7 im Kapitel 5 des ersten Bandes dieses Taschenbuchs „Motorenschmierung" verwiesen, die die *SAE*-Klassifizierungen für Motorenöle enthält [10].

Viskositätsbereiche in [mm²/s]		
AGMA-Getriebeöl	37,0° C (100° F)	98,9° C (210° F)
1	39 – 52	–
2	61 – 78	–
3	106 – 152	–
4	152 – 217	–
5	–	16 – 22
6	–	22 – 26
7	–	26 – 32
7 comp*)	–	26 – 32
8	–	32 – 61
8 comp*)	–	32 – 41
8 A comp*)	–	41 – 54
9	–	77 – 118
10	–	194 – 258
11	–	387 – 538

Tabelle 4.3: Viskositätsstufen nach AGMA 250.02 [8]   * gefettete Öle

SAE Viskositäts-klasse	Viskositäts-Dichte-Verhältnis			
	−17,8° C (= 0° F)		98,9° C (= 210° F)	
	mindestens [mm²/s]	höchstens [mm²/s]	mindestens [mm²/s]	höchstens [mm²/s]
175	–	unter 13250	4,2	–
180	3250	unter 21700		
190	–	–	14,2	unter 25,0
140	–	–	25,0	unter 43,0
250	–	–	43,0	–

Tabelle 4.4: Viskositätsklassen für Kraftfahrzeug-Getriebeöle nach DIN 51512 [9]
Die auszugsweise Wiedergabe der Norm erfolgt mit Genehmigung des Deutschen Normenausschusses
[1] Diese Forderung entfällt, wenn das Viskositäts-Dichte-Verhältnis bei 98,9° C nicht unter 6,7 [mm²/s] liegt
[2] Diese Forderung entfällt, wenn das Viskositäts-Dichte-Verhältnis bei −17,8° C nicht über 162 900 [mm²/s] liegt

Viskositäts-kennzahlen	SAE-Visk.-Klassen nach DIN 51511	SAE-Visk.-Klassen nach DIN 51512	Schmieröle C, C-L, C-T DIN 51 517	Schmieröle N DIN 51501	Schmieröle TD-L DIN 51515	Schmieröle C-LP	Kraftfahrzeug-Getriebeöle
16	10 W	75	x	x	x	x	
25			x	x	x	x	
36	20 W		x	x	x	x	x
49	20	80	x	x	x	x	
68	30		x	x		x	x
92	40	90	x	x		x	
114			x	x		x	
144	50		x	x		x	x
169			x			x	
225		140	x	x		x	
324				x			x

Tabelle 4.5: Bevorzugt zur Getriebeschmierung einzusetzende Öltypen [11]

4.1.3.4. Geeignete Öle zur Getriebeschmierung

4.1.3.4.1. Bevorzugt einzusetzende Öle

Die **Tabelle 4.5** enthält die bevorzugt zur Getriebeschmierung einzusetzenden Öltypen, gegenübergestellt den Viskositätsstufen, in denen sie gewöhnlich zur Verfügung stehen [11]. Die Gegenüberstellung der

Viskositätsstufen zu den *SAE*-Viskositätsklassen soll nur einen ungefähren Vergleich ermöglichen.

Die Öle ohne besondere freß- und verschleißverringernde Wirkstoffe können Zusätze zum Verbessern des Pour Point (Stockpunkt), des Schaumverhaltens, der Alterungsbeständigkeit und des Korrosionsschutzes enthalten.

Die *Schmieröle N* nach DIN 51501 [12] werden für Schmierungsaufgaben eingesetzt, die keine besonderen Anforderungen hinsichtlich Alterungsbeständigkeit, Kälteverhalten usw. stellen. Bei den *Schmierölen C* nach DIN 51517 [13] handelt es sich um alterungsbeständige Mineralöle, die im Falle der Typen C-T (siehe auch DIN 51502 [7]) ein besonders gutes Kälteverhalten aufweisen. Sie werden bei Umlaufschmierung eingesetzt, wenn eine bessere Alterungsbeständigkeit verlangt wird, als von den Schmierölen N gewährleistet werden kann. Werden höhere Anforderungen an den Korrosionsschutz durch das Getriebeöl gestellt, sind die *Schmieröle C-L* zu verwenden, deren Mindestanforderungen demnächst genormt werden (DIN 0051518 [14]). Die *Schmieröle TD-L* nach DIN 51515 [15] enthalten Wirkstoffe zur Verbesserung des Korrosionsschutzes und der Alterungsbeständigkeit und werden zur Schmierung von Dampfturbinen oder von Maschinenanlagen eingesetzt, die von Dampfturbinen angetrieben werden. Hierzu gehören auch Getriebe. Sind EP-legierte Öle notwendig, müssen *Schmieröle TD-LP* (P als Kennbuchstabe für freß- und verschleißverringernde Wirkstoffe nach DIN 51502 [7]) verwendet werden, deren Mindestanforderungen aber noch nicht genormt sind. Die Mindestanforderungen an die *Schmieröle C-LP*, die freß- und verschleißverringernde Wirkstoffe enthalten, werden demnächst ebenfalls genormt (DIN 0051518 [14]).

Die *Kraftfahrzeuggetriebeöle* können nach DIN 51502 [7] in mildlegierte Getriebeöle (ohne Kennbuchstabe), hochlegierte Getriebeöle (Kennbuchstabe HYP) und Flüssigkeitsgetriebeöle (Kennbuchstabe ATF) unterteilt werden. Der Versuch, Kraftfahrzeuggetriebeöle gemäß ihren EP-Eigenschaften zu spezifizieren, ist vom *American Petroleum Institut (API)* unternommen worden. Die **Tabelle 4.6** enthält einen Auszug aus der Getriebeölkennzeichnung des *API* [16].

Während nach API-GL-1 Getriebeöle gekennzeichnet werden, die keine EP-Wirkstoffe, wohl aber möglicherweise Oxydations- und Korrosionsinhibitoren aufweisen, werden nach API-GL-2 Schmierstoffe für Schnek-

4.1. Schmierung von Zahnradgetrieben

API-GL-1

Kennzeichnet die Einsatzbedingungen in Kraftfahrzeug-Hinterachsgetrieben mit spiralverzahnten Kegelrädern und mit Schneckenrädern sowie in einigen handgeschalteten Übersetzungsgetrieben, die unter solchen milden Bedingungen arbeiten, gekennzeichnet durch niedrige spezifische Flächenlasten und kleine Gleitgeschwindigkeiten, daß unlegierte Mineralöle zufriedenstellend eingesetzt werden können. Um die Eigenschaften der Schmierstoffe für diese Einsatzverhältnisse zu verbessern, können Rost- und Oxydationsinhibitoren, Schaumverhinderer sowie Stockpunktsverbesserer verwendet werden. Reibungsverbesserer und Hochdruckwirkstoffe sind nicht zuzugeben.

API-GL-2

Kennzeichnet die Einsatzbedingungen in Kraftfahrzeug-Achsgetrieben mit Schneckenrädern, die unter solchen Verhältnissen der Belastung, der Temperaturen sowie der Gleitgeschwindigkeiten arbeiten, daß Schmierstoffe, welche bei den Bedingungen gemäß API-GL-1 zufriedenstellend eingesetzt werden können, nicht mehr ausreichen.

API-GL-3

Kennzeichnet die Einsatzbedingungen in Kraftfahrzeug-Handschaltgetrieben sowie in Achsgetrieben mit spiralverzahnten Kegelrädern, die bei mäßig schweren Belastungs- und Geschwindigkeitsverhältnissen arbeiten. Diese Einsatzbedingungen erfordern Schmierstoffe mit einem Lasttragevermögen, welches größer ist als bei Schmierstoffen, die bei den Bedingungen gemäß API-GL-1 zufriedenstellend eingesetzt werden können, aber unter den Anforderungen an Schmierstoffe liegt, die die Einsatzbedingungen nach API-GL-4 erfüllen müssen.

API-GL-4

Kennzeichnet die Einsatzbedingungen in Getrieben, insbesondere in Hypoidgetrieben, für Kraftfahrzeuge sowie in anderen Einrichtungen für Kraftfahrzeuge, die bei Betriebsbedingungen mit hohen Geschwindigkeiten/niedrigen Drehmomenten oder aber mit niedrigen Geschwindigkeiten/hohen Drehmomenten arbeiten.

API-GL-5

Kennzeichnet die Einsatzbedingungen in Getrieben, insbesondere in Hypoidgetrieben, für Kraftfahrzeuge sowie in anderen Einrichtungen für Kraftfahrzeuge, die unter Betriebsbedingungen mit hohen Geschwindigkeiten/Stoßbeanspruchungen, hohen Geschwindigkeiten/niedrigen Drehmomenten oder niedrigen Geschwindigkeiten/hohen Drehmomenten arbeiten.

API-GL-6

Kennzeichnet die Einsatzbedingungen in Getrieben, insbesondere in Hypoidgetrieben mit großer Achsversetzung (Achsversetzung über 50,8 mm (2''), die 25 % des Zahnkranzdurchmessers erreicht), für Personenkraftfahrzeuge sowie in anderen Einrichtungen für Kraftfahrzeuge, die unter Hochgeschwindigkeits- und Hochleistungsbedingungen arbeiten.

Tabelle 4.6: API-Klassifizierung für Fahrzeug-Getriebeöle [16]

kengetriebe charakterisiert. Demgegenüber müssen Öle nach API-GL-3 bereits höheren Anforderungen in Stirnrad- und normalen Kegelradgetrieben genügen. Für noch schwerere Beanspruchungen, z. B. in Hypoidgetrieben mit kleineren Achsversetzungen, werden Getriebeöle nach API-GL-4 empfohlen. Bei typischen Betriebsbedingungen in den Hypoidgetrieben üblicher Fahrzeuge können Getriebeöle nach API-GL-5 eingesetzt werden, während Öle für die schwersten Beanspruchungen nach API-GL-6 gekennzeichnet sind. Die von Getriebeölen nach API-GL-4 bis API-GL-6 zu erfüllenden Anforderungen sind einschließlich Laboratoriums- und Prüfstandsuntersuchungen genau festgelegt. Die nach DIN 51502 [7] als mildlegierte Getriebeöle gekennzeichneten Öle können der Gruppe API-GL-3 zugeordnet werden. Die hochlegierten Getriebeöle (Kennbuchstabe HYP) sind zu unterscheiden nach API-GL-4 (entsprechend der US-Spezifikation MIL-L-2105) in normale Hypoidgetriebeöle für hypoidverzahnte Achsgetriebe mit hohen Gleit- bzw. Umfangsgeschwindigkeiten und niedriger Belastung sowie umgekehrt und nach API-GL-5 (entsprechend der US-Spezifikation MIL-L-2105 B) für hypoidverzahnte Achsgetriebe mit hohen Geschwindigkeiten und stoßartig wechselnden Belastungen.

4.1.3.4.2. Weitere geeignete Mineralöle

Falls es die konstruktiven und betrieblichen Gegebenheiten erfordern bzw. erlauben, können zur Getriebeschmierung noch folgende Mineralöltypen eingesetzt werden [11]:

Mineralöle ohne verschleiß- und freßverringernde Wirkstoffe

Hierzu gehören sogenannte *unlegierte Kraftfahrzeuggetriebeöle und Motorenöle*, bei denen es sich um alterungsbeständige Mineralöle handelt, die etwa den Schmierölen C entsprechen und den *SAE*-Viskositätsklassen nach DIN 51511 (10) bzw. DIN 51512 [9] zugeordnet sind. Diese Öle gibt es auf dem deutschen Markt nicht mehr, so daß sie nur für exportierte Getriebe eine gewisse Rolle spielen können.

Zur Schmierung der Zahnradgetriebe an elektrischen Triebfahrzeugen werden zuweilen auch *Schmieröle Z* nach DIN 51510 [17] eingesetzt, bei denen es sich um hochviskose Mineralöle handelt, deren Haupteinsatzgebiet die Dampfzylinderschmierung ist.

4.1. Schmierung von Zahnradgetrieben

Mineralöle mit freß- und verschleißverringernden Wirkstoffen

Bei gemeinsamer Versorgung hydrostatischer Anlagen und mechanischer Getriebe können unter Umständen auch *Hydrauliköle H-LP* nach DIN 51525 eingesetzt werden [18], wenn deren freß- und verschleißverringernden Eigenschaften für die Verzahnungen genügen. Die Verwendung in hydrodynamischen Getrieben mit mechanischen Nachschaltgetrieben ist nur in Abstimmung mit dem Getriebehersteller vorzusehen. *HD-Motorenöle* entsprechend dem derzeitigen Stand der Technik können in bezug auf ihre freß- und verschleißverringernden Eigenschaften gewöhnlich den mildlegierten Getriebeölen nach API-GL-3 gleichgesetzt werden. Vor dem Einsatz in Zahnradgetrieben ist jedoch sicherzustellen, daß diese Eigenschaften auch tatsächlich für die Getriebeschmierung ausreichen. Bei den Flüssigkeitsgetriebeölen (Kennbuchstaben ATF nach DIN 51502 [7]) oder **A**utomatic **T**ransmission **F**luids sind verschiedene Sortengruppen, z. B. Typ Suffix A, Dexron oder Ford M-2C-33F, zu unterscheiden. Der Einsatz in Zahnradgetrieben kann nur nach Abstimmung mit dem Getriebehersteller erfolgen.

4.1.4. Schmierstoffauswahl

Die Auswahl des Schmierstoffs hat unter dem Gesichtspunkt zu erfolgen, einen störungsfreien Betrieb der Zahnradpaarung über die konzipierte Lebensdauer zu gewährleisten. Dies bedeutet, daß unter der Voraussetzung einer weitgehend optimalen Ausnutzung der Möglichkeiten der modernen Technologie bei Konstruktion und Fertigung des Getriebes sowie bei Beachtung aller notwendigen Maßnahmen und Vorkehrungen bei Inbetriebnahme, Betrieb und Wartung des Getriebes Schmierstoffe eingesetzt werden, die Schmierstoff-abhängige Schadensursachen ausschließen. Hinsichtlich der Auswahl des am besten geeigneten Schmierstoffs sei auf die Norm DIN 51509 „Auswahl von Schmierstoffen für Zahnradgetriebe" verwiesen [11].

4.1.4.1. Schadenstyp und Beanspruchungsbedingungen

Nun ist nicht jede Zahnradpaarung bei allen Betriebsbedingungen gegen jeden Schadenstyp gefährdet. **Bild 4.6** zeigt die verschiedenen Schadenstypbereiche in einem Belastungs-Geschwindigkeits-Diagramm für ungehärteten und gehärteten Stahl [19], [20]. Bei niedrigen

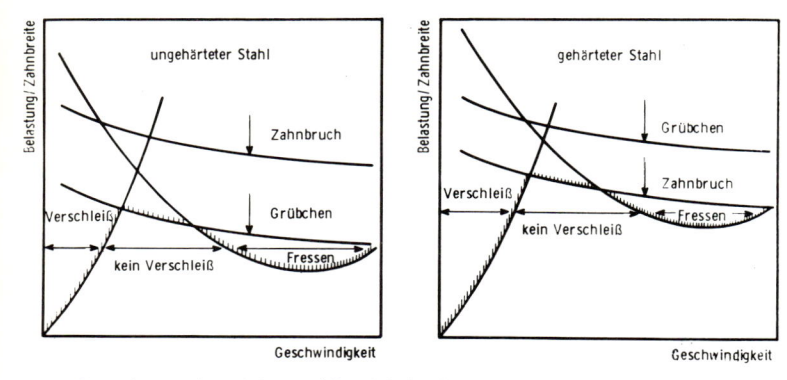

4.6: Schadenstypbereiche und Betriebsbedingungen für ungehärtete und gehärtete Zahnräder (nach *Niemann/Rettig* [19, 20])

Geschwindigkeiten ist die Belastungsgrenze, also die Tragfähigkeit einer Zahnradpaarung, durch den Abrieb infolge unmittelbarer Berührung der Zahnflanken gegeben. Diese Grenze wird oft überschritten, da man geneigt ist, bei größeren mit relativ niedrigen Geschwindigkeiten betriebenen Zahnrädern einen gewissen Verschleiß zuzulassen. Bei höheren Geschwindigkeiten begrenzt, je nachdem ob die Räder ungehärtet oder gehärtet sind, die Gefahr der Grübchenbildung oder des Zahnbruchs die Tragfähigkeit der Verzahnung. Beide Grenzen verschieben sich mit zunehmender Laufzeit in das Gebiet niedrigerer Belastungen und Geschwindigkeiten, wobei auch der Bereich der Verschleißgrenze wieder erreicht werden kann. Bei hohen Geschwindigkeiten wird die Zahnradtragfähigkeit vor allem durch Freßerscheinungen begrenzt. Wie bereits angedeutet wurde, kann die schadensfrei zu übertragende Belastung bei sehr großen Geschwindigkeiten infolge der zunehmenden elastohydrodynamischen Tragfilmdicke auf den Flanken wieder ansteigen. Diese Freßgrenzlast, aber auch die Verschleißgrenzlast, kann durch geeignete Schmierstoffe in das Gebiet höherer Belastungen und Geschwindigkeiten verschoben werden.

4.1.4.2. Tragfähigkeit von Zahnradpaarungen

Bei gegebenen Betriebsbedingungen steht die Lebensdauer eines Getriebes mit der Tragfähigkeit der Zahnradpaarung in einem bestimmten Zusammenhang. Unter Tragfähigkeit sei hier die Sicherheit gegen Schäden verstanden, die vom Konstrukteur beeinflußbar sind. Nach der vorläufigen Festlegung der Verzahnungsdaten ist die Tragfähigkeit der am höchsten beanspruchten Zahnradpaarung nachzurechnen, wobei, soweit möglich, der Schmierstoff zu berücksichtigen ist. Diese Berechnung führt zu einer Nenntragfähigkeit, die größer als die tatsächliche Beanspruchung der Verzahnung sein muß. **Tabelle 4.7** zeigt stark vereinfacht den Einfluß des Werkstoffs, der Konstruktion und der Betriebsbedingungen sowie des Schmierstoffs auf die Tragfähigkeit einer Zahnradpaarung [21]. Die Bruchfestigkeit hängt nicht vom Schmierstoff ab und soll deshalb hier nicht weiter behandelt werden.

Demgegenüber kann die Zahnflankenfestigkeit, d. h. die Grübchenbildung, vom Schmierstoff beeinflußt werden, wenn es gelingt, zwischen den abwälzenden Flanken einen Tragfilm ausreichender Dicke aufzu-

Beeinflußbar durch Sicherheit gegen	Werkstoff	Konstruktion, Betriebs- bedingungen	Schmierstoff
Zahnbruch (Zahnfußfestigkeit)	x	x	−
Grübchenbildung (Zahnflankenfestigkeit)	x	x	(x)
Fressen (Freßfestigkeit)	(x)	x	x
Übermäßige Erwärmung	−	x	x
x beeinflußbar, (x) bedingt beeinflußbar, − nicht beeinflußbar			

Tabelle 4.7: Einfluß von Werkstoff, Konstruktion und Betriebsbedingungen sowie Schmierstoff auf die Zahnrad-Tragfähigkeit (stark vereinfacht) x = beeinflußbar; (x) = bedingt beeinflußbar; − = nicht beeinflußbar

bauen und aufrechtzuerhalten. Es gibt auch Anzeichen dafür, daß es möglich ist, die Grübchenbildung durch Begünstigen des Gleitvorganges beim Abwälzen der Flanken zu behindern. **Bild 4.7** enthält die wichtigsten Einflußgrößen auf die Grübchenbildung [1] und man erkennt, daß eine Verringerung der Gefahr der Grübchenbildung über den Schmierstoff durch eine höhere Viskosität sowie durch den Übergang von einem Mineralöl auf bestimmte Syntheseöle möglich ist. Abrieb-, Riefen- und Freßerscheinungen lassen sich am ehesten durch den Schmierstoff beeinflussen. Diese Schadensformen zu unterbinden, ist eine der wichtigsten, wenn nicht überhaupt die dominierende Aufgabe des Getriebeschmierstoffes. **Bild 4.8** gibt einen Überblick über den Einfluß der Faktoren von Konstruktion, Werkstoff, Oberfläche und Schmierstoff auf die Freßtragfähigkeit einer Zahnradpaarung [1]. Man erkennt, daß durch die Wahl eines entsprechend legierten Getriebeöles die Freßtragfähigkeit stärker erhöht werden kann als durch jeden anderen Einflußfaktor.

Daß über die Getriebeölviskosität der Wärmehaushalt des Getriebes beeinflußt, wenn nicht gar entscheidend kontrolliert werden kann (siehe auch Abschnitt 4.1.4.4.), bedarf keiner besonderen Betonung. Dabei wird davon ausgegangen, daß der Zahnradpaarung ein Schmierstoff ohne Verunreinigungen in ausreichender Menge zur Verfügung steht.

4.1.4.3. Abgrenzung der Einsatzbereiche für Mineralöle, Schmierfette und Haftschmierstoffe

4.1.4.3.1. Grundsätzliche Auswahlkriterien

Umfangsgeschwindigkeit der Getrieberäder, Leistung, Konstruktion sowie Konzeption des Getriebes, das z. B. auf Zeit- oder auf Dauerfestigkeit ausgelegt ist, sind entscheidende Kriterien für die Auswahl des Schmierstofftyps. Bei zweistufigen Getrieben ist dazu die Umfangsgeschwindigkeit der Endstufe zugrundezulegen, während bei dreistufigen Getrieben ein Mittelwert der Umfangsgeschwindigkeiten der zweiten und dritten Stufe gebildet wird. Ein flüssiger Schmierstoff ist vorzuziehen. Nur bei bestimmten konstruktiven Gegebenheiten, wie etwa bei offenen Getrieben oder geschlossenen, aber nicht öldichten Getrieben, werden unter Beachtung der folgenden Grenzgeschwindigkeiten Schmierfette oder Haftschmierstoffe eingesetzt.

4.1. Schmierung von Zahnradgetrieben

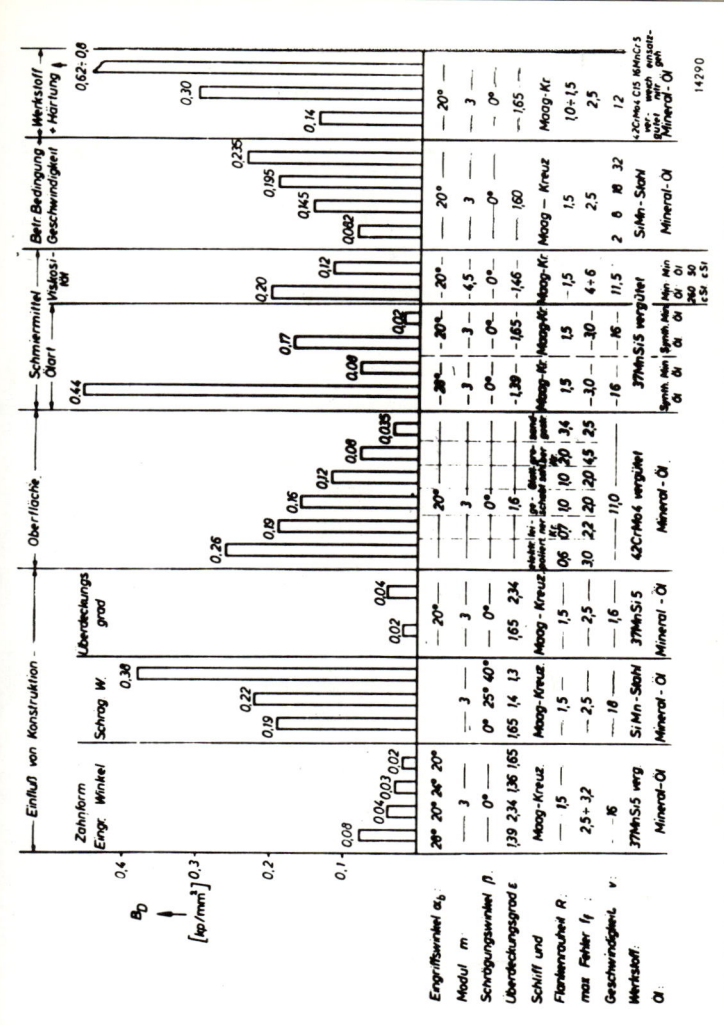

4.7: Bedeutung der wichtigsten Einflußgrößen von Konstruktion, Oberfläche, Werkstoff, Betriebsbedingungen und Schmierstoff auf die Grübchenbildung von Zahnrädern (nach *Niemann/Rettig* [1])

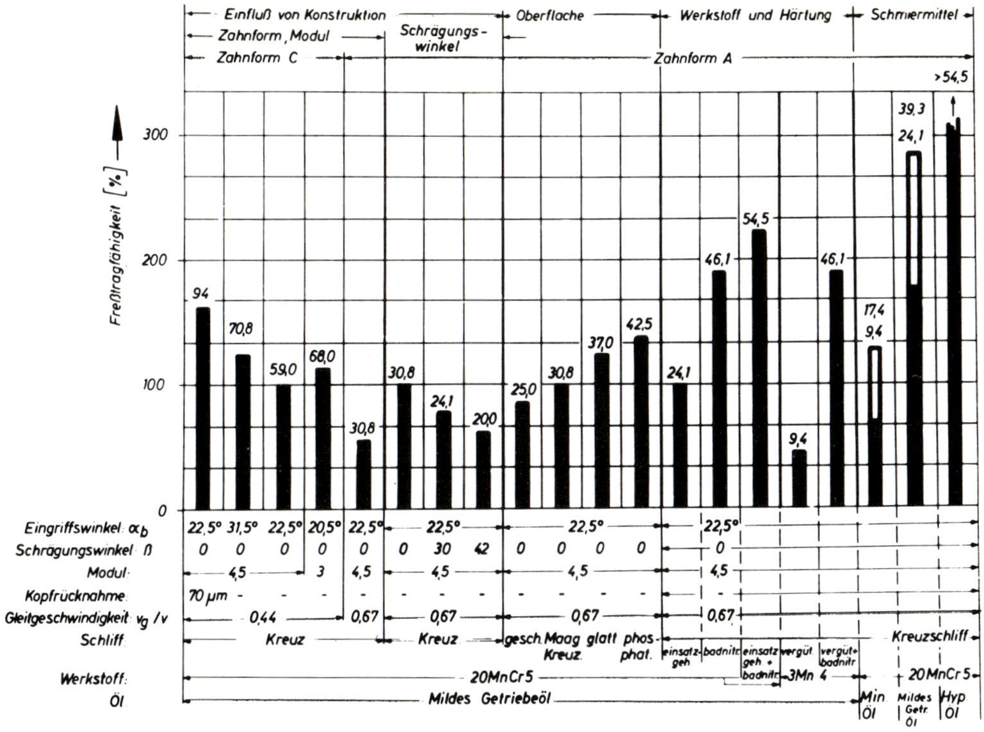

4.8: Bedeutung der wichtigsten Einflußgrößen von Konstruktion, Oberfläche, Werkstoff und Schmierstoff auf die Freßtragfähigkeit von Zahnrädern (nach Niemann/Rettig [1])

4.1.4.3.2. Grenzgeschwindigkeiten für den Einsatz verschiedener Schmierstofftypen

Stirnradgetriebe und Kegelradgetriebe ohne Achsversetzung

Die **Tabelle 4.8** enthält die Zuordnung von Umfangsgeschwindigkeit,

Umfangs-geschwindigkeit	Schmierstofftyp	Art der Schmierung
bis 1 m/s	Haftschmierstoffe	Sprüh- oder Auftragsschmierung
bis 4 m/s	Schmierfette	Tauchschmierung
bis 15 m/s	Mineralöle	Tauchschmierung
über 15 m/s	Mineralöle	Druckumlaufschmierung oder Spritzschmierung

Tabelle 4.8: Zusammenhang zwischen Umfangsgeschwindigkeit, Schmierstofftyp und Art der Schmierung bei Stirnradgetrieben und Kegelradgetrieben ohne Achsversetzung

Umfangsgeschwindigkeit der Schnecke	Schmierstofftyp	Art der Schmierung
bis 4 m/s	Schmierfette	Tauchschmierung
bis 10 m/s	Mineralöle	Tauchschmierung
über 10 m/s	Mineralöle	Spritzschmierung in Eingriffsrichtung

Tabelle 4.9: Zusammenhang zwischen Umfangsgeschwindigkeit, Schmierstofftyp und Art der Schmierung bei Schneckengetrieben mit eintauchender Schnecke

Umfangsgeschwindigkeit der Schnecke	Schmierstofftyp	Art der Schmierung
bis 1 m/s	Schmierfette	Tauchschmierung
bis 4 m/s	Mineralöle	Tauchschmierung
über 4 m/s	Mineralöle	Spritzschmierung in Eingriffsrichtung

Tabelle 4.10: Zusammenhang zwischen Umfangsgeschwindigkeit, Schmierstofftyp und Art der Schmierung bei Schneckengetrieben mit eintauchendem Schneckenrad

Schmierstofftyp und Art der Schmierung. Beim Einsatz von Mineralölen bei Tauch- oder Spritzschmierung sind die Rauhtiefen der Flanken sowie Lage und Drehrichtung der eintauchenden Räder zu berücksichtigen. Bei achsversetzten Kegelradgetrieben, z. B. bei Hypoidgetrieben, aber auch bei Kraftfahrzeug-Schaltgetrieben (Stirnradgetrieben) kann die für Tauchschmierung geltende Grenzgeschwindigkeit von 15 m/s auch überschritten werden.

Schneckengetriebe

Die **Tabelle 4.9** enthält für den Fall *eintauchender Schnecke* die Zuordnung von Umfangsgeschwindigkeit, Schmierstofftyp und Art der Schmierung. Die **Tabelle 4.10** enthält für den Fall, daß nur das *Schneckenrad eintaucht,* die Zuordnung von Umfangsgeschwindigkeit, Schmierstofftyp und Art der Schmierung.

4.1.4.4. Ermittlung der Viskosität beim Einsatz von Mineralölen

4.1.4.4.1. Viskositätswahl bei normalen Betriebsverhältnissen

Bei der Wahl der erforderlichen Viskosität ist wegen der unterschiedlichen Gleitgeschwindigkeitsverhältnisse zwischen Stirnradgetrieben und nicht-achsversetzten Kegelradgetrieben einerseits und Schneckengetrieben andererseits zu unterscheiden. Für die vorwiegend als Kraftfahrzeug-Achsantriebe verwendeten achsversetzten Kegelradgetriebe gelten diese Überlegungen nicht. Für solche Getriebe haben ohnehin nur spezielle Getriebeöle Bedeutung, die zum größten Teil in nur zwei unterschiedlichen Viskositätsbereichen eingesetzt werden. Die in den **Bildern 4.9** und **4.10** gezeigten Diagramme geben Anhaltswerte für die Nennviskosität in mm^2/s (cSt) bei 50° C in Abhängigkeit von einem Pressungs-/Geschwindigkeits-Faktor bzw. einem Last-/Geschwindigkeits-Faktor. Diese Diagramme beruhen auf praktischen Erfahrungen unter Berücksichtigung von elastohydrodynamisch bedingten Mindestfilmdicken zwischen den abwälzenden Zahnflanken und gelten für eine angenommene Umgebungstemperatur von 20° C. Es gilt (siehe auch DIN 3990 [22]):

Zahnbreite	b	[mm]
(Wälz-), Teilkreisdurchmesser	d_1	[mm]
Zahnnormalkraft	F_n	[N; kp]

4.1. Schmierung von Zahnradgetrieben

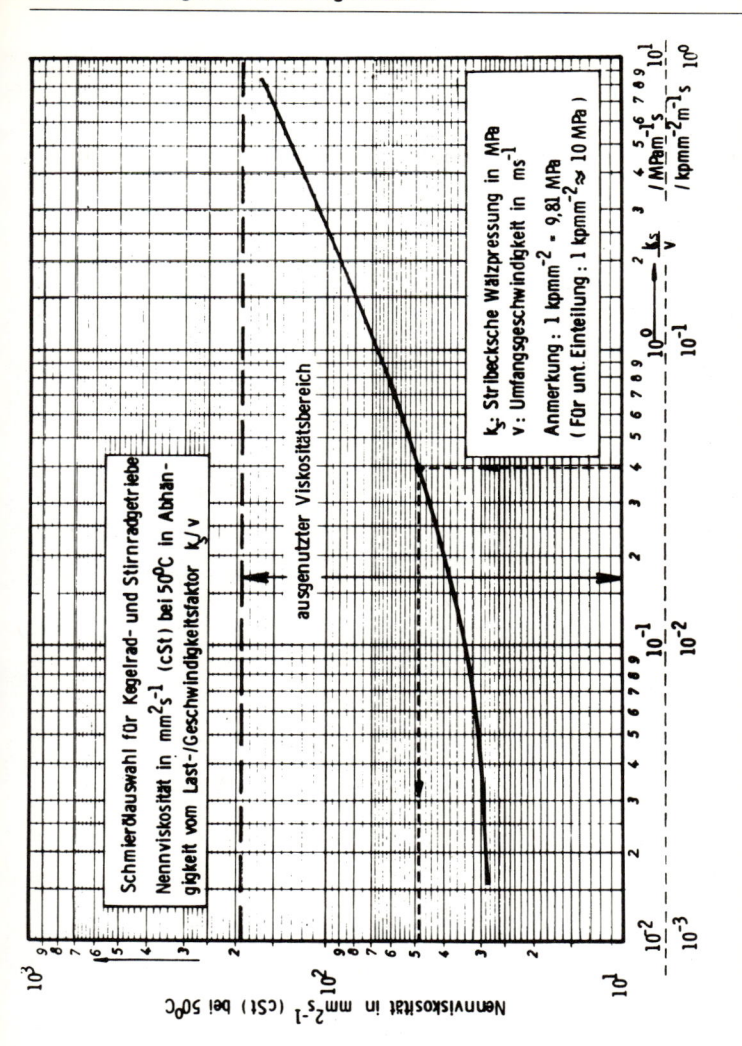

4.9: Viskositätswahl für Stirnrad- und Kegelradgetriebe ohne Achsversetzung (nach DIN 51509 [11])

418   4. Getriebeschmierung

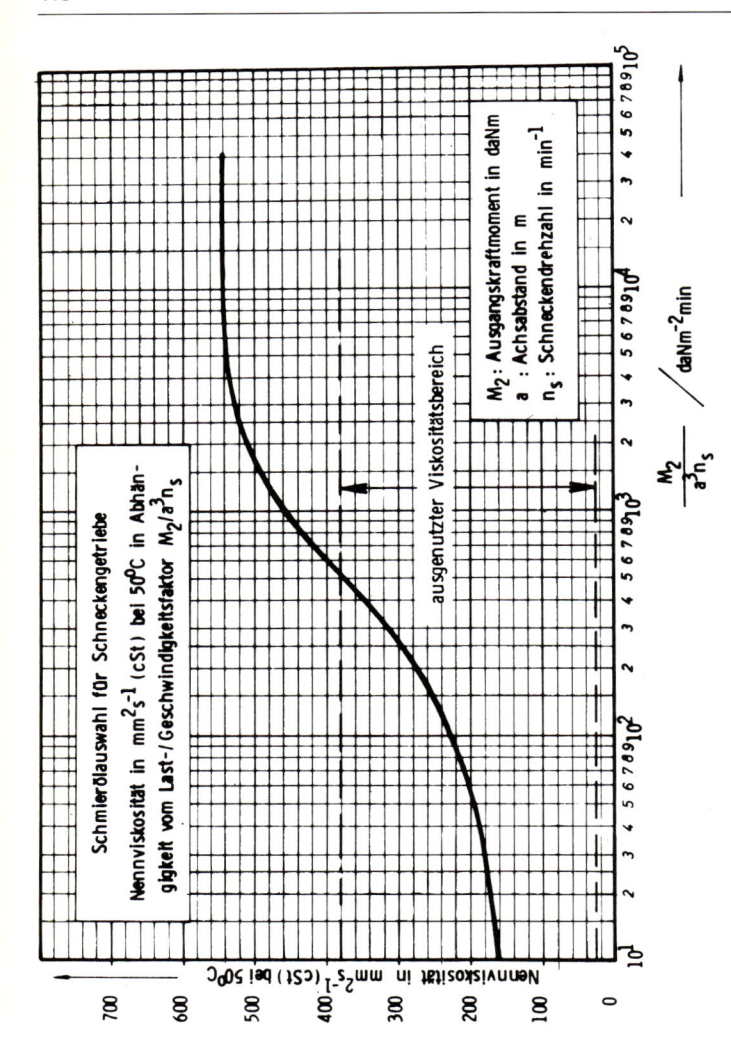

4.10: Viskositätswahl für Schneckengetriebe (nach DIN 51509 [11])

Wälzkreisgeschwindigkeit	v	[m/s]
Zähnezahlverhältnis	u	[−]
Stribecksche Wälzpressung	k_s	[N/mm²; kp/mm²]
Pressungs/Geschwindigkeits-Faktor	$\dfrac{k_s}{v}$	[Nmm^{-2} · m^{-1} · s; kp mm^{-2} m^{-1} · s]
Ausgangsdrehmoment	M_2	[daN · m; kpm]
Achsabstand	a	[m]
Schneckendrehzahl	n_s	[min^{-1}]
Last/Geschwindigkeits-Faktor	$\dfrac{M_2}{a^3 \cdot n_s}$	[daN · m^{-2} min; kp · m^{-2} min]

4.1.4.4.2. Erhöhung der Nennviskosität

Höhere Werte für die Nennviskosität sind bei den folgenden Verhältnissen notwendig:

a) Wenn die Umgebungstemperatur ständig über + 25° C liegt. Die erforderliche Viskositätserhöhung beträgt etwa 10 % für je 3° C Temperaturerhöhung.

b) Wenn mit Stoßbelastungen zu rechnen ist, z. B. Reversierbetrieb in Walzwerken. Anhaltswerte für die erforderliche Viskositätserhöhung ergeben sich durch Multiplizieren der k_s/v-Werte mit 1,5 (bei mäßiger Stoßbelastung) und mit 2 (bei schwerer Stoßbelastung) (siehe auch *VDI*-Richtlinie 2151 [23]).

c) Wenn die Zahnradpaarung entweder aus ähnlich zusammengesetzten Stählen oder aus Cr-Ni-Stählen (mit Ausnahme oberflächengehärteter oder nitrierter Stähle) besteht. Die erforderliche Erhöhung der Nennviskosität beträgt etwa 33 %.

d) Bei freßempfindlichen Zahnradpaarungen (geringe oder fehlende elastohydrodynamische Tragdruckbildung), wenn keine Getriebeöle mit freß- oder verschleißverringernden Wirkstoffen eingesetzt werden können. Die notwendige Erhöhung der Nennviskosität hängt von den Verhältnissen des Einzelfalls ab und muß experimentell ermittelt werden.

4.1.4.4.3. Verringerung der Nennviskosität

Niedrigere Werte für die Nennviskosität können bei den folgenden Verhältnissen erforderlich oder möglich sein:

a) Wenn die Umgebungstemperatur ständig unter + 10° C liegt. Die Viskositätssenkung beträgt etwa 10 % für je 3° C Temperatursenkung.
b) Wenn die Zahnflanken phosphatiert, sulphuriert oder verkupfert sind, ist eine Herabsetzung der Nennviskosität um Werte bis zu 25 % möglich.

4.1.4.4.4. Beispiele für die Viskositätswahl

Stirnradgetriebe

Zahnbreite	b	= 20 mm;
Teilkreisdurchmesser	d_1	= 73 mm;
Zahnnormalkraft	F_n	= 2800 N ($\approx$ 280 kp);
Wälzkreisgeschwindigkeit	v	= 8,3 m/s;
Zähnezahlverhältnis	u	= 1,5;

Stribecksche Wälzpressung $k_s = \dfrac{F_u}{b \cdot d_1} \cdot \dfrac{u+1}{u} = \dfrac{2800}{20 \cdot 73} \cdot \dfrac{1,5+1}{1,5}$

$$= 3{,}20 \text{ N/mm}^2 \ (\approx 0{,}32 \text{ kp/mm}^2);$$

$$\frac{k_s}{v} = \frac{3{,}20}{8{,}3} = 0{,}39 \ \frac{\text{N}}{\text{mm}^2} \cdot \frac{\text{s}}{\text{m}} \ (\approx 0{,}039 \ \frac{\text{kp}}{\text{mm}^2} \cdot \frac{\text{s}}{\text{m}})$$

Aus dem Diagramm von Bild 4.9 ergibt sich dafür eine Nennviskosität von 49 cSt bzw. mm²/s bei 50° C.

Schneckengetriebe

Ausgangsdrehmoment $\quad M_2 = 400$ daNm
Achsabstand $\quad a = 0{,}2$ m;
Schneckendrehzahl $\quad n_s = 250$ 1/min;

Last/Geschwindigkeits-Faktor $\quad \dfrac{M_2}{a^3 \cdot n_s} = \dfrac{400}{0{,}2^3 \cdot 250} = 200$ daNm^{-2} · min
(≈ 200 kp · m^{-2} · min);

4.1. Schmierung von Zahnradgetrieben

Aus dem Diagramm von Bild 4.10 ergibt sich dafür eine Nennviskosität von 275 cSt bzw. mm²/s bei 50° C.

Getriebeart	Größe des Getriebes (Achsabstand der langsamen Stufe)	AGMA-Nr. bei Umgebungstemperatur von	
		−9,4 bis 15,6° C	10 bis 52° C
Stirnradgetriebe (einstufig)	bis 200 mm	2	3
	über 200 mm bis 500 mm	2	4
	über 500 mm	3	4
Stirnradgetriebe (zweistufig)	bis 200 mm	2	3
	über 200 mm bis 500 mm	3	4
	über 500 mm	3	4
Stirnradgetriebe (dreistufig)	bis 200 mm	2	3
	über 200 mm bis 500 mm	3	4
	über 500 mm	4	5
Planetengetriebe	Außendurchmesser des Gehäuses		
	bis 400 mm	2	3
	über 400 mm	3	4
Kegelgetriebe mit Gerad- oder Spiralverzahnung	Äußere Teilkegellänge		
	bis 300 mm	2	4
	über 300 mm	3	5
Getriebemotoren	alle Größen	2	4
Getriebe mit hohen Drehzahlen	alle Größen	1	2

Tabelle 4.11: Ölauswahl für Stirnradgetriebe und Kegelradgetriebe ohne Achsversetzung nach AGMA 250.02 [8]

4.1.4.4.5. Viskositätsempfehlungen nach AGMA

Wegen ihrer Bedeutung für exportierte Getriebe soll auch die Viskositätsempfehlung in Anlehnung an die *AGMA*-Norm 250.02 diskutiert werden [8]. Die **Tabellen 4.11** und **4.12** enthalten die von der *AGMA* ausgearbeiteten Vorschläge zur Ölauswahl für Stirnrad- und Kegelradgetriebe

Getriebeart	Achsabstand [mm]	Schneckendrehzahl bis [1/min]	AGMA-Nr. bei Umgebungstemperatur $-9,4^{1)}$ bis $15,6°$ C	AGMA-Nr. 10 bis 52° C	Schneckendrehzahl[2)] über [1/min]	AGMA-Nr. bei Umgebungstemperatur $-9,4^{1)}$ bis $15,6°$ C	AGMA-Nr. 10 bis 52° C
Zylinderschnecke Globoidschnecke	bis 150	700	7 comp / 8 comp	8 comp / 8A comp	700	7 comp / 8 comp	8 comp / 8 comp
Zylinderschnecke Globoidschnecke	über 150 bis 300	450	7 comp / 8 comp	8 comp / 8A comp	450	7 comp / 8 comp	7 comp / 9 comp
Zylinderschnecke Globoidschnecke	über 300 bis 450	300	7 comp / 8 comp	8 comp / 8A comp	300	7 comp / 8 comp	7 comp / 8 comp
Zylinderschnecke Globoidschnecke	über 450 bis 600	250	7 comp / 8 comp	8 comp / 8A comp	250	7 comp / 8 comp	7 comp / 8 comp
Zylinderschnecke Globoidschnecke	über 600	200	7 comp / 8 comp	8 comp / 8A comp	200	7 comp / 8 comp	7 comp / 8 comp

Tabelle 4.12: Ölauswahl für Schneckengetriebe nach AGMA 250.02 [8]

[1)] Die Stockpunkttemperatur sollte unter der kleinsten vorkommenden Außentemperatur liegen

[2)] Bei Schneckengetrieben mit Schneckendrehzahlen über 2000 1/min oder 10 m/s Umfangsgeschwindigkeit erfordert die Gleitgeschwindigkeit evtl. Einspritzschmierung

Die Einspritzschmierung kann im allgemeinen ein Schmiermittel geringerer Zähigkeit, als in dieser Tabelle empfohlen, verwendet werden.

Die AGMA empfiehlt für geschlossene Schneckengetriebe nur gefettete Öle. In der europäischen Industrie ist dieses nicht allgemein üblich. Man bevorzugt vielmehr mild legierte Getriebeöle.

einerseits und für Schneckengetriebe andererseits, wobei die Zuordnung der in diesen Tafeln enthaltenen Öle zur Viskositätsstufe an Hand von Tabelle 4.3 erfolgt. Diese *AGMA*-Ölempfehlungen gelten für Zahnräder, die nach der Wärmebehandlung verzahnt oder geschliffen wurden. Erfolgt keine Bearbeitung nach dem Härten mehr, so ist die jeweils höhere Viskosität zu wählen. Auch nach diesen Empfehlungen sollten für Industriegetriebe unlegierte Getriebeöle eingesetzt werden, mit Ausnahme in Schneckengetrieben, für die gefettete Öle vorgeschlagen werden. Doch ebenso wie in Europa geht auch in den USA die Tendenz dahin, mildlegierte EP-Getriebeöle zu verwenden, wenn höhere Belastungen vorliegen. Als Richtwerte können für den Übergang von unlegierten Getriebeölen auf Hochdruckgetriebeöle bei gehärteten Zahnrädern eine Flächenpressung im Wälzkreis von etwa 800 N/mm^2 und bei ungehärteten Zahnrädern von etwa 400 N/mm^2 gelten. Die Entscheidung, welcher Getriebeöltyp einzusetzen ist, wird im Einzelfall natürlich von der Art der Verzahnung, vom Modul, vom Gleitanteil, von der Umfangsgeschwindigkeit usw. abhängen müssen. Stets sind dabei noch die Anforderungen der anderen, vom gleichen Schmierstoff zu versorgenden Maschinenelemente sowie die zulässige Erwärmung des Getriebes zu berücksichtigen.

4.1.4.5. Abgrenzung der Einsatzbereiche für Mineralöle ohne und mit freß- und verschleißverringernden Wirkstoffen

Getriebe werden entsprechend den unterschiedlichen Belastbarkeitskenngrößen (DIN 3990 [22]) sowie den Belastungskenngrößen und Betriebsfaktoren (*VDI*-Richtlinie 2151 [23]) entweder auf Dauerfestigkeit oder auf Zeitfestigkeit ausgelegt. Als Kriterium für die Auswahl des Getriebeöles können daher nicht nur die Zahnkräfte bzw. die Hertz'schen oder Stribeck'schen Wälzpressungen, etwa oberhalb ihrer jeweiligen Grenzwerte für die Zahnfuß- und Wälzfestigkeit, herangezogen werden. Die Anforderungen an das Getriebeöl werden darüber hinaus noch durch seine Freßtragfähigkeit gekennzeichnet. Vor allem bei dauerfesten und definiert überlastbaren Verzahnungen sind sie weitgehend von der Konstruktion (durch die Verzahnungsdaten und damit auch durch das Verhältnis von maximaler Gleitgeschwindigkeit zu Wälzgeschwindigkeit charakterisiert), von der Fertigungsgüte und von zusätzlichen Betriebseinflüssen abhängig.

4.1.4.5.1. Berechnung der Freßtragfähigkeit

Die Berechnung der Freßtragfähigkeit kann nach einem von *Niemann* entwickelten Verfahren erfolgen [24]. Die Freßtragfähigkeit wird hier durch die Sicherheit S_F gegen Fressen definiert. Dann gilt:

$$S_F = \frac{k_F}{k_w} = \frac{\text{Zulässige Wälzpressung des Öles}}{\text{Wirksame Wälzpressung im Wälzpunkt}}$$

Für eine ausreichende Lebensdauer der Verzahnung muß die Freßsicherheit S_F größer als 1 und sollte möglichst nicht kleiner als 3 sein. Die wirksame Wälzpressung k_w kann aus den Betriebsbedingungen, den Konstruktionswerten und den Verzahnungsdaten berechnet werden [22], [23], [24]. Die zulässige Wälzpressung k_F des Öles ist eine Funktion der Freßgrenzlast des Öles und muß experimentell bestimmt werden. Ist dies nicht in dem in Frage stehenden Getriebe möglich, kann ein Prüflauf im sogenannten *FZG*-Verspannungsprüfstand *(Forschungsstelle für Zahnräder- und Getriebebau*, München) durchgeführt werden [25].

Da dieser Getriebeprüfstand auf einer Stirnradpaarung basiert, sind die erzielten Resultate zunächst nur auf Stirnradgetriebe, bestenfalls auf andere Wälzgetriebe, wie nicht-achsversetzte Kegelradgetriebe, übertragbar. Mit stufenweiser Erhöhung des Belastungsdrehmomentes wird der Versuch so lange fortgesetzt, bis Umsprung in die Verschleißhochlage und/oder Fresser die Belastbarkeitsgrenze des Getriebeöls anzeigen oder bis die Belastungsgrenze des Prüfstands erreicht ist [26]. Die Prüfung kann mit verschiedenen Drehzahlen, unterschiedlichen Zahnformen und bei verschiedenen Öltemperaturen durchgeführt werden. Aus dem so ermittelten Freßlastdrehmoment errechnet sich dann ein sogenannter Freßlasttestwert k_{Test} wie folgt:

$$k_{Test} = \frac{M_{Test}}{11,2}$$

Die notwendige Umwandlung des Freßlasttestwertes k_{Test} von der Prüfumfangsgeschwindigkeit auf die Betriebsumfangsgeschwindigkeit desjenigen Getriebes, in dem das geprüfte Öl eingesetzt werden soll, erfolgt mittels der Eichkurven von **Bild 4.11** [25]. Aus dem Freßlasttestwert k_{Test} ergibt sich die zulässige Wälzpressung k_F des Öles wie folgt:

4.1. Schmierung von Zahnradgetrieben

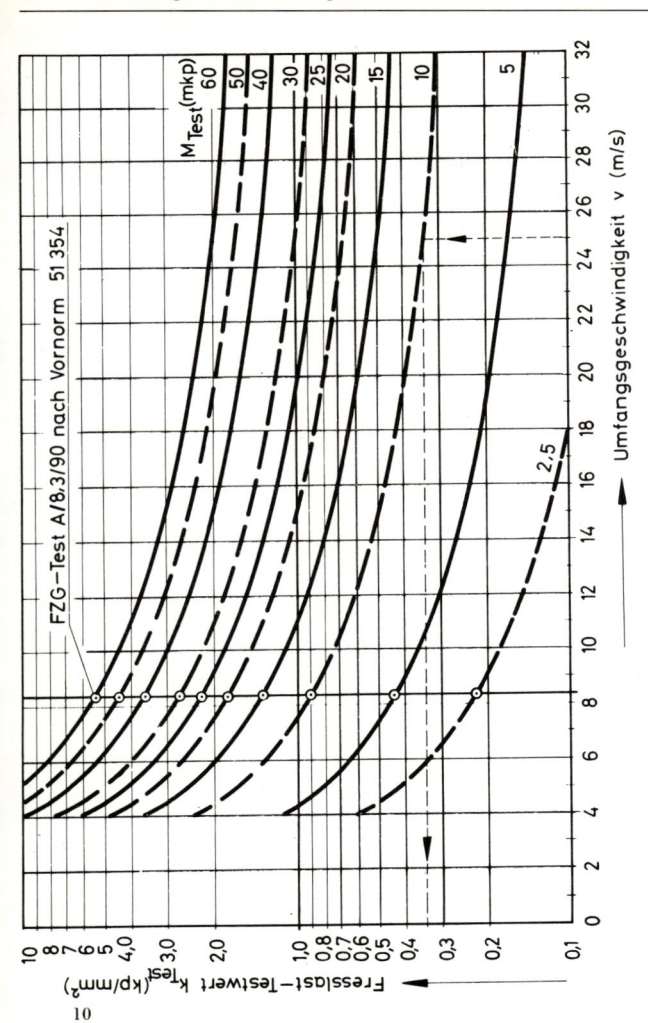

4.11: Einfluß der Umfangsgeschwindigkeit auf die Freßlast (nach *Lechner* [25])

$$k_F = k_{Test} \cdot \frac{\cos \beta_o}{y_F}$$

Dabei wird durch den Zahnformbeiwert y_F der Einfluß der Zahnform, insbesondere der Gleitgeschwindigkeit und des Moduls, und durch den Faktor $\cos \beta_o$ der Einfluß des Schrägungswinkels auf die Freßlast berücksichtigt. Es gilt:

β_o = Schrägungswinkel [°]

y_F = Zahnformbeiwert = $\left[\dfrac{12{,}7\,(u+1)}{u \cdot d_1} \right]^2 \left[1 + \left(\dfrac{e_{max}}{10} \right)^4 \right] \sqrt{m_n}$

mit

u	= Zähnezahlverhältnis	[–]
d_1	= Wälzkreisdurchmesser	[mm]
e_{mac}	= Kopfeingriffsstrecke	[mm]
m_n	= Modul	[mm]

4.1.4.5.2. Wälzgetriebe (Stirnradgetriebe, Kegelradgetriebe ohne Achsversetzung)

Einsatz von Mineralölen ohne freß- und verschleißverringernde Wirkstoffe

Mineralöle ohne freß- und verschleißverringernde Wirkstoffe können bei allen vergüteten und auf Dauerfestigkeit ausgelegten Verzahnungen im Bereich folgender Kennwerte eingesetzt werden:

Hertz'sche Pressung < 750 MPa (75 kp/mm²) bzw.
Stribeck'sche Wälzpressung < 7,5 MPa (0,75 kp/mm²),
Zahnqualität (DIN 3963) = 8,
Eingriffswinkel α_1 = 30°,
Überdeckungsgrad ε_α = 1,3,
Profilverschiebung = X_1, X_2 nur positiv, möglichst ausgeglichen, Wälzpunkt Mitte Eingriffsstrecke. Bei $X_1 = X_2$ können Getriebeöle mit freß- und verschleißverringernden Wirkstoffen erforderlich sein,

Sprungüberdeckung ε_β = 1,0 (Schräg- oder Pfeilverzahnung),
Zähneverhältnis je Stufe $u < 1:8$
Verhältnis maximale Gleitgeschwindigkeit zu Wälzgeschwindigkeit
$V_G/V < 0,3$
Flankenspiel, Richtungsfehler = kleinste erreichbare Werte

Einsatz von Mineralölen mit freß- und verschleißverringernden Wirkstoffen

Mineralöle mit freß- und verschleißverringernden Wirkstoffen sind bei gehärteten Zahnflanken und vor allem bei auf Zeitfestigkeit ausgelegten Verzahnungen einzusetzen, wenn die Hertz'sche Pressung über 750 MPa (75 kp/mm^2) bzw. die Stribeck'sche Wälzpressung über 7,5 MPa (0,75 kp/mm^2) liegt. Dies gilt insbesondere auch für Verzahnungen mit stark einseitiger Profilverschiebung, $V_G/V > 0,3$ oder anderen Werten, die außerhalb des im vorhergegangenen Abschnitt abgegrenzten Bereiches liegen.

4.1.4.5.3. Wälz-Schraubgetriebe

Schneckengetriebe

Zur Schmierung von Schneckengetrieben, die auf Dauerfestigkeit ausgelegt sind und im Dauerbetrieb beansprucht werden, können Schmierstoffe ohne spezielle freß- und verschleißverringernde Wirkstoffe eingesetzt werden.

Bei auf Zeitfestigkeit ausgelegten Schneckengetrieben, bei gehärteten Schnecken sowie bei aussetzendem Betrieb sind Mineralöle mit besonderen Wirkstoffen zur Verbesserung des Gleit- und Reibungsverhaltens einzusetzen. Gleiches trifft zu, wenn das Schneckenrad die Schnecke antreibt. Für diesen Einsatzzweck sind Kraftfahrzeug-Achsgetriebeöle nicht grundsätzlich geeignet.

Achsversetzte Kegelradgetriebe und Schraubradgetriebe

Bei den achsversetzten Kegelradgetrieben, z. B. als Hypoidgetriebe für Kraftfahrzeugachsen bekannt, wird mit zunehmender Achsversetzung eine mögliche Tragdruckbildung im Ölfilm zwischen den kämmenden Zahnflanken verringert, so daß das Gebiet der Mischreibung vorherrscht. Analoges gilt für Schraubradgetriebe. Ein störungsfreier Betrieb solcher Verzahnungen ist nur mit ganz speziellen Getriebeölen möglich, die besondere freßverhütende und verschleißverringernde Wirkstoffe enthalten.

4.1.4.6. Auswahl von Schmierfetten und Haftschmierstoffen zur Getriebeschmierung

4.1.4.6.1. Schmierfette

Bei Stirnrad- und Kegelradgetrieben, die aus konstruktiven Gründen nicht öldicht gestaltet werden können, sind besondere Getriebeschmierfette einzusetzen. Meistens werden hierzu Fette der Konsistenzklassen 0, 00 und 000 verwendet, doch können in besonderen Fällen auch Fette der Konsistenzklasse 1 eingesetzt werden.

Die **Tabelle 4.13** enthält eine vereinfachte Übersicht über die Einsatzbereiche von Getriebefetten der Konsistenzklassen 0, 00 und 000. Die Konsistenzeinteilung erfolgt nach DIN 51818 [27], die Beurteilung des Verhaltens gegen Wasser nach DIN 51807 [28] und die Kennzeichnung der Schmierfette nach DIN 51502 [7]. Die Auswahl von Schmierfetten soll an einem Beispiel erläutert werden:

Konsistenzklasse		0, 00, 000					
Verhalten gegen Wasser		vollständig beständig oder unbeständig					
Betriebstemperatur (°C)		$-20 - +50$		$-20 - +80$		$-20 - +120$	
Freß- und verschleißverringernde Zusätze		ohne	mit	ohne	mit	ohne	mit
Einsatzgrenzen: $P > 1$ $v < 3$	$k_s < 3{,}3\ (0{,}33)$ $\sigma_H < 500\ (50)$	x	x	x	x	x	x
	$k_s > 3{,}3\ (0{,}33)$ $\sigma_H > 500\ (50)$		x		x		x
Tabelle 4.13: Einsatzbereiche für Getriebefette 0, 00 und 000 P = Leistung [kW]; v = Umfangsgeschwindigkeit am Wälzkreis [m/s]; k_s = Stribeck'sche Wälzpressung [MPa, kp/mm²]; σ_H = Hertz'sche Pressung [MPa, kp/mm²]							

4.1. Schmierung von Zahnradgetrieben

Betriebsbedingungen:
Temperaturbereich -20 bis $+80°$ C;
Stoßbelastungen;
Umfangsgeschwindigkeit 0,6 m/s;
Wasserzutritt möglich;

Gewähltes Schmierfett:
Getriebeschmierfett mit Wirkstoffen zur Verbesserung des Verhaltens bei Mischreibung;
Typenbezeichnung nach DIN 51502: GP00e (G = Getriebefett, P = freß- und verschleißverringernde Wirkstoffe, 00 = Walkpenetration (400–430)/10 mm, e = wasserbeständig bei Betriebstemperaturen zwischen -20 und $+80°$ C).

4.1.4.6.2. Haftschmierstoffe

Können bei offenen und halboffenen Stirnrad- und nicht-achsversetzten Kegelradgetrieben weder Mineralöle noch Schmierfette eingesetzt werden, sind sogenannte Haftschmierstoffe zu verwenden. Dabei handelt es sich um pastöse bis zähflüssige, haftende Spezialschmierstoffe mit Viskositäten von gewöhnlich höher als 225 mm^2/s bei 100° C, die auch freß- und verschleißverringernde Wirkstoffe enthalten können. Haftschmierstoffe werden durch Auftragen von Hand oder mittels geeigneter Sprühvorrichtungen auf die Zahnflanken aufgebracht. Zur Erleichterung der Anwendung können sie ein Lösungsmittel enthalten.

4.1.5. Getriebeschmierung in der Praxis
4.1.5.1. Schmierverfahren und -systeme

Die Wahl des am besten geeigneten Schmierverfahrens oder -systems hängt nicht nur vom Schmierstofftyp, sondern auch von der benötigten Schmierstoffmenge, dem Getriebetyp sowie den Betriebsverhältnissen ab. Zusammen mit ihrer Beschreibung sollen die wichtigsten Auswahlkriterien kurz erläutert werden.

4.1.5.1.1. Tropfschmierung

Diese einfachste Art der Schmierung, bei der es sich um eine Verlustschmierung handelt, ist nur für die Schmierung offener Getriebe mit

Getriebeölen geeignet. Die Aufbringung anderer flüssiger Schmierstoffe, die z. B. ein Lösungsmittel enthalten, ist aus sicherheits- und gesundheitsbedingten Gründen auf diese Weise nicht möglich. Zwar ist mittels des Tropfölers eine gute Dosierung der Schmierstoffmenge möglich, es handelt sich aber um ein veraltetes Verfahren, das möglichst nicht mehr angewendet werden sollte.

4.1.5.1.2. Handschmierung

Bei diesem Verfahren wird der Schmierstoff manuell mittels eines Pinsels oder eines Spachtels auf die Zahnflanken aufgebracht. Dazu muß das Getriebe stillstehen. Eine Anwendung dieser Methode ist nur bei langsam laufenden, offenen Getrieben im Kurzzeitbetrieb bei Schmierung mit Schmierstoffen möglich, die einen dicken Film auf den Zahnflanken ergeben, der die Schmierung bis zum nächsten Stillsetzen des Getriebes gewährleistet. Vor allem Haftschmierstoffe mit und ohne Lösungsmittel sowie andere konsistente und hochviskose Schmierstoffe werden derart aufgebracht.

4.1.5.1.3. Sprühschmierung

Um den Forderungen nach einer weniger aufwendigen Wartung sowie nach einer zuverlässigeren Schmierung zu begegnen, sollten sowohl die Tropfschmierung als auch die Handschmierung durch die Sprühschmierung ersetzt werden. Aber auch diese Art der Schmierung kann nur vorgesehen werden, wenn keine Kühlung durch den Schmierstoff notwendig ist. Von einer Pumpe, oft kombiniert mit dem Behälter, wird der Schmierstoff einer Düse zugeführt. Meistens wird noch ein Zumeßventil zwischengeschaltet, so daß der Schmierstoff in der richtigen Menge in den gewünschten Intervallen auf die Zahnflanken gelangt. Lösungsmittelhaltige Schmierstoffe können aus den bereits genannten Gründen auf diese Weise nicht gehandhabt werden.

4.1.5.1.4. Tauchschmierung

Wegen ihrer Einfachheit und ihrer hohen Zuverlässigkeit ist die Tauchschmierung bei Getrieben am weitesten verbreitet. Dabei taucht ein Zahnrad oder ein besonderes Hilfsrad in die Ölfüllung ein und nimmt den Schmierstoff mit. Wenn keine besonderen Gründe dagegen sprechen, sollte stets dieses Schmierungsverfahren vorgesehen werden. Allerdings setzt es ein völlig gekapseltes Getriebe mit einwandfreier Abdichtung der aus dem Getriebe herausführenden Wellen voraus. Durch Erwärmung baut sich bei völlig geschlossenen Getrieben ein Überdruck auf, so daß die Gefahr besteht, daß Schmierstoff durch die Dichtungen gedrückt wird. Entlüftungsbohrungen im Getriebegehäuse sind daher sehr wichtig. Als obere drehzahlbedingte Grenze für die Tauchschmierung kann man eine Umfangsgeschwindigkeit von etwa

$$v \leqq 20 \text{ m/s}$$

oder eine Fliehkraftbeschleunigung von

$$b_\text{F} \leqq 550 \text{ m/s}^2$$

annehmen. Beim Überschreiten dieser Werte können die durch das Eintauchen eines Rades verursachten Planschverluste zu groß werden und eine unzulässig hohe Erwärmung des Getriebes nach sich ziehen. Außerdem besteht die Gefahr, daß das auf den Zahnflanken befindliche Öl abgeschleudert wird, ehe es in den Eingriff gelangt. Zahnradschäden infolge von Schmierstoffmangel wären die Folge. Eine weitere Methode zum Abschätzen der Grenze für die Tauchschmierung beruht daher auf der Berechnung der noch auf den Zahnflanken verbliebenen Ölfilmdicke. *Block* gibt hierfür die folgende stark vereinfachte Beziehung an [29]:

$$\vartheta / z \cdot n \cdot \alpha \leqq 2{,}35 \cdot 10^{-5}$$

mit ϑ = Viskositäts-Dichte-Verhältnis [mm^2/s]
  n = Drehzahl [1/min]
  α = Eintauchwinkel [grad]
  z = Zähnezahl

Bild 4.12 zeigt die bei verschiedener Drehrichtung einzusetzenden Eintauchwinkel im Bogenmaß. Zur Vermeidung hoher Planschverluste müssen die Eintauchtiefen der Zahnräder klein gehalten werden. Bewährt haben sich bei hohen Geschwindigkeiten auch Blechmäntel um das eintauchende Rad, die entsprechende Bohrungen enthalten. Innerhalb dieser Umhüllung stellt sich in der Umfangsgeschwindigkeit entsprechender Ölstand ein, indem Öl von unten durch diese Bohrungen zuläuft. Auch eine Verringerung des Schäumens der Ölfüllung ist durch diese

4.12: Eintauchwinkel bei Zahnrädern unterschiedlicher Drehrichtung

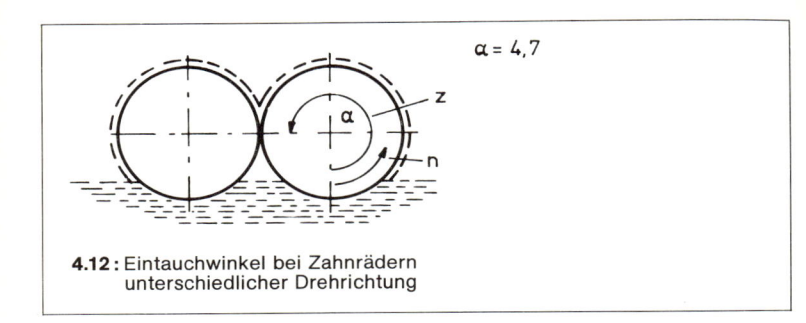

Maßnahme möglich. In der Regel kann man sich bei Stirnrädern nach den folgenden Werten für die Eintauchtiefe t richten.

$$t = (3-5) \cdot m \quad \text{für } v \leqq 5 \text{ m/s}$$
$$t = (1-3) \cdot m \quad \text{für } v = 5-20 \text{ m/s}$$

mit $\quad m$ = Modul

Bei Kegelrädern muß die gesamte Radbreite eintauchen, weil der Schmierstoff infolge der Fliehkraft nur nach außen abgeschleudert wird und die inneren Bereiche der Zahnflanken nur ungenügend mit Schmierstoff versorgt werden. Die bereits erwähnte Mangelschmierung wäre die Folge. Um bei mehrstufigen Getrieben die Planschverluste zu begrenzen, baut man entweder ein Hilfsrad ein, das in den Ölsumpf eintaucht, oder man sieht für jede Stufe einen getrennten Ölsumpf vor. Auch der Einbau entsprechender Ölleitbleche kommt diesem Bestreben entgegen.

4.1.5.1.5. Umlaufschmierung

Aus den folgenden Gründen muß für Getriebe eine Umlaufschmierung vorgesehen werden.

a) Die vom eintauchenden Rad mitgenommene Ölmenge reicht zur Schmierung nicht aus.
b) Die entstehenden Planschverluste sind zu groß.

4.1. Schmierung von Zahnradgetrieben

c) Die von der Getriebeoberfläche abgeführte Wärmemenge ist zu klein.

Eine Umlaufschmierung erfordert einen höheren konstruktiven Aufwand als eine Tauchschmierung und ist störungsanfälliger und wartungsbedürftiger.

Gefälleschmierung

Die Gefälleschmierung ist die einfachste Ausführung einer Umlaufschmierung. Eine Pumpe fördert das Öl aus dem Ölsumpf in einen höher liegenden Ölbehälter, aus dem es dann drucklos durch Schwerkraftwirkung den Zahnrädern zufließt. Meistens gelangt das Öl durch eine Ölbrause, die über dem Zahneingriff angebracht ist, auf die Zahnflanke.

Druckumlauf- oder Einspritzschmierung

Die Druckumlauf- oder Einspritzschmierung kann in unterschiedlichen konstruktiven Varianten ausgeführt werden. Sie alle sind aber dadurch gekennzeichnet, daß das Öl von einer Pumpe unter höherem Druck (bis zu 100 N/cm^2) Einspritzdüsen zugeführt wird, durch die es an die Zahnflanken gelangt. Jeder einzelne Zahneingriff kann getrennt mit einer Einspritzdüse ausgerüstet werden.

Bei der *Druckumlaufschmierung mit Naßsumpf* saugt eine Pumpe das Öl aus dem Ölsumpf an und führt es unter Druck dem Zahneingriff zu. Nachteilig könnte bei diesem Verfahren sein, daß das Öl im Ölsumpf, dessen Kapazität dem Getriebegehäuse entspricht, seine Wärme nur über das Gehäuse abgeben kann. Höhere Öltemperaturen und eine dadurch bedingte beschleunigte Alterung des Öles sind die Folgen. Ein weiterer Nachteil ist, daß beim Ausfall der Ölpumpe sofort die Schmierstoffzufuhr zu allen Zahneingriffen und sonstigen Schmierstellen, die mitversorgt werden, unterbrochen ist.

Bei der *Druckumlaufschmierung mit Trockensumpf* wird die Einspritzschmierung mit der Gefälleschmierung kombiniert. Bei diesem Verfahren fördert die Ölpumpe das rücklaufende Öl aus dem Ölsumpf in einen höher liegenden Ölbehälter, daher Trockensumpf, aus dem es von einer zweiten Pumpe zu den Einspritzdüsen gepumpt wird. Die Nachteile der Druckumlaufschmierung mit Naßsumpf entfallen völlig.

Bei mittleren Umfangsgeschwindigkeiten wird das Öl direkt in den Zahneingriff gespritzt. Bei höheren und sehr hohen Umfangsgeschwindigkeiten wird das Öl hingegen hinter dem Zahneingriff zugeführt, damit eine übermäßige Erwärmung beim Verdrängen des Öles aus den Zahneingriffen vermieden und eine bessere Kühlung der Zahnräder gewährleistet wird. Bei Getrieben mit wechselnden Drehrichtungen empfiehlt es sich, eine Öleinspritzung vor und hinter dem Zahneingriff vorzusehen. Ist eine besonders intensive Kühlung der Zahnräder erforderlich, kann der Radkörper darüber hinaus axial oder unter einem Winkel zur Achse angesprüht werden.

4.1.5.2. Schmierstoffbedarf

Die für die Schmierung eines bestimmten Getriebes benötigte Ölmenge ist so zu bemessen, daß sich nach Einstellen des Temperaturgleichgewichtes eine Beharrungstemperatur ergibt, die innerhalb des zulässigen Gebrauchstemperaturbereiches für das betreffende Getriebeöl liegt und keine beschleunigte Alterung des Öles zur Folge hat.

Die im Getriebe entstehende Wärme wird durch Leitung an die Fundamente sowie durch Strahlung und durch Konvektion an die umgebende Luft abgegeben. Der zuletzt genannte Anteil ist am größten. Ist das durch die Größe der Gehäuseoberfläche begrenzte Wärmeabführungsvermögen des Getriebes kleiner als die entstehende Wärmemenge, so muß eine zusätzliche Kühlung vorgesehen werden. Dies bedeutet, daß bei Tauchschmierung eine Wasserkühlung eingebaut oder bei Druckumlaufschmierung ein Ölkühler vorgesehen werden muß. Zur Berechnung der sich einstellenden Öltemperatur kann die folgende Näherungsgleichung dienen:

$$\vartheta_{\text{Öl}} = \frac{N_{\text{V ges}}}{\alpha_{\text{ü}} \cdot A_{\text{G}}} + \vartheta_{\text{o}}$$

Hierin bedeuten:

$N_{\text{V ges}}$ = Gesamtverlustleistung
$\alpha_{\text{ü}}$ = Wärmeübergangszahl vom Getriebegehäuse an die umgebende Luft
A_{G} = wärmeabgebende Getriebeoberfläche
ϑ_{o} = Temperatur der umgebenden Luft

Die Dauertemperatur einer Ölfüllung sollte einen Wert von etwa 80° C nicht überschreiten.

4.1.5.2.1. Erforderliche Ölfüllung bei Tauchschmierung

Die bei Tauchschmierung erforderliche Ölmenge Q_T läßt sich wie folgt abschätzen [24]:

$$Q_T = \approx (1{,}8-6)\, N_V \quad [l]$$

mit N_V [kW] der Verlustleistung, die von der Getriebekonstruktion, der Zahnflankenoberfläche und dem Schmierstoff abhängt. Überschlägig kann sie wie folgt bestimmt werden:

$$N_V = N_1 \left(\frac{0{,}1}{Z_1 \cdot \cos \beta} \cdot \frac{0{,}03}{V+2} \right) \quad [kW]$$

mit N_1 [kW] = Antriebsleistung
Z_1 [–] = Zähnezahl des Ritzels
β [°] = Schrägungswinkel
v [m/s] = Umfangsgeschwindigkeit

Der Zahnverlustgrad hängt kaum von den im Öl enthaltenen Zusätzen, wohl aber vom Typ des Öles (Mineralöl, Syntheseöl) ab.

4.1.5.2.2. Erforderliche Ölmenge bei Einspritzschmierung

Bei Einspritzschmierung ist als Mindestmenge Q_{min} die zum Aufbau eines Schmierfilms auf den Flanken benötigte Ölmenge zuzuführen. Näherungsweise läßt diese sich nach folgender Gleichung berechnen:

$$Q_{min} = n_1 \cdot b \cdot h_o \cdot \frac{m\,(z_1 + z_2) \cdot \pi^2 \cdot \varepsilon}{120 \cdot u} \quad [cm^3/min]$$

n_1 = Ritzeldrehzahl [1/min]
b = Zahnbreite [cm]
h_o = Ölfilmdicke [cm]
m = Modul [cm]
z_1, z_2 = Zähnezahlen von Ritzel und Rad [–]
u = Zähnezahlverhältnis [–]
ε = Profilüberdeckung [–]

Als Ölfilmdicke sollte man einen Wert von 2 bis 5 μm vorsehen. Seitlich und durch Fliehkraftwirkung abfließendes Öl, aber auch an den Zahnrädern haftendes Öl, das wieder in den Eingriff zurückfließt, ist in dieser Gleichung natürlich nicht erfaßt. Die genannte Mindestölmenge stellt die theoretische, zur hydrodynamischen Schmierung der Zahnflanken erforderliche Ölmenge dar. Zur Wärmeabführung wird aber eine größere Ölmenge je Zeiteinheit benötigt, die durch eine Wärmebilanz abgeschätzt werden muß. Dabei wird der vom Getriebegehäuse abgeführte Anteil der entstehenden Wärme vernachlässigt, so daß die ermittelte Wärmemenge noch einen Sicherheitsfaktor beinhaltet. Die vom eingespritzten Öl erbrachte Kühlleistung ergibt sich dann zu

$$N_{v\,ges} = c \cdot \rho \cdot Q_e \cdot \Delta \vartheta$$

Aufgelöst nach der erforderlichen Ölmenge je Zeiteinheit läßt sich dann die Gleichung zu

$$Q_e = \frac{N_{v\,ges}}{c \cdot \rho \cdot \Delta \vartheta}$$

umformen. Hierin bedeutet $\Delta \vartheta$ die Differenz zwischen der Öleintritts- und der Ölaustrittstemperatur. Bei Getrieben mit einer Umlaufschmierung ohne eine zusätzliche Ölkühlung kann diese Differenz mit 3 bis 5° C angenommen werden. Sie erhöht sich auf 10 bis 20° C, wenn ein Ölkühler vorhanden ist.

Die spezifische Wärme c für Öl läßt sich im Mittel zu

$$c = 0{,}5 \, \frac{\text{kcal}}{\text{kg} \cdot \text{grd}} = 0{,}035 \, \frac{\text{kW} \cdot \text{min}}{\text{kg} \cdot \text{grd}}$$

annehmen.

Für die Dichte des Öls kann ein mittlerer Wert von

$$\varrho = 0{,}9 \, \text{kg/cm}^3$$

eingesetzt werden.

Damit ergibt sich dann für die einzuspritzende Ölmenge

$$Q_e = 28{,}5 \, \frac{N_{v\,ges}}{\Delta \vartheta} \qquad [\text{cm}^3/\text{min}]$$

Erfahrungswerte für die benötigte Öleinspritzmenge je cm Zahnbreite sind:

$$Q_e/b = 0{,}6 - 1{,}2 \text{ l/min} \cdot \text{cm} \quad \text{bei } v = 10 \text{ m/s}$$

und

$$Q_e/b = 1{,}8 - 2{,}3 \text{ l/min} \cdot \text{cm} \quad \text{bei } v = 40 \text{ m/s}$$

4.1.5.3. Ölwechselfristen

Die Häufigkeit, mit der ein Ölwechsel vorgenommen werden muß, hängt von der mechanischen und thermischen Belastung sowie von der im Umlauf befindlichen Ölmenge ebenso ab wie von der Pflege des Öles, also dem Vorhandensein oder dem Fehlen von Ölfiltern, Abscheidevorrichtungen für Verunreinigungen usw. Kriterien für einen notwendigen Ölwechsel sind der Gehalt an festen Verunreinigungen sowie das Erreichen einer bestimmten Verseifungszahl als Maß für den Alterungsgrad der Ölfüllung. Letzteres gilt ausschließlich für unlegierte Getriebeöle, also für Öle, die keine Extreme-Pressure-Wirkstoffe enthalten. Als Grenzwerte gelten 0,2 % feste Verunreinigungen und eine Verseifungszahl von 3 mg KOH/g Öl. In jedem Fall setzt dies eine periodische Analyse des im Getriebe befindlichen Öles voraus; eine aufwendige Maßnahme, die sich nur bei großen Ölfüllungen, meistens bei Umlaufanlagen, lohnt. Gewöhnlich wird dann die erste Analyse nach etwa 5000 Betriebsstunden vorgenommen und dann alle 1500 Betriebsstunden wiederholt. Bei Tauchschmierung werden die Ölwechselfristen meistens rein empirisch aufgrund von Erfahrungswerten festgelegt. Sie liegen bei Industriegetrieben nach erfolgtem Einlauf zwischen 250 und 2500 Betriebsstunden, doch sind auch Gebrauchszeiten für eine Ölfüllung von 5000 bis 7500 Betriebsstunden selbst mit unlegierten Ölen möglich. Bei Schmierung mit legierten Ölen können diese Werte sogar noch überschritten werden. Bei Fahrzeuggetrieben wird der Ölwechsel gewöhnlich mit der Kilometerleistung verbunden. Ölwechselfristen von 20000 km sind durchaus übliche Werte.

4.1.5.4. Inbetriebnahme und Einlauf

Vor der Inbetriebnahme sind das Getriebegehäuse und alle Bereiche des Ölkreislaufes zu säubern. Dies kann durch Spülen mit einem niedriger viskosen Spülöl erfolgen. Dabei ist aber darauf zu achten, daß das Getriebe nur mit Teillast beaufschlagt wird, um Zahnflankenschäden zu unterbinden.

Infolge fertigungsbedingter Verzahnungsfehler muß nach der Inbetriebnahme neuer Zahnräder mit örtlichen Überlastungen gerechnet werden. Gewöhnlich stellt sich die gewünschte und der Tragfähigkeitsberechnung zugrunde gelegte Oberflächengüte erst während des Einlaufes ein. Dies gilt vor allem für große Zahnräder.

Um Schäden infolge der örtlichen Überlastungen auf den Zahnflanken zu vermeiden, muß während des Einlaufvorganges, also bis zum Abtragen oder bis zum Ausgleich der Unebenheiten der Zahnflanken, auf eine vorsichtige Aufbringung der Last geachtet werden. Stoßlasten sollten vermieden werden. Erst mit langsam größer werdendem Tragbild kann allmählich die Nennlast aufgebracht werden. Dieser Einlaufvorgang kann eine längere Zeit in Anspruch nehmen. Daher ist es von Vorteil, sogenannte Einlauföle zur schnelleren Verbesserung des Tragbildes einzusetzen. Sie führen zu einem erhöhten, aber gezielten örtlichen Verschleiß, wodurch eine viel schnellere Glättung der Zahnflanken erfolgt als beim Einsatz der für den Dauerbetrieb vorgesehenen Getriebeöle. Hierbei handelt es sich um besondere Öle, die leicht mit den Flankenoberflächen chemisch und chemisch-physikalisch reagieren und somit einen metallischen Abtrag zulassen, ohne daß es zu Freßerscheinungen und anderen Flankenschäden kommt. Nach Erreichen des gewünschten Tragbildes sind die Einlauföle durch die Dauerlaufgetriebeöle zu ersetzen, um den chemisch bedingten Verschleiß während des darauf folgenden Betriebes des Getriebes weitgehend auszuschalten. Auch durch Verkupfern oder durch Phosphatieren kann mit und ohne Einsatz eines besonderen Einlaufgetriebeöles der Einlaufvorgang begünstigt werden.

4.1.6. Zahnradschäden und ihre Beeinflussung durch den Schmierstoff

In der **Tabelle 4.14** sind die wichtigsten Zahnradschäden und ihre Ursachen zusammengefaßt [30]. Auch wenn diese Zusammenstellung nicht vollständig sein kann, so werden doch die am häufigsten vorkommenden Schadenstypen berücksichtigt. Wie man sieht, ist der Schmierstoff nur einer von mehreren betriebsbedingten Faktoren, die sich auf die Entstehung eines Schadens auswirken. Wenn man weiter berücksichtigt,

4.1. Schmierung von Zahnradgetrieben

Schadenbild → / Schadenursache ↓	Brüche: Gewaltbrüche	Brüche: Dauerbrüche	Abspliterungen	Grübchen	Eindrückungen	Abblätterungen	Plastische Verformungen	Verschleiß	Kratzer, Riefen, Freßerscheinungen	Risse	Korrosionen, Reibkorrosion	Kaltfließen	Warmfließen	Ausglühungen
Fertigungseinflüsse		×		×	×	×	×	×		×				×
Überlastung durch Verklemmen	×													
Häufige Lastwechsel		×												
Werkstoffermüdung			×	×	×									
Betriebsbedingungen (Geschwindigkeit, Belastung)				×	×	×		×	×		×	×		×
Schmierstoff – Viskosität				×	×			×	×		×			×
Schmierstoff – Qualität				×	×			×	×		×			×
Schmierstoff – Mangel									×		×		×	×
Schmierstoff – Verunreinigungen								×	×		×			

Tabelle 4.14: Zahnradschäden und ihre Ursachen

daß Schmierstoffmangel und Verunreinigungen eindeutig zu Lasten einer nachlässigen Wartung gehen, so erkennt man, daß über die Qualität und die Viskosität des Getriebeschmierstoffes durchaus nur begrenzte Einflußmöglichkeiten auf das Unterbinden von Zahnradschäden bestehen. Nur wenn man die Rolle des Schmierstoffes bei den Vorgängen zwischen zwei Zahnflanken sowie seine physikalischen und chemischen Eigenschaften genau kennt, ist man in der Lage, vorurteilsfrei einen Schadensfall zu analysieren und die Schadensursache zu ermitteln.

Im folgenden sollen einige typische Schadensbilder an Zahnrädern besprochen werden, bei denen die Aufdeckung der Schadensursache zweifelsfrei möglich war. Dabei werden nicht nur solche Schäden behandelt, bei denen der Schmierstoff als Ursache eindeutig bestimmt oder aber ausgeschlossen werden konnte, sondern auch solche Schäden, für die der Schmierstoff zunächst als Urheber in Betracht gezogen und erst nach einer gründlichen Schadensanalyse ausgeschieden wurde [31].

4.1.6.1. Beispiele für nicht vom Schmierstoff zu beeinflussende Zahnradschäden

In diese Gruppe gehören vor allem die Gewalt- und Dauerbrüche, die Abblätterungen, die Rißbildungen und die Deformationen durch Kaltfließen und plastische Verformung. Der in **Bild 4.13** * gezeigte Dauerbruch an einem einsatzgehärteten Kegelradritzel ist die Folge oft wiederholter Lastwechsel. Ausgehend von einem kleinen Riß schreitet der Bruch bei beständiger hoher Wechsellast mehr oder weniger schnell voran.

Auf der einsatzgehärteten und geschliffenen Flanke eines hochbelasteten Geradstirnrades traten Abblätterungen des Werkstoffes auf **(Bild 4.14)**. Diese waren die Folge einer fehlerhaften Wärmebehandlung des Zahnrades. Manchmal führen auch Härterisse und Schleifrisse zum Beginn der Flankenzerstörung. Diese Risse sind so fein **(Bild 4.15)**, daß sie oft erst nach Inbetriebnahme der Zahnräder entdeckt werden; natürlich können sie nicht durch den Schmierstoff beeinflußt werden. Das gleiche gilt für den ausgebrochenen Zahn infolge eines Materialrisses **(Bild 4.16)**

---

* Einige der Bilder wurden freundlicherweise von der Zahnradfabrik Friedrichshafen AG sowie der Allianz-Versicherungs AG zur Verfügung gestellt.

4.1. Schmierung von Zahnradgetrieben

4.13: Dauerbruch an einem einsatzgehärteten Kegelradritzel

4.14: Abblätterungen an einem einsatzgehärteten und geschliffenen Geradstirnrad

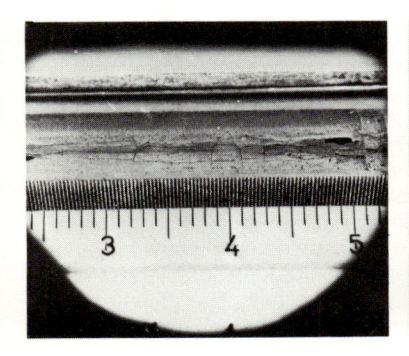

4.15: Netzartige Schleifrisse an einem einsatzgehärteten Geradstirnrad

4.16: Zahnausbruch durch Materialriß entlang einer Schmiedefalte

entlang einer Schmiedefalte. Sehr hohe und gleichbleibende Belastungen, die durch die Gleitbewegung zu einem Auswalzen des Werkstoffes führen, ein Vorgang, der durch eine zu geringe Oberflächenhärte noch unterstützt wird, können die Ursache von plastischen Verformungen an Zahnrädern sein.

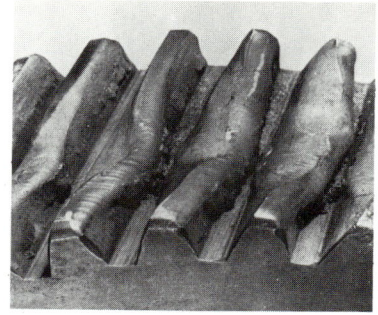

4.17: Fressen an den ungehärteten Zähnen eines Krangetriebes aus Vergütungsstahl C 35

4.18: Warmfließen an den Zähnen eines einsatzgehärteten Schrägstirnrades, verursacht durch Ölmangel

Bei den besprochenen Beispielen bereitet es keine Schwierigkeiten, den Schmierstoff als Schadensursache auszuschließen. Es gibt aber auch Fälle, bei denen dies zunächst nicht zweifelsfrei möglich ist. Auch hierfür einige Beispiele. Bei dem in **Bild 4.17** gezeigten Zahnrad könnte man tatsächlich zunächst annehmen, daß unzureichende EP-Eigenschaften des Getriebeöles zu schweren Freßerscheinungen geführt haben. In Wahrheit war aber die Flankenfestigkeit des ungehärteten Zahnrades den im Kranbetrieb auftretenden hohen Stoßbelastungen nicht gewachsen gewesen. Wenn überhaupt, dann war die Qualität des Schmierstoffes bei diesem Schaden nur von zweitrangiger Bedeutung. Das gleiche gilt für die in **Bild 4.18** gezeigte Zerstörung eines einsatzgehärteten Schrägstirnrades durch Warmfließen. Nach Ausfall der Schmierstoffversorgung war es zu Ölmangel im Getriebe gekommen. Die Folge war eine so starke Erwärmung, daß die Zähne erweichten und einen teigartigen Zustand annahmen. Bei der anliegenden Belastung wurden die Zähne verformt und das Material aus seiner ursprünglichen Form gedrückt. Bricht in einer Maschine die Schmierstoffversorgung zusammen, so können die entstehenden Schäden streng genommen nicht dem Schmierstoff angelastet werden. Vielmehr muß der Grund in einer nachlässigen Wartung oder bei Bedienungsfehlern gesucht werden.

4.1.6.2. Beispiele für durch den Schmierstoff zu beeinflussende Zahnradschäden

Vor allem die durch Verschleiß und Freßerscheinungen bedingten Flankenschäden lassen sich in der Regel auf die Qualität bzw. das EP-Verhalten der verwendeten Getriebeöle zurückführen. Oft werden die Zahnflanken bis auf Messerschärfe verschlissen **(Bild 4.19)**. Wenn die Zähne durch den Verschleiß bereits geschwächt sind, können sie zusätzlich verformt werden. Schließlich können noch Zähne herausbrechen, wenn der verbliebene Restquerschnitt die auftretenden Belastungen nicht mehr aufnehmen kann **(Bild 4.20)**. Ein derart katastrophaler Verschleiß ist meistens eine Folge unzureichender Ölqualität.

Eine außergewöhnliche Verfärbung des Ritzels deutet auf starke Erhitzung hin. Diese scheint aber nicht immer allein auf dem Verschleiß zu beruhen, vielmehr kann oft eine zu geringe Ölmenge im Getriebe, also Ölmangel, als anteilige Schadensursache angenommen werden. Demgegenüber war der starke Verschleiß des in **Bild 4.21** gezeigten Ritzels eines Pkw-Hinterachsgetriebes ausschließlich auf ungenügende EP-Eigenschaften des eingesetzten Getriebeöles zurückzuführen, indem das Getriebe statt mit dem erforderlichen Hypoidgetriebeöl mit einem

4.19: Verschleiß eines Antriebsritzels infolge unzureichender Ölqualität und Ölmangels

4.20: Zahnbruch an dem in Bild 4.19 gezeigten durch extrem hohen Verschleiß geschwächten Ritzel

4.21: Durch den Abrieb infolge unzureichender Ölqualität zerstörtes Antriebsritzel eines Hypoidhinterachsgetriebes

4.22: Stahlschnecke eines Schneckengetriebes mit starkem Belag aus oxidierten Ölbestandteilen

niedriger legierten Getriebeöl befüllt worden war. Eine Fahrstrecke von etwa 500 km auf der Autobahn reichte aus, das Ritzel zu zerstören.

Nach der Umstellung auf eine andere Ölsorte wurden an einem Bronzeschneckenrad sowie an der damit kämmenden Schnecke aus dem Stahl 16 MnCr 5 eines Getriebes dicke Schichten festgestellt **(Bild 4.22)**, die als oxidierte Ölprodukte analysiert wurden. Offensichtlich war die Oxidationsbeständigkeit des eingesetzten Öles bzw. der darin enthaltenen Zusätze für die Betriebstemperatur von maximal 110° C unzureichend, wobei allerdings die mögliche Einwirkung oxidationsbeschleunigender galvanischer, vagabundierender Störme nicht ausgeschlossen werden kann. Zur Beseitigung dieser Ablagerungen ist das Getriebe dann mit einem niedrig-viskosen Spülöl gefahren worden, bis am Schneckenrad Freßspuren sichtbar wurden. Trotz einer sofortigen Umstellung auf ein Getriebeöl höherer Viskosität konnte das Schneckenrad nicht mehr gerettet werden. Innerhalb einer Laufzeit von nur acht Stunden waren seine Zähne völlig abgetragen worden **(Bild 4.23)**. Ursache dieses Schadens dürfte letzten Endes die unzureichende Viskosität und Legierung des Spülöles gewesen sein. Dieses löste nicht nur den Belag ab, sondern entfernte auch die mit der Oberfläche verankerte Schutzschicht auf dem Schneckenrad, die sich unter der Einwirkung des vorher im Ein-

4.1. Schmierung von Zahnradgetrieben

satz befindlichen Getriebeöles aufgebaut hatte. Die einsetzende Mischreibung wirkte sich dann infolge des hohen Geschwindigkeitsanteiles in Schneckengetrieben besonders nachteilig aus.

Eine weitere Form der Zahnflankenzerstörung ist die Grübchen- oder Pittingbildung, die auf Ermüdung des Werkstoffes zurückzuführen ist. Nach dem heutigen Stand der Kenntnisse ist für ihr Auftreten in erster Linie eine Überschreitung der für den betreffenden Werkstoff zulässigen Hertz'schen Pressung maßgebend. Die bisherigen Erfahrungen zeigen aber, daß neben Konstruktionsfaktoren und Betriebsbedingungen auch die Qualität und die Viskosität der Schmierstoffe von Einfluß sein können. Andererseits kann aber die Überlastung der Flanke zum Teil auch eine Folge eines einseitigen Tragbildes sein. Die Unterdrückung eines solchen Schadens durch den Schmierstoff dürfte dann kaum möglich sein.

Schließlich seien noch Korrosionserscheinungen auf den Zahnflanken erwähnt, die auf die Einwirkung chemisch aktiver Stoffe auf die metallischen Zahnflanken zurückzuführen sind. Mitunter sind solche Säuren als Verunreinigungen im Schmierstoff enthalten. Bei Anwesenheit von Feuchtigkeit besteht auch die mögliche Gefahr, daß bestimmte EP-Wirkstoffe sauer reagieren. **Bild 4.24** zeigt den korrosiven Angriff auf ein innenverzahntes Schaltrad durch ein säurehaltiges Schmiermittel.

4.23: Bronzeschneckenrad des Schneckengetriebes (Bild 4.22) mit völlig abgetragenen Zähnen

4.24: Korrosiver Angriff auf ein innenverzahntes Schaltrad durch säurehaltigen Schmierstoff

4.2. Schmierung von hydrodynamischen Getrieben

4.2.1. Anforderungen an Betriebsflüssigkeiten für hydrodynamische Getriebe

Ein hydrodynamisches Getriebe stellt eine Kombination aus Hydraulikelementen, Zahnradgetrieben und Kupplungen sowie Bremsen dar. Wie im Kapitel 3.2.2. dargelegt wurde, sind in einem gemeinsamen Gehäuse vereinigt hydrodynamische Wandler oder Kupplungen, Lamellenkupplungen, Planetenradgetriebe, hydrostatische Steuerelemente und Bandbremsen, die alle von der gleichen Betriebsflüssigkeit versorgt werden müssen. Ergänzt wird der Aufgabenbereich durch die von den Lagern gestellten Anforderungen. Diese Betriebsflüssigkeit erfüllt sowohl die Aufgaben eines Getriebeschmierstoffes als auch die einer Hydraulikflüssigkeit und muß gleichzeitig noch den Betrieb von Kupplungen und Bremsen gewährleisten und für die Wärmeabführung sorgen. Es ist einleuchtend, daß daher an die Betriebsflüssigkeit sehr unterschiedliche und z. T. auch gegensätzliche Anforderungen gestellt werden müssen. Während zum langzeitigen betriebssicheren und störungsfreien Betrieb der Zahnräder der Schmierstoff für eine niedrige Reibung sorgen muß, wird für die einwandfreie Funktion der Lamellenkupplungen eine hohe Reibung verlangt. Zur Betätigung der Hydraulikelemente sollte die Viskosität der Betriebsflüssigkeit nicht zu hoch sein, wohingegen für einen weitgehend verschleißfreien Betrieb der Verzahnungen eine Mindestviskosität nicht unterschritten werden sollte.

Kaum ein anderer Schmierstoff oder Betriebsstoff muß daher so umfassende und vielfältige Eigenschaften wie ein „**A**utomatic **T**ransmission **F**luid" (ATF) aufweisen, das daher tatsächlich als ein integraler Bestandteil eines hydrodynamischen Getriebes anzusehen ist [32]. Kennzeichnend für ein Automatic Transmission Fluid ist aber seine Reibungscharakteristik, d. h. der Verlauf der Reibungszahl über einer Geschwindigkeitsgröße.

Zwei Tendenzen wurden verwirklicht. Einmal soll die Anfangsreibung hoch sein und mit zunehmender Geschwindigkeit abfallen. Im praktischen Fahrbetrieb eines Fahrzeugs mit einem automatischen Getriebe bedeutet dies einen noch spürbaren „Ruck" beim Einrasten des nächsten Ganges. Für Öle diesen Typs (ATF Type F) haben sich die *Ford-*

4.2. Schmierung von hydrodynamischen Getrieben

Werke entschieden. Die Anforderungen an diese Öle sind in der *Ford*-Spezifikation M 2 C-33-E/F festgelegt.

Zum anderen kann ein sehr weiches und völlig ruckfreies Einrasten des nächsten Ganges wünschenswert sein. Dies wird durch eine Betriebsflüssigkeit mit einer besonders niedrigen Anfangsreibung verwirklicht, die mit zunehmender Geschwindigkeit zunächst ansteigt. Ein solches Verhalten entspricht den Automatic Transmission Fluids ATF Type A/Suffix A, die in der Weiterentwicklung als *Dexron*-Flüssigkeiten den Anforderungen der *General Motors*-Firmengruppe entsprechen.

In vielen Fällen können auch Motorenöle der *SAE*-Klassifizierung 10 W als Betriebsflüssigkeiten eingesetzt werden, eine Maßnahme, die gern für Baumaschinen ergriffen wird. In diesen Fällen ist aber eine sorgfältige Abstimmung mit dem Getriebehersteller notwendig (siehe auch Abschnitt 4.1.3.4.).

Bei der Festlegung der Viskosität für Automatic Transmission Fluids ging man von den Anforderungen der Hydrauliken und der hydrodynamischen Wandler und Kupplungen aus. Diese Baugruppen verlangen eine relativ niedrige Viskosität, da andernfalls mit einer zu großen Erwärmung gerechnet werden muß. Die Anforderungen der Verzahnungen müssen dann durch bestimmte Wirkstoffzusätze abgedeckt werden. Folgende Angaben zur Viskosität und zum Viskositäts-Temperatur-Verhalten können als Mittelwerte für Automatic Transmission Fluids angesehen werden:

Viskosität: 25–27 mm^2/s bei 50° C

Viskositätsindex: ca. 140

Stockpunkt: ca. −40° C

An Wirkstoffen enthalten Automatic Transmission Fluids bestimmte Extreme-Pressure-Zusätze sowie Zusätze zum Erzielen einer bestimmten Reibungscharakteristik. Darüber hinaus enthalten sie noch Viskositätsindex-Verbesserer, Oxidationsinhibitoren sowie Korrosions- und Rostinhibitoren.

4.2.2. Spezifikationen für Automatic Transmission Fluids (ATFs)

Die **Tabelle 4.15** enthält die wichtigsten Angaben der *General Motors*-Spezifikationen für Automatic Transmission Fluids, während in **Tabelle**

4.16 die wichtigsten Angaben der *Ford*-Spezifikationen für Automatic Transmission Fluids zusammengestellt sind.

a)	**Physikalische Eigenschaften**	
	Viskosität	
	bei 98,9° C	min. 7,0
	bei −23,3° C	max. 4000 [cP]
	bei −40,0° C	max. 55000 [cP]
	Flammpunkt	min. 160° C
	Brennpunkt	min. 176,5° C
b)	**Gebrauchseigenschaften (Laboratoriumstest)**	
	Kupferstreifenkossorion (3 h bei 148,8° C)	keine Dunkelfärbung
	Rosttest	kein sichtbarer Rost
	Schaumverhalten	Grenzwerte siehe Spezifikation
	Verhalten gegenüber Dichtungswerkstoffen	Grenzwerte für Volumen- und Härteänderung siehe Spezifikation
c)	**Gebrauchseigenschaften (Getriebe- oder Elemententeste)**	
	(300 h bei 162,7° C)	Grenzwerte für Schlamm und Lack sowie Viskositätsänderung siehe Spezifikation
	Kupplungsreibungstest	
	Dauerschalttest	
	bei niedrigen Belastungen über 225 h	sämtliche Teile müssen sauber und einwandfrei sein
	bei hohen Belastungen über 10 000 Zyklen	

Tabelle 4.15: Spezifikationen von *General Motors* für Automatic Transmission Fluids
Hinsichtlich weiterer Einzelheiten über die durchzuführenden Teste sei auf die Angaben in der Spezifikation verwiesen

4.2. Schmierung von hydrodynamischen Getrieben

a) Physikalische Kenndaten

Viskosität
- bei $-98,9°$ C — min. $7,0$ mm^2/s
- bei $-17,8°$ C — max. 1400 [cP]

Flammpunkt — min. $176,5°$ C

Brennpunkt — min. $193°$ C

b) Gebrauchseigenschaften (Laboratoriumsteste)

Kupferstreifentest (3 h bei 98,9° C)	max. 1 B
Schaumverhalten	100 – 0
Korrosions- und Rosttest	kein sichtbarer Rost
Verhalten gegenüber Dichtungswerkstoffen (168 h bei 148,8° C)	Grenzwerte für Verbindung von Zugfestigkeit, Dehnung, Volumen, Härte sowie Biegeverhalten s siehe Spezifikation
Verschleißtest im Vierkugelapparat (2 h, 93,2° C, 40 kp, 600 1/min)	max. 0,45 mm (Verschleiß)

c) Gebrauchseigenschaften (Getriebe- oder Elemententeste)

Oxydationstest bei 162,7° C	Grenzwerte für Schlammablagerungen siehe Spezifikation
Kupplungsreibungstest bei 45,5° C	
statische Reibungszahl	min. 0,22
dynamische Reibungszahl	max. 0,14
Schalttest (8000 Zyklen)	Grenzwerte hinsichtlich Verschleiß und Zerstörung der Bauelemente sowie Veränderung der ATF siehe Spezifikation

Tabelle 4.16: Spezifikationen von *Ford* für Automatic Transmission Fluids
Hinsichtlich weiterer Einzelheiten über die durchzuführenden Teste sei auf das Angebot in der Spezifikation verwiesen

4.3. Hydraulikflüssigkeiten

4.3.1. Hydraulikflüssigkeiten als Kraftübertragungsmedien

Die Hauptaufgabe von Hydraulikflüssigkeiten besteht in der Übertragung von Kräften, so daß gewisse Eigenschaften und Kenndaten an Bedeutung gewinnen können, die für reine Schmierstoffe nicht ausschlaggebend sind. Dieser Tatsache trägt auch der Gesetzgeber Rechnung, indem er Hydraulikflüssigkeiten nicht als Schmierstoffe einstuft und ihren mineralölsteuerfreien Bezug zuläßt, wenn sie ausschließlich als Hydraulikflüssigkeiten eingesetzt werden. Trotzdem haben sie natürlich auch Schmierungsaufgaben zu übernehmen. Von einer optimalen Abstimmung aller erforderlichen Eigenschaften hängt daher die betriebssichere und störungsfreie Funktion eines hydrostatischen Antriebes und seiner Lebensdauer ab.

4.3.2. Typen von Hydraulikflüssigkeiten

Die folgenden Flüssigkeiten finden als Hydraulikmedien Verwendung:

- Wasser,
- Wasser/Öl-Emulsionen,
- Wasser/Glykol-Gemische,
- Mineralöle (ohne und mit Wirkstoffen),
- synthetische Flüssigkeiten.

Der Einsatz von Wasser als Hydraulikflüssigkeit, gewöhnlich mit Korrosions- und Rostinhibitoren versetzt, geht ständig zurück. Lediglich in großen Zentralhydraulikkreisläufen findet man noch Wasser als Kraftübertragungsmedium.

Demgegenüber hat sich für Öl/Wasser-Emulsionen und für Wasser/Glykol-Gemische als schwer entflammbare Hydraulikflüssigkeiten ein breites Anwendungsfeld erschlossen. Das gleiche gilt auch für synthetische Hydraulikflüssigkeiten.

Als Betriebsmedium für hydrostatische Antriebe spielt praktisch nur Mineralöl eine entscheidende Rolle. Um bestimmte natürliche Eigenschaften zu verbessern oder um ihnen gewisse Eigenschaften erst zu verleihen, können den Ölen entsprechende Wirkstoffe zugesetzt werden. Hierzu gehören Korrosions- und Oxidationsinhibitoren ebenso wie Viskositätsindex-Verbesserer und Extreme-Pressure-Zusätze.

4.3.3. Anforderungen an Hydraulikflüssigkeiten – Auswahlkriterien

Für die störungsfreie Funktion und eine lange Gebrauchsdauer einer Hydraulikanlage bzw. eines hydrostatischen Getriebes ist nicht nur das Einhalten bestimmter Kenndaten, sondern darüber hinaus auch das Gewährleisten bestimmter Qualitäts- und Gebrauchseigenschaften von entscheidender Bedeutung. Bedingt durch die konstruktiven Gegebenheiten und die vorherrschenden Betriebsbedingungen lassen sich die folgenden extremen Anforderungen zusammenstellen:

- guter Schmierstoff, der die verwendeten Werkstoffe (Lager, Dichtungen, Farbanstriche, Kunststoffteile usw.) nicht angreift;
- hoher Viskositätsindex, d. h. eine relativ geringe Viskositätsänderung über einen weiten Temperaturbereich;
- richtige Viskosität in den Passungen und Spielen;
- gute Beständigkeit gegenüber mechanischer Scherung;
- gute Beständigkeit gegenüber oxidativer und thermischer Beanspruchung;
- geringe Kompressibilität;
- geringe Temperaturausdehnung;
- geringe Schaumneigung und gutes Luftabgabevermögen;
- hoher Siedepunkt und niedriger Dampfdruck;
- hohe Dichte;
- gutes Wärmeleitvermögen;
- schwer entflammbar, für ganz spezielle Einsatzzwecke;
- gute dielektrische Eigenschaften und gutes Isolationsverhalten, für ganz spezielle Einsatzzwecke;
- ungiftig, und zwar sowohl als Flüssigkeit als auch als Dampf, etwa nach einer Zersetzung;
- nicht hygroskopisch;
- niedrige Kosten und gute Verfügbarkeit.

Natürlich wird es nicht möglich sein, alle wünschenswerten Eigenschaften in einer idealen Hydraulikflüssigkeit zu vereinen. Je nach den vom einzelnen Fall gestellten spezifischen Anforderungen müssen bestimmte Kompromisse geschlossen werden.

4.3.4. Normen und Richtlinien

In der *VDI*-Richtlinie 2202 „Schmierstoffe und Schmiereinrichtungen für Gleit- und Wälzlager" werden die wichtigsten chemischen und physikalischen Kenndaten von Mineralölen aufgeführt [33], die auch für hydrostatische Getriebe von Bedeutung sind. Hydrauliköle auf Mineralölbasis werden heute drei Grundtypen zugeordnet:

Hydrauliköle H

Alterungsbeständige Mineralöle ohne Wirkstoffe, die den Schmierölen C nach DIN 51 517 [13] entsprechen und vorwiegend in hydrostatischen Antrieben eingesetzt werden, die keine besonderen Anforderungen an das Hydrauliköl stellen.

Hydrauliköle HL

Mineralöle mit Wirkstoffen zum Erhöhen der Alterungsbeständigkeit und zum Verbessern des Korrosionsschutzes (DIN 51524 [34], die in hydrostatischen Antrieben eingesetzt werden, in denen hohe thermische Beanspruchungen auftreten, wodurch sich zu kurze Gebrauchszeiten bei Verwendung der Hydrauliköle H ergeben würden.

Die DIN 51524 enthält die wichtigsten Angaben für die Hydrauliköle H und HL. Im Stahl-Eisen-Betriebsblatt des *Vereins Deutscher Eisenhüttenleute* SEB 181 222-66 „Schmierstoffe; Kraftübertragungsöle, Mineralöle HL und HLP" (35) sowie im *VDMA*-Einheitsblatt des *Vereins Deutscher Maschinenbau-Anstalten VDMA* 24318 „Ölhydraulische Anlagen; Druckflüssigkeiten auf Mineralölbasis; Eigenschaften" [36] werden die Hydrauliköle HL und HLP spezifiziert. Die DIN 51525 „Hydrauliköle HLP – Mindestanforderungen" ist in Vorbereitung [18].

4.3.5. Auswahl der Hydraulikflüssigkeit

Als wichtigste Kriterien für die Wahl der Hydraulikflüssigkeit sollen nur die Viskosität und der Typ der Flüssigkeit besprochen werden. Im übrigen sei auf die Hinweise von Abschnitt 4.3.3. verwiesen.

4.3.5.1. Viskositätswahl

Die Viskosität ist die wichtigste Kenngröße bei der Auswahl der Hydraulikflüssigkeit, weil der Wirkungsgrad von Pumpe oder Motor hiervon ent-

4.3. Hydraulikflüssigkeiten

Pumpen- bzw. Motorentyp	Viskositätsbereich [mm^2/s] bzw. [cSt] bei 50° C
Flügelzellen	13 – 35
Zahnrad	35 – 60
Kolben	30 – 100

Tabelle 4.17: Empfohlene Viskositätsbereiche von Hydraulikflüssigkeiten für verschiedene Pumpen- bzw. Motortypen

scheidend abhängt. Die Hersteller von Hydraulikpumpen und -motoren fordern daher die Einhaltung bestimmter Viskositätsbereiche. Für einen ersten Anhaltspunkt können die in **Tabelle 4.17** angegebenen Viskositätsbereiche dienen. Außerdem hängen die Viskositätsgrenzen von der Art der Steuerungsorgane, der Güte der Oberflächenbearbeitung, der Art des Ölkreislaufes, dem Betriebsdruck, der Höhe der auftretenden Lager- und Flächendrücke, den Rohrdurchmessern, der Fördermenge, der Umlaufgeschwindigkeit, der Raum- und Betriebstemperatur ab, um nur die wichtigsten Einflußgrößen zu nennen. Auch für Hydrauliköle haben sich die Viskositätsabstufungen entsprechend Tabelle 4.3 bewährt.

Wegen der wechselnden Betriebstemperaturen und der Temperaturabhängigkeit der Viskosität des Hydrauliköles stellt natürlich die Wahl einer bestimmten Nennviskosität einen Kompromiß dar. Um die Energieverluste, z. B. durch die Rohrwandungsreibung, zu verringern, sollte die Viskosität möglichst niedrig sein, während möglichst geringe Spalt- und Leckverluste sowie eine größtmögliche Tragfähigkeit höhere Viskositäten erfordern.

Bei Umgebungstemperaturen zwischen + 5 und + 30° C wäre zunächst die Viskositätsgruppe 36 in Erwägung zu ziehen. Bei überwiegend tieferen Temperaturen müßte dann ein Öl der Viskositätsgruppe 16 und bei überwiegend höheren Temperaturen ein solches der Viskositätsgruppe 49 oder gar 68 vorgesehen werden.

Als noch so eben zu bewältigende Maximalviskosität bei Betriebstemperatur sieht man meistens einen Wert von etwa 1500 mm^2/s an. Oberhalb dieser Grenze könnte das Ansaugen des Öles infrage gestellt werden, der Wirkungsgrad unzulässig absinken und sich die Gefahr einer Kavitation mit nachfolgender Werkstoffzerstörung ergeben. Bei manchen Aggregaten liegt diese zulässige Maximalviskosität bereits bei etwa

750 mm²/s. Als allgemeiner Richtwert für eine nicht zu unterschreitende Mindestviskosität kann man 10 mm²/s ansehen, um noch eine genügende Abdichtung zu gewährleisten, die Leckverluste in Grenzen zu halten und eine ausreichende Tragfähigkeit sicherzustellen.

Um mit einem Mineralöl diese Anforderungen überdecken zu können, müssen Hydrauliköle einen hohen Viskositätsindex aufweisen. Er sollte zwischen 90 und 100 liegen.

4.3.5.2. Wahl des Hydraulikflüssigkeitstyps

Die meisten Anforderungen an Hydraulikflüssigkeiten lassen sich von Mineralölen erfüllen. Für den Einsatz in hydrostatischen Antrieben sollte daher auf gar keinen Fall ohne einen besonderen Grund auf ein anderes Medium übergegangen werden.

Nur wenn besonders hohe Umgebungstemperaturen den Gebrauchstemperaturbereich von Mineralöl überschreiten, könnte der Einsatz einer synthetischen Hydraulikflüssigkeit notwendig werden. Das gleiche gilt für jene Sonderfälle, in denen aus sicherheitsbedingten Gründen eine schwere Entflammbarkeit der Betriebsflüssigkeit verlangt wird. In allen Fällen, bei denen andere Hydraulikflüssigkeiten als Mineralöle verwendet werden sollen, ist eine besondere Absprache zwischen dem Hersteller des Aggregates und dem Lieferanten der Hydraulikflüssigkeit unumgänglich.

Literaturhinweise

[1] *Niemann, G.* und *Rettig, H.:* Schmierungsfragen bei Zahnrädern. Der Maschinenschaden 38 (1965) 3/4, 37−50
[2] *Borsoff, N. V.:* On the mechanism of gear lubrication. Trans. ASME, J. Basic Engineering 81 (1959) 1, 79−93
[3] *Kruppke, E.:* Gütewerte für Hypoidgetriebe, gemessen in Lkw-Hinterachsen. Schmiertechnik 12 (1965)   21− 27
            2, 84− 94
            3, 160−162
[4] *Powell, D. L.* und *Hoyi, J. R.:* Automotive hypoid gear loading and sliding relationship. Gear Lubrication. The Institute of Petroleum 1966, 111−117
[5] *Dudley, D. D.* und *Winter, H.:* Zahnräder. Springer-Verlag, Berlin/Göttingen/Heidelberg, 1961
[6] *Niemann, G.* und *Lechner, G.:* Die Erwärmung der Zahnräder im Betrieb. Schmiertechnik 14 (1967) 1, 13−20

4.3. Hydraulikflüssigkeiten 455

[7] Kennzeichnung der Schmierstoffbehälter, Schmiergeräte und Schmierstellen. DIN 51502
[8] Lubrication of Industrial Enclosed Gearing. AGMA-Norm 250.01 und 250.02, Dez. 1955
[9] Viskositätsklassen für Kraftfahrzeug-Getriebeöle. DIN 51512
[10] Viskositätsklassen für Motoren-Schmieröle. DIN 51511
[11] Auswahl von Schmierstoffen für Zahnradgetriebe. DIN 51509 (Normentwurf)
[12] Schmieröle N – Mindestanforderungen. DIN 51501
[13] Schmieröle C und C-T – Mindestanforderungen. DIN 51517
[14] Schmieröle C–L – Mindestanforderungen. DIN 51518 (in Vorbereitung)
[15] Schmieröle TD und TD–L – Mindestanforderungen. DIN 51515
[16] Lubricant service designations for automotive manual transmissions and axles. American Petroleum Institute, API Publication 1560, 1. Mai 1969
[17] Schmieröle Z – Mindestanforderungen. DIN 51510
[18] Hydrauliköle H–LP – Mindestanforderungen. DIN 51525 (in Vorbereitung)
[19] *Niemann, G.:* Schmierfilmbildung, Verlustleistung und Schadensgrenzen bei Zahnrädern mit Evolventenverzahnung. VDI-Z. 97 (1955) 10, 305–308
[20] *Niemann, G.* und *Rettig, H.:* Eigenschaften von Schmierstoffen für Zahnräder. Erdöl und Kohle 19 (1966) 11, 809–817
[21] *Bartz, W. J.:* Das Getriebeöl als Funktionselement. Mineralöltechnik 16 (1971) 7/8, 1–34
[22] Tragfähigkeitsberechnung von Stirn- und Kegelrädern. DIN 3990
[23] Betriebsfaktoren für die Auslegung von Zahnradgetrieben. VDI-Richtlinie 2151, 1971
[24] *Niemann, G.:* Maschinenelemente, 2. Bd. Springer-Verlag, Berlin/Heidelberg/New York, 1965
[25] *Lechner, G.:* Die Bestimmung der Tragfähigkeit von Ölen als Grundlage für die Berechnung der Freßsicherheit von Getrieben. Mineralöltechnik 7 (1962) 10, 1–19
[26] Mechanische Prüfung von Getriebeölen in der FZG-Zahnrad-Verspannungs-Prüfmaschine. DIN 51354
[27] Konsistenzeinteilung für Schmierfette. DIN 51818
[28] Prüfung des Verhaltens von Schmierfetten gegenüber Wasser. DIN 51807
[29] *Blok, H.:* Getriebeschmierstoff: Ein Getriebebauelement. Schriftenreihe Antriebstechnik, Heft 1, Braunschweig 1950, S. 153–187
[30] *Bartz, W. J.:* Über die Rolle des Schmierstoffes bei Schäden an Maschinenelementen. Der Maschinenschaden 42 (1969) 3, 65–76
[31] *Bartz, W. J.:* Einfluß des Getriebeöles auf Schäden an Zahnrädern. antriebstechnik 9 (1970) 10, 361–367
[32] *Flis, K.-J.:* ATF-Getriebeöle, bisherige Entwicklung und Anforderungen in der Zukunft. Mineralöltechnik 18 (1973) 1, 1–28
[33] Schmierstoffe und Schmiereinrichtungen für Gleit- und Wälzlager. VDI-Richtlinie 2202
[34] Hydrauliköle H und H–L – Mindestanforderungen DIN 51524
[35] Schmierstoffe; Kraftübertragungsöle; Mineralöle H–L und H–LP. Stahl-Eisen-Betriebsblatt SEB 181 222–66
[36] Ölhydraulische Anlagen; Druckflüssigkeiten auf Mineralölbasis; Eigenschaften. VDMA-Einheitsblatt VDMA 24318.

Firmenempfehlungen

MA
ANTRIEBE

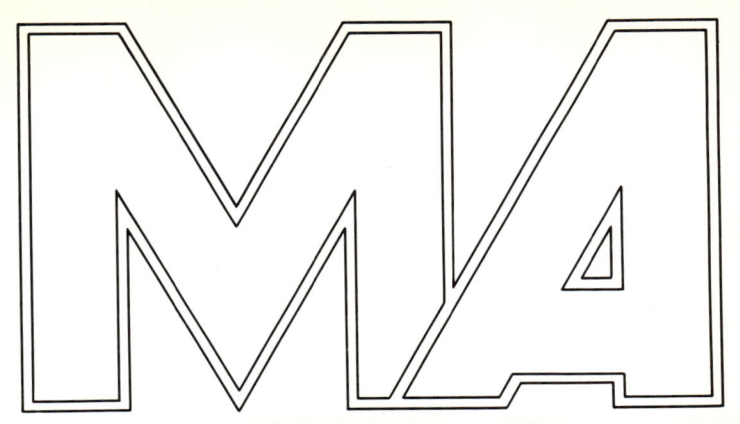

Schnecken-
Schneckenstirnrad-
Stirnradschnecken-
Doppelschnecken-
Umlaufräder-
Regel- und Sonder-
Getriebe bzw.
Getriebemotoren

Unser neues Getriebe-Programm von Spezialisten konzipiert – wird allen Anforderungen gerecht, wenn es um hohe Leistung und Qualität geht. Marbaise fertigt Sondergetriebe! Außerdem liefern wir im Baukastensystem ein breites Programm mit vielen Vorteilen.

Maschinenfabrik
Marbaise & Co. KG
46 Dortmund - Brackel

Tel. 0231 / 258424
Telex 08 22 510
Flughafenstr. 235

DURUNORM®

DURUNORM®
das Industriegetriebe-Programm
nach dem Baukastenprinzip
mit der einsatzgehärteten
Verzahnung!

WGW

Westdeutsche Getriebewerke GmbH
469 Herne · Südstr. 4 · Telefon 59 71

A 1231

PLEIGER HYDRAULIK-ELEKTRONIK

Hydromotoren, Schwenktriebe, Hydropumpen,
komplette hydrostatische Antriebe und Anlagen,
elektronische Regler, Steuerungen und Meßgeräte

DBP u. Auslandspatente

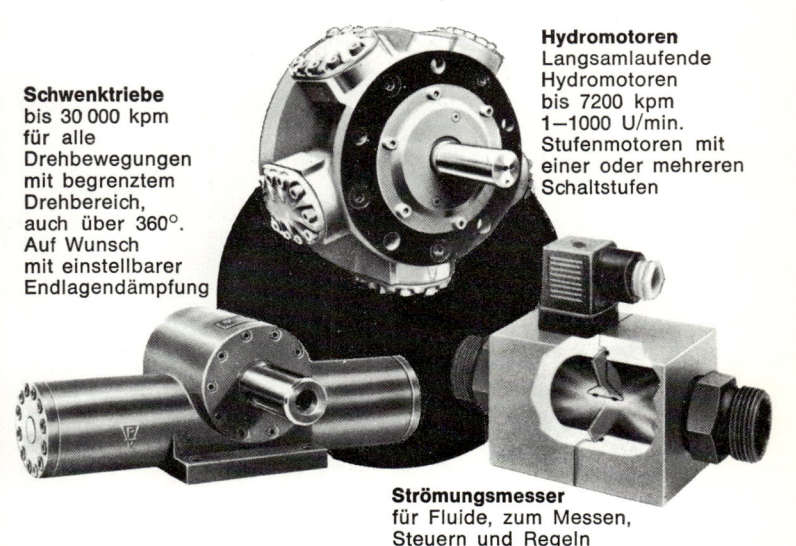

Hydromotoren
Langsamlaufende
Hydromotoren
bis 7200 kpm
1–1000 U/min.
Stufenmotoren mit
einer oder mehreren
Schaltstufen

Schwenktriebe
bis 30 000 kpm
für alle
Drehbewegungen
mit begrenztem
Drehbereich,
auch über 360°.
Auf Wunsch
mit einstellbarer
Endlagendämpfung

Strömungsmesser
für Fluide, zum Messen,
Steuern und Regeln
ND 400 10 l/min.

Paul Pleiger Maschinenfabrik
5812 Herbede 2, Hammertal ☏ (0 23 24), *7651 ✉ 08 229 964

STEIN MANN

PRÄZISIONS KETTEN

Lösen Ihre Antriebs- und Transportprobleme

STEINMANN & CO GMBH · 58 HAGEN
ALLEESTR. 47a-51 · RUF (02331) 82031 · TELEX 823689

SEW-EURODRIVE
denn Illusionen können teuer werden

Ohio, USA · Schweden · Italien · Jugoslawien · Niederlande · Österreich · Australien · Frankreich · Südafrika · England

Probleme kann man nicht mit schönen Worten lösen.
Deshalb bauen wir Ihnen auch keine Luftschlösser.
14 Montagewerke in den wichtigsten Industrieländern
der Welt, ergänzt durch Service-Stationen und
technische Büros – das sind Tatsachen, die Ihnen
sonst niemand in der Antriebsbranche bieten kann.
Wo immer Sie Antriebsprobleme haben – die Fachingenieure von SEW-EURODRIVE sind echte Partner.
Deshalb: Entscheiden Sie sich für Tatsachen. Denn
„Service-Illusionen" sind immer ein teurer Spaß.

SEW-EURODRIVE GmbH & Co
Süddeutsche Elektromotoren-Werke
7520 Bruchsal Postfach 88 Telefon (07251) 751

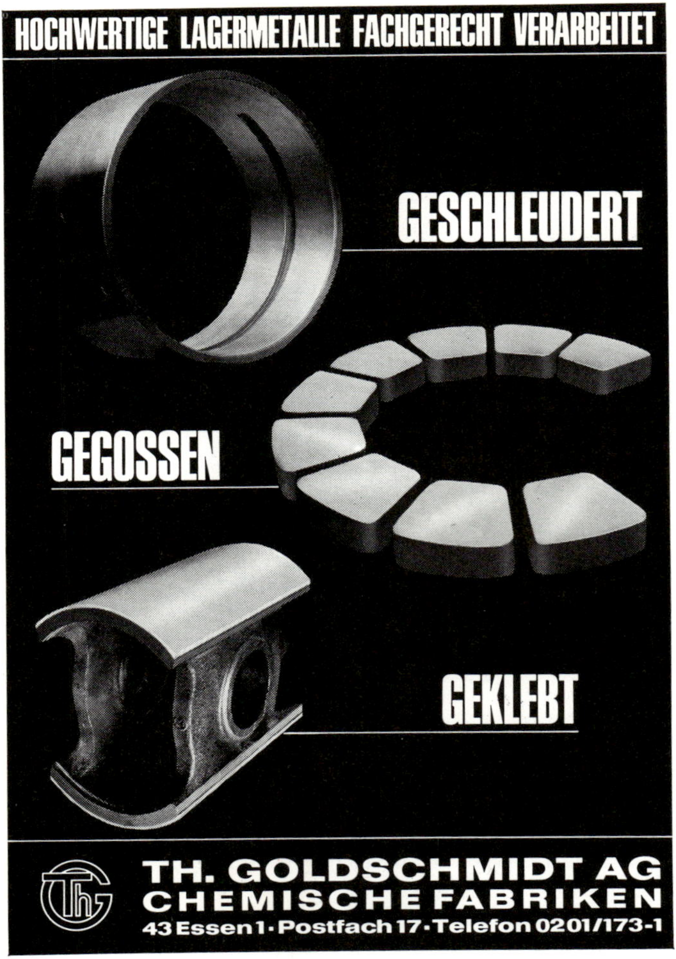

HOCHWERTIGE LAGERMETALLE FACHGERECHT VERARBEITET
GESCHLEUDERT
GEGOSSEN
GEKLEBT
TH. GOLDSCHMIDT AG
CHEMISCHE FABRIKEN
43 Essen 1 · Postfach 17 · Telefon 0201/173-1

Sicherheit durch JWIS Kettentriebe

Nehmen Sie doch JWIS!
JWIS-Ketten halten!
Moderne Kettentriebe mit
JWIS-Präzisionsketten
und in gleicher Güte
JWIS-Förderketten mit
vielen Anbauelementen
für vielseitige Aufgaben.

**JOH. WINKLHOFER & SÖHNE PRÄZISIONSKETTENWERK
8 MÜNCHEN 70**

Optibelt stellt vor:

Eine beispielhafte Technologie

Die Technologie der OPTIBELT-Keilriemenherstellung, die modernste unserer Tage. Für Keilriemen, denen wir ihre Funktion eingebaut haben. Unsere Spitzenstellung im deutschen Markt und im Keilriemenexport kommt nicht von ungefähr. Sie basiert auf der Qualität der in einer einmaligen, beispielhaften Technologie hergestellten OPTIBELT-Keilriemen.

Und so wird's gemacht:

- **Maßgenau extrudierter Gummikern** ergibt gleiche Längengewichte, somit vibrationsarmen Lauf.

- **Stück-für-Stück-Einzelkonfektion** – selbst bei Großserien. Sie garantiert gleichmäßige, genau definierte Festigkeit des Polyester-Zugstranges.

- **Vulkanisation in der Bewegung für die Bewegung** – im von uns entwickelten ORV-Verfahren (ORV = **O**ptibelt-**R**otations-**V**ulkanisation). Hierdurch nahezu verformungsfreie Anpassung der Riemenflanken an die Rillen der Keilriemenscheiben.

- **Elektronisch gesteuerte Cordstabilisierung** – In mehreren Ländern patentiert. Sie ermöglicht ständig echte SatzConstanz: OPTIBELT-S = C. Das bedeutet knappste Längentoleranzen vom Nennmaß.
Bei 5000 mm Länge z. B. nur ± 2 mm. OPTIBELT-Keilriemen – optimal verwirklicht.

HÖXTERSCHE GUMMIFÄDENFABRIK EMIL ARNTZ KG

347 Höxter 1 · Postfach 100364

optibelt Ein Unternehmen der Arntz-Optibelt-Gruppe

ASK-
Rollenketten
Förderketten
Kettenräder

Das ASK-Lieferprogramm umfaßt Hochleistungs-Rollenketten bis 3½" Teilung, Rollenketten für Förderzwecke, Rotaryketten, Scharnierbandketten aus Stahl und Kunststoff, Kettenkupplungen sowie Kettenräder jeder Art bis zu einem Durchmesser von 4500 mm.

Das wichtigste Qualitätsmerkmal der ASK-Rollenketten ist die hohe Dauerfestigkeit. Durch besondere Fertigungsverfahren (s. Seite 50) - wie Kugelstrahlen der Laschen und Kugelkalibrieren der Laschenbohrungen - wird die Dauerfestigkeit auf ein optimales Maß angehoben. Die Betriebssicherheit der Ketten wird hierdurch wesentlich erhöht.

Bei technischen Fragen und zur Lösung Ihrer Antriebs- und Förderprobleme stehen Ihnen unsere Beratungsingenieure zur Verfügung.

Wir bieten Ihnen vielerlei Vorteile:
- Ketten- und Kettenräder hoher Qualität
- Blitz-Service ab Zentrallager
- Umfangreiches Lager-Programm
- Optimale technische Beratung

Hochleistungs-Rollenketten

Rollenketten mit Winkellaschen

Rollenketten mit gekr. Gliedern

Scharnierbandketten

Kettenräder

Amsted-Siemag Kette GmbH
D-524 Betzdorf/Sieg
Postf. 120 · Tel. (02741) 841 · Telex 08-75313

SCHMALKEIL
DOPPELKEIL
FÖRDERBANDKEIL
NORMALKEIL
OPTIMAT
OPTIMAT-KEILRIEMEN
mit den passenden Optimat-Verbindern
DEUTSCHE KEILRIEMEN-GESELLSCHAFT m.b.H.
3 HANNOVER · LEONHARDTSTR. 6
LIEFERUNG DURCH DEN FACHHANDEL

Ein vollständiges Lieferprogramm nicht nur für die Lagerschmierung, sondern auch für die

Getriebeschmierung

Öl-Umlaufanlagen zur Schmierung von Lagerstellen mit großem Ölbedarf sowie geschlossenen Getrieben.

Fett-Sprühschmieranlagen mit Druckluft zum Versprühen der dosierten Fettmenge.
Bedarfsweise auch mit Dosierung der Luftmenge sowie mit Überwachung von Fett, Druckluft und Verstopfung der Sprühdüse.

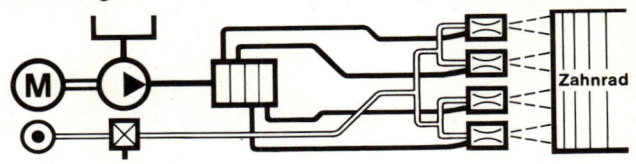

Fett-Abwälzschmieranlagen für Zahnräder, System „Tharaldsen", wobei das Fett durch ein zusätzliches Zahnritzel unter Druck auf die belasteten Zahnflanken übertragen wird.

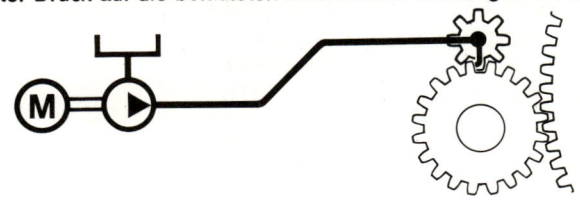

Im letzten Jahrzehnt haben wir weit über eine Million Reibstellen mit Zentralschmierung ausgestattet, davon ein beträchtlicher Anteil Reibstellen an Zahnrädern.

Bitte nennen Sie uns Ihre Schmierprobleme. Wir machen Ihnen gerne detaillierte Vorschläge für eine optimale Zentralschmieranlage.

DELIMON

Maschinenfabrik · 4000 Düsseldorf · Postfach 5209

Wir bieten ein interessantes Programm von stufenlos regelbarer Drehstrom- und Einphasenmotoren - mit und ohne Getriebe

- Drehmomentgeregelte Antriebe
- Drehzahlgeregelte Antriebe
- Steuer- und Regelgeräte über Phasenanschnitt
- Mechanische Regelgetriebe mit und ohne Motor

Weiteres Programm:
- Einbaumotoren
- Kleinmotoren
- Repulsionsmotoren
- Axialventilatoren

Über unser Gesamtprogramm und über dieses spezielle Programm beraten bzw. informieren wir Sie gerne.

AMK

Arnold Müller · Elektromaschinen + Spezialmotoren · 7312 Kirchheim / Teck · Klosterstraße 48 · Telefon 0 70 21 / 4 50 21

FLENDER
setzt neue Maßstäbe in der Antriebstechnik*

Zahnradgetriebe, Planetengetriebe, Schneckengetriebe, Variatoren, Kupplungen, Riementriebe, Lager und Wellen. Mit diesen Programmen, allein oder kombiniert, löst FLENDER alle Antriebsprobleme. Ein FLENDER-Beispiel: REDUREX-Kegelstirnrad-Aufsteckgetriebe mit FLUDEX-Hydro-Kupplung auf Motorschwinge.

Schalten Sie FLENDER ein.

*Flender hat die ganze Erfahrung

A. FRIEDR. FLENDER & CO · 4290 BOCHOLT · POSTFACH 139 · RUF (0 28 71) *92-1 · FS* 0813841

FAG Kugelfischer... mehr als Kugel- und Rollenlager

FAG Kugel- und Rollenlager in allen gebräuchlichen Bauformen, Größen und Ausführungen: gute Voraussetzungen für optimale Konstruktionen.

FAG gibt sich jedoch damit noch nicht zufrieden. Denn Lagerungsprobleme werden mit Lagern alleine nicht gelöst. Ein ganzes Paket Wissen rund um die Lagerstelle gehört dazu.

Dieses Wissen wird nicht nur in Labors und auf Prüfständen gewonnen, sondern vor allem aus systematischen Untersuchungen von ganzen Lager-Kollektiven, die lange genug im praktischen Einsatz gelaufen sind.

Nur so wird aus guten Lagern eine gute Lagerung. Die ihren Teil dazu beiträgt, daß Maschinen, Fahrzeuge und Geräte länger leben — und das bei weniger Wartung.

FAG Kugelfischer Georg Schäfer & Co., Schweinfurt

Etwas Besonderes

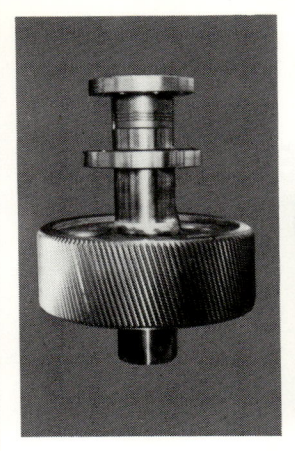

sind im Ammoniakgasstrom

nitrierte **Getriebeteile**

daher: Neue Erkenntnisse und Erfahrungen nützen – auch überdimensionale Schiffsgetriebe im

Ammoniakgasstrom nitrieren

In unseren modernen Anlagen nitrieren wir praktisch sämtliche vorkommenden Dimensionen.
Wir nitrieren hängend bzw. sachgemäß Werkstücke bis zu einem Durchmesser von 4200 mm oder Spindeln und Wellen bis zu einer Länge von 11 000 mm.
Vorteile: Höchste Oberflächenhärte, größter Verschleißwiderstand, hervorragende Gleit- und Laufeigenschaften, hohe Schwingungsfestigkeit, Anlaßbeständigkeit bis 500° C, hohe Warmfestigkeit.
Kein Abschrecken, daher geringster Verzug und kein Härte-Ausschuß. Weitestgehende Fertigbearbeitung der zu nitrierenden Teile, Verzahnung in der Regel ohne Nachschleifen der Zähne, trotzdem ideales Tragbild der Zahnflanken.
Korrosionsbeständigkeit.
Im allgemeinen stellt man sich nur ganz geringe Härtetiefen vor, wenn vom Nitrieren die Rede ist. Wir nitrieren nach dem klassischen Nitrierverfahren im Ammoniakgasstrom bei 500° C ohne Abschrecken und erreichen je nach Werkstoff (heute wird seltener Nitrierstahl, sondern vermehrt Vergütungsstahl, Stahlguß usw. verwendet) eine Nitriertiefe von bis zu einem Millimeter pro Fläche und Härten bis zu Hv-3/1000.

Sonderbehandlung
auf größere Nitriertiefen als normal bei hochbeanspruchten Getriebeteilen zum Auffangen der Schubspannungskräfte

Carl Gommann 563 Remscheid-Hasten

Telefon 40015/16 · Telex 8513620 · Postfach

Getriebe auf die Sie sich verlassen können

Desch-Planetengetriebe

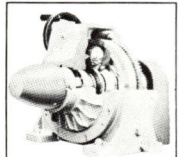

KIVA-Verstellgetriebe

Desch-Aufsteckgetriebe

Bitte ausführliche Unterlagen anfordern!

Desch

Heinrich Desch KG
Antriebselemente und Getriebe
5760 Neheim-Hüsten
Postf. 1440 · Ruf (0 29 32) 3 20 61

ZF bewegt fast alles, was sich so bewegt.

Neu:
Hydrostatische Antriebstechnik

Europas Getriebe und Lenkungsspezialist Nr. 1 bietet neben den traditionellen Aggregaten für Fahrzeug-, Baumaschinen-, Schiffs- und Maschinenbau, Förder- und Flugzeugtechnik Beispiele aus dem neuen Gebiet der **ZF-Hydrostatischen Antriebstechnik an.**

Das flexible System, das viele Antriebsprobleme unkonventionell und leichter löst.

Gehen Sie auf Nummer Sicher: wählen Sie den Partner mit dem großen Know-how und dem schlagkräftigen Service.

ZAHNRADFABRIK
FRIEDRICHSHAFEN AG

ant

seit 13 Jahren international anerkanntes Symbol für die führende Fachzeitschrift des Bereiches Antriebstechnik.

Überall dort, wo Antriebsfragen von entscheidender wirtschaftlicher Bedeutung sind, ist »antriebstechnik« richtungsweisend. Als Organ der Forschungsvereinigung Antriebstechnik e.V., Frankfurt, bringt »ant« für alle Produktionsbereiche anwendungsorientierte Beiträge. »ant« ist die Fachzeitschrift mit technologischer Kompetenz. Als Bindeglied zwischen Entwicklung, Konstruktion und Produktion gibt »ant« entscheidende Impulse.

In 12 Ausgaben zuzüglich dem jährlich erscheinenden »ant-report« läßt »antriebstechnik« kein Thema von Bedeutung aus.

Bitte fordern Sie Probehefte, Insertions- und Abonnements-Bedingungen an bei

Krausskopf

Fachverlag für Antriebstechnik

Inserentenverzeichnis

Amsted-Siemag Kette GmbH, Betzdorf/Sieg   465
Arbeitskreis Schrifttumsauswertung Schmierungstechnik, Arnum   389
Bauer, Eberhard, Esslingen   (Doppelvorsatz vorn)
CYCLO-Getriebebau Lorenz Braren KG, Markt Indersdorf   264
De Limon Fluhme & Co., Düsseldorf   467
Desch KG, Heinrich, Neheim-Hüsten   472
Deutsche Keilriemen-Gesellschaft mbH, Hannover   466
FAG Kugelfischer, Georg Schäfer & Co., Schweinfurt   470
Flender & Co., Bocholt   469
Goldschmidt AG, Th., Essen   462
Gommann, Carl, Remscheid-Hasten   471
Höxtersche Gummifädenfabrik Emil Arntz KG, Höxter   464
Hydromatik GmbH, Ulm   (Doppelvorsatz hinten)
Kestermann, Gerhard, Bochum   20
Linde AG, Aschaffenburg   (Stammbaum)
Marbaise & Co. KG, Dortmund-Brackel   457
Müller, Arnold, Kirchheim/Teck   468
NEUWEG Fertigung GmbH, Munderkingen   306 und 307
Philipps Getriebebau KG, Immenstadt   265
Pleiger, Paul, Herbede-Ruhr   459
Pohlig-Heckel-Bleichert, Rohrbach   (Einzelvorsatz vorn)
SEW-EURODRIVE GmbH & Co., Bruchsal   461
SKF-Kugellagerfabriken GmbH, Schweinfurt   245
Steinmann & Co. GmbH, Hagen   460
Voith Getriebe KG, Heidenheim   285
Volvo Flygmotor Deutschland GmbH, Essen   286
Wenzel & Weidmann GmbH, Eschweiler   390
WGW Westdeutsche Getriebewerke GmbH, Herne   458
Winklhofer & Söhne, München   463
Wippermann jr. GmbH, Hagen   19
Zahnradfabrik Friedrichshafen AG, Friedrichshafen   473
Zahnradfabrik Köllmann GmbH, Wuppertal-Barmen   246

3. Druckluftmotoren

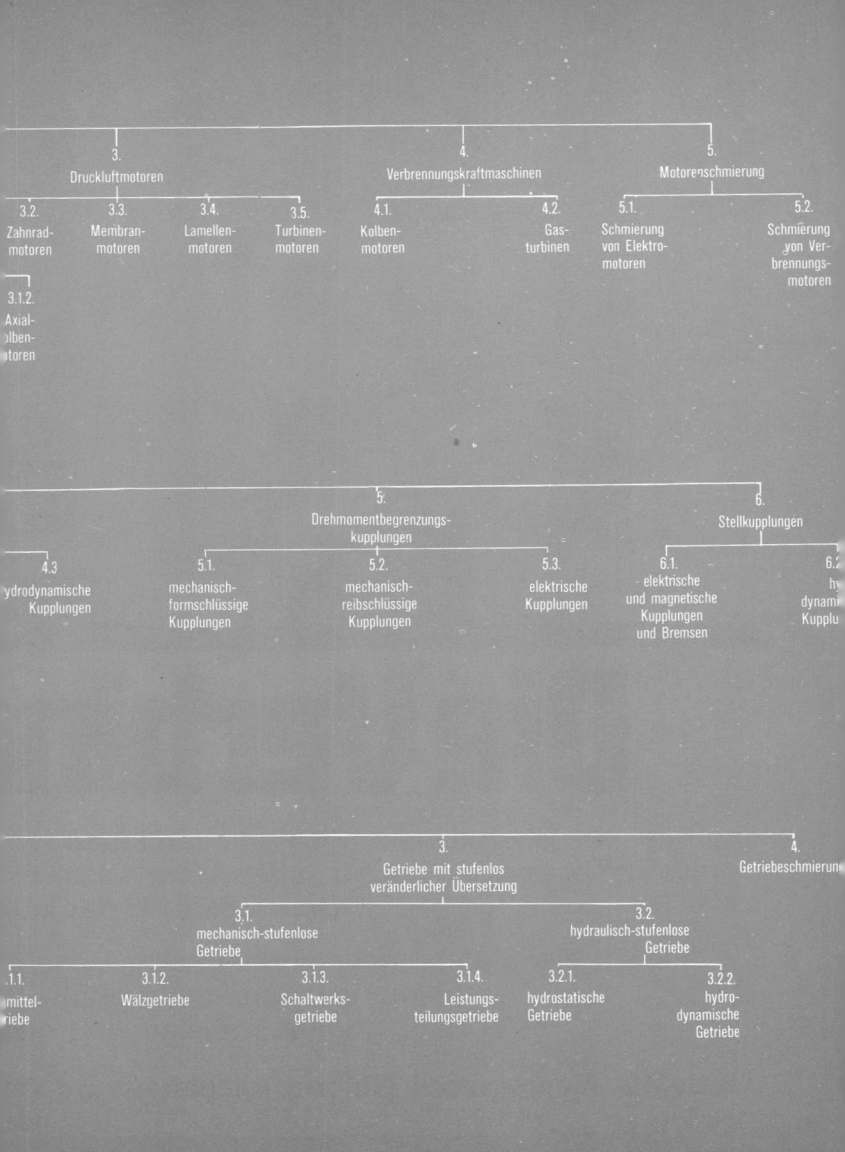

| 3.2. Zahnradmotoren | 3.3. Membranmotoren | 3.4. Lamellenmotoren | 3.5. Turbinenmotoren |

3.1.2. Axialkolbenmotoren

4. Verbrennungskraftmaschinen

| 4.1. Kolbenmotoren | 4.2. Gasturbinen |

5. Motorenschmierung

| 5.1. Schmierung von Elektromotoren | 5.2. Schmierung von Verbrennungsmotoren |

4.3 hydrodynamische Kupplungen

5. Drehmomentbegrenzungskupplungen

| 5.1. mechanisch-formschlüssige Kupplungen | 5.2. mechanisch-reibschlüssige Kupplungen | 5.3. elektrische Kupplungen |

6. Stellkupplungen

| 6.1. elektrische und magnetische Kupplungen und Bremsen | 6.2 hydrodynamische Kupplu... |

---

3. Getriebe mit stufenlos veränderlicher Übersetzung

3.1. mechanisch-stufenlose Getriebe

| 3.1.1. ...mittel... ...riebe | 3.1.2. Wälzgetriebe | 3.1.3. Schaltwerksgetriebe | 3.1.4. Leistungsteilungsgetriebe |

3.2. hydraulisch-stufenlose Getriebe

| 3.2.1. hydrostatische Getriebe | 3.2.2. hydrodynamische Getriebe |

4. Getriebeschmierung

ちょっと待ってすぐつないであげます

»Einen Moment bitte, ich verbinde«

Die Verbind

ist international. Überall in der Welt arbeiten Linde Hyd
wo immer es nötig ist. Wir helfen, wenn es um Pr
Denn Linde hat das kno

Konstantpumpen und -motoren Regelp
Verstellpumpen und -motoren Verst
offenen Kreislauf und ges

Linde AG, Werksgruppe Güldner Aschaffenburg, D 8